中國茶全書

—贵州铜仁卷—

温顺位　主编

中国林业出版社

图书在版编目（CIP）数据

中国茶全书．贵州铜仁卷 / 温顺位主编．-- 北京：中国林业出版社，2022.1
ISBN 978-7-5219-1414-6

Ⅰ．①中… Ⅱ．①温… Ⅲ．①茶文化－铜仁 Ⅳ．① TS971.21

中国版本图书馆 CIP 数据核字 (2021) 第 235200 号

出 版 人：刘东黎
策划编辑：段植林 李 顺
责任编辑：李 顺 陈 慧 马吉萍
出版咨询：（010）83143569

出 版：中国林业出版社（100009 北京市西城区刘海胡同 7 号）
网 站：http://www.forestry.gov.cn/lycb.html
印 刷：北京博海升彩色印刷有限公司
发 行：中国林业出版社
版 次：2022 年 1 月第 1 版
印 次：2022 年 1 月第 1 次
开 本：787mm × 1092mm 1/16
印 张：29
字 数：550 千字
定 价：288.00 元

《中国茶全书》
总编纂委员会

《中国茶全书·贵州铜仁卷》编纂委员会

出版说明

2008年，《茶全书》构思于江西省萍乡市上栗县。

2009—2015年，本人对茶的有关著作，中央及地方对茶行业相关文件进行深入研究和学习。

2015年5月，项目在中国林业出版社正式立项，经过整3年时间，项目团队对全国18个产茶省的茶区调研和组织工作，得到了各地人民政府、农业农村局、供销社、茶产业办和茶行业协会的大力支持与肯定，并基本完成了《茶全书》的组织结构和框架设计。

2017年6月，在中国林业出版社领导的指导下，由王德安、段植林、李顺等商议，定名为《中国茶全书》。

2020年3月，《中国茶全书》获中宣部国家出版基金项目资助。

《中国茶全书》定位为大型公益性著作，各卷册内容由基层组织编写，相关资料都来源于地方多渠道的调研和组织。本套全书可以说是迄今为止最大型的茶类主题的集体著作。

《中国茶全书》体系设定为总卷、省卷、地市卷等系列，预计出版180卷左右，计划历时20年，在2030年前完成。

把茶文化、茶产业、茶科技统筹起来，将茶产业推动成为乡村振兴的支柱产业，我们将为之不懈努力。

王德安

2021年6月7日于长沙

序

《中国茶全书·贵州铜仁卷》是中国茶叶流通协会牵头组织、中国林业出版社负责出版的《中国茶全书》地方卷之一，是当代中国茶叶百科全书和全国重点茶叶图书。编纂《中国茶全书·贵州铜仁卷》是贯彻落实“把茶文化、茶产业、茶科技这篇文章做好”重要指示精神的具体行动，是对铜仁茶业历史的尊重和铜仁茶产业发展成就的肯定，是推动铜仁市茶行业全面挖掘整理、提升梵净山茶品牌地位的重要契机。鉴昔知今，承前启后，传递正能量，弘扬茶文化，献礼中国共产党建党一百周年，是中国茶界的盛事与荣光！

南方有嘉木，黔地出好茶。铜仁有产茶的生态名山，境内拥有国家级自然保护区梵净山和佛顶山，其中，梵净山是世界自然遗产，被誉为地球同纬度唯一的原始绿洲、动植物基因库，森林覆盖率高达98%。铜仁生态良好、雨量充沛、山高雾浓、空气清新，得天独厚的自然资源和生态优势，赋予铜仁梵净山茶“高海拔、低纬度，多云雾、寡日照，有机质、无公害”的独有条件，造就了梵净山茶与众不同的优良特质。

香茗出深山，好水泡好茶。铜仁有泡茶的天然好水，在铜仁县县都有穿城秀水，乡乡都有青山绿水，村村都有田园山水。铜仁的水，源远流长、清冽可口，全市天然饮用水总流量每年可达24亿m^3，水质无污染、无杂质、透明度高，富含锂、锶、锌、硒等40多种元素，天然矿泉水为茶而生、自然天成，茶与水互相融合，香醇可口，回味绵长。近年来，铜仁依托优质丰富的水资源，做好水文章，做强水产业，做响水品牌，做活水文化，做大水平台，把铜仁建成全国知名的“健康水都”。

人在草木间，品百味人生。铜仁有亲茶的厚重底蕴，茶叶历史悠久，早在魏晋、南北朝时期，制茶工艺就开始兴起，到隋唐时期茶事日渐兴旺，梵净山茶就得到认可，陆羽在《茶经》中给予“黔中生思州……其味极佳”的赞誉，《明实录》中记载：“思州方物茶为上。”生活在这片土地上的各族人民爱茶、嗜茶、种茶、制茶，与茶结缘、因茶结亲、以茶结交，保存了原生态的民族茶食、茶饮、茶俗、茶事、茶礼。在漫长的演变中，梵净山茶与民族文化、佛教文化、生态文化有机融合，共同形成绚丽多姿、别具一格的

梵净山茶文化。

近年来，铜仁市委、市政府高度重视茶产业发展，贯彻习近平总书记关于“一片叶子，富了一方百姓”等重要指示精神，深入贯彻执行省委、省政府关于“黔货出山、风行天下”的决策部署，站在“脱贫攻坚、乡村振兴、发展经济、造福百姓”的高度，从茶树栽培、育种、保护、茶叶加工、茶与健康、茶叶质量与标准、茶产业经济与文化等领域进行了大力推广，走出了一条生产规模化、质量标准化、市场网络化、利益股份化的生态茶发展新路。截至2018年12月，全市茶园面积100680hm^2，茶叶总产量9.23万t、总产值91.17亿元，成为贵州省“第二大产茶区”。茶叶种类以绿茶加工为主，集中研发“梵净山”牌名优绿茶、红茶、白茶、黑茶、抹茶等系列产品，先后获得中国驰名商标、农产品地理标志保护产品，被评为“十大绿茶公共品牌”，在国际国内各种评比中摘桂100多次，茶叶变成了脱贫致富奔小康的“金叶子”，“绿水青山”变成“金山银山”。

《中国茶全书·贵州铜仁卷》由铜仁市茶叶行业协会主持编纂，得到了各级有关部门的大力支持。在全体编撰人员的辛勤努力下，对长期以来铜仁关于茶和由茶引申的学术、贸易、经济、文化、政治等领域，进行全面系统的梳理记述，突出体现了历史性、可读性、科学性，形成铜仁茶叶全产业链百科全书典籍。《中国茶全书·贵州铜仁卷》定将流芳百世，造福后人，成为茶学史上的经典巨著。

贵州省人大教科文卫委委员

铜仁市人大常委会原主任

陈达新

2021年6月5日

目录

梵净山金顶（供图：肖楚）梵净山蘑菇石（摄影：戴恒叔）

第一章 铜仁茶史

第一节　铜仁茶发展史

一、古代茶史（1840年前）

铜仁市地处黔湘渝三省结合部、武陵山区腹地，是贵州向东开放的门户和桥头堡，自古有“黔中各郡邑，独美于铜仁”的美誉。秦代为黔中郡腹部地区，汉时改隶武陵郡，蜀汉时始有县治，湘楚文化、巴蜀文化在这块神奇的土地上交融浸润，造就了铜仁绵长厚重的人文历史。铜仁原名铜人，相传元代有渔人在铜岩处潜入江底，得铜人三尊。元代设置“铜人大小江蛮夷军民长官司”，隶属思南宣慰司。明永乐十一年（1413年）撤思州、思南宣慰司，于今境地设铜仁、思南、石阡、乌罗四府，均隶属于由此而设置的贵州布政使司。明正统三年（1438年）废乌罗府，其大部并入铜仁府，铜仁由此得名。

《汉书·地理志》称：“巴蜀、广汉、东南夷、秦岭以为郡。”巴蜀范围很大，除巴人和蜀人之外，还有濮、赛、苴、共、奴等许多少数民族聚居区，石阡县原住民族仡佬族和土家族就是濮人的后裔。战国前，这些民族在中原人的眼里，仍属于“南夷”聚居的化外之区，巴蜀归属华夏，是在秦统一和设置郡县以后的事情。另据贵州发现的《濮祖经》记载及中国民族文化经济研究院景亭湖院士、贵州省仡佬学会骆长木副会长的多年研究，5000多年前，土著濮人从今天的遵义市务川仡佬族苗族自治县大坪镇红渡河边的九天母石，向南行三日到达石阡县本庄镇时，发现了荅（迨）茶。

东汉杨雄在《方言》中说：“蜀西南大，谓荼曰蔎。”“荼”即指早期的茶，汉代的蜀包括今天的四川及贵州石阡等一些地方。公元3世纪，三国魏时傅巽撰《七海》记载：“南中茶子（籽）。”经查，“南中”也包括石阡县在内的黔、川、滇一带，有“茶子（籽）”。《史记·周本纪》述，周武王率南方八国伐纣。早在3000多年前，巴蜀一带已用茶叶作为贡品。《华阳国志·巴志》记载：“其地东至鱼复，西至僰道，北接汉中，南极黔涪。土植五谷，牲具六畜。桑、蚕、麻、纻、鱼、盐、铜、铁、丹、漆、茶、蜜、灵龟、巨犀、山鸡、白雉、黄润、鲜粉，皆纳贡之”。“无蚕桑，少文学，惟出茶、丹、漆、蜜、蜡”。《华阳国志·巴志》多次提到巴国的茶，而且放在地方土特产之首，可见茶在巴国人民生活中的重要地位。巴国南极黔涪，就是今天的黔东北、渝东南一带。思南作为巴国的南鄙，先民已经学会了种植茶、麻及纺织纻麻，黄润（一种著名的细麻布）等技术。尤其是种植和加工茶叶，远近闻名。同时，借助乌江水运交通，历代地方长官将茶叶作为贡品献给中原王室，促进了茶叶生产，积淀了茶文化。唐代，陆羽《茶经》：“黔中生思州、夷州、播州、费州……往往得之，其味极佳。”经茶圣吴觉农考证，“夷州”即指贵州石阡一带。“其味极佳”的记述，说明当时西南各地的生产加工就已经达到很高的水平，有了比较成熟的生产加工技术；“往往得之”，说明时不时可以得到黔茶品质高扬、香高味醇的内在品质，从而发出其味极佳的赞叹。

宋代，石阡开始以茶进贡。北宋地理学家乐史撰《太平寰宇记·江南道》载，“夷州、播州、思州以茶上贡”。石阡坪贯茶（即石阡苔茶）在明朝作为贡品上贡朝廷，明洪武二十一年（1388年）开始设立仓库收贮茶易马，令成都、重庆、保宁三府及夷州、播州宣慰司各置仓储茶，待商贾来购买及与“番商”易马。当时能给朝廷上贡茶的地方是五个布政司和两个直隶府。贵州布政司是其中一个，而贵州布政司每年上贡茶的数量名列第二，仅次于浙江布政司，高于江西布政司、福建布政司及松江府、常州府。明万历三十年（1620 年）《黔记》载：唐高祖黔安清江内各属费州（思南府）、夷州（石阡府），清代张澍《续黔书》也称：“今石阡、思南为夷州之夜郎也。明万历《湄江·石阡卷》载：“赈田，万历二十六年江乐之巡按应朝分置……又茶园一十丘十四亩，东抵水沟，西抵必汉田，南抵袁庆田，北抵土坎，除粮差岁纳合计谷一十五石陆斗。”可见当年茶园已作财产分配和课税对象，具有了相当大的规模和成熟的管理制度。

二、近代茶史（1840—1949 年）

铜仁茶叶历史渊源，但是在鸦片战争以来，朝廷内忧外侮，国势衰弱，社会动荡，百业凋敝，以印江团龙贡茶、石阡苔茶为主的茶叶发展严重受阻。

清咸丰五年（1855年），“红巾军”起义，印江县吴灿奎、田宗达、李春林等聚集民众数千遥相声援，义军以梵净山为根据地，扎营40余座。梵净山区域作为主要战事区，经历了最后一支太平军、号军、严黑三等农民起义，梵净山茶叶发展日益衰落。团龙贡茶制度到清朝咸丰同治年间被废除后，更是种植不多，产销量也小，仅在县境范围内由一些官绅人家、地方富户订购或派人选购。优质茶很少在市场上出售。

据民国八年（1919年）《石阡县志》载，城南五十里之包溪（今坪山乡佛顶山村），产茶最多，岁约十余万斤，东贩湖南、长沙，北贩四川酉阳，近到贵阳出售；当时茶叶的贩卖，以晋、浙商贾为主，他们抢得的“异色财物，尽江南渡，入山博茶”，而将百货、丝绸、瓷器、盐巴等换成茶叶，运到山外销售。另据周国华收录的《左氏族谱》和乾隆二十九年《石阡府志·物产》载，“阡虽地号跷瘠、谷食而外、物产繁多、取财者得以穷地利之不匮，茶近镇远，龙泉各山皆有”，是今天最南的坪山乡大地乡到最北面与河坝、本庄两镇接壤的龙泉（今凤岗，属石阡府长达500年）的各个山头，都有茶叶栽种，在包溪村（今佛顶山一个村），年产茶10万斤，按照左成宪的后人介绍和当时这个产量推断，仅包溪村的茶园面积133.33余公顷，而全县当时的茶园面积666.67hm^2，产量25000kg左右。

1928年，贵州军阀周西成与李晓炎为争夺统治权力，在印江进行混战，印江经济社会全面动荡。此后，神兵起义，黔东革命根据地建立，人民群众参与争取民主自由的革命浪潮中。印江茶叶作为药用在各地均有零星栽培，其茶园主要分布在现在的永义、洋溪。但多为自产自食，未形成批量生产。团龙村的古茶树部分得以保存。现在，团龙村还有80多株生长旺盛的大茶树。人们把这些大茶树称为“茶树王”。

1937年，铜仁地区茶叶产量31300kg，主要分布在石阡县1250kg、江口县7500kg、思南县5000kg、德江县4800kg、玉屏县125kg、铜仁（现碧江区）200kg、沿河县50kg。

1938年，石阡商人龙尧夫在县城开办“鸿云茶庄”，雇请30余人从事精制加工，产品畅销湘、川和两广；又据《杨大恩教材辑要》（1940年）：“民国二十九年在贵阳召开全省展销会，石阡苔茶获优质奖章。”据贵阳日报所载：“贵州茶之多，首推安顺，年产八万五余千克；茶味之美，则以石阡为巨擘焉，近年商会主席龙尧夫改良装潢，石阡茶大有畅销全省之势也。”1942年，据前中央农业实验所贵州湄潭实验茶场（即贵州省茶叶研究所前身）调查，“全省当年产茶575550kg，其中石阡产茶50000kg。”可惜到民国后期，兵荒马乱，时运不济，龙尧夫不幸早逝，家道中落，石阡茶叶一落千丈，茶农积极性受到严重打击，茶叶严重滞销。到新中国成立前夕，大量茶园荒芜弃管，茶园面积、产量锐减，茶园不足200hm^2，产量徘徊在50000kg左右，石阡茶叶进入历史上的最低谷时期。

三、当代茶史（1949—2018年）

（一）新中国成立至改革开放前（1949—1978年）

1. 1949—1956年期间

1949年，沿河县统计产量为0.45t，产地为客田、塘坝、思渠、黄土乡镇。1949年，德江县茶叶品种有官林茶、老鹰茶、苦丁茶、甜茶等，老百姓自产自销，生产规模小、产量不高，全县生产茶叶4.5t。1949年，江口县由供销社统购统销和组织生产，民和区是茶叶生产的主产区，所辖官和泗渡两个公社茶叶收入占生产总值的30%~40%，全县每年订购合同任务为10t。1951年，石阡县选送6名茶农到湄谭试验场学习技术，并在湄谭试验场的指导下，推广茶树修剪、茶园更新改造、木制揉茶机和红茶加工技术，当年全县茶叶总产量37.8t，比1949年增产16.3%。

1956年，铜仁地区茶叶种植面积202.53hm^2，茶叶产量116t，比1949年增长1.52倍，平均亩[①]产38.2kg。

2. 1957—1960年期间

据《红茶工艺》载："1957年全国红茶总产量达151892.3t，其中贵州省红茶总产量501.246t，石阡县红茶产量190.47t。"石阡县主要以红碎茶和工夫红条茶和青毛茶（黔青）生产为主，生产的工夫红条茶、红碎茶由国家统一收购，主要出口苏联、民主德国、波兰、匈牙利、捷克斯洛伐克、罗马里亚、蒙古、英国及荷兰等国；石阡青毛茶（黔青）主要销西北、云南、广西等地。1958年8月，石阡县成为贵州省被国务院表彰的两个县之一（另一个是湄潭县），石阡县新华茶叶专业村支书谭仁义被评为全国劳动模范，并参加了北京人民大会堂举行的全国群英大会，周恩来总理在会上亲笔题词并颁发"茶叶生产，前途无量"的锦旗，全国只有3个县获此殊荣（图1–1）。

图1–1 周恩来总理题词颁发"茶叶生产，前途无量"锦旗（石阡县茶业协会提供）

1959年，铜仁地区茶叶面积达到7434亩，茶叶总产量达到154t，比1949年增长2.35倍，平均亩产20.7kg。1959年，石阡县茶园面积2314亩，占全区茶园面积的31.7%，茶叶总产量达到100t，占全区茶叶总产量的64.9%，平均亩产43.2kg。

3. 1961—1972年期间

1962年，铜仁地区茶园面积74.46hm^2，总产量70t，与1956年相比面积下降63.77%，总产量下降39.66%，平均亩产仅6.3kg。为了恢复茶叶生产，国家规定茶叶按收购单价给予20%的价外补贴，按规定级内茶叶每收购50kg，奖售粮食12.5kg、化肥62.5kg；规定级外茶和边销茶每收购50kg，奖售粮食5kg、化肥20kg。1963年，农业部召开全国蚕茶生产会议，研究科学种茶，进一步扶持茶农生产的政策；对内外销茶调整为平均每50kg，奖售粮食25kg、化肥50kg、棉布20尺[②]、卷烟2条；边销茶和级外茶平均50kg，奖售粮食10kg、化肥15kg、棉布12尺、卷烟1条；调动了茶农的种茶积极性。1965年，铜仁地区茶叶产量回升到135t，各县茶叶生产获得丰收，积极垦复荒芜茶园和加强茶园管理。1965年石阡县五德区地沟大队茶园2.4hm^2，平均单产85.5kg，出售给国家3052.5kg，占包干粮的117.5%，比1962年增加了3.8倍，收入3633.58元，占全队农副业总收入的68.56%，平均每户26.3元，奖售粮食1223kg、化肥2608kg、布票1699尺、香烟155条；新华大队、坪山公社及中坝区垦复荒芜茶园7.26hm^2。1962年，思南县大坝场社会儿童福利院种植茶叶1hm^2。1967年，思南县茶园面积53.33hm^2，兴办国营茶场1个，面积

① 1亩=1/15hm^2。
② 1尺=1/3m。

26.66hm^2；公社办茶场20个，茶园面积296.2hm^2；1.33hm^2以下的生产队、林场、学校茶场1000余个，茶园面积317.4hm^2，有专业队伍500余人。

1969年，铜仁地区茶叶产量下降为74t，比1965年减少61t，下降45.2%。农业部、外贸部、商业部召开会议，重申了“大力发展茶叶”的方针；提出巩固提高现有茶园，加速改造低产茶园，积极发展新茶园，提高单产，提高质量，这些措施促进了茶叶生产发展。1970年，石阡县新建茶园566.66hm^2；其中龙塘区大屯公社、白沙区聚凤公社茶园面积66.66hm^2以上，公社建茶场100个；茶叶专业队伍71个，640人。1970年后，印江借助梵净山气候土壤优势发展茶叶，建设社队的小型茶园，兴办缠溪区民族茶场、国营椀杆茶场、新寨农业中学茶场、峨岭区后坝民办茶场；茶园面积33.33余公顷。20世纪70年代，德江县曾掀起种茶高潮，茶叶一度是德江县的优势特色产业，先后办起一批茶场（园），种茶面积2000余公顷，茶树品种以湄潭苔茶为主，有福鼎大白茶、云南大叶茶等；因种植水平不高，茶园建设不规范，均采用单株单行种子直播，加之管理不善，造成茶产量低。1971年，思南县张家寨公社组织2800多个劳力开荒植茶，新建茶园80hm^2，办起公社、大队、生产队联营茶场。1972年，思南县县有茶园776hm^2。1972年石阡县茶叶产量54.95t，出售给国家49.95t。

4. 1973—1977年期间

1973年，石阡县生产各类毛茶40t，出售给国家37t。在全省茶叶工作会议上，石阡县地印公社、新华大队茶场、德江县路青公社茶场、思南县张家寨公社茶场等6个单位被评为全省茶叶生产先进单位。1973年，松桃县建设普觉镇大同茶场，茶园面积67.66hm^2，孟溪镇红岩茶场17hm^2。1973年，思南县茶园面积发展到771.33hm^2。1974年8月，石阡县革委提出“村村有加工，队队建茶园”的目标，掀起了全民种茶的高潮。1976年，石阡县新建茶园面积达927.47hm^2，茶园总面积达1333.33余公顷，建成公社国有大型茶场21个，建成生产队连片茶园322个；茶叶产量达到350t。1976年，铜仁地区茶园面积2078.86hm^2，茶叶总产量为169t，由于幼龄茶园较多，平均亩产只有5.4kg。

（二）改革开放以后（1978—2008年）

1. 1978—1986年铜仁茶产业发展

图1-2 思南县茶场厂长邓万钧同志与国家领导人合影留念（蒙天海 提供）

1978年1月12日，时任思南县茶场场长的邓万钧同志，作为国营农场先进代表参加北京举行的全国国营农场工作会议，受到华国锋、叶剑英、邓小平、汪东兴等党和国家领导人亲切接见，并合影留念（图1-2）。

1978年，德江县有茶园169.2hm^2，茶叶产量10.3t。1979年，茶园承包到农户，造成一部分茶园丢荒失管，有的甚至改种，茶园面积减少。1980年，思南县因农业体制改革，不少茶场下放，茶园面积减少为293hm^2，茶叶产量31050kg；1982年，加工精制茶15000kg，调运广州出口。1982年，铜仁地区茶园面积1320.33hm^2，茶叶总产量286t，平均亩产14.5kg。1983年，德江县生产责任的落实，激发了农民种茶的积极性，茶叶产茶量35.7t。1984年，国务院召集农业部、商业部、外贸部研究了茶叶购销政策和经营体制改革方案，规定边销茶继续执行派购，内销茶和出口茶彻底放开，实行议购议销。市场放开以后，多渠道经营，改变了过去单一经营的局面，给茶叶生产带来了活力。1985年，江口县茶园38.13hm^2，产茶叶18t。1985年，思南县茶叶产量为58300kg。1986年，德江县茶叶产量75.5t。

2. 1987—1989年铜仁茶产业发展

1989年铜仁地区大兴奶牛场利用土地资源，建成密植免耕茶园1880亩。1987年，根据农牧渔业部《关于做好利用日本政府“黑字还流”贷款项目前期准备工作的通知》，铜仁地委、行署决定利用日本国政府“黑字还流”贷款以及国内配套资金建设绿茶出口基地；贵州省计划委员会以文件《关于贵州省农业厅利用日本政府“黑字还流”贷款建立贵州省茶叶出口基地可行性报告的批复》批准建设。1989年3月2日，铜仁地区行署成立绿茶出口基地筹建领导小组，由分管农业副专员郑荣华任组长，地区农业局、计委主要负责人任副组长，地区相关部门和铜仁市、松桃县政府的负责人为成员；同年8月，行署批复成立“贵州武陵山茶场”，为地直农垦企业，采取“三级五方”的联营方式，成立董事会；三级为省、地、县，五方为省农垦农工商公司、铜仁地区农垦农工商公司、铜仁地区大兴奶牛场、松桃县茶叶公司、铜仁市茶叶公司。1990年1月至1991年初，在地跨两县市的铜仁市川硐镇、松桃县大兴镇和正大乡建成密植免耕茶园4380亩。1991年，石阡县与中国农科院茶叶研究所签订技术服务协议，争取贷款项目资金500万元，对全县800余公顷荒芜低产茶园进行改造。

3. 1990—2002年铜仁茶产业发展

1990年，铜仁地区茶园面积1538hm^2，总产量634t，平均单产27.5kg。1990年，沿河县建成黑水茶场33.33hm^2、毛田茶场1.76hm^2、姚溪茶场1.43hm^2；1991年始建至1995年建成谯家茶场246.66hm^2；1992年建成蒲溪茶场66.66hm^2；1993年建成沙子茶场53.33hm^2。1990年，德江县在市场经济的冲击下，产量大幅度下降，全县茶叶产量28.1t。

1995年，铜仁地区茶园面积5272hm^2，产量861t，平均单产10.9kg。1995年，德江县茶叶产量53t；1997年，德江加大茶园种植和管护力度，茶园面积529hm^2，茶叶产量138t。1997年，石阡县高标准化茶园153.33hm^2，茶叶总产量450余吨，开发"泉都碧龙""泉都云雾"石阡苔茶新产品，年产值800多万元。

1998年，铜仁地区行署与中国农业科学院茶叶研究所签订了茶叶生产技术服务合同，并派杨锁生研究员、权启爱研究员到印江、石阡县驻点指导。同年9月，行署召开全区茶叶工作会议。会议由行署专员袁周主持，各县（市、区）县（市、区）长、分管副县（市、区）长、农业局长、茶叶公司（办）负责人参加。会上，行署领导有意把全区茶叶产品品牌统一为"梵净山"品牌，由于各方意见不统一，未能如愿。1999年3月，铜仁地区农业局组建了铜仁地区首支茶道表演队，邀请中国农业科学院茶叶研究所副研究员、中国茶叶学会理事、著名茶道理论家徐南眉女士来铜培训。经培训后的茶道表演队在1999年和2000年的第二、三届"梵净山国际旅游节"期间做了专场表演。2000年，铜仁地区茶园面积6504hm^2，产量1849t，平均亩产19kg。2000年德江县茶园面积367hm^2，产量154t。

2002年11月22日，温家宝总理到铜仁印江自治县缠溪镇湄坨村考察，与乡亲们亲切交谈，鼓励乡亲们大力发展特色产业，看到湄坨村发展茶产业有基础，他特别嘱托大家要把茶叶企业做好，把茶叶产业做大，带动群众增收致富。2012年5月，受全村人的委托，卢银辉、李文科将村里产的新茶和一封充满了真情实感的信寄给了温家宝总理，把湄坨村通过发展茶产业实现了脱贫增收，在党和国家各项惠农政策的润泽下，全村生产生活条件得到极大改善的喜讯向总理汇报。2012年6月13日，温家宝总理亲笔给他们写了回信。温总理在信中写道："卢银辉、李文科同志：五月一日来信收到，非常高兴。十年前我到湄坨村考察的情景历历在目，我很想念乡亲们。湄坨村脱贫增收的实践告诉我们，从当地实际出发，依靠科技发展茶产业，并实行生产、加工、销售相结合，就能带动群众就业和增收致富。希望你们继续努力，把茶产业做大、做精、做强。向全村乡亲们问好，祝大家生活愉快幸福。"2012年6月15日，印江自治县缠溪镇湄坨村支书卢银辉、村主任李文科沉浸在无比激动的心情之中。对他们来说，这一天将是一个值得终身铭记的日子，因为这一天，中共中央政治局常委、国务院总理温家宝写给他们的一封亲笔回信，从首都北京传送到了大山深处的湄坨村。

4. 2003—2008年铜仁茶产业发展

2003—2005年，石阡县抓住国家实施退耕还林的政策机遇，实施"退耕还茶"，三年新建茶园2640.2hm^2；到2005年末，石阡县茶园面积3333.33hm^2。2006年，石阡县依托茶叶"大兴产业、兴大产业"的发展思路，通过强化组织、广泛宣传、多措并举，石阡县新建林下茶园1526.46hm^2，茶叶总面积4866.66hm^2。2004年，铜仁地区茶园面积6854.66hm^2，茶叶产量2809t，平均单产27.3kg。2005年，印江县“梵净山翠峰”被批准为国家地理标志保护产品。2004年，德江县政府引资组建茶叶公司，投资200万元开发小叶苦丁茶。2004年，石阡县茶园分布18个乡镇、280个村，种茶农户8万余户30余万人，全县栽培国家级优良茶树品种15个；石阡县通过茶叶无公害产地认证面积22466.67hm^2，占茶园面积的92.4%。工商注册的茶叶生产、加工、经营企业772家，年茶叶加工能力20000万t，综合产值达23.76亿元。注册“石阡苔茶”商标，塑造“石阡苔茶”公共品牌；石阡苔茶获得国家地理产品标志、国家原产地证明商标、中国“驰名商标”“中国苔茶之乡”；连续3年被评为全国50个重点产茶县。2005年，德江县茶园面积373hm^2，茶叶产量215t。

2006年，铜仁地区茶叶面积9186.66hm^2，主要在石阡县茶园面积5000hm^2、印江县茶园面积1653.33hm^2、松桃县茶园面积880hm^2、沿河县茶园面积606.66hm^2；其中无性系茶园面积5620hm^2，占茶园总面积的61.2%；铜仁地区通过无公害产地环境认定的茶园1210hm^2，其中石阡龙塘、聚凤、五德等15个乡镇茶园1130hm^2，印江县银辉茶叶公司在缠溪镇的茶园466.66hm^2，贵州梵净山顶翠园茶叶公司在玉屏县亚鱼乡的茶园333.33hm^2；印江县净团茶叶公司在永义乡的茶园56.66hm^2。2006年，铜仁地区绿茶产量5050t，主要产品：名优绿茶、大宗绿茶和珠茶，年销售收入5800多万元，出口创汇480万美元；产品销往非洲、中东等国际市场和北京、上海、广东、浙江、湖北等国内市场。2006年，江口县集中连片茶园仅存茅坪茶园，面积6hm^2，产量2t。2006年4月，在沿河县塘坝乡榨子村发现集中连片种植人工栽培古茶树323株，据贵州省农科院茶叶研究所专家科考，树龄最长1000年，最短500年左右，专家认为是贵州发现最早的人工古茶园，在全国都罕见，发现地方优良株系，优良性状，内含物质均超过国家一级优良品种福鼎品种系列。

2007年，中共贵州省委、省政府出台《关于加快茶产业发展的意见》文件；铜仁地区行署出台《关于加快生态茶产业发展的意见》文件，把生态茶产业立为铜仁地区的优势支柱产业，成立由行署专员任组长的生态茶产业发展领导小组，成立铜仁地区生态茶产业发展领导小组办公室，负责全区生态茶产业的发展。各县出台相应的茶产业以展政策，石阡、印江、江口、松桃、沿河、德江、思南等重点县出台《关于加快生态茶产业发展的意见》，成立了专门机构负责具体抓落实。铜仁地区的生态茶产业得到快速发展；铜仁行署出台补助政策：对2007年完成生态茶园建设任务的县，按实际建园面积由地级财政每亩补助50元给种茶农户；对完成茶树无性系育苗任务的县，按实际育苗面积由地级财政每亩补助1000元给育苗农户或业主。2007年新建茶园3545.33hm^2，2007年秋建立茶树育苗基地44.13hm^2；2008年新建茶园14606.66hm^2，茶树育苗基地238.2hm^2；铜仁地区茶园总面积27333.33hm^2，茶叶产量达5900t，销售收入达5035万元，出口创汇300美元；主要是销往摩洛哥、阿尔及利亚等非洲和阿拉伯国家。2007年，石阡县茶叶总面积达6726.73hm^2；绿茶年产量达722t，实现产值1150万元。2007年，德江县茶园面积381hm^2，茶叶产量为237t。2008年底，铜仁地区引进茶叶加工企业21家，引进资金5100万元，外商租赁经营区内茶园2113.33hm^2；21家客商来自浙江、山东、湖南、江苏和重庆，其中来自浙江的外商有14家，承包经营茶园1780hm^2，占外商租赁经营茶园面积的84%。2008年，石阡县茶园面积2hm^{2}以上的新建茶园面积3829.06hm^2；茶树育苗62.5hm^2；茶园总面积10555.8hm^2，茶叶总产量1147t。

5.2009—2018年铜仁茶产业发展

2009—2018年，铜仁市生态茶产业发展，按照“强基地育主体、重加工提质量、融文化塑品牌、扩市场抓销售、创机制谋成效”的全产业链发展思路，历届地委、行署和市委、市政府高度重视生态茶产业发展，把生态茶产业作为调整农业种植业结构、发展农业农村经济、增加农民收入、助推脱贫攻坚的农业主导产业培育。全市茶园面积、茶叶产量、茶叶产值大幅度增加，产业集中度、带动力、品牌知名度等方面实现了大幅度提升，茶园规模居全省第二，发展速度居全省第一，抹茶产量占全国产量的五分之一，铜仁市成为贵州省的茶产业大市。

截至2009年，铜仁地区茶园面积27173.32hm^2；其中：石阡县10426.66hm^2；印江县5040hm^2；松桃县3280hm^2；沿河县3240hm^2；德江县2593.33hm^2；江口县1413.33hm^2；思南县1180hm^2。茶叶产量2338t。茶叶总产值2448.5万元。

截至2018年，铜仁市茶产业经过10年的快速发展，茶园面积100680hm^2，其中：石阡县25446.66hm^2；印江县17213.33hm^2；松桃县12680hm^2；沿河县10293.33hm^2；德江县11806.66hm^2；江口县10646.66hm^2；思南县12593.33hm^2。茶叶产量9.23万吨、茶叶产值91.17亿元、茶叶销售84.12亿元。

铜仁市获“中国高品质抹茶基地”“中国抹茶之都”“中华生态文明茶乡”称号。铜仁市石阡、印江、思南、德江、松桃、沿河、江口七个县荣获“全省重点产茶县”；石阡、印江、思南、松桃、沿河五个县荣获“全国重点产茶县”；石阡茶园面积居铜仁市第一、贵州省第三，被贵州省政府列为全省三个茶产业发展重点县之一；石阡、德江、思南县被列入贵州省现代农业建设茶产业发展示范县；印江、石阡、思南、松桃、沿河五个县荣获“中国名茶之乡”；石阡县荣获“中国苔茶之乡”称号；沿河县荣获“中国古茶树之乡”称号；铜仁有六个乡镇荣获“贵州省最美茶乡”。思南县获国家级茶叶（出口）质量安全示范区；印江县、江口县获国家农产品质量安全县称号。茶叶基地、主体培育、质量安全、加工升级、市场拓展、品牌建设等实现了大发展，茶产业已成为铜仁市农业第一主导产业和农民脱贫增收的绿色产业，取得了显著的经济、社会和生态效益。

第二节　铜仁茶的历史记载

一、贡茶的历史由来

（一）石阡苔茶

据贵州发现的《濮祖经》记载及中国民族文化经济研究院景亭湖院士、贵州省仡佬学会骆长木副会长的多年研究，5000多年前，土著濮人山古由务川县大坪镇红渡河边的九天母石，向南行三日到达石阡县本庄镇时，首先发现了苔（迨）茶。宋代，石阡开始以茶进贡。北宋、乐史（987年前后）撰《太平寰宇记》江南道载："夷州、播州、思州以茶上贡。"石阡坪贯茶（石阡苔茶）在明朝大量作为贡品上贡朝廷，明洪武二十一年（1388年）开始设立仓库收贮茶易马。石阡不仅是全国最古老的茶区和茶树原产地，而且有着悠久的种茶、制茶、饮茶的历史。

（二）团龙贡茶

明永乐十一年（1413年），印江县永义乡（现为紫薇镇）团龙村一带，柴姓村民向土司官定期敬贡的名贵兽皮，如虎、熊、狸等，因长期捕捉，皮源枯竭，改为敬贡当地特产山茶。茶叶经由沱江宣抚司向思州宣慰司敬贡，思州宣司又向朝廷敬贡。朝廷认为此茶叶为上品，因此列为岁贡。土司因此获丝绸奖，团龙种植和制作茶的人家获免吏赋和差役奖。团龙茶从此成为朝廷贡茶。

（三）思南晏茶

据文献记载，思南及其辖地自唐代以来，就是朝廷用茶的生产基地。而以此形成的茶商通道，称之为"牂牁茶道"。唐天宝年间，黔州都督赵国珍拿思南鹦鹉溪马河茶去向玄宗皇帝李隆基进贡，李隆基饮了思南马河茶后，觉得味道极佳，非常高兴，就封之为"晏茶"，其意是君民同享、海晏河清、盛世太平的日子，并命御厨早晚都要给他上思南产的晏茶，并用它招待天下四方嘉宾。从此，思南晏茶成了御茶并闻名遐迩。

（四）姚溪贡茶

据《华阳国志·巴志》载：巴子国"土植五谷""牲具六畜"、桑、麻、茶被列为缴纳贡赋之物。北宋绍圣年间，著名文学家黄庭坚谪居黔中时，写下《阮郎归·茶》，其中对姚溪茶赞不绝口："研膏入焙香。青箬裹，降纱囊。品高闻外江，酒阑传碗舞红裳，都儒（都儒为古代的都儒县，为今天务川县，沿河县北部乡镇一带）春味长”，表明沿河在宋代就有种茶记载。清代张澍《续黔书》：“今沿河为思州……古以茶为贡赋。”沿河古时属思州，又称宁夷郡，今沿河一带，县北所产姚溪茶在明朝就成为贡品，一直沿袭到清朝。《明实录》和《清实录》还对沿河溪长官司的姚溪等贡茶也有详细记载，贡茶数量50~100kg不等。

二、制茶的历史记载

沿河县的《古茶制作技艺》又名《思州古茶制作技艺》。位于沿河北部片区的塘坝镇、新景镇、客田镇、后坪乡、洪渡镇、黄土乡，毗邻国家级风景名胜区乌江山峡和国家级麻阳河黑叶猴自然保护区，是沿河“中国古茶之乡”的核心保护区域，自古有“金竹贡米”“姚溪贡茶”的记载，是产好茶之地，至今仍保留“坨茶”“罐罐茶”“油茶汤”“蜜茶”等古茶制作工艺。

石阡县种茶制茶历史虽然十分久远，但茶叶生产工具简单，铸造材料差，使用周期短，民间遗留完好只有近代以后少量木、竹制类型制茶工具。一类是种茶用具主要有开垦茶园用的挖锄和开沟播种用的二板锄和锄草用的挖锄，以及采摘茶种用的提篮、竹篓和播种用的板撮等。二类是制茶用的文物主要有唐宋时期一直还沿用至今摊青竹席，手工搓揉茶叶的竹筏台、板撮、簸箕和后期制作的木制手推揉茶机，生产红茶用的木制萎凋槽、大型畜力揉茶机等，红茶设备在20世纪90年代茶场改建学校时，大部分被毁。

三、茶马古道的历史记载

（一）松桃茶马古道

茶马古道是以马帮和脚夫为交通工具的民间商贸通道，是中国西南民族经济文化交流的走廊。松桃茶马古道有两条，一条旱道，一条水路。

旱道，是在清乾隆年间（1763年左右），以政府名义拟定运销条令，在黔省开辟四岸通道，即仁（仁怀）、綦（綦江）、涪（涪陵）、永（永叙）四岸。梵净山区乃至整个辰水流域，全部依靠涪岸发出，逆乌江经龚滩运抵沿河、思南，再组织人力运至寨英码头，最后由松桃县寨英水运至铜仁、湘西各县。清朝初期，寨英是辰河军事码头，是梵净山区商品交换首屈一指的集镇。其枢纽作用举足轻重。《松桃厅志》载：“地产桐、茶，二树除给用外，以其余运出辰常。”那时，从沿河、思南码头搬运的挑夫、脚力，经甘龙、乌罗一线或经印江、乌罗一线，最后翻越腰带山抵达寨英者可谓川流不绝。而沿辰水上运输的盐巴、楚纱、瓷器、铁器以及本地出产的蓝靛、药材、茶叶、桐油、土布、大米等需在寨英集散的物资更是琳琅满目，堆积如山。

水道，是在清乾隆五十四年（1787年），松桃河经开凿治理始通舟楫，商旅常往来于辰溪、常德。民国时，为抗战筹运粮饷需要，增辟松桃大路航运。松桃河有船运和筏运两种，船运主要是运送本地桐油、土布、药材、蓝靛、茶叶、花生等物资到常德，返回船拉运盐巴、瓷器、陶器、铁器、洋布、洋油等商品回松桃。筏运主要将松桃木材漂运至湖南茶硐，再扎成大排，顺水放排至常德（图1–3）。

图1–3 松桃大路茶马古道（水道）（松桃苗族自治县茶叶产业发展办公室）

松桃的“茶马古道”无论旱道、水道都凝聚和集中了物流和人流。湖南茶硐是沈从文《边城》笔下的经典之作，书中描写到“远古飘来茶叶的芳香和古朴民风、传奇的故事，在日出日落的平常中消亡”。湖南茶硐是松桃河进入常德“茶马古道”第一驿站，穿行在“茶马古道”成千上万的挑夫、脚力、船夫，每一次踏上征程，就是一次生与死的体验之旅，是用自己的血肉之躯让乌江与辰水千里牵手，让沅水与苗疆百里贯通。

德江乌江茶马古道源于茶马互市。宋明两代，茶马交易愈趋兴旺，相应的制度变得更加完善。大体说来，封建王朝以官茶换取少数民族地区马匹的交易，都属于茶马互市的范畴，而将茶叶和马匹运输抵达交易场地的道路便都是今人所谓的“茶马古道”。有资料证实德江的官林茶产于邮驿古道官林村，传说在隋朝时有邮驿上官使者奔于庸州，至官林，日暮，人困马乏，遇农舍清香四溢，芳香浓郁，遂上前答话，暂借一宿。翁沏茶以待，茶芳六清，溢味九州，沁人心脾。邮官将老翁送给的官林茶带入京都，正逢龙体欠佳多时，皇榜寻药，驿献焉，饮之唯觉两腋习习清风，神爽，问其缘，言其由南蛮官林而来。上诏曰：南蛮官林，余皆弗取，惟茶贡之。从此，庸州官林茶成为上品，除奉给朝廷专用外，茶马互市中，官林所产茶叶也源源不断地运往外地销售，从此德江便成了当时茶马古道中的重要路段之一。

（二）石阡茶古驿道

石阡将茶树种子通过长江流域和珠江流域水路传播到东南沿海及世界各地，通过陆路“石阡县—镇远县—岑巩县”出贵州，传播到全国的很多茶区引种，为世界茶叶发展作出了贡献。石阡茶也从石阡的古茶叶巷出发，通过挑夫、马帮踏出了许多条驿道。城郊大关口古驿道，曾经是西出石阡到贵阳的通道。唐宋以来尤其是明清及民国初期，石阡县城是周边各县有名的茶马交易中心，形成了“石阡—思南—重庆—上海”“石阡—余庆—贵阳”“石阡—镇远—湖南—武汉”等线路。在茶马交易的漫长岁月里，山间铃响马帮来，挑夫或马帮在这些古道上奔忙，用他们的双脚，踏出了一条条崎岖绵延的茶马古道，也将石阡茶销往全国各地及东南亚地区。民国茶商龙尧夫每年通过乌江水道，途径沿河抵达重庆进入长江，将茶叶销往沿途各省市及新加坡、马来西亚等国家和地区，不仅繁荣了石阡的经济，带动了石阡茶产业的发展，而且将石阡县城也带入了中国历史文化名城的名录中，数千年以来让石阡的文化兴盛不衰。

（三）沿河乌江茶马古道

1. 乌江航道

随着沿河境内的盐泉消失枯竭，乌江成为贵州盐油茶古道的主干道。乌江历来是各朝通往西南的要道，《唐书》载：“武德四年（619年），招慰使冉安昌以务川县（今沿河）当牂牁要道，请置群以抚之，于县地置宁夷郡。”明嘉靖《思南府志》也有相同的记载。川盐有半数经乌江运至沿河、思南发卖。唐朝时，人们将当地没有的东西用船沿乌江运入，又将当地的特产运往中原。

2. 官马古道

除了水运外，盐油茶古道还在向崎岖的山道延伸，水运码头并非盐油茶古道的终点，古道在继续向贵州腹地及重庆、湖南边境延伸。从这些码头出发，还经陆运销往各处，于是在乌江沿岸出现以有盐运有关的很多集镇，人们称为水码头。在沿河，除了沿河县城外，还有洪渡、思渠、黑獭、淇滩、夹石等几个集镇。

四、茶禅一味的历史记载

梵净山属中国的佛教名山之一，据《松桃文名资料》记载和民间传闻，松桃过去曾是中国西南的佛都，在大乘佛教和藏传小乘佛教的结合部，是以梵净山为中心的佛教王国，全县共有大小寺庙200座以上，再加上本土的信仰，形成独特的佛、儒、道、傩四系信仰结合的独特地域。最早在松桃能长期享用饮茶之人，只有寺庙和尚、道观道师、庵子尼姑，一般的大户人家也难以享用，佛教崇尚茶饮，有“茶禅一味”之说，意为

“静虑”“修心”的人生哲理，“一味”的意思是茶与禅的相通，“茶禅一味”在松桃老百姓感悟中，没有太高内伸层面，大多数理解为一种“放下”。

松桃过去寺庙、道观、庵子都有一亩三分地，提倡种茶，但对茶的认知各有不同。有将茶视为结交鬼神、养生祛病、超越世界、创造生命之物；有将茶视为“神物”，把它供在神桌上，让神灵享用。总之，“茶禅一味”大彻大悟，实际就是求得美好的精神寄托，为茶的千古不衰起了推动作用。

“茶禅一味”在松桃表现就四个字“正、清、和、雅”，所谓“正”有八正，即正见、正思维、正语、正业、正精进、正命、正念、正定为八正道；“精”为净心，即无垢无染、无贪无嗔、无痴无恼、无怨无忧、无系无缚的空灵自在、湛寂明澈、圆融无住的纯净妙心；“和”为六敬，即身和同住、口和无净、意和同悦、戒和同修、见和同解、利和同均；“雅”为规范，即情趣高尚、超凡脱俗、意趣深远、正而不邪。

在梵净山下的印江，茶已经与禅道、书法、长寿融于一体。明正统三年（1438年），梵净山天池寺（即今护国寺）利用农历四月初八日赶庙会时，举办佛事，宣传佛茶因果说。除招来大量游客品佛茶外，还将茶置于佛腹中，以小包装售给善男信女和游人，一日一腹售完为止。从此茶叶价格倍增，供不应求。明正统五年（1440年），印江县城旁大圣墩太和寺建成，举行开光落成仪式。思邛江长官司正长官张兴仁赠送太和寺一袋茶叶和一方挂匾，挂匾上书“南山太和”。茶叶袋上的赠言为：“叶舟载寡欲，禅座更清心。”

佛教传入印江可考证历史追溯到宋代，其文物有西岩寺遗址。佛教传入印江后在明代兴盛至极。明万历梵净山重建金顶寺庙之后，梵净山区域先后建有四大皇庵四十八脚庵，佛教文化蔚然成风，梵净山被中国佛协认定为“中国佛教名山”。印江茶的起源就有由古佛道场高僧带来种子，精心栽培而成茶园之说。印江民间流行“佛茶”之说：梵净山老和尚将喝茶、种茶等习俗传给民间，引导山民喝茶清心，信佛向善。寺院提倡僧人种茶、制茶，并以茶供佛。僧侣围坐品饮清茶，谈论佛经，客来敬茶，并以茶酬谢施主。明万历四十六年（1618年）梵净山承恩寺碑文述：山中修有上茶殿、下茶殿，也有“双旨承恩贡茶”记载（图1-4）。肖忠明著《印江茶业志》载：梵净山四大皇庵四十八脚庵中在印江的寺庙均有自己的茶园，其中天庆寺有茶园1.33hm^2、护国寺有茶园0.67hm^2。

图1-4 梵净山碑文（松桃苗族自治县茶叶产业发展办公室）

茶园风光（供图：温顺位）

第二章 铜仁茶区

第一节　铜仁茶树种植概述

铜仁茶树种植历史悠久，1949年前，铜仁各区县均有茶树种植。1949年后，铜仁有石阡、印江、沿河、松桃等县种植茶树，有四大国营茶场和公社茶场。铜仁市是贵州省第二大茶叶种植市，茶叶产业成为铜仁市农业第一大主导产业，铜仁茶树种植分三个发展期。

一、起步发展期

据《铜仁地区志·农业志》记载，1948年以前，铜仁地区的石阡、思南、印江、沿河、德江等县均有茶树种植。茶叶生产处于农户自我发展状态，为零星种植加工，生产水平落后，规模较小，茶树种植面积133.3hm^2。

二、稳步发展期

1949—2007年，铜仁市石阡、印江、松桃、沿河、江口等县有茶树种植，玉屏县、铜仁市（现碧江区）、万山区有少量茶树种植。

1949年，铜仁茶树种植面积逐渐扩大，进入稳步发展时期。1956年，茶园面积202.5hm^2。1958年，茶园面积333.3hm^2。1959年，茶园面积495.6hm^2。1976年，茶园面积有2078.9hm^2。1982年，茶园总面积1320.3hm^2。1990年，石阡、印江、松桃、沿河等县，茶园面积5272hm^2。2000年，茶园面积6504hm^2。2004年，茶园面积6854.6hm^2。截至2007年底，铜仁茶园面积9186.7hm^2，其中：石阡5000hm^2、印江1653.3hm^2、松桃880hm^2、沿河606.7hm^2、德江500hm^2、江口480.1hm^2、玉屏53.3hm^2、万山13.3hm^2。

三、快速发展期

2008—2018年，铜仁市石阡、印江、松桃、沿河、德江、思南、江口七县有种植茶树，茶园面积年均新增1万hm^2。截至2018年底，铜仁市茶园面积达100680hm^2，全市有茶园2万hm^{2}以上的县1个、1.3万~2万hm^{2}的县3个、0.67万~1.3万hm^{2}的县3个；建成以印江、松桃、江口三县为核心的梵净山优质茶区，以沿河、德江、思南县为核心的乌江特色茶区和以石阡县为核心的石阡苔茶特色茶区。

第二节　铜仁茶区地理条件

一、土　壤

铜仁市土地资源丰富，土壤以黄壤、黄棕壤、沙壤为主，土层深厚，土壤质地疏松、土壤有机质含量达2%以上，土壤pH值4.0~6.5。按照中国地质研究所以岩石中矿物元素的补偿能力及耕土层的酸碱度和有机质为主要依据，对种茶区域划分，贵州省分为2个最适宜区、3个适宜区和1个次适宜区，铜仁市属于最适宜区。

二、气　候

冬无严寒、夏无酷暑、春暖秋凉、四季分明，年均气温16.2℃，年有效积温4850℃，无霜期290d，海拔高度205~2572m，相对湿度78%~85%，地表径流和地下水分十分丰富，年均降水量1100~1500mm，满足茶树生长对水分的需求。适宜茶树的生长。

三、光　照

铜仁市每年的日照时数1044.7~1266.2h，年日照率19%~30%，为全国日照低值区之一，具有适宜茶树生长的光照条件。

四、大　气

铜仁市属亚热带原生态气候，空气质量优良，梵净山区域是世界卫生组织清新空气标准的10~15倍，有天然氧吧美誉，具有茶树生长的大气条件。

五、生　态

铜仁市具有“高海拔、低纬度、多云雾、寡日照、无污染”的自然条件，赋予了铜仁市发展生态茶产业得天独厚的生态优势，具有生产高品质茶叶的生态环境。

第三节　铜仁现代茶叶园区

一、铜仁市现代高效茶叶园区发展概况

现代农业园区是以现代农业技术为支撑，以农业技术推广机构为依托，以种植业、养殖业、加工业为基础，以一定规模和相对稳定土地为载体，进行农业新技术的试验、

示范、展示及推广、优良种苗繁育、实用技术培训、绿色或有机农产品生产为主要服务内容的农业科技示范基地，是推动铜仁市迈上高产、高效、优质现代农业发展之路的有效途径，是农业经济发展的一种必然趋势，是调整农业产业结构，深化农村产业革命，助推铜仁市脱贫攻坚，提升农业科技水平，增强农业经济效益的必由之路。

2013年，贵州省委、省政府提出“建设5个100工程”的总体部署，铜仁市按照全省建设100个现代高效农业示范园区的总体要求，围绕“把园区建成现代农业发展的样板区、农副产品加工的聚集区、体制机制和科技成果集成和创新的试验区、城乡一体化发展先行区、扶贫攻坚的示范区”的目标，打破行政区域界线，实行跨县、乡连片规划建设园区的要求。铜仁市建成16个省级现代茶叶示范园区，占铜仁市60个省级现代高效农业示范园区总数的26.7%，省级茶叶园区数量位居全省第一位，为推进农业产业结构调整、农产品质量提升、农民收入增加起到良好的引导作用和示范作用。

2014年，铜仁市委、市政府成立由市委副书记、市长任组长，市委副书记、市人大副主任、分管副市长、政协副主席任副组长的领导小组，在市农业农村局下设领导小组办公室。各区县也相继成立领导小组及办公室，抽调专人入园办公。园区为达到规划编制的科学化、合理化，按照《贵州省现代高效农业示范园区建设规划编制导则》和《贵州省现代高效农业示范园区建设标准》组织编制建设规划，实行区县评审、市级评审，层层把关，完成了16个现代茶叶高效示范园区的建设规划。

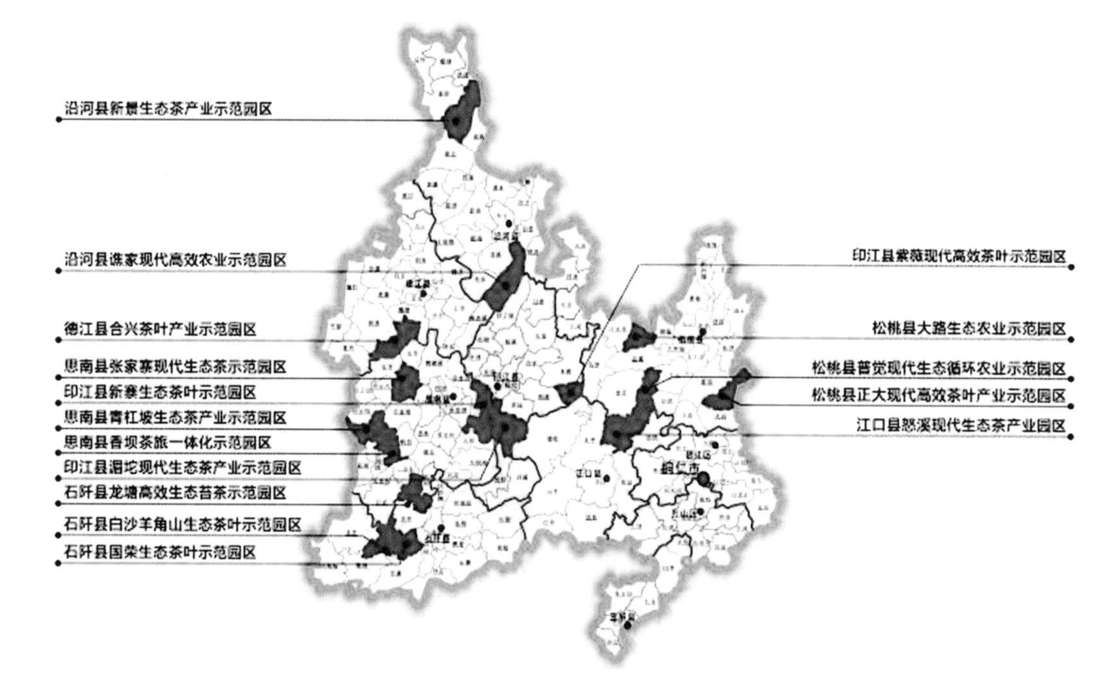

图 2-1 铜仁市现代高效茶叶示范园区区位分布示意图（铜仁市茶产业办公室提供）

截至2018年底，全市16个省级现代茶叶高效示范园区完成总投资38亿元，新建茶叶园区产业路390km，水池2.1万m^3，供电线路210km，加工厂房4.5万m^2，茶叶保鲜库0.9万m^3（图2-1）。园区在发挥生态、区位、资源、产业等比较优势的同时，加大招商引资力度，促进茶叶园区经营主体形成。截至2018年底，茶叶园区共入驻茶叶企业119家、茶叶专业合作社196家、从业人员9.2万人；茶叶园区以茶叶为主导产业基本形成，建设生态茶叶基地40666.67hm^2，实现茶叶总产量5.6万t、茶叶总产值49亿元；园区茶旅一体化发展成效突显，有9个茶叶园区基本实现一、二、三产业融合发展，综合效益实现54亿元。

二、铜仁市现代高效茶叶示范园区发展

（一）贵州省级茶叶高效示范园区

1. 石阡县龙塘高效生态苔茶示范园区

园区位于石阡县西北部，距县城15km，总面积53km^2，海拔500~800m，是2013年省政府批准成立的100个省级现代高效农业示范园区之一，连续5年进入全省重点农业园区。由省财政厅帮扶指导，园区产业布局以茶叶产业为主导，以畜牧养殖业、中药材为补充，规划核心区1666.67hm^2，拓展区6980hm^2，辐射区10626.67hm^2，规划总投资40409万元。

图2-2 石阡县龙塘高效生态苔茶示范园区（石阡县茶叶管理局提供）

截至2018年底，园区核心区茶叶面积1733.33hm^2，产值达5.2亿元，涉及龙塘镇、龙井乡20个村，132个村民组，受益贫困户1514户6225人，农民人均纯收入达15000元以上。入驻企业21家，组建农民专业合作社15家，经营主体投产率、达产率100%；园区科研项目2项，引进推广先进适用技术13项，取得创新成果2项，获得专利7项。园区大力推进电子商务建设，通过“互联网+”平台，实现了“山货上线，阡货出山”。实施“园区+科研”工程，强化园区农产品质量安全监测，全面开展“三品”认证和茶园绿色防控技术应用，与贵州大学、贵州省茶科所共同在园区开展绿色防控体系，核心区茶园绿色防控达100%，产品农残抽检合格率达100%，园区农产品优质、生态和安全。着力“园区景区化、农旅一体化”建设，园区成功申报为市级五星级农业园区（图2-2）。

2. 石阡县羊角山高效苔茶示范园区

园区位于石阡县西部，白沙镇西北部，距离石阡县城44km，海拔1170m左右，涉及白沙镇、聚凤乡、本庄镇5个行政村13个村民组。茶园面积1400hm^2，规划面积333.33hm^2，以石阡苔茶、福鼎大白茶品种为主。于2017年被批复为省级农业示范园区，以茶产业发展为核心，以“园区景区化、茶旅一体化”为主线，着力建设成为“茶旅一体”示范区、美丽乡镇古村落示范区。

园区以茶叶为主导产业，建成投产茶园1333.33hm^2，培育茶叶企业10家、合作社13家，建有茶叶加工厂房9座。园区建设以“园区景区化、农旅一体化”为目标，全力打造集科普、观光、休闲体验为一体的现代农业园区。

3. 石阡县国荣生态茶叶示范园区

园区位于石阡县西南部，距县城14.8km。2018年，贵州省政府批准成立省级现代高效农业示范园区之一。园区以“一个田园综合体、十个招商引资企业、一百个合作社、千亩花卉苗圃基地、万亩石阡苔茶、十万羽生态养殖、百万棒食用菌基地”产业发展为总体布局，规划总投资33990万元。

截至2018年底，园区建成生态茶园878.44hm^2，其中，2017年冬—2018年春，新植苔茶565.254hm^2，原有投产茶园500hm^2，新建茶叶加工厂10349m^2。

4. 印江县新寨生态茶叶示范园区

园区距印江县城5km，印江经济开发区和杭瑞高速印江站匝道口，杭瑞高速公路的延伸服务区，规划面积150km^2，现有茶园3.3万亩，海拔700~1000m，有状元茶区、野生茶山、茶文化广场、状元湖、状元殿、花卉园等景观点；有停车场、观光亭、文化长廊、环湖栈道、垂钓基地、状元茶文化中心等配套服务设施；有云上居、印楠花木生态园、高老庄等旅游接待设施；建有江西塘水库环水库木质廊道，采摘、加工体验茶园基地500亩，有花卉苗木展示厅1个，花卉苗木繁育基地2个，农家乐11个，主干道119km，机耕道222km，生产便道228km，观光步道25km，观光亭9个。2014年被评为3A级景区，2015年被评为4A级景区，2016年被评为5A级景区，是全省460个现代高效农业示范园区之一，铜仁市著名的农旅园区，是茶园观光和茶文化体验、状元文化探秘、休闲垂钓、婚纱摄影的茶旅综合体，成为人们观光休闲旅游地。

2013—2018年，园区实现茶叶总产值45.98亿元，销售利润8.728亿元，带动农户3.06万人，园区农民人均纯收入达11280元。园区总投资55.98亿元。

5. 印江县湄坨现代生态茶产业示范园区

园区为省级农业示范园区，距县城41km，园区规划面积66.4km^2，覆盖缠溪镇、杨柳镇和洋溪镇3个乡镇20个村，农户4384户14028人。主导产业为茶叶。规划茶园面积2000hm^2，围绕“梵净天池”打造生态高效农业园区，是集垂钓、休闲、体验、旅游观光为一体的现代农业示范园区（图2-3）。

图2-3 印江县湄坨四星级生态茶叶园区湄坨水库一角

园区投入资金26.53亿元，建设游客接待中心及配套茶园景区，有双层八角亭1座，廊亭、木栈道、木平台、绿化草坪3050m^2。配套园区主干道52.18km，机耕道36.93km，生产便道58.28km，服务设施建设按照三星级标准建设海天宾馆，集住宿、餐饮、娱乐为一体的农家乐。2016年，园区被评为4A级景区。园区入驻茶叶生产加工企业9家、茶青交易市场3个；现有茶园面积1866.67hm^2，年茶叶总产量860t，年茶叶总产值19.2亿元，销售收入10.03亿元，带动农户1.2万人，人均增收6500元，农民人均纯收入10720元。

6. 印江县紫薇现代生态茶产业示范园区

园区位于印江县紫薇镇，东连木黄镇，南接江口县德旺乡，西靠印江县的罗场乡、朗溪镇，北临印江县的合水镇。园区辖1个乡镇、17个行政村、113个村民组4209户。园区有60%面积属梵净山国家级自然保护区，素有“国家级卫生乡镇”“国家级生态乡镇”“贵州最美茶乡”等称号。

园区道路网畅通，交通方便。梵净山环线（紫薇段）公路横贯园区6个村25km，梵净山连线合水至张家坝公路（紫薇段）横穿园区6个村14km；杭瑞高速江口县德旺乡（梵净山西）出口距团龙民族文化村21km，到护国寺25km；距印江县城32km，距杭瑞高速德旺出口31km，距印江塘池杭瑞出口20km。

园区境内海拔最高2493.8m、最低海拔650m，年均降雨量为1125mm，年均气温16.8℃，月均气温15.5℃，无霜期290天左右，相对湿度80%以上。森林覆盖率83.64%。境内冬无严寒、夏无酷暑，雨量充沛，空气清新。现有林地1200hm^2、荒地566.67hm^2，可利用荒地80hm^2，宜茶面积1000hm^{2}以上，具有发展生态茶产业得天独厚的自然条件。

园区面积169.5km^2，现有耕地面积953.56hm^2。园区现有茶叶基地542.4hm^2、年产量43t、年产值1800万元，烤烟200hm^2、产量75万斤、产值940万元，中药材160hm^2，精品水果213.33hm^2。园区入驻茶叶企业9家、茶叶加工作坊13个、茶农1278户。园区规划布局茶叶、精品水果与旅游互动，实现“茶旅游、旅游茶”新的经济增长模式。

7. 松桃县正大现代高效茶叶产业示范园区

图 2-4 松桃县正大现代高效茶叶产业示范园区（松桃摄影协会供图）

园区茶叶基地始建于20世纪80年代末至90年代初，是贵州省、铜仁地区、松桃县三级联合引资日本政府“黑字还流”贷款项目，建设武陵山茶叶出口基地313.33hm^2，建成后交由当时新成立的贵州武陵山茶场管理经营。2013年首批列入全省100个省级现代高效农业示范园区之一，园区以茶叶产业为主导产业，规划面积8186.67hm^2，其中核心区1333.33hm^2、拓展区6853.33hm^2，覆盖正大、盘信、大兴3个乡镇30个行政村，涉及1.53万户7.3万人。园区成为茶旅融合、农旅融合及一二三产业融合发展示范区，2016年被评为五星级农业景区，2017年，在全省431个省级示范园区中排名49位，列入全省引领型农业园区（图2-4）。

园区按照“园区景区化、农旅一体化”发展思路和“生态松桃，健康苗茶”的建设理念，作为铜松大健康产业带的核心区规划定位，努力将园区打造为苗茶主产区、3A级旅游景区、健康养生产业区和乡村振兴先行区。

园区现有各类产业基地3886.67hm^2，其中：茶园面积2133.33hm^2，无公害茶叶面积1466.67hm^2。入驻园区农业龙头企业17家。园区重点企业贵州梵锦茶业有限公司隶属国家农业产业化经营重点龙头企业东太集团，是国家民委明确的少数民族商品定点生产企业，产品涵盖黑茶、绿茶、红茶三大系列10多个品类、40余种产品。园区引进的招商引资企业松桃武陵源苗王茶业有限公司，是贵州省级农业产业化经营重点龙头企业，企业与5个村联办示范基地133.33hm^2，受益农户2000户，每年与农户签订茶叶收购合同金额1048万元，户均增加收入4740元。公司茶园100hm^2，改造老茶园面积67hm^2，投入茶园改造资金1590万元。

8. 松桃县普觉现代生态循环农业示范园区

园区茶叶基地始建于20世纪70年代初，2014年，列入省级农业园区，园区规划面积7800hm^2，其中核心区1666.67hm^2、拓展区6133.33hm^2，涉及普觉镇、孟溪镇、大坪镇、平头乡4个乡镇28个行政村。园区以生态茶叶产业为主导产业，以中药材、生猪养殖为辅助产业，现有茶叶、精品水果、中药材等产业基地面积5113.33hm^2，其中：茶园面积4133.33hm^2，无公害农产品产地认定面积933.33hm^2，有机茶园认证266.67hm^2，无公害农产品认证4个，现有茶园涉茶农6175户2.5万人。园区入驻企业6家，其中：省级重点龙头企业2家，专业合作社11个，从业农民2.1万人。主导产业产品品牌为“梵净山翠峰”系列产品。2014年，园区核心区茶叶产量0.46万t，年总产值3.1亿元，带动农户1570户，直接解决就业1400个，园区内农民人均纯收入9050元。

园区采取“园区+企业+合作社+农户”“园区+支部+协会+农户”的产业发展模式，园区1866.67hm^{2}林地，以生态循环农业为着力点，延伸产业链条，打造“七香园”，即桃香园、粟香园、桂香园、樱香园、竹香园、杏香园、梨香园，形成林中有园、园中有茶、茶中有花、花中有果、果中有农家的乡村旅游示范区，园区集产业发展、乡村旅游、休闲娱乐、生态保护于一体，实现经济效益、生态效益和社会效益的统一（图2-5）。园区组建融资平台，作为园区景区经营机构，承担园区国有资产管理和休闲旅游项目的经营，负责整体开发、包装、宣传和推荐园区乡村旅游产品，探索建立全县农业园区景区经营管理的市场化运作机制。

图 2-5 松桃县普觉镇茶叶基地
（松桃摄影协会提供）

9. 松桃县大路生态农业示范园区

园区茶叶基地始建于2008年，是由专业合作社建设茶叶基地133.33hm^2。2013年，铜仁市政府认定为市级园区，2015年，贵州省政府批复认定为省级农业园区。园区涉及大路乡、妙隘乡、冷水溪乡3个乡22个行政村，园区规划面积6333.33hm^2，其中核心区面积733.33hm^2，园区以茶叶、水产养殖为主导产业，楠竹、乡村休闲旅游为辅助产业。入驻有桂芽茶叶加工厂等11家企业，招商引进上海鸿陇水产养殖场、盐城润华现代农业有限公司，有桂芽种植专业合作社等12家专业合作社，有社员326人。现有生态茶叶基地666.67hm^2、大闸蟹养殖基地20hm^2、大鲵养殖基地6.67hm^2、楠竹基地226.67hm^2。

2017年，园区茶叶产业发展引入新机制，采取“政府平台公司+支部专业合作社+

农户”发展模式，由国有企业松桃汇森源开发有限责任公司与长征村、后硐村、大路村3个村集体经济组织合作建设，在核心区新建、改造茶叶基地400hm^2，涉及3个村1865户6718人，其中贫困户176户652人，配套完善了茶区主干道、机耕道建设。

园区按照无公害、绿色、有机茶园标准和茶旅一体化发展，配套建设排灌设施、茶叶加工、观光步道、停车场、游客服务中心等设施，连接二三产业，增加二三产业增值收益。园区茶叶投产后，可实现年产值5000万元以上，吸纳当地农民1000余人从业，实现年利润3000万元以上，带动3个村农户1865户6718人增收致富。

10. 德江县合兴茶叶产业示范园区

园区属省级现代高效农业示范园区，是铜仁市重点打造的15个升级版省级示范园区之一。规划涉及合兴镇、煎茶镇、堰塘乡的19个行政，村6500万户2.65万人，土地面积83.58km^2，以鸟坪村千亩蔬菜大棚、百亩立体水产养殖区、朝阳村扶阳古城为一条集产业与观光旅游为一体的主要轴线，带动园区内群众增收。推广茶叶新品种2个，建成示范茶园337.95hm^2。

2017年，园区核心区新建茶园基地，茶园面积233.33hm^2。园区内重点企业有德江鸿泰茶叶有限公司和德江永志茶叶有限公司，实施80hm^{2}机械化采收茶园，带动园区2666.67hm^{2}茶园。园区企业获各类奖项荣誉为68个：中国著名商标2个、中国最具潜力（红茶）品牌1个、1个特别金奖、5个特别推荐产品、19个金奖、18个银奖、4个铜奖、3个特等奖、6个一等奖、8个优质奖。

11. 思南县张家寨现代生态茶示范园区

园区位于思南县城西北方向，距县城15km，杭瑞高速温泉站400m处。2013年入选首批“100个省级现代高效农业示范园区”。地处东经108°05′~108°09′，北纬27°56′~28°02′，海拔高度840~1046m，年平均气温15℃。覆盖张家寨镇冉家坝、林家寨、竹园、双联、双安、龙岗、三联、邓家寨、井岗9个行政村和街联社区村，鹦鹉溪镇大城坨、马河坝、箱子溪、燕子阡、映山红、炉岩6个行政村，带动农户4025户16473人。园区茶叶品牌为地理标志商标“思南晏茶”。

截至2018年，园区茶园面积2133.33hm^2，主栽品种为福鼎大白和安吉白茶；无公害茶园1466.67hm^2、有机认证茶园292.33hm^2；茶叶产量2563t、产值27805万元；入驻茶叶企业29家，其中贵州省级龙头企业5家、铜仁市级龙头企业5家、思南县级龙头企业3家。2016年获铜仁市首批“休闲农业与乡村旅游示范点”“全国茶乡之旅特色路线”；2016—2017年实施全国农村一、二、三产业融合发展试点项目；2017年成功创建“国家级出口食品农产品（茶叶）质量安全示范区”；2018年创建为“思南茶叶公园”（图2–6）。

图 2-6 思南县张家寨现代生态茶示范园区（思南县茶桑局提供）

12. 思南县香坝茶旅一体化示范园区

园区距县城75km，2017年被评为省级现代高效农业示范园区。地处东经107°59′~108°07′，北纬27°43′~27°51′，海拔高度640~740m；年平均气温16.7℃。覆盖香坝镇麻匡坝、老君山、董家山、碗水、栋青坳、简家店、凡家湾、沈家坝、尚家寨、金星、群星、楼房、南坝、桃坪、冷溪、场坪16个行政村和香坝社区，带动农户4146户18423人。

截至2018年，茶园面积866.67hm^2，主栽品种为福鼎大白和安吉白茶；年茶叶产量348t、年产值4857万元；入驻茶企30家，其中市级龙头企业1家、县级龙头企业3家。

13. 思南县青杠坡生态茶产业示范园区

园区距县城63km，2018年被评为省级现代高效农业示范园区。地处东经107°55′~108°01′，北纬27°49′~27°52′，海拔高度640~1080m，年平均气温15.7℃。覆盖青杠坡镇四野屯、楠木王、蒿枝门、陇水、养马坨、龙家寨、岩头河7个行政村和大唐社区，带动农户2880户11356人。园区围绕主导产业生态茶、油茶，以旅游观光、休闲为一体的产业结构布局，大力实施标准化农业园区建设，园区为旅游观光、休闲、体验、科普教育基地。园区规划涉及青杠坡镇四野屯村、楠木王村等7个村民组共528户2054人，核心区规划面积666.67hm^2，现已建设油茶基地531.33hm^2，绿茶基地313.33hm^2，精品水果基地70.87hm^2，辣椒基地141.45hm^2，浅水莲藕基地20hm^2。

截至2018年，茶园面积333.33hm^2，主栽品种为福鼎大白和安吉白茶；茶叶产量517t，产值6076万元；入驻茶企20家，其中企业8家（省级龙头企业1家），合作社12家。三品认证4个，其中无公害农产品产地认定1个、无公害农产品认证1个、有机产品1个、绿色食品1个。清洁化茶叶加工厂1座，面积600m^2，年加工能力300t以上。荣获各项奖项荣誉5个：其中金奖2个、优秀奖1个、银奖2个。

14. 江口县怒溪现代生态茶产业园区

园区位于江口北部，中心位置骆象村距县城20km，距县级公路6km，距305省道10km。2014年被列入省级现代高效农业示范园区。园区由核心区、示范拓展区组成，总规模为8000hm^2，其中：核心区1333.33hm^2、拓展区6666.67hm^2。核心区中心位于怒溪镇骆象村，覆盖毗邻的地楼村、高墙村、岑忙村、太平村、怒溪村、河口村、茶溪村、挂扣村，9680户3.2万人。园区建设共涉及4个乡镇8个村，4594户15325人，其中贫困人口2585户2585人。

截至2018年底，茶园总面积4209.93hm^2，有茶叶企业11家，茶叶专业合作社7个；名优茶生产流水线15条、设备386台，年茶叶产量2.0127万t；现代化碾茶生产流水线10条，年产量180t，实现园区总产值25171.87万元。园区内建有单轨道运输车道2条、观光亭1座、茶青交易市场1座，建成园区观景台、茶山观光道、8条乡村旅游公路，初步形成“农旅一体，茶旅一体”的茶产业园区格局。

15. 沿河县谯家现代高效农业示范园区

园区位于沿河南部，距县城38km，411省道和540县道从北向南穿境而过，是沿河西连杭瑞高速和连接县域南北的交通要道，交通便捷。辖谯家、淇滩、甘溪、夹石4个乡镇，70个村、318个村民组，总户数2.74万户，人口9.86万人。园区总面积24360hm^2，耕地面积10343.33hm^2。园区规划面积6666.67hm^2，其中核心区1333.33hm^2，示范拓展区5333.33hm^2。园区投入资金29552.11万元，其中生产性投资资金20633.1万元，占园区建设投资的70%。完成主干道160km、机耕道107km、生产便道132km、沟渠（含管网）222km等配套基础设施，完成温室大棚33200m^2、标准圈舍32700m^2、加工厂房14500m^{2}等园区设施。

截至2018年底，园区实现总产值57985万元，其中第二、三产业产值为36004万元，占园区总产值的62.09%。园区种植业涉及茶叶、核桃、花卉、蔬菜及其他作物，共4619.33hm^2，示范带动园区及周边从业农户数1.53万人，带动园区农民人均纯收入12212.98元。园区经营主体品牌认证已达17个，无公害农产品产地认定面积已达7218.58hm^2。入驻企业15家、农民合作社31家，实现“三品一标”有效认证数12个，实现总产值4.5亿元。

16. 沿河县新景生态茶产业示范园区

园区位于沿河县北部，覆盖的乡镇有新景镇、黄土镇、塘坝镇、后坪乡、客田镇、洪渡镇、思渠镇7个乡镇。2015年，园区获得省级现代高效农业示范园区，园区规划建设总面积为14566.67hm^2，其中核心区3910hm^2，示范拓展区10656.67hm^2。2018年底，园区基地建设面积达5964.33hm²，其中茶叶基地5193.33hm²、板栗基地66.67hm²、蔬菜基地266.67hm²、中药材基地346.67hm²、水果基地40hm²、其他类基地51hm²。围绕茶叶、核桃、中药材主导产业建设，带动发展水果、蔬菜特色、优势产业，依托麻阳河国家级景区打造洪渡古镇景区、新景茶园观光园景区、边山农场橘园观光园景区、塘坝古茶公园景区观光旅游线建设，将园区打造成乌江流域先进性、集聚性、科学性、多功能性集休闲观光旅游业一体的现代高效农业示范园区。示范区引进“贵州广吉生态农业旅游开发有限公司”“贵州沿河乌江古茶有限公司”“贵州银童玉白茶有限公司”入驻。2018年，实现总产值45444万元，其中第一产产值17723万元、二产产值17097万元、三产产值10623万元，二、三产产值占园区总产值的61%，实现销售收入41110万元，销售利润11525万元；解决农民就业人数达6.32万人，年初覆盖扶贫对象人数4900人。园区内农民人均可支配收入达12368元，高出全县农民人均可支配收入水平55.15%。共入驻企业15家，其中规模以上企业8家、省级及以上重点龙头企业3家、农民合作社27家。

（二）铜仁市级茶叶高效示范园区

2016年12月，铜仁市政府出台《铜仁市市级现代高效农业示范园区管理办法（试行）》，对全市农业园区进行分类管理，主要分种植类、养殖类、种养结合类、加工主导类和休闲农业类五种类型，茶叶属于种植类园区，以茶叶为主导产业相对集中100hm²以上，基础设施和配套设施较好的园区认定为铜仁市级茶叶园区。截至2018年底，铜仁市级茶叶园区13个（表2-1）。

表2-1　铜仁市市级茶叶高效示范园区

园区名称	园区面积/hm²	种植品种	海拔高度/m	所在乡镇	所在村
石阡县中坝万屯生态苔茶示范园区	444	石阡苔茶 福鼎大白	700~900	中坝街道	万屯村、垛角村
印江县洋溪“梵净云天”休闲观光农业示范园区	733.33	福鼎大白	1100	洋溪镇	蒋家坝村
印江县杉树现代高效茶叶观光农业园区	533.33	福鼎大白	980	杉树镇	杉树村
松桃县大坪场镇生态茶产业示范园区	1000	福鼎大白	500	大坪场镇	镇江村、后屯村、干串村、岩牛村
松桃县平头生态茶产业示范园区	666.67	福鼎大白 安吉白茶	460	平头镇	白岩塘村

续表

园区名称	园区面积 / hm^2	种植品种	海拔高度 /m	所在乡镇	所在村
松桃县乌罗镇生态茶产业示范园区	400	福鼎大白 迎霜	650	乌罗镇	岑司村、前进村、中利村
松桃县世昌现代农业示范园区	666.67	福鼎大白	500	世昌街道	沙柳村、木厂村、道水村
德江县青龙生态茶产业示范园区	110	福鼎大白	590	青龙镇	青龙村
思南县枫芸生态茶产业示范园区	130	福鼎大白 龙井43	550~740	枫芸乡	龙坪村、木芸村、红星村、金星村
思南县合朋溪生态茶产业示范园区	130	福鼎大白	590~700	合朋溪镇	合朋社区、凉水清村
思南县大坝场生态茶产业示范园区	180	福鼎大白 黄金芽	588~700	大坝场镇	筑山村、洞龙村、花坪村
沿河县晓景乡管家生态白茶示范园区	200	白茶一号 中茶108	850~1100	晓景乡	管家村
沿河县塘坝镇榨子生态茶示范园区	366.67	古树茶 福鼎大白 乌牛早	700~900	塘坝镇	榨子村

（三）县级茶叶高效示范园区

自2016年12月，铜仁市人民政府出台《铜仁市市级现代高效农业示范园区管理办法（试行）》，各县区参照制定了县级农业园区创建标准，以茶叶为主导产业相对集中面积在33~100hm^2，基础设施和配套设施相对较好的园区作为县级茶叶园区创建。截至2018年底，全市共创建县级茶叶园区16个（表2–2）。

表2–2　铜仁市县级茶叶高效示范园区

园区名称	园区面积 /hm^2	种植品种	海拔高度 /m	所在乡镇	所在村
石阡县河坝镇花山紫荆花生态茶农业示范园区	800	石阡苔茶	365~1306	河坝镇	坪中村
石阡县枫香乡黄金山茶果产业园区	33.33	石阡苔茶 福鼎大白 安吉白茶	700	枫香乡	屯山、凉伞、梨子园
印江县杨柳现代高效茶叶示范园区	666.67	福鼎大白	960	杨柳镇	杨柳村

续表

园区名称	园区面积/hm²	种植品种	海拔高度/m	所在乡镇	所在村
松桃县冷水乡生态茶产业示范园区	200	福鼎大白	400	冷水镇	桐子坪村 石门村
松桃县妙隘乡生态茶产业示范园区	173.33	福鼎大白	560	妙隘乡	龙家堡村 寨石村
松桃县甘龙镇现代农业示范园区	333.33	福鼎大白 金观音	580	甘龙镇	甘龙村 大面村
松桃县永安乡现代农业示范园区	333.33	福鼎大白 金观音	560	永安乡	大溪村、茶园村、鸣珂村
思南县枫芸白岩生态茶产业园区	130	福鼎大白	790~820	枫芸乡	白岩村 红旗村
思南县瓮溪生态茶产业示范园区	200	安吉白茶 黄金叶	580~810	瓮溪镇	瓮溪社区、桅杆村、黄坪村、荆竹园村
思南县宽坪茶旅一体化示范园区	50	福鼎大白	790~900	宽坪乡	江山村、五一村、龙江村、八一社区
思南县孙家坝生态茶产业园区	130	安吉白茶 福鼎大白	550~1010	孙家坝镇	高峰村、牌坊村、石门坎村、刘家寨村
思南县鹦鹉溪生态茶产业示范园区	68	安吉白茶	750~800	鹦鹉溪镇	翟家坝村
思南县合朋溪秦家寨生态茶示范园区	33	福鼎大白	500~600	合朋溪镇	秦家寨村
沿河县后坪乡红阳生态茶示范园区	73.33	福鼎大白 白叶一号 黄金芽	900~1200	后坪乡	红阳村
沿河县黄土镇简家生态茶示范园区	166.67	福鼎大白 白叶一号	700~1100	黄土镇	简家村
沿河县客田镇客田村生态茶示范园区	380	福鼎大白 中茶108	600~800	客田镇	客田村

第四节　铜仁茶叶种植区域

铜仁茶树种植分布在石阡县、印江县、松桃县、沿河县、德江县、思南县、江口县、玉屏县、万山区9个区县。

一、石阡县

截至2018年底，石阡县茶园面积2.43万hm^2，种植区域分布甘溪乡、枫香乡、龙井乡、青阳乡、聚凤乡、龙塘镇、石固乡、花桥镇、坪地场乡、大沙坝乡、国荣乡、本庄镇、河坝镇、白沙镇、五德镇、坪山乡、中坝镇17个乡镇（图2–7）。

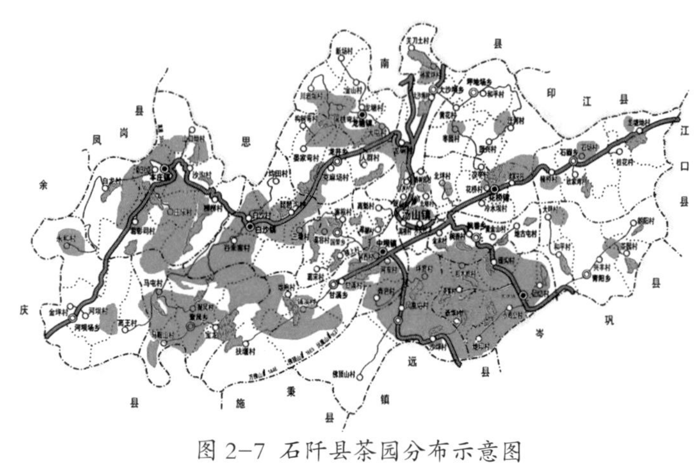

图 2–7 石阡县茶园分布示意图
（石阡县茶叶管理局提供）

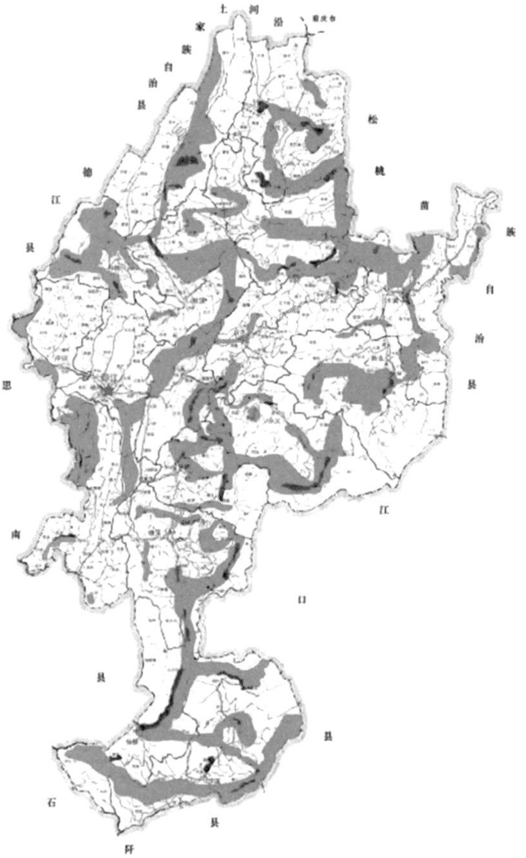

图 2–8 印江县茶园分布示意图
（印江县茶产业发展中心提供）

二、印江县

截至2018年底，印江县茶园面积1.84万hm^2，分布在洋溪镇、杨柳镇、缠溪镇、罗场乡、朗溪镇、合水镇、木黄镇、天堂镇、刀坝乡、沙子坡镇、杉树乡、板溪镇、新寨镇、紫薇镇、峨岭街道、龙津街道、中心街道17个乡镇（街道）（图2–8）。

三、松桃县

截至2018年底，松桃县茶园面积1.53万hm^2，分布在大坪、妙隘、孟溪、平头、普觉、大路、冷水、乌罗、正大、盘信、长坪、盘石、世昌、黄板、长兴、木树、迓驾、甘龙、永安、瓦溪等22个乡镇（图2–9）。

图 2–9 松桃县茶园分布示意图（松桃苗族自治县茶叶产业发展办公室提供）

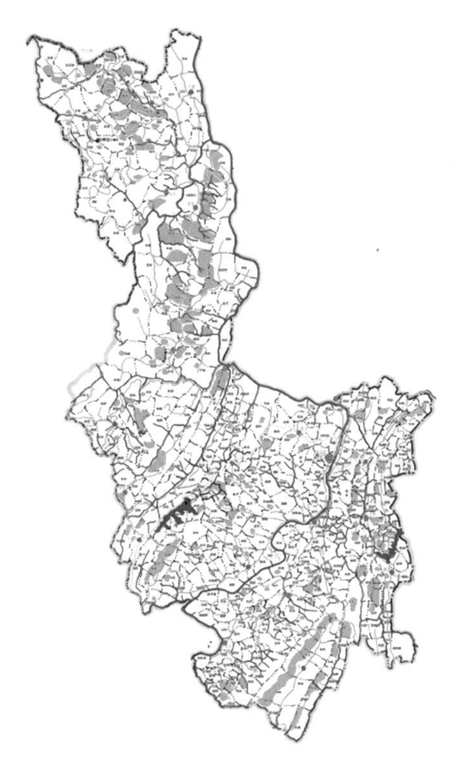

图 2–10 沿河县茶树种植区域分布示意图（沿河县茶产业发展办公室提供）

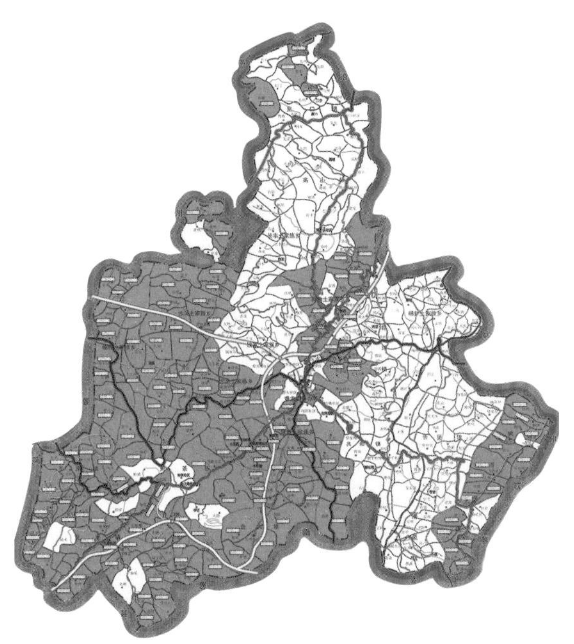

图 2–11 德江县茶园分布示意图（德江县茶叶产业发展办公室提供）

四、沿河县

截至2018年底，沿河县茶园面积1.34万hm^2，分布塘坝、洪渡、新景、沙子、中界、板场、甘溪、夹石、谯家、中寨、土地坳等20个乡镇（图2–10）。

五、德江县

截至2018年底，德江县茶园面积1.55万hm^2，分布在合兴镇、煎茶镇、复兴镇、平原镇、枫香溪镇、沙溪乡、楠杆乡、龙泉乡、堰塘乡、荆角乡、泉口镇、青龙街道、高山镇、长丰乡14个乡镇（街道）（图2–11）。

六、思南县

截至2018年底，思南县茶园面积1.25万hm^2，分布在张家寨、鹦鹉溪、东华、宽坪、许家坝、香坝、长坝、合朋溪、枫芸、青杠坡、思林、大河坝、大坝场、孙家坝、凉水井、关中坝、塘头、邵家桥、瓮溪、天桥20个乡镇（图2-12）。

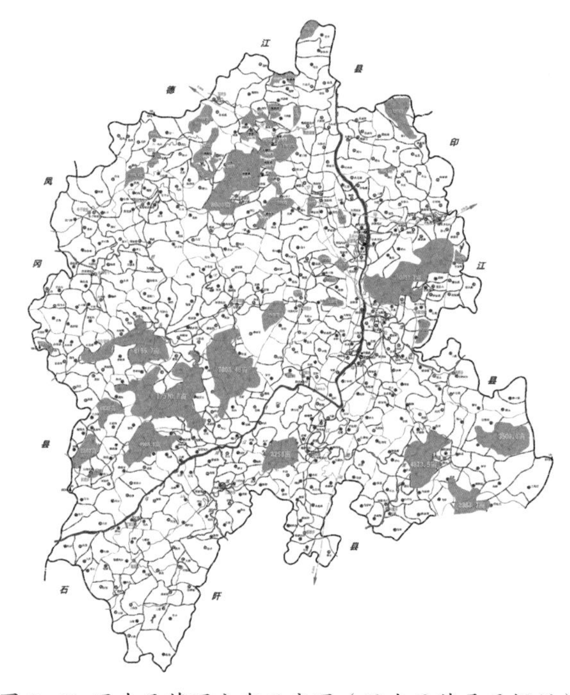

图2-12 思南县茶园分布示意图（思南县茶桑局提供）

七、江口县

截至2018年底，江口县茶园面积1.05万hm^2，分布在双江街道、凯德街道、怒溪镇、德旺乡、官和乡、闵孝镇、太平镇、桃映镇、坝盘镇等10个乡镇（街道）（图2-13）。

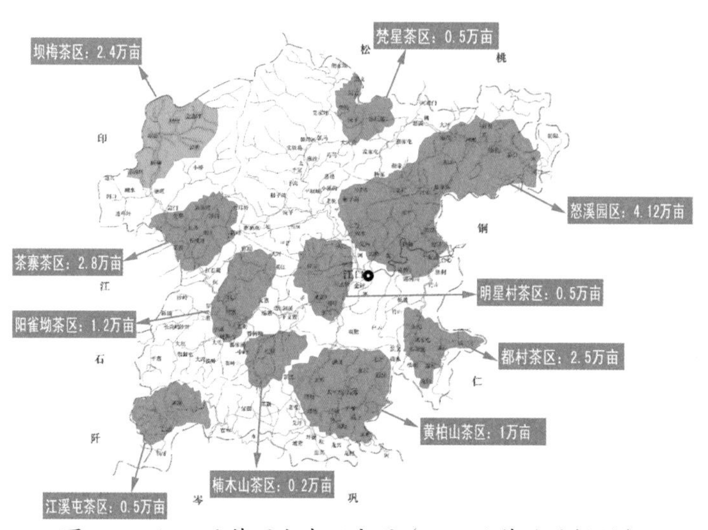

图2-13 江口县茶园分布示意图（江口县茶叶局提供）

八、玉屏县

截至2018年底，玉屏县茶园面积73hm^2，分布在亚鱼乡亚鱼村罗扣、打谷冲坳上、道班、烂桥、付家湾、姚家等村民组。

九、万山区

截至2018年底，万山区茶园面积20hm^2，分布在茶店街道。

第五节　铜仁特色茶产业带

铜仁市7个重点产茶县分为三大特色茶产业带：乌江特色茶产业带、梵净山优质茶产业带、石阡苔茶产业带（图2-14）。

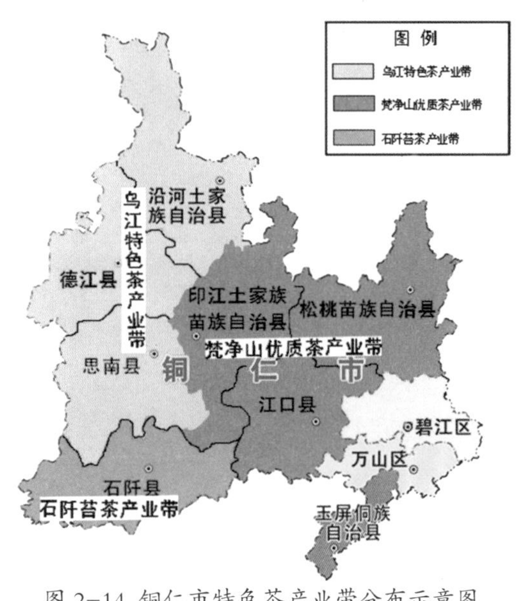

图2-14 铜仁市特色茶产业带分布示意图（徐代刚提供）

一、乌江特色茶产业带

乌江特色茶产业带分布在思南、沿河、德江3个重点产茶县，茶园面积4.13万hm^2。茶叶富含锌、硒、锶等微量元素。

二、梵净山优质茶产业带

梵净山优质茶产业带分布在江口、印江、松桃3个重点产茶县，茶园面积4.41万hm^2。茶园分布梵净山区域，生态环境优良，空气清新、土壤肥沃，得天独厚的生态环境质，茶叶品质极佳。

三、石阡苔茶产业带

石阡苔茶产业带分布在石阡县，茶园面积2.43万hm^2，种植的茶树品种为石阡苔茶，即安江、思剑两条高速公路可视范围沿线乡镇。

铜仁沿河千年古茶树（摄影：温顺位）

第三章 铜仁古茶树

第一节　铜仁古茶树概况

铜仁市古茶树和野生茶树分布在沿河县、石阡县、江口县、印江县、德江县、思南县、松桃县，34个乡镇，195个村。2013年，铜仁市茶产业发展办公室组织各县（区）开展古茶树普查，全市古茶树有74879株，其中：100~200年古茶树72338株，200~300年古茶树1602株，500~700年古茶树638株，1000年以上的古茶树301株；全市野生茶树有13700hm²，野生茶树930万株，主要分布在梵净山自然保护区的江口县、印江县、松桃县。全市挂牌保护古茶树4266株，未挂牌古茶树70613株。铜仁市古茶树种质资源丰富，为贵州省古茶树种质资源大市。

一、沿河县古茶树

沿河县古茶树分布在塘坝镇、客田镇、新景镇、后坪乡等10个乡镇，榨子村、新店子村、玉泉村、四坪村等63个村组。全县古茶树41028株，其中集中分布30个村，古茶树34705株；零星分布33个村，古茶树有6322株。主要类型为乔木型、半乔木型、灌木型；按叶片大小分为特大叶类、大叶类、中叶类、小叶类。古茶树树高2.1~6.3m，基部树围在68~140cm。特色古茶树种类有古白茶、特大叶类型。古茶树较集中的有塘坝镇，树龄在100年以上有20000多株，占全县古茶树的50%，塘坝镇榨子村人工栽培古茶园，是贵州省发现最早的人工古茶园，在全国都罕见。马家庄组古茶园面积0.186hm²，古茶树123株，株行距为170cm×350cm，树龄均在1000年以上。河坝组古茶园面积0.1hm²，古茶树68株，树龄均在500年以上。长岭组梨子湾古茶园1hm²，古茶树1400株，树龄500年以上。茶林坡古茶园0.4hm²，古茶树600株，树龄在500年以上。同心组青杠坪古茶园1.33hm²，有古茶树1000株以上，树龄500年以上。在简家、姚溪、榨子、锦溪、玉泉、后山、龙泉等村有多个野生地方茶树群体种，以及地方优良株系20多个。

二、石阡县古茶树

石阡县古茶树苔茶被誉为茶树的“活化石”，是茶树DAN的活标本，保存了上万公顷的半野生苔茶群体种。2015—2016年调查统计，石阡有古茶树31499株，挂牌保护38株，涉及13个乡镇，105个村，196个村民组。

三、印江县古茶树

印江县古茶树分布在紫薇镇的团龙村、上寨村；杨柳镇的何家村、崔山村。全县有古茶树191株，其中紫薇镇109株，挂牌保护31株，杨柳镇82株，挂牌保护23株。古茶树直径在10cm以上；紫薇镇有700年以上灌木型古茶树1株，树高5.2m；600年以上紫芽古茶树1株，250年以上古茶树36株，其他古茶树树龄在100~200年。代表性古茶树在团龙村，最大的有3株，主干胸径19~23cm，主干上有15~22个分枝，茶树高5~6m，树冠覆盖面积13m^2。团龙村群众把大茶树称为“茶树王”，据考证已经有600年以上历史。

四、德江县古茶树

2013年，德江县开展古茶树及野生茶树资源调查，现有古茶树37株，古茶树分布在荆角和复兴2个乡镇、3个村；荆角乡的官林村有27株，复兴镇东泉村7株、山峰村3株。保护级别：一级古茶树1株，树龄在500年以上；二级古茶树2株，树龄在300~499年；三级古茶树34株，树龄在100~299年。荆角乡官林村有1株古茶树距今1000余年。按照茶树分类，初步鉴定为1科1属1种（即山茶科山茶属秃房茶）。

五、思南县古茶树

经普查，截至2018年思南县有古茶树36株，分布在枫芸乡和宽坪乡2个村、3个村民组，以单株或多株呈散状分布，无明显的群落分布，初步鉴定为1科1属1种。其中，树龄500年以上一级古茶树22株，二级古茶树3株，三级古茶树11株。枫芸乡有1株古茶树距今已有600余年（图3-1）。

图3-1 思南县古茶树
（思南县茶桑局提供）

六、江口县古茶树

2011年、2017年，铜仁市茶产业办公室、江口县茶产业发展办公室、江口县林业局对江口县开展梵净山区域的古茶树及野生茶树普查，全县有古茶树88株，初步鉴定为1科1属1种。野生茶树分布在梵净山自然保护区的江口县、印江县、松桃县，野生茶树面积13700多公顷，野生茶树930万株，茶树围径在20cm左右、树高在2m以上。野生茶树为灌木型，少部分小乔木型。分布在鹅家坳片区666.66hm^2，60万株；外田—七里坪2000hm^2，180万株；转弯塘—黑湾河1333.33hm^2，60万株；寨抱院子—乌坡岭2000hm^2，135万株；铜矿厂—鱼坳333.33hm^2，22.5万株；江溪屯—大顶山1333.33hm^2，90万株；快场—田坝溪1333.33hm^2，90万株；坝溪—白沙1533.33hm^2，80.5万株；潮水—赵兴

266.66hm^2，18万株；长坡片区200hm^2，12万株；坝溪—团龙2666.66hm^2，180万株；竹山片区33.33hm^2，2万株。野生茶树平均密度为675株/hm^2，密度较大的鹅家坳片区900株/hm^2，密度较小的是转弯塘—黑湾河450株/hm^2（图3-2）。

图3-2 江口县古茶树
（江口县茶叶局提供）

七、松桃县古茶树

2017年、2018年，铜仁市茶产业办公室、铜仁市林业局组织市、县两级古茶树与野生茶树调查，松桃县有古茶树2000余株，分布28个乡镇；野生茶树分布在平头、冷水、乌罗，古茶树分布在长兴、黄板镇，其中长兴堡镇的五里牌村有0.6hm^{2}古茶园和古茶树群，植株高大的茶树有11株；在黄板镇大坳村和峥岘村，有零散种植的古茶树10株，径围在18~69cm，平均冠幅120~340cm，古茶树树龄在300~500年。

1992年，中国茶叶研究所姚国坤研究员考察松桃长兴五里牌2棵“贡茶”古茶树。初步估测树龄在600~1000年左右，五里牌这些古茶树的遗存，对研究松桃乃至武陵山区的茶树起源与栽培有着深远的科研价值。

第二节　铜仁古茶树分布

铜仁市古茶树分布在沿河县、石阡县、江口县、印江县、德江县、思南县、松桃县，34个乡镇，195个村。野生茶树主要分布在江口、印江、松桃三县的梵净山自然保护区区域。

一、沿河县古茶树

分布在后坪乡、塘坝镇、客田镇、新景镇、中寨镇、黄土镇、思渠镇、洪渡镇、淇滩镇、谯家镇10个乡（镇），63个村。有马家庄组古茶园、长岭组梨子湾古茶园、茶林坡古茶园、同心组青杠坪古茶园。

古茶树位于东经108°12′14.842″、北纬29°0′25.366″，海拔650~900m。古茶树密度为每公顷30000株。全县1000年以上树龄的茶树有300多株，100年以上树龄有40000多株（表3-1、图3-3）。

表3-1　沿河土家族自治县古茶树分布

乡镇	集中的村	集中分布数量 / 株	零星分布的村	零星分布数量 / 株	合计 / 株
后坪乡	玉泉、观音	633	红阳、斯茅坝村、茨坝村	160	793
塘坝镇	凤凰、龙桥、花桥、红竹、楠木、榨子、岩头、石泉	18676	石花、姜花、土溪、马鞍、金竹、四塘溪、小石界	2200	20876
客田镇	客田、冯家、四坪、隘头、坝头山	992	后山、蒲井、黄家、红溪	582	1574
新景镇	白果、姚溪、瑞石、桂花、锦溪、石界	5250	青山、长依、毛家、竹园、黎家	1820	7070
中寨镇	志强	553	红色、清塘	28	581
黄土镇	汤家、青龙、简家	3484	花溪、雪花、丰收、勇敢、大元、平原	1185	4669
思渠镇	荷叶、杨楠、蛟龙	688	渡江、池江、坪江	110	798
洪渡镇	双泉村、龙泉村	1550	洞子	52	1602
淇滩镇	土地坳村	2880		35	2915
谯家镇			白石村	150	150
合计		34706		6322	41028

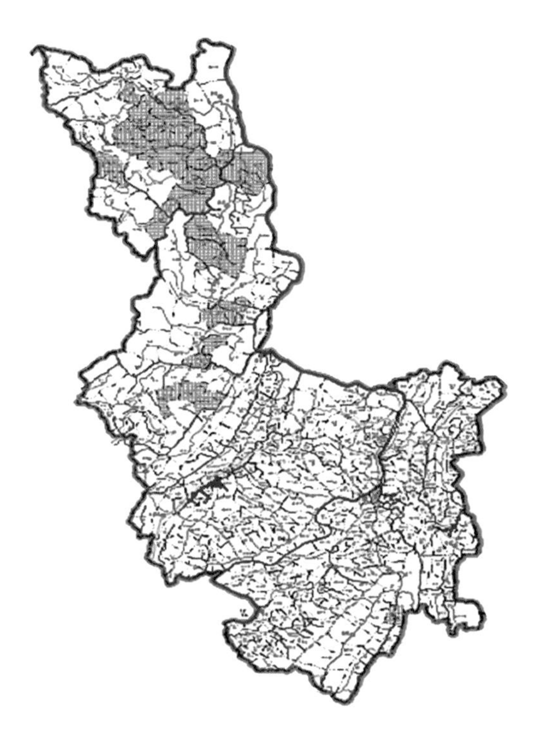

图 3-3 沿河古茶树分布示意图（沿河县茶产业发展办公室提供）

二、石阡县古茶树

经2015年、2016年调查，石阡县古茶树有31499株，主要分布在本庄镇1200株；聚凤乡1500株；白沙镇30株；汤山镇300株；五德镇9800株；甘溪乡201株；龙塘镇3200株；石固镇150株；坪山镇9700株；河坝乡692株；枫香乡4206株；花桥镇130株；青阳乡120株。石阡县境内的五德镇、枫香乡、坪山镇、甘溪乡、聚凤乡、本庄镇、白沙镇、河坝乡、龙塘镇有100~1100年古茶树3000余株，树高3~8m、树幅2~5m、基茎粗25cm，海拔600~1200m；五德区域相对连片古茶树有133.3hm^2。

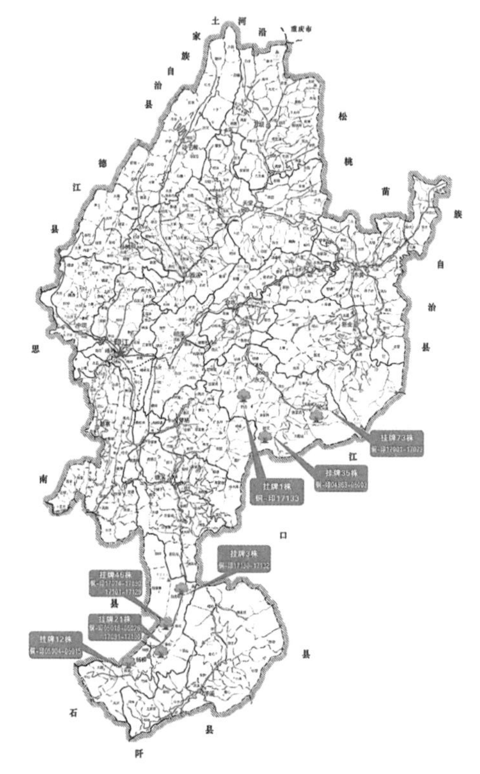

图3-4 印江古茶树分布示意图（印江县茶产业发展中心提供）

三、印江县古茶树

分布2个乡镇、7个村，古茶树191株，已挂牌保护191株，其中：紫薇镇挂牌共109株，杨柳镇挂牌共82株（表3-2、图3-4）。

表3-2 印江县古茶树

序号	乡镇	分布村	挂牌年份	编号	挂牌株数
1	紫薇镇	团龙村	2013	04969—05003	35
		大水溪村	2017	17001—17073	73
		竹元村	2017	17133	1
2	杨柳乡	何家村	2013	05004—05014	11
		崔山村	2013	05015—05026	12
			2017	17091—17100	10
		白虎咀村	2017	17130—17132	3
		新屯村	2017	17074—17090 17101—17129	46
合计					191

四、德江县古茶树

主要分布在荆角乡、复兴镇，官林村、东泉村、山峰村等的14村组（图3-5）。

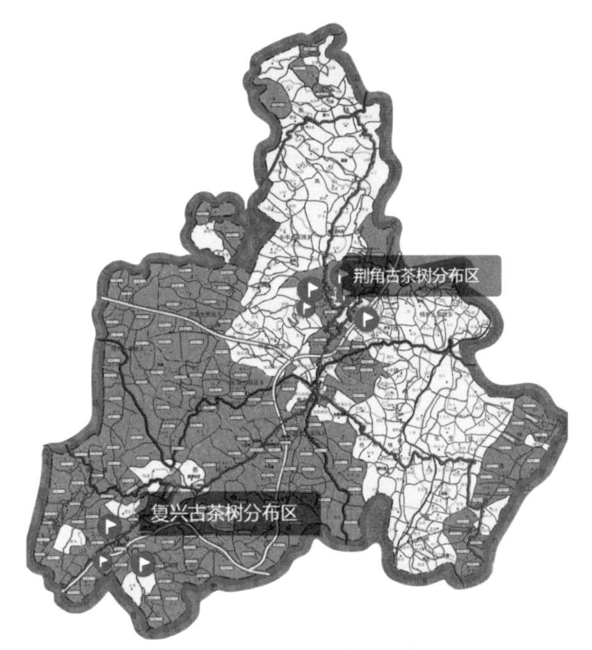

图3-5 德江县古茶树分布图
（德江县茶叶产业发展办公室提供）

五、思南县古茶树

共36株，分布在枫芸乡、宽坪乡，3个村民组。初步鉴定1科1属1种。树龄500年以上的一级古茶树22株；二级古茶树3株，三级古茶树11株（表3-3）。

表3-3 思南古茶树调查表

序号	经度	纬度	标识代码	种类代码	估测树龄/年	古树等级	树高/m	胸围（地围）/cm	冠幅（东西）/m	冠幅（南北）/m	海拔/m
1	107.9761	28.0475	1	4781	500	1	2.8	88	4	2	856
2	108.1073	27.7847	1	4781	500	1	3.6	77	2	2	718
3	108.1072	27.7848	1	4781	500	1	4.7	32	4	4	723
4	108.1072	27.7849	1	4781	500	1	2.0	79	2	2	721
5	108.1063	27.7867	1	4781	500	1	3.6	105	3	3	687
6	108.1071	27.7863	1	4781	500	1	2.0	105	1	2	660
7	108.1071	27.7863	1	4781	500	1	2.1	126	3	2	660
8	108.1071	27.7863	1	4781	500	1	1.7	85	3	1	660
9	108.1070	27.7862	1	4781	500	1	2.5	85	2	2	660
10	108.1070	27.7864	1	4781	500	1	2.8	91	3	2	660
11	108.1070	27.7864	1	4781	500	1	0.6	75	1	1	660
12	108.1070	27.7863	1	4781	500	1	2.3	107	3	4	661
13	108.1071	27.7863	1	4781	500	1	2.3	41	2	2	660
14	108.1070	27.7863	1	4781	500	1	2.2	79	2	2	660

续表

序号	经度	纬度	标识代码	种类代码	估测树龄/年	古树等级	树高/m	胸围（地围）/cm	冠幅（东西）/m	冠幅（南北）/m	海拔/m
15	108.1036	27.7826	1	4781	500	1	1.7	79	2	1	703
16	108.1036	27.7826	1	4781	500	1	1.9	85	2	2	703
17	108.1035	27.7828	1	4781	500	1	1.0	82	1	1	703
18	108.1035	27.7828	1	4781	500	1	2.3	63	1	1	703
19	108.1035	27.7828	1	4781	500	1	2.1	60	2	1	703
20	108.1038	27.7835	1	4781	500	1	2.0	69	2	3	727
21	108.1039	27.7832	1	4781	500	1	1.5	37	2	1	728
22	108.0704	27.8220	1	4781	600	1	3.1	120	4	5	573
23	108.0746	27.8165	1	4781	300	2	2.1	57	3	3	627
24	108.0746	27.8165	1	4781	300	2	2.4	54	4	4	626
25	108.0746	27.8165	1	4781	200	3	2.6	63	2	5	626
26	108.0745	27.8160	1	4781	200	3	2.5	55	2	2	606
27	108.0745	27.8159	1	4781	200	3	2.6	44	4	4	603
28	108.0751	27.8158	1	4781	150	3	1.8	38	1	2	638
29	108.0752	27.8157	1	4781	100	3	1.6	33	2	1	648
30	108.0753	27.8155	1	4781	100	3	2.0	33	2	2	649
31	108.0757	27.8150	1	4781	200	3	3.0	44	3	2	666
32	108.0758	27.8149	1	4781	100	3	1.3	31	1	1	668
33	108.0758	27.8149	1	4781	200	3	1.0	44	1	1	666
34	108.5397	27.8157	1	4781	200	3	1.3	51	1	1	666
35	108.0759	27.8148	1	4781	200	3	1.3	44	1	2	668
36	108.0760	27.8148	1	4781	300	2	2.8	63	4	5	670

六、江口县古茶树

分布在德旺乡、官和乡；野生茶树分布在梵净山的德旺、怒溪、太平和官和4个乡镇，野生茶树群落密度相对较大的有21处，为小叶种野生茶树，面积近5333.33hm^2，零星覆盖面积达10200hm^2（图3-6）。

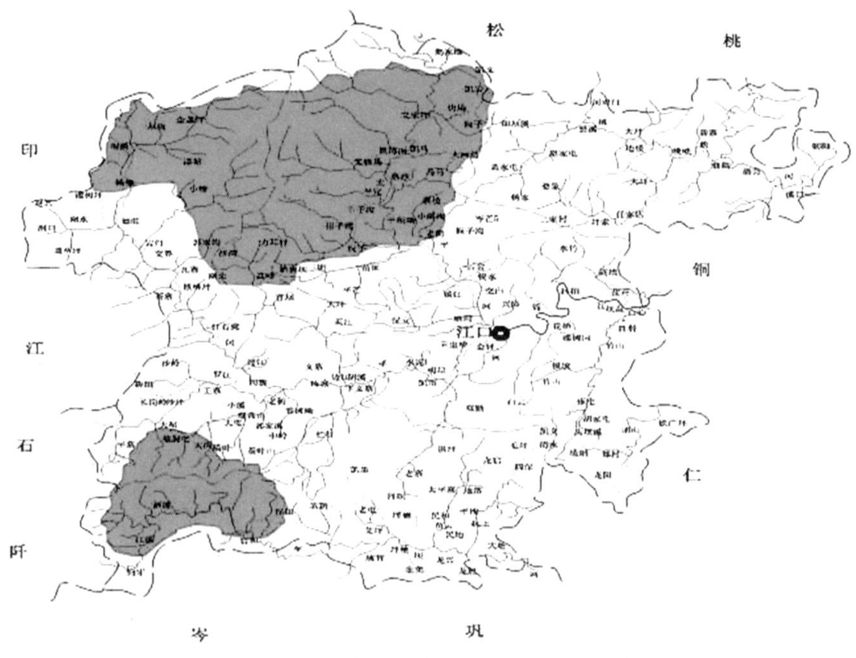

图 3-6 江口野生茶树分布示意图（江口县茶叶局提供）

七、松桃县古茶树

分布在长兴堡镇五里牌村古茶树11株，黄板镇峥岘村、大坳村古茶树10株（图3-7）。

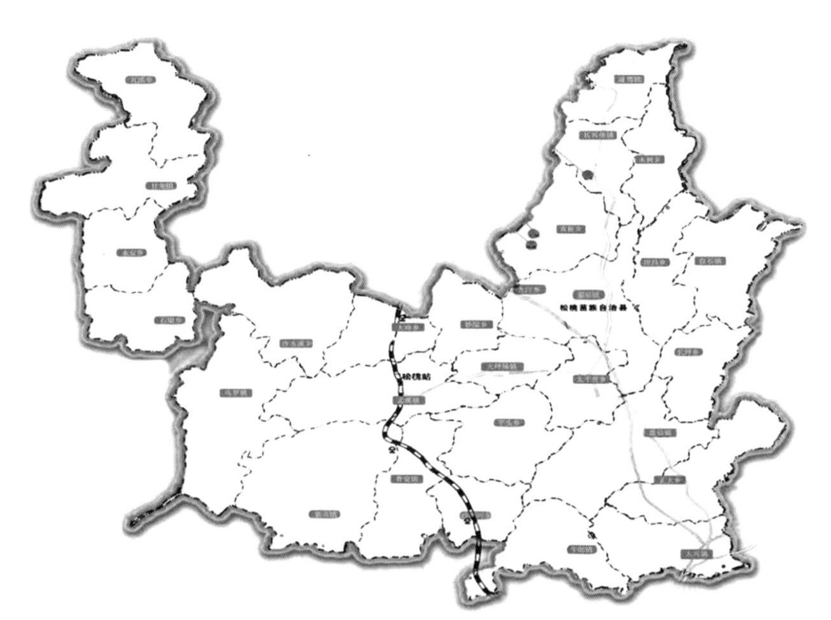

图 3-7 松桃古茶树分布示意图（松桃苗族自治县茶叶产业发展办公室提供）

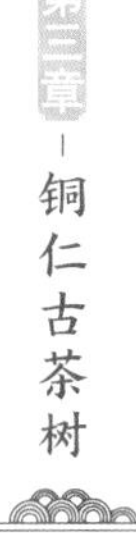

第三节　铜仁古茶树形态特征

铜仁市古茶树形态特征按环境、树龄、树形、叶型、叶色分五类。

一、按环境分类

① **原始古茶林：**江口县梵净山区域内野生茶，胸径在10~20cm、树高2~5m、树龄300年以上。茶树间距约50~100m，每公顷约300~450株，极其稀有（图3-8）。

② **野化古茶园：**沿河县后坪乡野化古茶园，是在森林中空地边缘，古人种植、被抛荒数百年，逐渐形成了野化茶树，胸径20~30cm，树高10m左右，树龄在500~1000年，极为稀有（图3-9）。

③ **原生态古茶园：**沿河县塘坝镇原始生态古茶园，古人种于村寨周围，胸径在10~35cm，胸围35~110cm，树高3~6m，树龄300~400年。茶树间距约3~5m，每亩120~220株，数量稀有（图3-10）。

④ **生态古茶园：**沿河县塘坝镇生态古茶园，是古人种于村寨周围，地表植物已被除去，茶树胸径10~25cm，胸围35~80cm，树高2.5~4.5m，树龄100~200年。茶树间距约1.5~3.5m（图3-11）。

图 3-8　江口县梵净山野生茶树（温顺位提供）

图 3-9　沿河县后坪乡野化古茶园（温顺位提供）

图 3-10　沿河塘坝镇原生态古茶园
（沿河县茶产业发展办公室提供）

图 3-11　沿河县塘坝镇生态古茶园
（温顺位提供）

二、按树龄分类

① **千年古茶树：** 沿河县塘坝镇千年古茶树，一般胸径50cm、胸围160cm、树高15m以上，树龄1000年以上，极其稀有（图3-12）。

② **野放大茶树：** 沿河县后坪乡大茶树，是树龄最老最大的茶树王。大茶树胸径30~50cm，胸围100~160cm，树高5~15m，树龄500~1000年（图3-13）。

③ **原生态古茶树：** 沿河县塘坝镇原生态古茶树，胸径在10~35cm，胸围35~110cm，树高3~6m，树龄300~400年（图3-14）。

④ **生态古茶树：** 沿河县后坪乡生态古茶树，胸径10~25cm，胸围35~80cm，树高2.5~4.5m，树龄100~200年（图3-15）。

图3-12 沿河县塘坝镇千年古茶树（沿河县茶产业发展办公室提供）

图3-13 沿河县后坪乡野放大茶树（温顺位提供）

图3-14 沿河县塘坝镇原生态古茶树（温顺位提供）

图3-15 沿河县塘后坪乡生态古茶树（沿河县茶产业发展办公室提供）

图 3-16 沿河县后坪乡玉泉村豹子岩组乔木型古茶树（沿河县茶产业发展办公室提供）

图 3-17 沿河县塘坝镇半乔木型古茶树（温顺位提供）

三、按树形分类

① **乔木型：** 沿河县塘坝镇乔木型古茶树，植株高大，从基部到冠部主干直立明显的树型。乔木型茶树分枝部位高，主根发达。自然生长状态下，树高在3~5m，野生茶树高达10m以上（图3-16）。

图 3-18 沿河县后坪乡玉泉村豹子岩组灌木型古茶树（沿河县茶产业发展办公室提供）

② **小（半）乔木型：** 沿河县塘坝镇半乔木型古茶树，植株中下部有主干，中上部无明显的主干（图3-17）。

③ **灌木型：** 沿河县后坪乡灌木型古茶树，植株茎处分枝，无明显的主干，植株矮小，自然生长状态下，树高在1.5~3.0m。灌木型茶树近地面处枝干丛生，从根颈处发出，分枝稠密。根系分布较浅，侧根发达（图3-18）。

四、按叶型分类

① **特大叶类：** 沿河县后坪乡特大叶古茶树植株：叶宽8~10cm，叶长16~18cm，叶面积100~141cm^2（图3-19）。

② **大叶类：** 沿河县后坪乡玉泉村豹子岩组大叶古茶树：叶宽4.2~4.8cm，叶长11.0~13.0cm，叶面积46~62.4cm^2（图3-20）。

③ **中叶类：** 沿河县塘坝镇榨子村王家堡组中叶种古茶树：灌木型，叶宽4.1~4.5cm，叶长8.4~9.7cm，叶面积27~34cm^2（图3-21）。

④ **小叶类：** 沿河县塘坝镇榨子村王家堡组小叶种古茶树：灌木型，叶宽2.3~2.8cm，叶长6.4~7.2cm，叶面积12~16cm^2（图3-22）。

图 3-19 沿河县后坪乡特大叶古茶树
（温顺位提供）

图 3-20 沿河县后坪乡大叶类古茶树
（沿河县茶产业发展办公室提供）

图 3-21 塘坝镇中叶类古茶树（温顺位提供）

图 3-22 沿河县塘坝镇小叶类古茶树（温顺位提供）

五、按叶片叶色分类

① **沿河白茶古茶树：**沿河县新景镇瑞石村、塘坝镇榨子村的白茶古茶树，在正常情况下，每年的4月份白化，其他月份均为绿色（图3-23）。

② **印江紫芽古茶树：**印江县永义镇团龙村紫芽古茶树有37株，其中一株紫芽古茶树有600多年，树高2.65m。紫芽古茶树嫩叶为紫红色，老叶呈绿色（图3-24）。

③ **石阡紫娟古茶树：**石阡苔茶新长出的嫩叶随着气温升高而变红发紫，富含抗氧化的花青素，被称为“苔紫茶”（图3-25）。

④ **松桃紫娟古茶树：**松桃紫鹃古茶树是茶树自然变异产生的，属于小乔木型，小叶类，中生种。叶尖紫红，叶身墨绿深厚，叶脉突显，花青素、茶多糖含量较高，适制红茶（图3-26）。

图 3-23 沿河县新景镇瑞石村古白茶（刘学提供）

图 3-24 印江县永义乡团龙村紫芽古茶树（刘学提供）

图 3-25 石阡县紫娟古树茶（石阡茶业协会提供）

图 3-26 松桃紫娟古树茶（罗会彬供图）

第四节　铜仁古茶树特征

一、沿河县古茶树

沿河县古茶树均为山茶科山茶属，一种为茶（*Camellia sinensis*），另一种为普洱茶（*C. sinensis* var. *assamica*）。按叶面积大小划分，有特大叶古茶树、大叶古茶树、中叶古茶树、小叶古茶树。

① **特大叶古茶树：**中文名普洱茶，俗名大树茶。山茶科山茶属，乔木型，位于后坪乡玉泉村豹子岩组黄国超责任地，经度108°9′20.946″，纬度28°54′35.830″，海拔1020m，坡度30°，土壤类型为黄壤。树龄250年以上，树高5m，胸围46cm，冠幅3m，树姿直立。叶形椭圆形，叶色浓绿有光泽，叶面隆起，叶脉10~15对，叶缘锯齿深，叶尖急尖，叶宽10~12cm，叶长18~10cm（图3-27）。

② **大叶古茶树：**沿河县后坪乡玉泉村豹子岩组大叶古茶树，中文名普洱茶，俗名大树茶。山茶科山茶属，乔木型，位于后坪乡玉泉村豹子岩冯纯江组责任地，经度108°9′21.005″，纬度28°54′37.441″，海拔995m，坡度30°。树龄1200年左右，树高7.5m，胸围91cm，冠幅5m。叶形椭圆、披针形，叶色深绿，叶面微隆起，叶脉10~15对，叶缘

锯齿浅，叶宽8~10cm，叶长8~16cm（图3–28）。

③ **中叶古茶树：** 位于塘坝镇榨子村王家堡组龙美权责任地，经度108°10′10″，纬度28°59′56″。树龄200多年左右，树高5.2m，胸围15cm，冠幅5.3m。叶形椭圆形，叶色深绿有光泽，叶面微隆，叶脉7~9对，叶缘锯齿浅，叶尖钝尖，叶宽4.1~4.5cm，叶长9.4~10.7cm（图3–29）。

④ **小叶古茶树：** 位于塘坝镇榨子村王家堡组龙美权责任地，经度108°10′10″，纬度28°59′56″。树龄150年左右，树高4.1m，胸围13cm，冠幅4.6m。叶形披针形，叶色深绿，叶面平展，叶脉7~9对，叶缘锯齿浅，叶尖渐尖，叶宽2.3~2.8cm，叶长6.4~8.2cm（图3–30）。

图3–27 后坪乡玉泉村豹子岩组特大叶茶古茶树（刘学提供）

图3–28 后坪乡豹子岩组大叶种古茶树（温顺位提供）

图3–29 塘坝镇榨子村中叶古茶树（刘学提供）

图3–30 塘坝镇榨子村小叶古茶树（刘学提供）

二、德江县古茶树

德江县古茶树为灌木型，合轴分支三级以上；大叶种，叶长12~17cm，叶宽4.5~7cm，叶型呈主要椭圆、长椭圆，部分呈披针状，叶尖主要为渐尖，叶色深绿，叶面呈平滑和微隆状。茶果呈三角形，部分肾形，种粒3粒，极少部分2粒，呈半球状，种粒6~16mm，以小粒为主，部分中大粒。在官林村调查发现“红尖茶”的古茶树，茶树的芽头呈红紫色（图3-31）。

图 3-31 德江县古茶树
（德江县茶叶产业发展办公室提供）

三、石阡苔茶古茶树

石阡苔茶古茶树，又名苔子茶或苔紫茶（以下称石阡苔茶，英文名“Top Tea”），灌木型，树枝半开张，分枝密，叶片呈水平状着生，中小叶类、中生种。叶面微隆，长椭圆形，叶尖渐尖，叶色深绿，茸毛中等，夏秋季紫芽多、肥壮，花冠直径3.4cm，花瓣6~8瓣，子房茸毛中等，花柱3裂。

四、思南古茶树

思南县古茶树为灌木型，中叶种；树冠开展，树高1~4.7m，主干合轴分枝；叶片呈长椭圆形，叶尖渐尖，叶长8.5cm，叶宽3.2cm，叶面积19.04cm^2，叶面微隆，叶边缘呈锯齿状；花白色而有芳香，果实呈三角形，果室3个，种子呈球形，果熟期10—11月（图3-32）。

图 3-32 思南县古茶树
（思南县茶桑局提供）

第五节　铜仁古茶树工作机构

一、古茶树科技服务工作站

2015年，铜仁市农业委员会抽调农业产业化办公室、植保站、沿河县茶产业发展办公室科技人员，组建古茶树科技服务工作站，开展古茶树保护培训、古茶树产品研发、古茶树的病虫害物理防治、古茶树的科学保护工作（图3–33）。

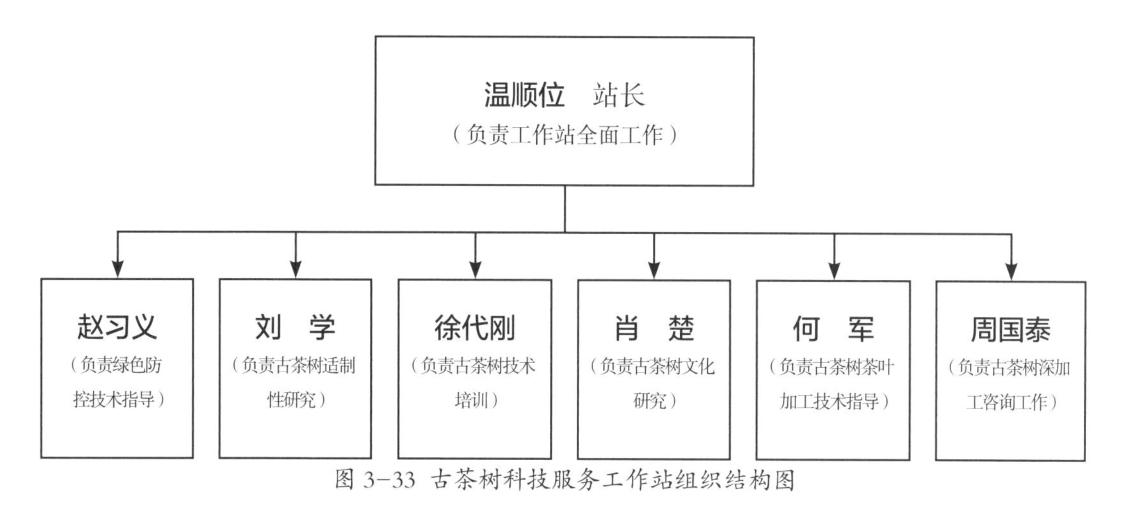

图3–33 古茶树科技服务工作站组织结构图

二、梵净山古茶树研究中心

2015年由铜仁市农业委员会成立“梵净山古茶树研究中心”，建设地址：铜仁市沿河县塘坝楠木村。中心开展古茶树种资源的普查、保护、扦插繁育、新品系培育及新品种选育；古茶树新产品研发、品质及适制性研究；古茶树品牌打造及市场开拓等方面的研究。研究中心人员由铜仁市茶叶行业协会、铜仁学院、铜仁职业技术学院、铜仁市农业委员会植保站、铜仁市农业产业化办公室，各县茶产业发展办公室组成，研究中心分设3个工作组：产品研发组、资源保护组、品种培育组（图3–34）。

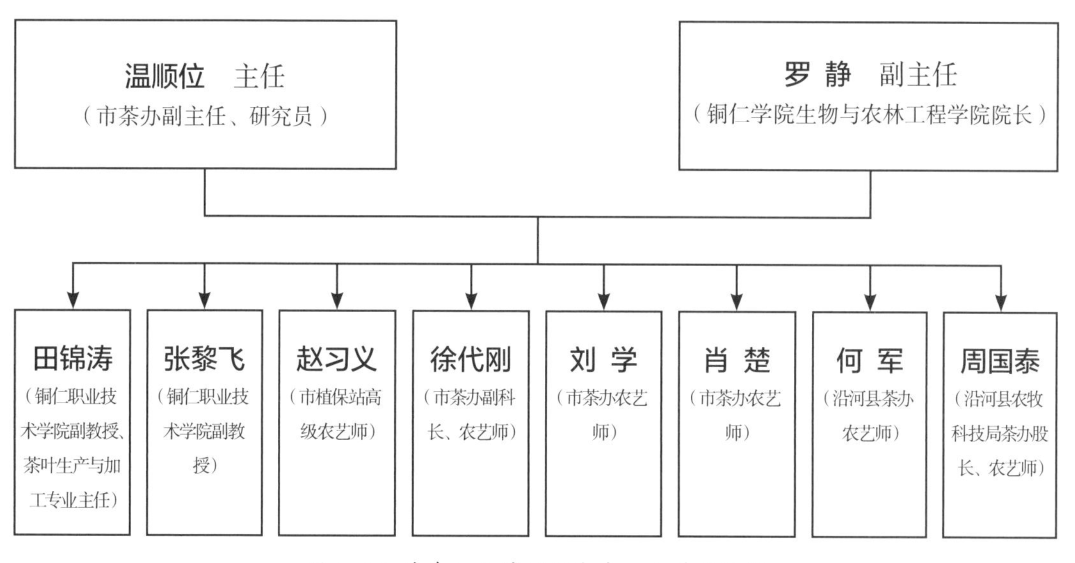

图3–34 梵净山古茶树研究中心人员结构图

三、沿河县思州古茶文化研究会

2016年，沿河县思州古茶文化研究会成立，有会员84名，会长1名，常务副会长1名，副会长4名，秘书长1名，副秘书长2名，监事1名，常务理事10名，理事20名。

图3-35 研究会成立大会（沿河县茶产业发展办公室提供）

四、贵州古茶树保护与利用专业委员会

为发挥贵州古茶树资源价值，提高古茶树资源保护和利用，合理利用这一世界茶文化的“根”和“源”，推动黔茶产业健康快速发展，贵州省古茶树保护与利用研讨会暨贵州古茶树保护与利用专业委员会成立大会在铜仁市沿河县召开（图3-35）。

贵州古茶树保护与利用专业委员会如下：

顾　　问：傅传耀　贵州省人大常委会副主任

谢晓尧　贵州省政协副主席

庹文升　贵州省人大原副主任

李金顺　贵州省政协原副主席

名誉主任：杨　志　贵州省财政厅巡视员

胡继承　贵州省农委、省茶办常务副主任

宋宝安　贵州大学副校长、中国工程院院士

虞富莲　中茶所研究员、古茶树保护专家

陈　栋　广东供销社副主任、知名茶树品种专家

陈　亮　中茶所研究员、品种专家

杨世雄　中科院研究员、物种专家

黄天俊　遵义市茶文化研究会会长

赵英旭　毕节茶产业协会会长

李　泽　贵阳市茶文化研究会会长

主任委员：陈正武　贵州省茶叶研究所研究员、茶树品种专家

副主任委员：莫荣桂　贵州省绿茶品牌发展促进会专家组组长

牛素贞　贵州大学农学院副教授

温顺位　铜仁市茶叶协会秘书长、研究员

席　宁　思州古茶文化研究会会长

欧光权　晴隆茶籽化石研究所负责人

专家委员（以笔画为序）：王家伦（研究员）、王强（高级农艺师）、尹杰（副教授）、田维祥（高级农艺师）、刘燕（教授）、刘励（茶文化专家）、李泉松（主任记者）、吴小毛（副教授）、徐俊昌（高级农艺师）、徐瑛（高级农艺师）、龚静（研究员）、黄富贵（高级农艺师）、廖承（高级农艺师）、潘科（副研究员）、聂宗顺（高级农艺师）、周开迅（茶文化专家）、魏荣钊（主任编辑）、何军（高级农艺师）

第六节　铜仁古茶树保护条例发布实施

在古茶树、野生茶树资源的乡、村，制定保护古茶树、野生茶树的乡规民约，做到有法可依、有章可循；对于分布在自然保护区内的古茶树种群和群落，则按照《中华人民共和国自然保护区条例》保护和管理。

一、《沿河土家族自治县古茶树保护条例》发布

《沿河土家族自治县古茶树保护条例》于2018年1月9日由沿河土家族自治县第八届人民代表大会第二次会议通过，2018年8月2日，贵州省第十三届人民代表大会常务委员会第四次会议批准，条例自2019年1月1日起施行。

二、《沿河土家族自治县古茶树保护条例》贯彻实施

沿河县委、县政府高度重视该条例的贯彻实施，2019年4月1日，县委、县政府在塘坝镇榨子村，开展《沿河土家族自治县

图 3-36 贯彻保护条例
（沿河县茶产业发展办公室提供）

古茶树保护条例》发布会，发放宣传手册8000余册，会上对《沿河土家族自治县古茶树保护条例》条款进行解析。自条例颁布贯彻实施以来，全县各级各部门、茶企、茶农充分认识了古茶树保护的重要意义，规范了古茶树的保护、利用与开发，古茶树乱砍滥伐、掠夺式采摘等不良行为得到了有效遏制，建立了古茶树保护长效机制（图3-36）。

第七节　铜仁古茶树保护与利用

世界茶树起源于中国，中国茶树起源于云贵高原，中国是茶树种质资源的多样性中心。从20世纪80年代开始，将茶树种质资源和遗传改良研究列为国家或农业部的重大科技项目。20世纪90年代中期开始的茶树分子生物学研究，使茶树资源研究和遗传改良工作从形态水平进入了分子和基因水平。研究茶叶领域前瞻性的课题，对推进全国及贵州省、铜仁市茶产业发展有着很重要的意义。

铜仁市古茶树、野生茶树资源十分丰富，是铜仁市茶叶悠久历史的见证。摸清铜仁市境内古茶树、野生茶树资源情况，为古茶树、野生茶树保护与利用研究提供科学依据。开展古茶树、野生茶树资源普查、保存、利用研究，推进古茶树、野生茶树资源的有效地保护和合理利用，为提供丰富的茶树种质资源材料有着十分重要的意义。

铜仁市属于武陵山区，梵净山是武陵山脉的主峰，1986年梵净山成为联合国教科文组织“人与生物圈”（MAB）保护区网成员之一，开展铜仁市野生茶树、古茶树的研究，收集铜仁市地方茶树品种、野生茶树和古茶树资源，建立茶树种质资源库，通过收集的种质资源，筛选出抗寒、抗旱、抗病虫害及具有较好的产量、品质、适制性、适应性的品种，为铜仁市茶产业发展提供优良茶树品种，促进铜仁市茶产业健康发展。

一、古茶树研究项目

① **项目名称：**铜仁市野生茶树、古茶树资源与保护利用研究。

② **项目批准立项单位：**贵州省科技厅。

③ **项目单位：**铜仁市农业产业化办公室；项目主持人：温顺位（研究员）。

④ **研究内容：**调查野生茶树和古茶树资源，建立古茶树、野生茶树资源档案；开展古茶树、野生茶树资源保护；筛选古茶树、野生茶树优良品系；标准化数据描述、感官与理化品质分析，开展古茶树、野生茶树品质鉴定。

⑤ **研究经费：**“铜仁市野生茶树、古茶树种质资源研究与保护利用”课题研究，2012年贵州省科学技术厅立项，项目资金22万元。

二、古茶树、野生茶树调查

铜仁市开展古茶树、野生茶树保护与利用普查，为古茶树资源保护与利用提供科学依据。

（一）调查方法

1. 调查范围

2012年3—12月，铜仁市沿河、石阡、德江、印江、思南、江口、松桃7个县的古茶树及野生茶树实地调查。

2. 调查方法

① **地理位置：**用GPS对古茶树定位，测量所在位置的经度、纬度及海拔高度。

② **生物学特性：**参照中华人民共和国农业行业标准NY/1312—2007《农作物种质资源鉴定技术规程茶树》，对茶树进行标准化整理和数据描述。

③ **生长环境：**依据《土壤肥料学通论》，直接观测法对土壤进行描述；依据《植物学》，直接观测法对周围植被描述。

④ **数量、生长势：**实际计数法计数，直接观察法观察茶树的人为破坏程度、病虫害程度、叶片光泽度等生长势。

⑤ **档案资料：**古茶树编号、挂标志牌，用相机对古茶树、野生茶树拍照，归类统计调查数据，建立档案资料。

3. 评估依据

① **直接依据：**现场观察茶树的生长情况，目测和实地测量茶树的树高、树龄、树幅、胸径、叶长、叶宽等数据。

② **间接依据：**依据地方相关资料、实地察看询问当地茶农对茶树基本情况调查。

③ **专家评估：**调查指标、地方材料、历史资料等参考，通过技术专家组、调查工作组评估茶树年龄。

（二）古茶树调查

古茶树在200年以上的挂牌保护5074株，其中：沿河县古茶树挂牌4968株，印江县古茶树挂牌58株，德江县古茶树挂牌21株，石阡县古茶树挂牌24株。古茶树代表植株特征（表3-4、图3-37）。

表3-4　古茶树种质资源代表植株特征

序号	编号	产地	海拔/m	经纬度	茶树类型	分枝类型	叶长宽/cm	叶尖形状	叶色	主要特征/cm	种子数/粒	种子形状	种子直径/mm
1	铜沿古茶树00001	沿河县塘坝镇	618	108°12′33″E 29°0′31″N	小乔木	合轴	8×4	渐尖	绿	树高490 冠幅650 茎粗15.9	3	肾形	10
2	铜沿古茶树00021	沿河县塘坝镇	695	108°12′32″E 29°0′29″N	灌木	单轴	10.4×5	渐尖	绿	树高250 冠幅350 茎粗6.3	3	肾形	8.8
3	铜沿古茶树00048	沿河县塘坝镇	689	108°12′31″E 29°0′27″N	灌木	合轴	10.3×4	渐尖	绿	树高420 冠幅360 茎粗7.9	3	近球形	11
4	铜沿古茶树00049	沿河县塘坝镇	688	108°12′31″E 29°0′27″N	灌木	合轴	9×3.5	渐尖	绿	树高280 冠幅348 茎粗6	3	近球形	11
5	铜沿古茶树00100	沿河县塘坝镇	672	108°12′36″E 29°0′29″N	灌木	合轴	9.1×3.5	渐尖	绿	树高380 冠幅410 茎粗8.9	2	近球形	9
6	铜沿古茶树00144	沿河县塘坝镇	662	108°12′37″E 29°0′29″N	灌木	合轴	11×4.5	钝尖	绿	树高356 冠幅380 茎粗6.6	3	近球形	10
7	铜沿古茶树00203	沿河县塘坝镇	654.5	108°12′38″E 29°0′29″N	灌木	合轴	12×4.5	钝尖	绿	树高408 冠幅352 茎粗6.3	3	近球形	10
8	铜沿古茶树00262	沿河县塘坝镇	668	108°12′34″E 29°0′32″N	灌木	合轴	11×4.5	钝尖	绿	树高400 冠幅380 茎粗2.2	3	近球形	9
9	铜沿古茶树00291	沿河县塘坝镇	672	108°12′36″E 29°0′30″N	灌木	合轴	11×4	渐尖	绿	树高523 冠幅489 茎粗14.3	3	近球形	9
10	铜沿古茶树00414	沿河县塘坝镇	693	108°12′19″E 29°0′44″N	灌木	单轴	8.5×4.1	圆尖	绿	树高190 冠幅240 茎粗7	1	近球形	10
11	铜沿古茶树00503	沿河县塘坝镇	710	108°12′14″E 29°0′41″N	灌木	合轴	10.1×3.5	渐尖	绿	树高270 冠幅120 茎粗25	4	近球形	6
12	铜沿古茶树00547	沿河县塘坝镇	715	108°12′16″E 29°0′40″N	灌木	合轴	8.8×4.1	钝尖	绿	树高100 冠幅80 茎粗30	3	近球形	10
13	铜沿古茶树00640	沿河县塘坝镇	756	108°12′10″E 29°0′33″N	灌木	合轴	11×5	渐尖	绿	树高406 冠幅307 茎粗15	2	近球形	12
14	铜沿古茶树00701	沿河县塘坝镇	786	108°12′9″E 29°0′26″N	灌木	单轴	11.3×4.5	钝尖	深绿	树高270 冠幅240 茎粗7	3	近球形	9
15	铜沿古茶树00768	沿河县塘坝镇榨子村	788	108°12′5″E 29°0′25″N	灌木	合轴	11×4.5	渐尖	绿	树高260 冠幅210 茎粗8.9	3	近球形	7

续表

序号	编号	产地	海拔/m	经纬度	茶树类型	分枝类型	叶长宽/cm	叶尖形状	叶色	主要特征/cm	种子数/粒	种子形状	种子直径/mm
16	铜沿古茶树05032	德江县荆角乡	633	108°7′32″E 28°20′09″N	灌木	合轴	12.2×4.5	渐尖	绿	树高310 冠幅450 茎粗7.8	3	三角形	9
17	铜沿古茶树05068	石阡县本庄镇	998	108°51′39″E 27°30′57″N	灌木	合轴	7.1×3.2	渐尖	绿	树高550 冠幅300 茎粗20.4	3	三角形	10
18	铜沿古茶树05069	石阡县龙井乡	912	108°06′16″E 27°31′38″N	灌木	合轴	7.5×3.5	渐尖	绿	树高195 冠幅180 茎粗30.4	3	三角形	10
19	铜沿古茶树05070	石阡县甘溪乡	920	108°02′03″E 27°21′24″N	灌木	合轴	8×3.7	渐尖	绿	树高205 冠幅250 茎粗18.5	3	三角形	12
20	铜沿古茶树05071	石阡县五德镇	981	108°18′26″E 27°24′04″N	灌木	合轴	8.4×3.8	渐尖	绿	树高190 冠幅150 茎粗16.5	3	三角形	10
21	铜沿古茶树05072	石阡县五德镇	990	108°18′26″E 27°24′03″N	灌木	合轴	8.2×3.5	渐尖	绿	树高300 冠幅175 茎粗12.4	3	三角形	10
22	铜沿古茶树05073	石阡县五德镇	990	108°18′26″E 27°24′03″N	灌木	合轴	9.2×3.5	渐尖	绿	树高250 冠幅200 茎粗22.4	3	三角形	9
23	铜沿古茶树05074	石阡县五德镇	990	108°18′26″E 27°24′03″N	灌木	合轴	9.2×4.5	钝尖	绿	树高350 冠幅220 茎粗6.3	3	三角形	9

图 3-37 古茶树调查（刘学提供）

三、古树茶研究发表论文

《铜仁市古茶树和野生茶树资源调查与保护利用》，刊登于中文核心期刊《贵州农业科学》2014年第7期；撰写人：温顺位、徐代刚、刘学。

《铜仁市野生茶树资源调查与保护利用研究》，刊登于《贵州茶叶》2014年第2期；撰写人：温顺位、徐代刚、刘学。

《铜仁市古茶树资源调查与保护利用研究》，刊登于《茶业通报》2014年第3期；撰写人：温顺位、徐代刚、刘学。

《野生古茶品质研究》，刊登于《广东茶业》2014年第4期。撰写人：孟爱丽、温顺位、徐代刚、刘学、肖楚。

四、古茶树知识产权

图 3-38 古茶树注册 30 类商标
（沿河县茶产业发展办公室提供）

图 3-39 古茶树注册 35 类商标
（沿河县茶产业发展办公室提供）

① **古树茶商标：**古树茶注册30类有塘坝千年古、沿河千年古、古茶妈等（图3-38）；35类商标有千年魂、清流水、姚溪贡茶、鸿渐思州、百寿古茶、T.O.E、皇城马家庄、洲州红、洲州绿等（图3-39）。

② **古茶树标准：**《梵净山 古茶树红茶加工技术规程》《梵净山 古茶树保护管理技术规范》（图3-40）。

铜仁市市场监督管理局

铜市监公告〔2021〕1号

铜仁市市场监督管理局关于批准发布
《地理标志产品 德江天麻》等3项地方标准的
公 告

根据《中华人民共和国标准化法》《地方标准管理办法》及《贵州省地方标准管理办法（试行）》有关规定，《地理标志产品 德江天麻》《梵净山 古茶树保护管理技术规范》《梵净山 古茶树红茶加工技术规程》等3项地方标准经铜仁市市场监督管理局批准，发布为铜仁市地方标准，现予公告如下。

序号	标准编号	标准名称	制修订	批准日期	实施日期
1	DB5206/T 130-2021	地理标志产品 德江天麻	制定	2021.01.21	2021.04.22
2	DB5206/T 131-2021	梵净山 古茶树保护管理技术规范	制定	2021.01.21	2021.04.22
3	DB5206/T 132-2021	梵净山 古茶树红茶加工技术规程	制定	2021.01.21	2021.04.22

图 3-40 古茶树标准
（温顺位提供）

五、古茶树繁育

（一）古茶树、野生茶树资源苗圃

2012年，在江口县坝盘镇挂扣村建立4000m^{2}古茶树、野生茶树种质资源圃；2013年，在沿河县塘坝乡建立古茶树种质资源圃1667.5m^2，在沿河县新景乡建立古茶树种质资源圃1000m^2。

1. 古茶树扦插繁育技术规程

铜仁市地方标准《梵净山 茶树无性系良种短穗扦插繁育技术规程》（DB 5206/T 07—2018），由铜仁市质量技术监督局于2018年12月修订，编入《梵净山茶品牌综合标准体系》出版。

2. 古茶树、野生茶树繁育

① **扦插穗条生根率**：2012年11月10日，扦插沿河古茶树群体种19个、印江古茶树群体种6个、江口野生茶群体种3个，发根率30天、60天、90天、120天分别为10.14%、26%、50.8%、75.3%。

② **扦插成活率和出圃率**：2013年10月30日，对古茶树、野生茶树苗圃成活率、出圃率调查，28个古茶树、野生茶树群体种扦插成活率平均值为71.9%（图3-41，表3-5、表3-6）。

图3-41 古茶树、野生茶树资源苗圃（刘学提供）

表3-5　扦插穗条生根率调查表

品种编号	发根率				150d后10株根鲜重/mg
	30d/%	60d/%	90d/%	120d/%	
铜沿古茶1号	6	20	42	70	288
铜沿古茶2号	8	26	56	78	302
铜沿古茶3号	10	30	58	80	298
铜沿古茶4号	8	20	38	66	264
铜沿古茶5号	6	18	34	72	256
铜沿古茶6号	8	22	42	78	286
铜沿古茶7号	12	30	56	76	270
铜沿古茶8号	6	24	48	68	268
铜沿古茶9号	8	22	44	72	254
铜沿古茶10号	14	34	52	74	278
铜沿古茶11号	12	28	56	80	290
铜沿古茶12号	10	22	46	68	294
铜沿古茶13号	10	26	54	72	244
铜沿古茶14号	12	32	60	76	236
铜沿古茶15号	10	36	62	74	264
铜沿古茶16号	14	36	60	82	255
铜沿古茶17号	8	20	34	66	247
铜沿古茶18号	6	22	42	76	230
铜沿古茶19号	12	20	50	78	246
铜印古茶1号	10	26	56	80	289
铜印古茶2号	10	28	58	84	285
铜印古茶3号	12	20	48	68	245
铜印古茶4号	14	28	56	74	233
铜印古茶5号	8	22	48	76	241
铜印古茶6号	10	26	50	78	224
铜江野生茶1号	12	32	60	78	268
铜江野生茶2号	14	32	58	84	271
铜江野生茶3号	14	26	56	80	285
福鼎大白茶（对照）	10	26	58	78	256

表3-6 穗条扦插成活率、出圃率调查表

品种编号	成活率 /%	平均苗高 /cm	合格茶苗	
			出圃率 /%	平均苗高 /cm
铜沿古茶1号	68.5	22.1	60.1	25.1
铜沿古茶2号	76.1	23.5	62.5	27.5
铜沿古茶3号	78.8	26.4	64.4	29.4
铜沿古茶4号	65.6	20.5	50.5	23.5
铜沿古茶5号	70.2	24.5	64.1	27.4
铜沿古茶6号	71.1	22.5	60.5	25.5
铜沿古茶7号	72.3	25.3	67.3	28.9
铜沿古茶8号	65.8	19.6	52.5	23.8
铜沿古茶9号	70.2	23.8	66.8	26.4
铜沿古茶10号	71.8	25.5	63.5	28.5
铜沿古茶11号	75.4	22.4	70.4	28.5
铜沿古茶12号	66.8	21.8	59.8	24.8
铜沿古茶13号	68.6	21.2	61.4	26.4
铜沿古茶14号	74.4	22.1	65.5	27.4
铜沿古茶15号	72.2	22.2	60.2	25.2
铜沿古茶16号	76.4	20.7	68.7	25.5
铜沿古茶17号	60.2	21.1	49.1	24.5
铜沿古茶18号	71.5	20.6	55.6	22.6
铜沿古茶19号	76.8	23.6	64.4	29.4
铜印古茶1号	75.5	23.9	66.9	30.1
铜印古茶2号	78.8	22.6	70.6	26.8
铜印古茶3号	65.1	21.1	51.3	25.2
铜印古茶4号	69.3	21.8	59.8	24.8
铜印古茶5号	70.4	24.5	62.5	27.5
铜印古茶6号	74.2	22.1	62.3	27.3
铜江野生茶1号	75.6	24.5	68.5	27.8
铜江野生茶2号	77.4	23.6	69.6	27.1
铜江野生茶3号	75.4	23.5	67.8	28.6
福鼎大白茶	70.8	21.5	63.6	25.7

（二）古茶树资源品系圃

2013年，在江口县坝盘镇高墙村建立古茶树、野生茶树资源品系圃4000m²，收集32个品种。

2014年，在沿河县塘坝乡榨子村建立古茶树品种品比园36712.5m²，收集沿河古茶树大中小叶种、紫芽群体种、白茶群体种（图3-42，表3-7、表3-8）。

图3-42 铜仁市古茶树、野生茶树种质资源品系圃（刘学提供）

表3-7 古茶树资源苗圃田间排列图（江口）

第1厢	第2厢	第3厢
		铜沿古茶
	铜沿古茶	铜沿古茶17（17行）
		铜沿古茶16（1行）
		铜沿古茶15（10行）
	铜沿古茶18（12行）	铜沿古茶14（5行）
铜江野生茶3		铜沿古茶13（5行）
铜沿古茶（24行）		铜沿古茶12（9行）
		铜沿古茶11
铜江野生茶2		铜沿古茶（38行）
铜沿古茶（25行）		铜沿古茶10（0.5+5行）
铜江野生茶1（5+0.8行）	铜沿古茶	铜沿古茶9（3+0.5行）
江口黄金茶（6行）		铜沿古茶8（5行）
铜印古茶5（4行）		铜沿古茶7（0.7+12行）
铜印古茶4（14行）		铜沿古茶6（0.4+1+0.3行）
铜印古茶3（0.8+11行）		铜沿古茶5（5.5行）
铜印古茶2（3+0.2行）		铜沿古茶4（5行）

续表

第1厢	第2厢	第3厢
铜印古茶1（1行）	铜沿古茶	铜沿古茶3（3行）
福鼎大白CK（4行）		铜沿古茶2（2行）
铜沿古茶（33行）		铜沿古茶1（5行）
		铜沿古茶（4行）
	铜沿古茶	铜沿古茶17（4行）

表3-8　资源圃品种移栽成活率

品种	成活率/%	
	2014年3月	2014年9月
铜沿古茶1号	85.5	83.3
铜沿古茶2号	84.6	80.8
铜沿古茶3号	76.4	70.4
铜沿古茶4号	75.6	63.5
铜沿古茶5号	82.3	80.1
铜沿古茶6号	85.6	84.4
铜沿古茶7号	93.6	90.9
铜沿古茶8号	88.4	86.4
铜沿古茶9号	93.6	90.8
铜沿古茶10号	94.5	92.6
铜沿古茶11号	90.5	85.5
铜沿古茶12号	91.6	90.0
铜沿古茶13号	84.5	83.5
铜沿古茶14号	88.9	86.8
铜沿古茶15号	87.6	85.5
铜沿古茶16号	92.2	90.8
铜沿古茶17号	81.2	71.5
铜沿古茶18号	89.8	88.3
铜沿古茶19号	95.8	92.6
铜印古茶1号	94.5	93.6
铜印古茶2号	95.4	93.7
铜印古茶3号	74.6	70.5
铜印古茶4号	70.6	68.8

续表

品种	成活率/%	
	2014年3月	2014年9月
铜印古茶5号	88.8	84.4
铜印古茶6号	84.7	82.7
铜江野生茶1号	94.6	93.6
铜江野生茶2号	95.0	94.0
铜江野生茶3号	90.3	90.0
江口野生茶8号	90.4	88.2
江口黄金茶	88.4	85.6
黄金芽	95.6	93.3
福鼎大白茶	90.1	88.7

六、古茶树保护

沿河县塘坝乡榨子村马家庄组、老虎湾组，开展100株古茶树保护利用示范，古茶树冬季管护培训，增强茶农对古茶树的管理与保护意识，为100株古茶树办理二维码身份证、古茶树示范牌。

图3-43 古茶树修剪示范（刘学提供）

① **古茶树的修剪：**古茶树保护利用示范：修剪示范，采用高枝修剪机对古茶树枯枝、病虫枝修剪，塑造树形（图3-43）。

② **古茶树保护宣传与培训：**采取广播、电视、科普、报刊等多种形式广泛宣传，宣传古茶树、野生茶树保护重要性；古茶树悬挂保护宣传牌；开展野生茶树、古茶树资源保护利用培训3期，培训350人次（图3-44）。

图3-44 古茶树现场培训（刘学提供）

③ **古茶树“身份证”**：古茶树“二维码身份证”，是将树高、树幅、树龄、经纬度、茶树类型等信息录入二维码中，扫描二维码即可全面了解古茶树身份信息（图3-45）。互联网二维码利用到古树名木保护上，此技术用于古茶树保护牌上，属国内首创。

图 3-45 二维码身份证（沿河县茶产业发展办公室提供）

七、古茶树利用

（一）古茶树、野生茶树绿茶适制性研究

研究原料：古茶树、古茶树白化品种白化期、种植茶园，详见表3-9。

表3-9 古茶树、野生茶树原料加工绿茶

加工类型	采摘时间	采摘地点	采摘标准	加工地点
1号卷曲形古茶树绿茶	2014年3月30日	沿河县塘坝乡榨子村马家庄组	1芽1叶	沿河千年古茶有限公司
2号卷曲形古茶树绿茶	2014年3月30日	沿河县塘坝乡榨子村大田组	1芽1叶	沿河千年古茶有限公司
1号针形古茶树绿茶	2014年4月2日	沿河县塘坝乡榨子村马家庄组	1芽1叶	沿河千年古茶有限公司
2号针形古茶树绿茶	2014年4月2日	沿河县塘坝乡榨子村大田组	1芽1叶	沿河千年古茶有限公司
白化品种古茶树绿茶	2015年4月3日	沿河县塘坝乡榨子村大田组	1芽2叶	沿河千年古茶有限公司
1号野生绿茶	2014年4月15日	江口县梵净山自然保护区内的外田——七里坪一带	1芽2叶	江口县鑫繁茶业有限公司
2号野生绿茶	2014年4月15日	江口县梵净山自然保护区内的鹅家坳片区	1芽2叶	江口县鑫繁茶业有限公司
沿河县茶园茶	2015年4月2日	沿河县塘坝乡	1芽1叶	沿河千年古茶有限公司

（二）古茶树红茶适制性研究

研究原料：古茶树品种片色泽为紫芽，详见表 3-10。

表3-10　古茶树、野生茶树原料加工红茶

样品加工类型	采摘时间	采摘地点	采摘标准	加工地点
春季条形古树红茶	2015年4月18日	沿河县塘坝乡榨子村马家庄组	1芽2叶	沿河千年古茶有限公司
夏季条形古树红茶	2015年7月18日	沿河县塘坝乡榨子村马家庄组	1芽2叶	沿河千年古茶有限公司
秋季条形古树红茶	2015年9月18日	沿河县塘坝乡榨子村马家庄组	1芽2叶	沿河千年古茶有限公司
春季条形紫芽古茶树红茶	2015年4月12日	印江县永义乡团龙村	1芽2叶	铜仁职业技术学院
花香型古茶树红茶	2015年4月5日	沿河县塘坝乡榨子村马家庄组	1芽2叶	沿河千年古茶有限公司
江口县茶园红茶	2015年4月10日	江口县坝盘镇高墙村	1芽2叶	江口县鑫繁茶业有限公司

（三）古茶树、野生茶树白茶适制性树研究

研究原料：古茶树、野生茶树，详见表3-11。

表3-11　古茶树、野生茶树原料加工白茶

样品加工类型	采摘时间	采摘地点	采摘标准	加工地点
古茶树白茶	2015年4月4日	沿河县塘坝乡榨子村马家庄组、大田组	1芽2叶	沿河千年古茶有限公司
野生茶树白茶	2015年4月13日	江口县梵净山自然保护区内的外田——七里坪	1芽2叶	铜仁职业技术学院

（四）古茶树加工工艺

① **条形古茶树绿茶加工工艺：**鲜叶→摊青→杀青→摊凉→揉捻→解块→初烘→摊凉→理条→摊凉→复烘足干。

② **卷曲形古茶树绿茶加工工艺：**鲜叶→摊青→杀青→摊凉→揉捻→解块→初烘→摊凉→做形→摊凉→搓团提毫→足干。

③ **条形古茶树红茶加工工艺：**鲜叶→萎凋→揉捻→发酵→干燥。

④ **花果香型古茶树红茶加工工艺：**鲜叶→萎凋→摇青→揉捻→发酵→干燥→炭焙。

⑤ **古茶树白茶、野生茶树白茶加工工艺：**鲜叶→萎凋→干燥。

⑥ **野生茶树绿茶加工工艺：**鲜叶→摊青→杀青→摊凉→揉捻→干燥。

（五）古茶树研发产品获奖

2015年，沿河千年古茶有限公司：塘坝千年古茶（绿茶）在贵州省春茶斗茶大赛中荣获“古茶类金奖茶王”称号（图3-46）。2016年，沿河千年古茶有限公司：塘坝千年古及图商标（注册号：9769359）经评审被认定为“贵州省著名商标”（图3-47）。贵州塘坝千年古茶有限公司：2018年，马家庄绿茶荣获武陵茶文化节暨第二届武陵山茶王擂台赛金奖（图3-48）。2019年，沿河千年古茶有限公司：在庆祝新中国成立70周年第二届贵州优秀企业品牌传播评选活动中，“塘坝千年古茶”荣获“十佳影响力品牌”称号（图3-49）。

古树茶茶王获得者　手工茶茶王获得者　其他茶茶王获得者　绿茶茶王获得者　红茶茶王获得者

图3-46 贵州省首届贵州古树茶斗茶赛古树绿茶茶王金奖（沿河千年古茶有限公司提供）

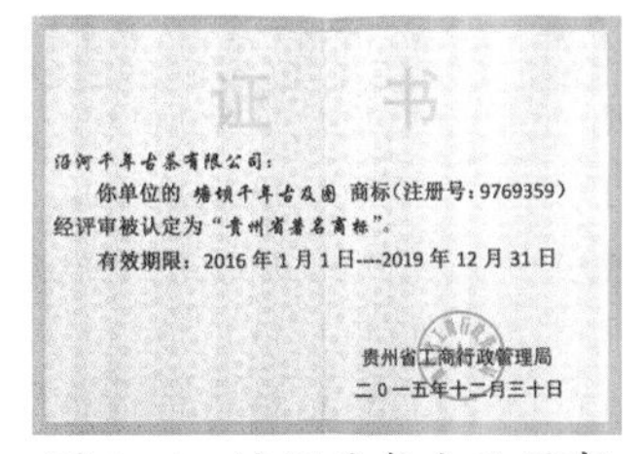

证书

沿河千年古茶有限公司：

你单位的 塘坝千年古及图 商标（注册号：9769359）经评审被认定为“贵州省著名商标”。

有效期限：2016年1月1日----2019年12月31日

贵州省工商行政管理局

二〇一五年十二月三十日

图3-47 塘坝千年古及图商标经评审被认定为“贵州省著名商标”（塘坝千年古茶有限公司提供）

贵州塘坝千年古茶有限公司：

贵单位选送的 马家庄绿茶 在2018年武陵茶文化节暨第二届武陵山茶王擂台赛上荣获绿茶类

金奖

图3-48 贵州塘坝千年古茶有限公司马家庄绿茶获奖（塘坝千年古茶有限公司提供）

荣誉证书

沿河千年古茶有限公司：

在庆祝新中国成立70周年·第二届成长在贵州优秀企业品牌传播评选活动中，“塘坝千年古茶”荣获“十佳影响力品牌”称号，特颁发证书。

二〇一九年十二月

图3-49“塘坝千年古茶”荣获“十佳影响力品牌”称号（沿河县茶产业发展办公室提供）

（六）古茶树、野生茶树的品质特征

1. 古茶树、野生茶树绿茶感官品质（表3-12）

表3-12　古茶树、野生茶树绿茶感官审评表

样品名称	外形（25分）		汤色（10分）		香气（30分）		滋味（25分）		叶底（10分）		总得分
	评语	得分	评语	得分	评语	得分	评语	得分	评语	得分	
1号卷曲形古树绿茶	卷曲、黄绿较显毫	22	嫩黄、尚明亮	8.5	较鲜爽、有栗香	27.5	浓烈	23	嫩匀、明亮	9.5	90.5

续表

样品名称	外形（25分）		汤色（10分）		香气（30分）		滋味（25分）		叶底（10分）		总得分
	评语	得分	评语	得分	评语	得分	评语	得分	评语	得分	
2号卷曲形古树绿茶	外形肥壮、绿翠	23.5	黄绿、较明亮	8.5	较鲜爽、栗香持久	27.5	较浓烈	23	嫩匀、成朵、明亮	9.5	92
1号针形古树绿茶	圆紧、有毫、尚嫩绿	23	嫩绿、较明亮	9	较鲜爽、有嫩香	28	较浓醇	23	嫩匀、多芽、绿鲜亮	9.5	92.5
2号针形古树绿茶	形较直、有毫、黄绿	22	嫩黄、较明亮	8.5	较鲜爽	27	较浓醇	23.5	嫩匀、成朵、黄明亮	9	90
白化品种古茶树绿茶	外形紧细，黄绿较润	21	嫩黄、较亮	8.5	清香	26.5	鲜爽	24.5	嫩匀、黄绿较亮	9.5	90
1号野生茶树绿茶	条索紧细卷曲、深绿	22.5	黄、较明亮	8.5	较鲜爽	26.5	醇厚回甘	24	黄绿	9	90.5
2号野生茶树绿茶	条索卷曲、深绿	22.5	黄、较明亮	8.5	较鲜爽	26.5	醇厚回甘	24	尚匀、黄绿稍暗	8.5	90

2. 古茶树、野生茶树红茶感官审评（表3-13）

表3-13　古茶树、野生茶树红茶样品感官审评表

样品名称	外形（25分）		汤色（10分）		香气（30分）		滋味（25分）		叶底（10分）		总分
	评语	得分	评语	得分	评语	得分	评语	得分	评语	得分	
春季条形古茶树红茶	条索紧细、显金毫、乌黑油润	23	红、亮	9.5	高甜	27	醇厚	23	软、较红亮	9.5	92
夏季条形古茶树红茶	条索较紧细、有金毫、乌黑油润	22.5	红、亮	9.5	甜香	27	醇和	22.5	较软、尚红亮	9	90.5
秋季条形古茶树红茶	条索较紧细、略显金毫、乌黑较润	22.5	橙红、亮	9	甜香持久	27	纯正	22	尚软、尚红亮	8.5	89
春季条形紫芽古茶树红茶	条索紧细、乌黑较润	22.5	红、较亮	8.5	蜜香较持久	27.5	醇和	22.5	较软、较红亮	9	90
花香型古茶树红茶	条索卷曲、乌褐较油润略显金毫	22.5	较红、明亮	8.5	果香显	28.5	醇厚回甘	23.5	尚软	8	91
江口县茶园茶	条索稍松略卷曲、稍乌黑	22	橙红、明亮	9	有花香清甜	27	清醇较回甘、微花香	23	红匀软亮	9	90

3. 古茶树、野生茶树加工白茶感官品质（表3-14）

表3-14 古茶树、野生茶树白茶品感官审评表

样品名称	外形（25分）		汤色（10分）		香气（30分）		滋味（25分）		叶底（10分）		总分
	评语	得分	评语	得分	评语	得分	评语	得分	评语	得分	
古茶树白茶	自然形、灰绿透银白	22.5	淡杏黄、清澈	8.5	清香显	27	清甜醇爽	23.5	黄绿、叶脉红褐、柔软鲜亮	9	90.5
野生茶树白茶	自然形、略有白毫、绿褐色	22	杏黄、较亮	8.5	纯正	25.5	稍有青味	23	较匀亮	8	87

（七）古茶树、野生茶树的常规理化指标

1. 古茶树、野生茶树加工绿茶常规理化检测（表3-15）

表3-15 古茶树、野生茶树加工绿茶理化检测表

样品名称	水分/%	水浸出物/%	茶多酚/%	氨基酸/%	咖啡碱/%	可溶性糖/%	酚氨比
1号卷曲形古茶树绿茶	7.8	44.3	28	2.8	3.95	3.5	10.00
2号卷曲形古茶树绿茶	6.0	46.2	22.7	3.2	3.81	4.0	7.09
1号针形古茶树绿茶	4.8	46.9	17.4	3.6	3.56	3.2	4.83
2号针形古茶树绿茶	5.8	44.1	24.0	3.4	3.82	3.5	7.06
条形白化品种古茶树绿茶	4.9	47.1	18.1	5.8	3.05	4.1	3.12
1号野生茶树绿茶	3	46.6	20.8	3.4	3.5	4.5	6.12
2号野生茶树绿茶	3.4	44.7	19.8	3	3.02	4.6	6.60

2. 古茶树野生茶树加工红茶理化检测（表3-16）

表3-16 古茶树、野生茶树加工红茶理化检测表

样品名称	水分/%	水浸出物/%	游离氨基酸/%	茶黄素/%	茶红素/%	咖啡碱/%	可溶性糖/%
春季条形古树红茶	5.2	41.6	3.6	0.2	4.3	3.89	4.6
夏季条形古树红茶	6.4	43.2	3.4	0.2	5	4.59	5
秋季条形古树红茶	4.2	39.6	3.1	0.2	3.4	4.02	4.2
春季条形紫芽古树红茶	4.8	43.0	3.5	0.2	4.6	3.65	4.8

3. 古茶树、野生茶树加工白茶理化检测（表3-17）

表3-17　古茶树、野生茶树白茶理化检测表

样品名称	水分 /%	水浸出物 /%	茶多酚 /%	氨基酸 /%	咖啡碱 /%	可溶性糖 /%
古茶树白茶	7.2	41.4	25.3	2.8	3.59	7.2
野生茶树白茶	7.5	41.3	18.0	4.8	3.98	5.4

4. 古茶树、野生茶树氨基酸组分

古茶树茶、野生茶树茶游离氨基酸总量及氨基酸组分测定，详见表3-18。

表3-18　古茶树、野生茶树氨基酸组分表

氨基酸成分	春季条形古茶树红茶 /(mg/g)	夏季条形古茶树红茶 /(mg/g)	秋季条形古茶树红茶 /(mg/g)	春季条形紫芽古树红茶 /(mg/g)	1号古针形古茶树绿茶 /(mg/g)	条形白化品种古树绿茶 /(mg/g)
磷酸丝氨酸	0.22	0.17	0.26	0.19	0.12	0.14
牛磺酸	未检出	未检出	未检出	未检出	未检出	0.17
磷乙醇胺	0.08	0.06	0.1	0.26	0.27	0.12
天冬氨酸	1.02	0.87	0.99	0.56	1.23	2.49
苏氨酸	0.39	0.31	0.56	0.33	0.36	0.27
丝氨酸	0.53	0.81	0.95	0.55	0.38	1.13
天冬酰胺	1.33	3.91	1.67	0.36	1.29	未检出
谷氨酸	3.8	1.17	2.43	2.76	3.13	6.35
茶氨酸	10.8	6.14	7.29	11.4	13.94	30.26
α-氨基己二酸	未检出	未检出	0.05	未检出	未检出	未检出
脯氨酸	0.41	0.54	0.49	0.23	0.29	未检出
甘氨酸	0.02	0.02	0.27	0.04	0.06	0.49
丙氨酸	0.39	0.44	未检出	0.72	0.5	未检出
瓜氨酸	未检出	未检出	1.12	未检出	未检出	未检出
缬氨酸	0.68	0.74	未检出	0.46	0.62	0.51
蛋氨酸	未检出	未检出	未检出	未检出	未检出	0.01
异亮氨酸	0.04	0.11	0.33	0.15	0.2	未检出
亮氨酸	0.59	0.49	0.31	0.4	0.49	0.03
酪氨酸	0.39	0.25	0.44	0.38	0.35	未检出
苯丙氨酸	0.41	0.39	0.03	0.2	0.4	未检出

续表

氨基酸成分	春季条形古茶树红茶/(mg/g)	夏季条形古茶树红茶/(mg/g)	秋季条形古茶树红茶/(mg/g)	春季条形紫芽古树红茶/(mg/g)	1号古针形古茶树绿茶/(mg/g)	条形白化品种古树绿茶/(mg/g)
β-丙氨酸	未检出	未检出	未检出	未检出	未检出	0.04
γ-氨基丁酸	0.66	0.39	0.59	0.7	0.83	0.29
组氨酸	0.23	0.29	0.08	0.15	0.28	0.3
色氨酸	0.28	0.19	0.79	0.12	0.41	未检出
鸟氨酸	未检出	未检出	未检出	未检出	未检出	0.05
赖氨酸	0.13	0.18	0.24	0.03	0.18	0.19
精氨酸	0.47	0.22	0.15	0.21	0.68	6.44
游离氨基酸总量	36.00	34.00	31.00	35.00	37.00	58.00
氨基酸种类	21	21	21	21	21	18

5. 古茶树绿茶、野生茶树绿茶香气成分

经原农业部茶叶质量监督检验测试中心检测其香气成分。野生茶树、古茶树有42种香气成分，详见表3-19。

表3-19 古茶树、野生茶树绿茶香气成分表

序号	香气成分名称	分子式	相对含量/%	
			野生茶树绿茶1号	古茶树针形绿茶1号
1	二甲硫	C_2H_6S	15.05	10.70
2	β-芳樟醇	$C_{10}H_{18}O$	8.67	6.82
3	壬醛	$C_9H_{18}O$	1.18	5.57
4	橙花醇	$C_{10}H_{18}O$	6.20	5.20
5	苯乙醇	$C_8H_{10}O$	2.65	4.28
6	α-雪松醇	$C_{15}H_{26}O$	2.34	3.69
7	顺-氧化芳樟醇I	$C_{10}H_{18}O_2$	1.46	3.69
8	1-辛烯-3-醇	$C_8H_{16}O$	1.36	3.22
9	2-乙基-1-己醇	$C_8H_{18}O$	0.41	3.05
10	二甲基戊酸甲酯	$C_7H_{14}O_2$	2.49	2.94
11	苯甲醇	C_7H_8O	0.88	2.89

续表

序号	香气成分名称	分子式	相对含量 /%	
			野生茶树绿茶 1 号	古茶树针形绿茶 1 号
12	甲苯	C_7H_8	1.11	2.82
13	2-正戊基呋喃	$C_9H_{14}O$	4.10	2.81
14	δ-杜松烯	$C_{15}H_{24}$	1.19	2.78
15	6-甲基-5-庚烯-2-酮	$C_8H_{14}O$	2.22	2.74
16	β-雪松烯	$C_{15}H_{24}$	6.74	2.58
17	顺-己酸-3-己烯酯	$C_{12}H_{22}O_2$	0.99	2.46
18	顺-氧化芳樟醇IV	$C_{10}H_{18}O_2$	0.90	2.36
19	3-己烯-1-醇	$C_6H_{12}O$	0.55	2.27
20	庚醛	$C_7H_{14}O$	0.41	2.08
21	正己醛	$C_6H_{12}O$	0.80	1.88
22	L-去氢白菖烯	$C_{15}H_{22}$	0.78	1.84
23	脱氢芳樟醇	$C_{10}H_{16}O$	11.27	1.79
24	长叶烯	$C_{15}H_{24}$	2.36	1.58
25	D-柠檬烯	$C_{10}H_{16}$	2.62	1.46
26	香叶基丙酮	$C_{13}H_{22}O$	0.47	1.44
27	顺-氧化芳樟醇II	$C_{10}H_{18}O_2$	1.61	1.41
28	顺-氧化芳樟醇III	$C_{10}H_{18}O_2$	0.77	1.37
29	β-石竹烯	$C_{15}H_{24}$	2.27	1.35
30	甜瓜醛	$C_9H_{16}O$	0.65	1.31
31	苯甲醛	C_7H_6O	1.02	1.27
32	顺-β-罗勒烯	$C_{10}H_{16}$	1.61	1.18
33	3-己烯-2-酮	$C_6H_{10}O$	2.50	1.16
34	2-甲基丁醛	$C_5H_{10}O$	2.18	1.11
35	1-乙基-2-吡咯甲醛	C_7H_9NO	1.10	1.01
36	β-环柠檬醛	$C_{10}H_{16}O$	0.56	0.99

续表

序号	香气成分名称	分子式	相对含量 /%	
			野生茶树绿茶 1 号	古茶树针形绿茶 1 号
37	辛醛	$C_8H_{16}O$	0.38	0.94
38	1–乙基吡咯	C_6H_9N	1.39	0.56
39	反–β–罗勒烯	$C_{10}H_{16}$	2.12	0.48
40	苯乙醛	C_8H_8O	0.67	0.43
41	α–蒎烯	$C_{10}H_{16}$	0.79	0.30
42	α–萜品烯	$C_{10}H_{16}$	1.19	0.18

八、古茶树研究成果交流

① **贵州省毕节市考察铜仁市古茶树保护与利用研究成果**：2014年，毕节市人大常委会原副主任、毕节市茶产业协会会长赵英旭等一行15人来铜仁市考察古茶树保护与利用研究成果（图3–50）。

② **贵州省古茶树保护与利用研讨会**：2015年4月，贵州省古茶树保护与利用研讨会在贵定县召开，温顺位在会上作古茶树保护与利用研究经验交流发言（图3–51）。

图 3–50 在铜仁市考察古茶树保护与利用成果（刘学提供）

图 3–51 温顺位在贵州省古茶树保护与利用交流会发言（刘学提供）

九、古茶树文化

（一）古茶树之乡

2014年，贵州茶行业十大系列评选沿河县为“贵州十大古茶树之乡”（图3–52）。2015年，中国茶叶流通协会授予沿河县人民政府“中国古茶树之乡”（图3–53）。

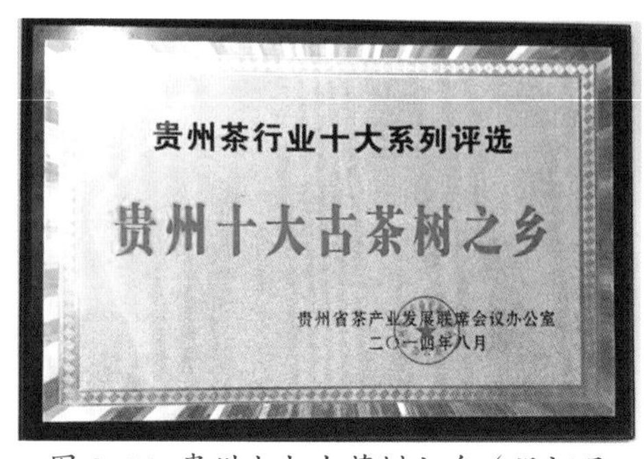

图 3-52 贵州十大古茶树之乡（沿河县茶产业发展办公室提供）

图 3-53 中国茶叶流通协会授予“中国古茶树之乡”（沿河县茶产业发展办公室提供）

（二）沿河古茶纪录片《依山沿河的芳华》

拍摄时间：2017年4—6月。

拍摄地址：沿河自治县城、塘坝镇、后坪乡、后坪乡、新景镇、黄土镇等。

《依山沿河的芳华》全片45min，拍摄内容：一是沿河情，介绍沿河古茶的产地；二是《依山沿河的芳华——沿河之远》，介绍沿河文化旅游资源，沿河种茶历史之久远；三是《依山沿河的芳华——依山之园》，介绍沿河古茶园、环境及种植历史。四是《依山沿河的芳华——灼灼芳华》，介绍沿河古茶历史底蕴之厚重，古茶品味之崇高，发出“千年古茶、千年礼成、沿河古茶”之感叹。

（三）沿河古茶微电影《古茶情缘》

拍摄时间：2016年9—10月。

拍摄地址：塘坝镇榨子村古茶基地。

拍摄故事情节：时长12min，讲述一对青年男女创办千年古茶基地，创建千年古茶品牌的故事。

十、古茶树、野生茶树保护与利用研究报告

（一）古茶树绿茶水浸出物丰富

沿河县塘坝乡榨子村马家庄组的古茶树加工的卷曲形绿茶，酚氨比较高为10，加工红茶比绿茶为佳，采摘与同一地点不同茶树的针形绿茶，酚氨比较低为4.83，绿茶品质好。沿河县塘坝乡榨子村大田组古茶树加工的针形、卷曲形绿茶酚氨比均在7左右，加工绿茶品质较好。马家庄组古茶树加工白茶，可溶性糖含量高达7.2%；江口县梵净山野生茶加工的白茶，游离氨基酸含量4.8%，可溶性糖含量达5.4%；古茶树和野生茶树加工白茶具有茶汤甜度高的特点。

（二）古茶树加工红茶品质特征

沿河县塘坝乡榨子村大田组，感观品质最优，红茶萎凋过程中创新加入摇青工艺，红茶果香味明显；印江县永义乡团龙村紫芽茶加工的红茶有蜜香的特点，红茶可溶性糖含量均大于4%，具有茶汤回甘度好的特点。

（三）梵净山野生茶加工绿茶特征

氨基酸6.12%~6.60%，可溶性糖含量4.5%~4.6%，高于普通绿茶，具有滋味醇厚回甘的特点，适于加工绿茶。

（四）氨基酸组分分析

古树茶含有多种人体所需氨基酸，古茶树红茶氨基酸含量呈现春茶>夏茶>秋茶的规律；利用白化品种古茶树鲜叶加工成绿茶，茶氨酸含量高达30.26mg/g，天冬氨酸、谷氨酸等氨基酸组分含量是其他茶样的2倍，精氨酸含量超出其他样品近10倍，白化品种古茶树茶氨基酸特点突出，值得将其开发成高茶氨酸的保健茶。

苍穹之光（摄影：冯伯坚）

第四章 铜仁茶叶加工

第一节　铜仁茶叶加工概述

截至2018年底，全市茶叶加工企业608家、茶叶专业合作社639个，茶叶加工厂房面积56.4万m^2，茶叶加工设备10000余台（套）。

一、石阡县茶叶加工

截至2018年，全县有茶叶加工厂房188座，加工设施配套用房8万余平方米。茶叶加工设备2000余台（套），固定资产2.5亿元以上。年加工能力2.5万t，标准清洁化加工企业23家，其中自动流水生产线11条。

二、印江县茶叶加工

截至2018年底，全县有茶叶加工厂236座，加工厂房面积141600m^2。有茶叶加工设备2832台（套），其中绿茶设备2122台（套）、红茶设备65台（套）、绿宝石设备358台（套）、安吉白茶设备54台（套）、碾茶设备3台（套）、有精制加工设备139台（套）。

三、松桃县茶叶加工

截至2018年12月，全县有茶叶加工企业52家，茶叶专业合作社29家，茶叶加工厂房73100m^2。茶叶加工设备1976台（套），企业资产2亿多元，年加工能力2万t以上。

四、沿河县茶叶加工

截至2018年，全县有茶叶加工企业30家，茶叶专业合作社41家，茶叶加工厂房54650m^2。茶叶加工设备400余台（套），企业资产1亿多元，年加工能力超过1万t。

五、德江县茶叶加工

截至2018年，全县有茶叶加工厂30个，其中：已建成大、中、小型茶叶加工厂23个（规模加工厂13个），茶叶加工点7个；有食品生产许可认证的茶叶加工企业4个。茶叶加工厂面积1.17万m^2，茶叶生产线28条（抹茶生产线6条，清洁化生产线20条，全自动化生产线2条），年加工能力3531t。

六、思南县茶叶加工

截至2018年底，全县有茶叶加工厂34座，加工生产线45条，加工厂房面积79357m^2，从事加工技术人员200余人。

七、江口县茶叶加工

截至2018年底，全县有茶叶加工企业42家，名优茶生产线65条，大众茶生产线8条，碾茶生产线14条，抹茶生产线3条，厂房面积14万m^2，茶叶加工设备3000余台（套），茶叶加工工人400余人。

第二节　铜仁茶叶加工要求

一、加工场地要求

（一）加工厂选址

茶叶加工场所应选择地势干燥，交通方便；远离排放“三废”的工业企业；保证茶叶加工中用水（冲洗加工设备和生活用水）。

（二）加工厂布局

① 加工场所的规模与原料来源的茶园规模相适应，生产潜力与新发展的茶园规模相适应，厂房面积和设备配置相适应，工艺流程和生产规模相适应。

② 合理规划布局厂区、生活区、道路、给排水系统。

③ 建筑物、设备布局与茶叶加工工艺流程衔接合理。

④ 锅炉房、厕所应处于加工车间的下风口。

⑤ 初加工厂宜建在茶园中心或附近较平坦、安全地带，兼顾交通、生活、通讯的便利。

（三）加工厂环境

① 厂房建设环境：加工车间建筑要牢固、空气流通、采光良好；厂区道路应通畅；茶厂周围要有排水沟，排水口；要有防护网，防止虫、鼠、蛇等进入车间，厂房车间高度4~6m，墙面白色，采用瓷砖贴面。

② 茶叶厂区卫生环境：厂区内外要整洁、卫生、无臭气、无异味。

③ 茶叶车间外面要配备洗手池、更衣间等。

④ 加工场应配置相应的消防设施。

⑤ 加工产生的废弃物存放设施应密闭或带盖，并便于清洗和消毒。

二、加工设备要求

（一）加工设备

① 茶叶的设备应用无毒、无异味、不污染茶叶的材料制成。

② 新购设备应清除材料表面的防锈油，每个茶季对加工设备进行清洁、除锈和保养。

（二）加工设备配备

以最高日产量来确定加工设备的配置数量。以全年茶总产量的3%~5%或春茶产量8%~10%计算，可以直接用春茶高峰期日平均产量为最高日产量。根据加工机械的台时产量计算所需的台数，通常高峰期加工机械每天工作20h，所需的茶机数量根据茶叶加工机械的台时产量计算所需茶叶加工机械台数。

第三节　铜仁茶叶加工技术

一、名优茶加工

（一）名优绿茶加工

1. 扁形名优绿茶加工

1）加工工艺流程

摊青→杀青→理条做形→脱毫→筛分→提香。

2）加工技术

① **摊青：**鲜叶应摊放在摊青槽或竹匾上，按采摘时间，雨、露水叶，分级摊放，摊放厚度3~5cm，厚薄均匀，每隔1~2h轻翻1次。摊放时间6~12h，叶色由鲜绿转为暗绿，叶质变软，青气消失即可。

② **杀青：**杀青温度220~310℃，时间2~4min，杀青叶要及时吹冷风摊凉回潮20min。杀青叶要求叶缘稍有干焦现象，青草气消失，芳香味显露，失水率20%左右（图4-1）。

③ **理条做形：**理条温度120~160℃。投叶量以理条机往复速度茶叶不抛出槽外为宜。茶坯失水率80%左右，压棒加压3~5min。茶叶压扁即放出茶坯，摊凉回潮（图4-2）。

④ **脱毫：**筒体温度60~80℃。叶温40~45℃，投叶量以不溢出滚筒口为宜。茶叶白毫脱落，表面光滑，出锅摊凉。

⑤ **筛分：**采用孔径1.6mm筛子隔除碎茶，簸出茶末、茶灰。

⑥ **提香：**温度在110℃左右，时间20~30min，水分含量4%~6%，出锅冷却装袋。

图 4-1 名优绿茶杀青工艺
（沿河县茶产业发展办公室提供）

图 4-2 名优绿茶理条工艺
（沿河县茶产业发展办公室提供）

2. 卷曲形名优绿茶加工

1）加工工艺流程

摊青→杀青→摊凉→揉捻→解块→初烘→摊凉→做形→摊凉→搓团提毫→足干→摊凉→分级。

2）加工技术

① **摊青**：鲜叶摊放贮青间或贮青槽；摊叶厚度2~5cm，摊放时间5~8h，摊放至芽叶萎软、色泽暗绿、略显清香为适度。

② **杀青**：滚筒连续杀青机，筒温140~160℃，杀青叶含水量（63±2）%，叶色暗绿，叶质变软，手捏成团，稍有弹性，无生青、焦边、爆点，有清香为适度。

③ **摊凉**：杀青叶均匀薄摊于干净的盛茶用具中，厚度2~3cm，时间15~25min。

④ **揉捻**：装叶量以自然装满揉捻机揉桶为宜，空揉5~7min、轻揉15~25min、空揉5~10min。叶质变软，有黏手感，手握成团而不弹散，少量茶汁外溢，成条率80%以上。

⑤ **解块**：茶叶解块机及时解散揉捻叶中的团块。

⑥ **初烘**：碧螺春烘干机或链板烘干机，进风口温度90~110℃，叶色转暗，条索收紧，茶条略刺手为宜（图4-3）。

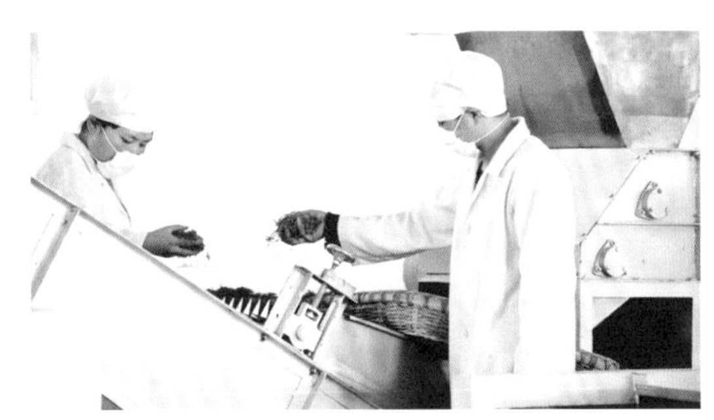

图 4-3 石阡县卷曲形绿茶初烘工艺
（石阡县茶业协会提供）

⑦ **摊凉**：茶坯均匀摊放于干净的盛茶用具中，摊凉25~30min。

⑧ **做形**：选用曲毫机，温度70~90℃，整形时间为40~50min，前30min用大幅，后10~20min调到小幅；茶条卷曲，毫毛较显，略有刺手感时为适宜。

⑨ **摊凉：**做形叶均匀薄摊于干净的盛茶用具中，摊凉15~25min，用10目筛割碎末。

⑩ **搓团提毫：**摊凉的做形叶，投入五斗烘焙机，烘焙机进口风温70~75℃，每斗投叶量1.0kg，搓团力量稍轻，将适当数量茶团握于两手心，沿同一方向回搓茶团，反复数次至毫毛显露、茶条刺手为止，时间10~15min，达90%干时下机。

⑪ **足干：**选用烘干机，进口风温70~90℃，摊叶厚度2~4cm，时间8~10min，手捻茶叶成粉末时为适宜。

⑫ **摊凉：**足干后的茶坯均匀摊放于干净的盛茶用具中，摊凉20~25min，茶坯完全冷却后进行分级归类。

3. 颗粒形名优绿茶加工

1）加工工艺流程

摊青→杀青→摊凉→揉捻→解块→初烘→摊凉→做形→足干→摊凉→分级。

2）加工技术

① **摊青：**茶青摊放贮青间、贮青槽或篾质簸盘中，摊叶厚度10~12cm，摊放时间6~8h，摊放至芽叶萎软、色泽暗绿、略显清香为适度。

② **杀青：**滚筒连续杀青机，筒体温度140~160℃，投叶量均匀，杀青叶叶色暗绿，叶质变软，手捏成团，稍有弹性，无生青、焦边、爆点，清香显露为适度。

③ **摊凉：**杀青后及时摊凉，均匀薄摊于干净的盛茶用具中，摊放厚度2~5cm，时间10~15min。

④ **揉捻：**选用揉捻机，转速45~50r/min，时间40~50min，茶叶均匀成条下机。

⑤ **解块：**茶叶解块机解散揉捻叶中的团块。

⑥ **初烘：**选用烘干机，温度80~100℃，时间10~15min，要求：烘匀、烘透，叶象由嫩绿转墨绿，手握不刺手。

⑦ **摊凉：**初烘叶均匀薄摊于干净的盛茶用具中，摊放厚度5~10cm，时间15~25min。

⑧ **做形：**双锅曲毫炒干机，锅温80~100℃，投叶量每锅4~6kg，温度先低后高，时间40~45min。茶叶初步成形后及时下锅摊凉，再两锅并一锅继续在曲毫机中造形，时间50~60min，温度60~80℃。茶叶达到圆润、紧结、达75%干时下锅摊凉。

⑨ **足干：**选用烘干机，温度60~100℃，时间40~60min，含水量在6.5%~7.5%时下锅摊凉。

⑩ **摊凉：**茶坯均匀薄摊于干净的盛茶用具中，摊放厚度5~10cm，时间20~25min，茶坯完全冷却后进行分级归类。

（二）名优红茶加工

1．卷曲形名优红茶加工

1）加工工艺流程

摊青→萎凋→揉捻→解块→发酵→初烘→摊凉→搓团提毫→摊凉→足干→摊凉→分级归类。

2）加工技术

① **摊青：**鲜叶摊放于贮青间，摊放厚度20~30cm，通微风。

② **萎凋：**将鲜叶摊放在萎凋槽中，摊叶厚度15~20cm，温度20~30℃，湿度（75±5）%，每隔1.5~2h停止鼓风，停止鼓风时间10min；下叶前10~15min停止鼓热风，改鼓冷风；每隔1.5~2h翻抖1次，含水量高的每隔0.5h翻抖1次；当叶面失去光泽，叶色暗绿，青草气减退，叶形皱缩，叶质柔软，紧握成团，松手可缓慢松散即萎凋适度（图4-4）。

图4-4 石阡县卷曲形红茶萎凋工艺
（石阡县茶业协会提供）

③ **揉捻：**选用揉捻机，装叶量以装满揉桶为宜。加压掌握轻、重、轻的原则。揉捻叶紧卷成条，有少量茶汁溢出为揉捻适度。解块后的筛面茶条索不够紧结的可复揉，复揉装叶量以装至揉桶的三分之二为宜。茶条紧卷，茶汁外溢，黏附于茶条表面，叶片成条率90%以上为适度。

④ **解块：**选用茶叶解块机解散揉捻叶中的团块。

⑤ **发酵：**发酵室室温（24±2）℃，发酵盘装叶厚度8~12cm。相对湿度≥95%；每间隔30min吹冷风1次，鼓风时间3~5min。发酵时间4~6h，在青草气消失，花果香味显现，叶色黄红为宜。

⑥ **初烘：**选用链板烘干机，速度为慢速。烘干机风温100~110℃，时间15~20min；茶坯含水率（20±2）%，叶边缘有刺手感，梗折不断为适度。

⑦ **摊凉：**初烘后的茶坯均匀摊放于干净的盛茶用具中，厚度5~10cm，摊凉时间40~60min。

⑧ **搓团提毫：**将茶坯投入五斗烘干机中，进口风温90~100℃，每斗投叶量1.0kg，待茶坯烘至不粘手时进行搓团提毫，搓团时将适当数量茶团握于两手心，沿同一方向回搓，反复数次至毫毛显露、茶条刺手为止。时间15~25min，达90%干时下机。

⑨ **摊凉：**做形后的茶坯均匀摊放于干净的盛茶用具中，厚度5~10cm，摊凉时间20~30min。

⑩ **足干：**选用链板烘干机，速度为慢速。烘干机风温80~90℃，时间15~20min；茶坯含水率5%~7%，手捏茶条即成粉末为适度。

⑪ **摊凉：**足烘后的茶坯均匀摊放于干净的盛茶用具中，厚度5~10cm，摊凉时间20~30min，待茶坯完全冷却后进行分级归类。

2．颗粒形红茶加工

1）加工工艺流程

摊青→萎凋→揉捻→解块→发酵→初烘→摊凉→造粒→摊凉→足干→摊凉→分级归类。

2）加工技术

① **萎凋：**将鲜叶摊放在萎凋槽中，摊叶厚度15~20cm，环境温度20~30℃、湿度70%~80%。每隔1.5~2h停止鼓风，停止鼓风时间10min；下叶前10~15min停止鼓热风，改鼓冷风；每隔1.5~2h翻抖1次，含水量高的每隔0.5h翻抖1次。当叶面失去光泽，叶色暗绿，青草气减退，叶形皱缩，叶质柔软，紧握成团，松手可缓慢松散即萎凋适度。

② **揉捻：**选用揉捻机，装叶量以装满揉桶为宜。加压掌握轻、重、轻的原则。揉捻叶紧卷成条，有少量茶汁溢出为揉捻适度。解块后的筛面茶条索不够紧结的可复揉，复揉装叶量以装至揉桶的三分之二为宜。茶条紧卷，茶汁外溢，黏附于茶条表面，叶片成条率90%以上为适度。

③ **解块：**选用茶叶解块机解散揉捻叶的团块。

④ **发酵：**发酵室室温22~26℃，发酵盘装叶厚度8~12cm，厚薄均匀。相对湿度≥95%；每间隔30min吹冷风1次，鼓风时间3~5min。发酵时间3~5h，程度掌握在青草气消失，有花果香味显现，叶色黄红为宜。

⑤ **初烘：**选用链板烘干机，速度为慢速。烘干机风温100~110℃，时间15~20min；茶坯含水率（20±2）%，叶边缘有刺手感，梗折不断为适度。

⑥ **摊凉：**初烘后的茶坯均匀摊放于干净的盛茶用具中，厚度5~10cm，摊凉时间40~60min。

⑦ **造粒：**选用曲毫炒干机，锅温80~100℃，投叶量每锅4~6kg，温度先低后高，使茶叶在锅中有一个做形过程，时间40~45min。当茶叶初步成形后及时下锅摊凉，再把摊凉后的茶叶两锅并一锅继续在曲毫炒干机中造形，时间50~60min，温度60~80℃。茶叶达到圆润、紧结，八成干时下锅摊凉。

⑧ **摊凉：**做形后的茶坯均匀摊放于干净的盛茶用具中，厚度5~10cm，摊凉时间20~30min。

⑨ **足干**：选用链板烘干机，速度为慢速。烘干机风温80~90℃，时间15~20min；茶坯含水率5%~7%，手捏茶条即成粉末为适度。

⑩ **摊凉**：足烘后的茶坯均匀摊放于干净的盛茶用具中，厚度5~10cm，摊凉时间20~30min，待茶坯完全冷却后进行分级归类。

（三）地域名优茶加工

1．梵净山翠峰茶加工

1）梵净山翠峰特点

产品具有"色泽嫩绿鲜润、匀整、洁净；清香持久，栗香显露；鲜醇爽口；汤色嫩绿、清澈；芽叶完整细嫩、匀齐、嫩绿明亮"。

2）加工技术

① **鲜叶萎凋**：萎凋时间：萎凋时间为6~12h；用簸箕或竹席萎凋时摊凉厚度不超1cm，用摊青槽萎凋时摊凉厚度不超8cm；萎凋程度：鲜叶色泽变暗，青香显露，手捏茶青柔软感为宜。

② **杀青**：60型电热滚筒杀青机，筒内温度在180~220℃，投叶量60~100kg/h，杀青时间8~10min，杀青程度以有轻微爆点，青香显露，手捏成团、松手易散开为宜。

③ **冷却摊凉**：用冷却槽冷却时间10~30min。

④ **理条**：选用12槽多功能理条机，理条温度110~120℃，投叶量2~2.5kg，理条时间8~10min，理条以茶叶稍有刺手感，茶毫显露透翠绿为宜（图4–5）。

图4–5 梵净山翠峰茶理条工艺
（印江县茶产业发展中心提供）

⑤ **冷却摊凉**：用冷却槽冷却时间20~30min。

⑥ **脱毫**：选用12槽多功能理条机，投叶量4~5kg，脱毫时间30~50min，脱毫程度以茶毫脱落，茶叶色泽翠绿为宜。

⑦ **理条做形**：选用18槽多功能理条机，理条温度100~110℃，投叶量2~2.5kg；理条时间10~12min，茶叶入锅2~3min受热回软立即用加力棒加压3~5min，并调慢理条机速度，待茶叶达到扁、直，立即取出加压棒；理条程度以茶叶扁、平、直，色翠绿，手握干茶无湿润感为宜。

⑧ **冷却摊凉**：用冷却槽冷却时间60~100min。

⑨ **辉锅提香**：选用12槽多功能理条机，温度90~130℃，投叶量3~4kg，理条时间

30~40min，理条程度以茶叶手捏成粉末、抓在手中有滑落感、板栗香显露、色泽翠绿为宜。

⑩ **摊凉：** 辉锅提香茶叶下锅后立即将茶薄摊于地面，使茶叶冷匀、冷透，冷却时间30~60min后装袋。

2．石阡苔茶传统加工

石阡苔茶采用传统加工工艺，保持其独特的自然芽状外形和“香高、味醇、耐冲泡”的内质特点（图4–6）。

图 4–6 石阡苔茶传统加工工艺（石阡县茶业协会提供）

1）钓鱼钩茶

① **加工工艺：** 鲜叶→杀青→一揉→二炒→二揉→三炒→三揉→焙干。

② **产品特点：** 外形圆曲紧结、重实细嫩，茶身光滑油润，香气高锐，滋味醇正。

③ **产品原料：** 清明前后采摘石阡苔茶老（古）树新梢上的1芽2叶或3叶加工而成。

2）晒青茶

① **加工工艺：** 煮青→晒干→保存。

② **产品特点：** 茶条粗松轻飘，有太阳气味，滋味淡薄。

③ **产品原料：** 春末、夏季或秋季成熟的芽叶加工而成。

3）斤萝茶

① **加工工艺：** 鲜叶→蒸或炒青→重揉捻→炒干。

② **产品特点：** 外形条索粗松轻飘，色泽枯褐，有高火香。

③ **产品原料：** 春末或秋茶，老嫩不同的芽叶一次性采摘。

3．沿河古树红茶加工

1）加工工艺

萎凋→揉捻→解块→发酵→毛火→复揉→足火→摊凉→提香→包装。

2）产品特征

外形条索紧结、弯曲、带金毫，色泽乌黑油润，汤色红亮、花香突显，滋味浓醇，叶底软红亮（图4–7）。

图 4–7 沿河古树红茶（沿河县茶产业发展办公室提供）

3）产品原料

采摘1芽1叶、1芽2叶，要求不采病虫叶，芽叶新鲜。

4）加工技术

① **萎凋：**采用日光萎凋和自然萎凋相结合，鲜叶进厂后将鲜叶均匀摊放在萎凋槽上，厚度10cm。茶青摊凉至室外日光萎凋40min，每15min翻动1次，日光萎凋完毕移到室内自然萎凋。萎凋适度：室内自然萎凋温度22℃左右，相对湿度65%左右，每隔1h后停止鼓风10min左右，轻翻抖1次，做到翻匀抖松，使上下叶萎凋均匀，萎凋16h，当萎凋叶叶面失去光泽，叶色由鲜绿变暗绿，青草气散失，花香显露，叶形皱缩，叶质柔软，手握成团，松手后缓慢松散，含水率60%~64%，春茶为60%~62%，夏茶为63%~64%。

② **揉捻：**40型揉捻机投叶7~8kg。开始时不加压，叶片成条，逐步加压收紧茶条，加压7~10min，减压3~5min，揉捻下机前空压10min，揉捻时间90~120min；55型揉捻机投叶30~35kg，当叶片90%以上成条，条索紧卷，茶汁外溢，黏附于茶条表面，用手紧握，茶汁溢粘手为适度。

③ **解块：**用茶叶解块机解散揉捻叶中的团块。

④ **发酵：**发酵分为发酵室发酵和发酵机发酵。发酵室发酵：室温控制在25℃左右，湿度95%以上，选用竹簸箕，在簸箕上铺上干净温润的白布，发酵叶摊放在白布上，厚度为12cm，发酵时间4~6h。当青草气消失，出现特有的清新鲜浓的花香味。发酵机发酵：采用智能红茶发酵机，用不锈钢发酵盒摊叶，在盒内铺上清洁温润的白布，在白布上堆放揉捻叶，厚度为10~15cm；发酵机温度26℃，湿度95%以上，每10min自动换气排湿一次，发酵时间4~6h。

⑤ **毛火：**选用烘干机或滚筒杀青机，烘干机打毛火时，摊叶厚度1~2cm，筒内温度110~120℃，时间5~10min，烘至茶坯手握成团、松手可散开为适度，茶坯含水量为18%~22%；滚筒杀青机打毛火时，开机预热15~30min，筒内温度140~160℃，温度用手深入有灼手感时均匀投叶，要求毛火后的茶坯手握成团、松手即散。

⑥ **足火：**烘干机温度85~95℃，摊叶厚度3~4cm，时间20min，含水量为5%~6%，此时梗折即断，用手指碾茶条即成粉末，即下机摊凉至室温。

⑦ **提香：**提香机焙香，温度80~85℃，均匀薄摊在竹筛内，时间60~120min。

二、茶叶初制加工

（一）绿茶加工

① **鲜叶萎凋：**萎凋时间为6~18h，摊青槽萎凋时摊凉厚度30cm，萎凋程度以鲜叶色

泽变暗，青香显露，手捏茶青柔软为宜。

② **杀青**：选用80型、110型滚筒杀青机，杀青温度260~300℃，手入筒口有明显刺手感，投叶量80型杀青机投叶量200~300kg/h，110型杀青机投叶量300~400kg/h，杀青时间8~10min，杀青程度以手捏成团，松手易散开，青香显露，有轻微爆点为宜。

③ **摊凉**：杀青叶薄摊于摊凉平台，摊凉时间10~30min。

④ **揉捻**：选用55型揉捻机，投叶量30~40kg，采取轻—重—轻的方式，轻揉8~10min，重揉10~15min，轻揉8~10min，揉捻程度以揉出茶汁，茶叶成条，断碎率较少为宜，茶叶下机后立即解块。

⑤ **毛火**：选用120型瓶炒机，温度120~140℃，茶入锅3~5min，手握茶有烫手感觉为宜，当手握茶温度较高时开启排风扇2~3min抽出水分，投叶量40~50kg，毛火时间20~30min，毛火程度以色泽变为墨绿色，手捏茶成团、松手易散开为宜。

⑥ **摊凉**：毛火下锅后立即将茶薄摊于摊凉平台，摊凉时间10~30min。

⑦ **二炒**：选用120型瓶炒机，二炒温度100~120℃，投叶量40~50kg，二炒时间20~30min，二炒程度以手握干茶无湿润感，卷曲成条，色乌绿为宜。

⑧ **摊凉**：二炒茶叶下锅后立即将茶薄摊于摊凉平台，摊凉时间30~60min。

⑨ **辉锅足干提香**：选用120型车色机，温度100~140℃，投叶量60~80kg，时间60~90min，辉锅足干程度以手捏茶成粉末，茶条紧实卷曲，色乌绿油润，栗香明显为宜。

⑩ **装袋**：辉锅足干茶叶下锅后立即将茶薄摊于摊凉平台，摊凉时间30~60min装袋。

（二）红茶加工

红茶初加工工艺：萎凋→揉捻→解块→发酵→干燥。

① **萎凋**：萎凋分萎凋槽萎凋和自然萎凋。萎凋槽（室）萎凋一般是鲜叶摊放萎凋槽，厚度15~20cm；每隔1h翻1次，温度为28~32℃，湿度为65%~75%，时间8~12h，含水率60%~65%为宜，叶面失去光泽，叶色暗绿，青草气减退；叶形皱缩，叶质柔软，紧握成团，松手可缓慢松散即可。室内自然萎凋一般是摊叶厚度3~10cm；萎凋室温度（22±2）℃，相对湿度60%~70%，每隔2h翻抖1次；时间12~16h；萎凋程度与萎凋槽萎凋一致。

② **揉捻**：揉捻叶紧卷成条，有少量茶汁溢出为适度。揉茶条索不够紧结的可复揉。揉捻鲜叶细胞破损率达80%以上。

③ **解块**：用解块机或手工解散茶块。

④ **发酵**：发酵室温度25~28℃。发酵盘装叶8~12cm。发酵相对湿度90%~95%。时间3~6h，发酵程度青草气消失，达到4级叶象，显现花果香味，叶色黄红为宜。

⑤ **初烘：**毛火干燥温度100~130℃，时间10~15min，毛火茶坯含水量在18%~20%，摊凉30~60min。足火干燥温度90~110℃，时间30~60min，足火茶坯含水量控制在7%以下，用手指捏茶条有刺手感或易碎为适度。

⑥ **摊凉：**常温下摊放7h左右，让其水分重新分布。

⑦ **分级：**将摊放后的半成品进行筛末，人工拣除杂质、杂物、杂色黄片及茶梗后分级匀堆拼配。

⑧ **复烘：**拼配茶坯复烘，复烘温度60~90℃，采取先低后高或根据茶叶香气变化情况，确定复烘次数和温度高低，直至甜香或花果香呈现即可。

（三）黑茶加工技术

1．初制加工工艺

鲜叶→杀青→初揉→渥堆→复揉→干燥。

① **杀青：**锅温达到杀青要求，即投入鲜叶8~10kg，按鲜叶的老嫩，水分含量，调节锅温进行闷炒或抖炒，待杀青适度即可出机。

② **初揉：**黑茶原料粗老，揉捻要轻压、短时、慢揉的原则。揉捻机转速以40r/min左右，揉捻时间15min左右，待黑茶嫩叶成条，粗老叶皱叠时即可。

③ **渥堆：**渥堆是形成黑茶色香味的关键性工序。黑茶渥堆要背窗、洁净的地面，避免阳光直射，室温25℃以上，湿度85%左右。初揉后的茶坯，不经解块立即堆积起来，堆高约1m，上面加盖湿布、蓑衣等物，以保湿保温。渥堆过程中要进行一次翻堆，以利渥堆均匀。堆积24h左右时，茶坯表面出现水珠，叶色由暗绿色变为黄褐，带有酒糟气或酸辣气味，手伸入茶堆感觉发热，茶团黏性变小，一打即散，即为渥堆适度。

④ **复揉：**渥堆适度黑茶茶坯解块，上机复揉，压力较初揉稍小，时间在6~8min。下机解块干燥。

⑤ **干燥：**干燥又称烘焙，黑茶初制中最后一道工序。干燥形成黑茶特有的品质即油黑色和松烟香味。

2. 黑茶精制加工

黑茶有“三尖”和“三砖”，即天尖、贡尖、生尖，茯砖、黑砖、花砖。

1）黑茶“三尖”

“三尖”加工工艺：黑毛茶→筛分→匀堆→压制。

“三尖”原料要求：“天尖”以一级黑毛茶为主拼原料；“贡尖”以二级黑毛茶为主；“生尖”用的毛茶较为粗老，大多为片状，含梗较多。

2）黑茶“三砖”

"三砖"加工工艺：称茶→蒸茶→预压→压制→冷却→退砖→修砖→检砖→烘干。

"茯砖"加工工艺与"黑砖""花砖"稍有一些不同。在砖形的厚度上，"茯砖"特有的"发酵"工序，则要求砖体松紧适度，便于微生物的繁殖活动，砖从砖模退出后，不直接送进烘房烘干，而是为促使"发花"，烘干的速度不要求快干，整个烘期比"黑砖""花砖"长一倍以上，以求缓慢"发花"，要求砖内金黄色霉菌（俗称"金花"）颗粒大，干嗅有黄花清香。

（四）乌龙茶加工

加工工艺：萎凋→做青→杀青→包揉→烘干。

1. 萎　凋

茶青放在通风的室内自然萎凋或放在储青槽内进行加热风萎凋，自然萎凋时间8~9h，储青槽加热风萎凋3~5h，热风温度30~35℃，储青槽内叶片厚度10~12cm。青气消失，香气起，叶片萎缩柔软，嫩茎弯拆不断进入做青工序。

2. 做　青

萎凋茶青置于摇青机中摇动，按摇动—静置两道程序，重复6次，时间7h左右，每次摇动，叶片由软变硬，再静置一段时间，使叶柄叶脉中的水分慢慢扩散至叶片，鲜叶逐渐恢复弹性，叶子变软，再进行第二次摇动。当叶片呈汤匙状绿底红镶边，茶青梗皮表面呈失水皱拆状，有厚重的香气即可（图4–8）。

图4–8 乌龙茶做青工序（石阡县茶业协会提供）

3. 杀　青

杀青机杀青，时间2~3min，锅温280℃，叶片呈干软状态，叶边起白泡状，手揉紧后无水溢出，有粘手感，青气去尽呈清香味即可。

4. 揉　捻

① **球形**：包揉，杀青好的茶青冷却30℃，用两块布（外巾、内巾）包好，用一块布包22~30kg杀青叶，包扎好后，再用另一块布包在外面，形成内外层，放入包揉机内揉2min左右，解块摊凉至叶温30℃时，再包起来揉第二次，重复3~4次，直至叶片揉破变轻，体积缩小，卷转成团。

② **弯条形**：杀青好的茶青冷却30℃，用35型和40型揉捻机，投叶量15kg和10kg。揉捻8~15min，嫩原料揉捻时间可适当缩短，老原料适当延长。揉捻加压为"轻—重—

松—重—松”。当揉至茶叶条索紧结、茶汁揉出时，即可减压松揉匀条，随后便可下机解块待烘。

5. 干　燥

① **初焙：**揉捻后的茶叶放入烘干机内，温度120~130℃，中间翻拌1~2次；烘至六成干，即手捏茶坯不黏，稍有触手感觉便可摊晾后进行二焙。

② **二焙：**初焙后的茶叶放入烘干机内，烘箱温度70~50℃，先高后底，直到水分含量在6%左右即可。

（五）碾茶加工

1. 碾茶加工工艺

采摘→储青→鲜叶切割、筛分→蒸汽杀青→冷却散茶→碾茶炉辐射热干燥→梗叶分离→低温足干→茎叶分离→分装→低温保存。

2. 碾茶茶青鲜叶要求

原料符合表4-1的要求。

表4-1　碾茶原料（鲜叶）标准

项目	标准要求
嫩度	1芽3叶、4叶或同等嫩度的开面叶，叶片柔软，色泽浓绿，嫩度基本一致，避免老梗、老片
匀度	长度基本一致、颜色均匀
净度	同批加工茶树品种相同，不得有非茶类夹杂物
新鲜度	茶青浓绿鲜活，无红梗红叶

3. 碾茶加工技术

① **储青：**鲜叶采摘，叶片表面没有水分，立即进行加工，使生叶保持鲜活。

② **鲜叶切割、筛分：**用切割筛分机切除老梗，使茶青原料基本一致。

③ **蒸汽杀青：**采用蒸汽杀青机，蒸汽温度180~200℃，快速杀青，使茶叶中的多酚氧化酶失去活性。

④ **冷却散茶：**用冷却散茶机对茶叶进行快速冷却，在1min内将茶青温度降至常温，及时将茶青散开。

⑤ **碾茶炉干燥：**经过冷却散开后的茶青通过碾茶炉，在90~120℃的温度下，使茶叶得到快速烘干，散发出碾茶独有的香气。

⑥ **梗叶分离：**采用梗叶分离机进行分离。

⑦ **低温足干：**烘干机80~90℃，茶青进行二次干燥，使含水量达到4%左右。

⑧ **茎叶分离：**使用茎叶分离机将干燥的叶片进行筛分，筛去茎梗。

⑨ **分装：**碾茶产品装入专用袋存放。

三、茶叶精深加工

（一）碾茶精制加工

1. 加工工艺

匀堆→精选→冷储→灭菌。

2. 加工技术

① **匀堆**：碾茶毛茶进厂按批次进行混合均匀，调节控制出料速度，使用批次碾茶上中下、前中后段混均匀。每批次碾茶品质一致，按统一标准包装规格分装冷库储存（图4-9）。

② **精选**：剔除异物、黄片、茎梗及叶脉等不合格部分，最终得到精制合格产品待拼配。根据不同等级碾茶品质需求及比例拼配匀堆，拼配产品待灭菌（图4-10）。

③ **冷储**：精制碾茶堆码好标准托盘，转送入冷库储存。冷库采用立体货架储存物料，最大限度利用库房空间，降低能耗。设置控制冷库温度，在生产的周转、精制、拼配等环节中，保证碾茶原料的色泽和风味品质（图4-11）。

④ **灭菌**：精制碾茶灭菌处理，满足食品卫生指标；以过热蒸汽瞬时高温灭菌，物料进入设备至物料灭菌完毕至出料口3~5s，确保产品灭菌效果且不变色、不吸潮，保持碾茶产品品质特征（图4-12）。

图4-9 碾茶匀堆设备
（贵州铜仁贵茶茶叶股份有限公司提供）

图4-10 碾茶精制车间
（贵州铜仁贵茶茶叶股份有限公司提供）

图4-11 碾茶冷库
（贵州铜仁贵茶茶叶股份有限公司提供）

图4-12 碾茶灭菌车间
（贵州铜仁贵茶茶叶股份有限公司提供）

（二）抹茶加工

1. 加工工艺

研磨→冷储。

2. 加工技术

① **研磨：** 碾茶经研磨磨粉，达到抹茶（粉）成品特性（色、香、味）（图4–13）。

② **冷储：** 抹茶制作好后，转送入冷库储存，控制冷库温度保证抹茶的色泽和风味品质。

图 4–13 抹茶磨粉车间（贵州铜仁贵茶茶叶股份有限公司提供）

梵净睡佛——佛中佛（摄影：戴恒树）

第五章 铜仁茶叶企业

第一节　铜仁茶叶企业发展

铜仁市茶叶企业2007年前主要有贵州武陵山茶、石阡县茶叶公司、印江县茶叶公司、沿河茶叶公司、松桃县茶叶公司等56家茶企；2008—2018年铜仁茶叶企业快速发展，全市茶叶企业1729家，其中：产供销一体化茶叶企业637家，茶叶专业合作社、茶叶集体经济399家、小微茶叶企业和茶叶加工作坊238家，茶叶经销、茶叶代销企业485家；茶叶规模企业103家，其中：贵州省级农业产业化经营重点龙头企业38家，铜仁市农业产业化经营重点龙头企业65家。

一、石阡县茶叶企业

截至2018年12月，石阡县注册茶叶企业772家。其中：产供销一体茶叶企业139家；茶叶专业合作社、茶叶集体经济43家；小微茶叶企业和茶叶加工作坊企业119家；茶叶经销、茶叶代销商471家。贵州省级农业产业化龙头企业9家；铜仁市级农业产业化龙头企业10家；石阡县级农业产业化龙头企业18家。

（一）贵州省农业产业化经营重点龙头企业

1. 石阡县夷州贡茶有限责任公司

公司是集茶树繁育、种植、加工、培训为一体的民营企业，茶园面积1000hm^2，年产名优茶50t、大宗茶300t，年销售3500万元；曾荣获“贵州省级农业产业化经营重点龙头企业”“贵州省级扶贫龙头企业”“贵州十大本土茶叶企业”“贵州生态农业100张优强品牌名片企业”“贵州省守合同重信用企业”“科技型小巨人成长企业”“铜仁市知识产权优势企业”“铜仁市民营科技企业”“铜仁市知识产权试点企业”“全国科普惠农兴村示范基地”等称号；注册“华贯”牌商标被评为“贵州省著名商标”“贵州省名牌产品”，茶叶产品达到欧盟标准。

2. 贵州祥华生态茶业有限公司

公司是集茶叶生产、加工、文化推广一体的茶叶企业。2014年，被认定“贵州省农业产业化经营重点龙头企业”；2015年，被贵州省科技厅认定“成长型科技小巨人企业”；2016年，被评为贵州省首批诚信示范企；2017年，被评为“贵州茶叶行业最具影响力企业”，公司的“阡纤美人红茶”品牌被认定为“2017年度消费者最喜爱的贵州茶叶品牌”。公司自有茶园14hm^2，茶叶加工厂2座，占地面积23000m^2，茶叶加工厂房面积3000m^2，茶叶加工设备120台（套），年加工红茶、绿茶、白茶280t。其培育“苔尊牌”“阡纤美红茶人”“黔白记忆”等商标品牌。

3. 贵州芊指岭生态茶业有限公司

公司成立于2007年，主要生产“芊指岭”牌石阡苔茶。公司现有加工厂占地面积2800m^2；2014年，“芊指岭”商标荣获贵州省著名商标，2015年，被评为“贵州省农业产业化经营重点龙头企业”；2018年销售收入487.94万元，缴纳税金30万元。

4. 石阡裕佳农业发展有限公司

公司是集茶叶种植、生产加工、渠道销售、茶文化打造、进出口贸易为一体的民营企业，2017年，荣获首届石阡苔茶斗茶赛红茶、绿茶两项奖，获得食品安全生产许可证；2018年，被认定为“贵州省农业产业化经营重点龙头企业”和“星光黔行·匠心筑梦”“专精特新”培育企业。

5. 石阡正岩苔茶有限公司

公司成立于2013年，有茶叶加工厂房面积6000m^2，主要有红茶、绿茶、白茶3条生产线，年加工能力3000余吨。北京有专卖店4家，加盟经销商10家，解决当地长期就业20余人，累计上缴税收300万元。公司2014年被认定为“贵州省农业产业化经营重点龙头企业”。

6. 石阡县爽珍绿色食品有限公司

公司成立于2008年，是一家农副产品集原材料生产、加工、销售为一体经营企业；被认定为“贵州省农业产业化经营重点龙头企业”，主要生产加工茶叶、皮蛋、咸蛋、黄花等农副产品。茶园面积300hm^2，现有2条茶叶半自动加工流水线。2013年，公司生产的“石阡苔茶”在中国茶博会贵州赛区获得“金奖”。

7. 石阡裕和农业发展有限公司

公司成立于2012年，是一家集种植、养殖、生产、加工、销售一体的现代企业；注册商标“黔诚裕和”“阡苔王”。公司下设石阡县裕和农牧业家庭农场、石阡县裕和观光农业休闲专业合作社；主要从事石阡苔茶的种植、加工与销售，林下生态养殖，精品水果和观光农业园开发，是贵州省农业产业化经营重点龙头企业。

8. 贵州新大农业发展有限公司

公司成立于2013年，由石阡县新大茶厂、五德野生甜茶加工厂综合茶叶企业，是一家集茶叶种植、加工、销售、技术开发为一体的综合型现代农业企业。2017年，公司生产绿茶121t、红茶62t、野生甜茶158t，带动农户户均增收2000元以上，是一家带动能力较强的贵州省农业产业化经营重点龙头企业。

（二）铜仁市农业产业化经营重点龙头企业

石阡县现有市级农业产业化经营重点龙头企业6家（表5-1）。

表5-1　石阡县市级农业产业化经营重点龙头企业

序号	企业名称	注册时间 / 年	认定时间 / 年
1	石阡大沙坝茶叶专业合作社	2008	2017
2	贵州石阡飞涵白茶有限公司	2013	2015
3	石阡县聚凤乡马鞍山村茶产业农民专业合作社	2013	2015
4	贵州省贵山生态茶业有限公司	2017	2018
5	贵州天成茶业有限公司	2014	2015
6	石阡县五德镇翠红茶叶生产专业社	2010	2017

二、印江县茶叶企业

截至2018年底，有茶叶加工企业265家，其中：茶叶基地、加工一体的茶叶企业176家，茶叶小作坊企业89家。贵州省农业产业化经营重点龙头企业5家，铜仁市农业产业化经营重点龙头企业17家，具有茶叶出口经营权企业1家。

（一）贵州省农业产业化经营重点龙头企业

1. 贵州省印江土家族苗族自治县净团茶叶有限公司

公司成立于1988年，现有茶园83.33hm^2，茶叶加工厂区占地面积10000m^2，厂房面积1850m^2，名茶加工厂房3栋，精制茶加工设备25套，年生产茶叶60~70t，年产值100万元。

梵净山"净团"品牌系列产品，1995年，荣获全国"中茶杯"名优茶评比一等奖、中国农业博览会银奖；1996年，荣获中国"农业博览会"金奖；1998年被指定为中国梵净山国际旅游节产品；1999年，在湘、鄂、黔、渝武陵山区名茶评比会上荣获一等奖；2010年，被评为贵州省农业产业化经营重点龙头企业。

2. 贵州省印江银辉茶叶有限责任公司

公司成立于1998年，是一家以生产、加工、销售、基地为一体的农业标准化生产示范企业，茶园面积173.33hm^2，茶叶加工厂房4600m^2。2009年，获茶叶出口经营权；2004年，获原产地域认证；2006年，获"QS"认证；2009年，获有机茶认证；2010年，获贵州省农业产业化经营重点龙头企业；2017年，获省级梵净山翠峰茶地理标志产品保护示范区的认证。公司生产的梵净山翠峰茶、梵净山绿茶，2005年、2007年、2009年，获第六、七、八届"中茶杯"一等奖；2009年，获第六届中国国际茶叶博览会金奖，2010年，获第十七届上海国际茶文化节“中国名茶”金奖；2018年，“梵净山翠峰”茶荣获第二届中国茶博会金奖。

3. 贵州印江绿野农牧综合开发有限公司

2011年，印江县政府招商引资茶叶企业，总投资3000万元，茶叶年加工能力2000t。公司占地面积8000m^2，拥有清洁化名优茶生产线1条，清洁化大宗茶加工生产线2条，茶园面积133.33hm^2。2012年，被评为“铜仁市农业产业化经营重点龙头企业”；2013年，获得“贵州省农业产业重点龙头企业”称号，实现年综合产值近2000万元。

4. 印江梵净山天人合一农业开发有限公司

公司成立于2016年，是一家茶叶生产、加工销售、果树种植、畜牧业养殖为的综合型企业，总投资5000万元，茶园面积133.33hm^2，拥有现代化、标准化茶叶精制设备厂房，主要生产“梵净山”御峰、茗毫、佛茶、红茶、白茶、香茶等系列产品，采用传统制茶工艺和现代化先进技术，茶叶标准生产，打造“安全、健康、绿色”的茶产品，被评为“贵州省农业产业化经营重点龙头企业”。

5. 贵州宏源农业综合开发有限责任公司

公司成立于2013年，经营范围有：茶叶生产、加工，水果、农副产品、城镇绿化苗、经济林苗、花卉购销。2016年，被评为“贵州省农业产业化经营重点龙头企业”，商标为“宏源”品牌；2018年，生产茶叶200t，茶叶产值1200万元。主要产品：梵净山翠峰茶、梵净山毛峰茶、梵净山大宗茶、梵净山兰香茶、梵净山红茶等；公司生产的梵净山颗粒形绿茶在2017年铜仁市春茶斗茶大赛中获“银奖”，颗粒形红茶在2017年铜仁市春茶斗茶大赛中获“银奖”。

（二）铜仁市农业产业化经营重点龙头企业

印江县现有市级农业产业化经营重点龙头企业8家（表5-2）。

表5-2　印江县市级农业产业化经营重点龙头企业

序号	企业名称	注册时间 / 年	认定时间 / 年
1	印江土家族苗族自治县洋溪镇茶场	2005	2008
2	印江自治县兰香茶叶专业合作社	2012	2014
3	贵州省印江自治县梵净青茶业有限责任公司	2003	2010
4	贵州省印江净贡茶业有限公司	2012	2011
5	印江县梵净山高峰茶业有限公司	2012	2015
6	印江自治县鑫瑞茶业有限公司	2012	2014
7	贵州省在贵茶业有限公司	2008	2011
8	贵州省印江县梵天净土绿色产业有限公司	2011	2014

三、沿河县茶叶企业

截至2018年12月底，全县茶叶企业67家，其中：茶叶企业31家，茶叶专业合作社25家，茶叶家庭农场11家。贵州省农业产业化经营重点龙头企业4家，铜仁市农业产业化经营重点龙头企业7家。

（一）贵州省农业产业化经营重点龙头企业

1. 贵州新景生态茶业有限公司

公司成立2012年5月，注册商标："画廊雀舌""武陵工夫"。2018年，建设茶叶加工厂1座，占地面积11333.9m^2；茶园面积2333.33hm^2；贵州省农业产业化经营重点龙头企业。绿茶产品"画廊雀舌"，荣获2012年中国（上海）国际茶业博览会金奖；2012年中国（北京）国际茶业博览会金奖；2012年、2013年、2017年"中茶杯"一等奖；2013年、2014年、2015年黔茶杯特等奖。"武陵工夫红茶"荣获2012年中国（北京）国际茶业博览会金奖；2013年"中茶杯"一等奖。公司年销售茶叶200t，实现销售收入2000万元以上，缴纳税金34万元。

2. 沿河县懿兴生态茶业有限公司

公司成立2009年3月，有标准化茶园200hm^2，茶叶加工厂2座，占地面积8600m^2，其中：谯家镇茶叶加工厂5300m^2、黄土镇茶叶加工厂3300m^2；沿河县城有茶叶销售门市部2200m^2。公司被评为"铜仁市十大加工企业""贵州省农业产业化经营重点龙头企业"。公司注册的"懿兴"商标，2014年成为贵州省著名商标，懿兴雀舌于2011年，获贵州省品牌博览会金奖；2012年，获贵州省第二届中国国际茶叶博览会金奖；懿兴雀舌、懿兴红茶荣获2013年第十届"中茶杯"名优茶评比一等奖；2013年，获中国茶行业金普奖"茶行业十佳品牌"。公司年销售茶叶300t，实现销售收入3000万元，缴纳税金58万元。

3. 沿河县塘坝天马农牧科技有限公司

公司成立于2011年，是一家从事茶叶基地生产、加工、销售为主茶叶企业，注册商标"九天马""西部之秀"。2018年，公司投入资金2000余万元，建设榨子村茶园100hm^2，茶叶加工厂1座，占地面积1万m^2，有4条名优茶生产线，年加工能力200t；2016年，被授予"贵州省农业产业化经营重点龙头企业"。年销售茶叶150余吨，年销售收入1000余万元，缴纳税金20多万元。

4. 贵州韵茗春茶业有限公司

公司成立于2013年，是一家以生产特种绿茶为主生产企业，注册商标"盖懿"。2018年，建设茶园基地233.33hm^2，茶叶加工厂房1座，占地面积6670m^2。2016年，盖懿牌兰香大翠荣获中国茶叶学会第四届"国饮杯"全国茶叶比赛一等奖，2018年11月，被认定为“贵州省农业产业化扶贫重点龙头企业”。年销售茶叶200多吨，年销售收入2000万元。

（二）铜仁市农业产业化经营重点龙头企业

沿河县现有市级农业产业化经营重点龙头企业6家（表5-3）。

表5-3　沿河县市级农业产业化经营重点龙头企业

序号	企业名称	注册时间 / 年	认定时间 / 年
1	沿河土家族自治县家家乐茶叶农民专业合作社	2013	2017
2	贵州沿河一品康茶业有限公司	2014	2017
3	贵州塘坝千年古茶有限公司	2011	2019
4	贵州云露富硒白茶有限公司	2014	2018
5	沿河千年古茶有限公司	2011	2014
6	贵州天缘峰生态农旅有限公司	2016	2018

四、松桃县茶叶企业

截至2018年，全县茶叶企业116家。贵州省农业产业化经营重点龙头企业3家，铜仁市农业产业化经营重点龙头企业4家。

（一）贵州省农业产业化经营重点龙头企业

1. 贵州梵锦茶业有限公司

公司成立于2008年，隶属的贵州东太农业股份有限公司，农业产业化经营国家重点龙头企业。企业旗下产业有黑茶加工厂。经营范围：边销茶销售；茶叶收购、加工；茶制品销售；茶品展览；茶具销售；苗木、花卉培育及销售；林业开发。2011年4月，建设松桃县黑茶加工厂，年加工规模为10000t，总投资4988万元，厂区占地面积109388m^2，厂房建筑面积23700m^2，产品有黑茶、绿茶、红茶等10多个品类、40余种产品，是全国最大的黑茶加工厂之一。2011年，茶厂生产茶叶990t，产值1.05亿元，实现销售收入2000多万元。2011年上海举办的中国国际茶业博览会，公司“一天一叶”“梵青”品牌，“康茶”品牌系列产品，“黑茶教父”“梵净毛峰”“金黔红”产品夺得一金两银奖。

2. 贵州省松桃梵净山生态茶叶有限公司

公司成立于2007年，是集茶叶生产、加工、科研和营销一体的茶叶企业；被评定为“中国茶叶学会茶叶科技示范基地”“贵州省农业产业化经营重点龙头企业”。该公司为贵州省首家名优绿茶清洁化加工厂，占地面积为7900m^2，安装配备了国内先进的扁形、卷曲形名优绿茶流水生产线及大宗绿茶生产线。有茶园基地333.33hm^2，年产茶叶300t。“净山牌”净山翠芽，2009年荣获中国“恒天杯”和“中茶杯”名优绿茶银奖和一等奖，上海“中国国际专利与名牌博览会”金奖，2010年“上海国际茶叶博览会”银奖，2011年全国第九届“中茶杯”一等奖。

3. 松桃武陵源苗王茶业有限公司

公司成立于2010年，是松桃县招商引资企业，主要从事茶叶种植、加工、购销及旅游产品的销售，旅游景区的开发及经营等业务。茶叶加工厂房面积15000m^2，标准制茶车间5000m^2，制茶加工设备200台（套），年成品茶加工能力2000t，有民族特色茶楼面积2000m^2。2017年，公司总资产达3563万元，其中固定资产1863万元。

公司注册了“苗王顶芽”“苗王城”商标，主要产品苗王绿茶、苗王红茶、苗王黑茶三大系列，“苗王城”牌苗王顶芽、“武陵剑兰”牌武陵毛尖茶系列，被评为全国质量信得过产品，中国消费者满意名特优品牌，“全国质量诚信AAA级品牌”企业，中国著名品牌。苗王城牌烘青茶荣获首届“国饮杯”全国茶叶评比一等奖。2012年，公司被认定为铜仁市农业产业化经营重点龙头企业；2013年，被贵州省绿色生态发展促进会评为“贵州绿色生态企业”；2018年，苗王顶芽荣获第二届中国国际茶叶博览会金奖。主营产品珠茶，年销量400t，2017年实现销售收入1520万元，创利润260万元。

（二）铜仁市农业产业化经营重点龙头企业

松桃县现有市级农业产业化经营重点龙头企业4家（表5-4）。

表5-4　松桃县市级农业产业化经营重点龙头企业

序号	企业名称	注册时间 / 年	认定时间 / 年
1	贵州省松桃亿丰顶萃茶业有限公司	2011	2015
2	松桃一诚茶业有限公司	2015	2017
3	松桃正大茶都原生态苗茶专业合作社	2008	2012
4	贵州省松桃苗族自治县长兴生态茶叶专业合作社	2011	2012

五、德江县茶叶企业

截至2018年，全县茶叶企业156家，其中：茶叶企业36个，茶叶专业合作社120个。贵州省农业产业化经营重点龙头企业3家，铜仁市农业产业化经营重点龙头企业9个，工商部门注册企业46家，注册资金2.17亿元（表5-5）。

表5-5　德江县茶叶企业

乡镇	企业名称	企业类型	工厂面积/hm^2	加工能力/t
复兴	贵州德江众兴生态茶业有限公司	企业	1000	500
	德江县大云山茶叶专业合作社	合作社	1750	50
	德江县明山茶叶专业合作社	合作社	50	10
	德江县银松茶场	企业	50	10
	德江县忠伟茶业有限公司	企业	100	0
	德江县和缘生态茶业专业合作社	合作社	50	10
	德江县艺琼生态茶业有限公司	企业	500	100
	德江县棋坝山茶厂	企业	500	200
	德江县复兴镇楠木茶厂	企业	0	0
	德江县生基坪茶园专业合作社	合作社	50	5
合兴	德江县鸿泰茶业有限公司	企业	2000	1000
	德江县永志生态茶业有限公司	企业	3000	1000
	德江县艾坪茶叶专业合作社	合作社	500	200
	德江扶阳承德茶业有限责任公司	企业	2000	300
	德江县梨子椏茶叶种植专业合作社	合作社	0	0
	德江溢馨茶叶农民专业合作社	合作社	50	10
	德江县景坪寨茶叶种植专业合作社	合作社	50	5
	德江县永旺农业专业合作社	合作社	50	5
	德江县佳艳茶业有公司	企业	200	30
	德江县珍强茶叶专业合作社	合作社	50	5
	德江县尖山茶叶专业合作社	合作社	0	0
煎茶	板坪村集体经济组织	集体经济	30	3
	煎茶佳鹏茶叶专业合作社	合作社	3000	500
	德江县羽强茶业有限公司	企业	200	100
	德江县尖峰岭茶叶种植专业合作社	合作社	500	200
	德江富兴茶叶专业合作社	合作社	50	5
	德江县强大茶业有限公司	合作社	520	50
平原	德江县泰康生态茶叶农民专业合作社	合作社	450	50
	德江梦来茶叶有限公司	企业	500	200
	德江县龙家茶叶种植园	企业	20	2
	德江县老木丫茶业有限公司	企业	30	3
	德江县谢家井茶叶专业合作社	合作社	50	8
	德江县金林茶业有限责任公司	企业	1000	300
	德江县宝石茶叶种植专业合作社	合作社	450	1

续表

乡镇	企业名称	企业类型	工厂面积/hm^2	加工能力/t
龙泉	德江县花果园茶业有限公司	企业	300	50
	德江县桃源茶业有限公司	企业	3000	500
沙溪	德江县官林茶业有限公司	企业	3000	500
	德江县裕昌生态茶业有限公司	企业	2000	200
	德江县沙溪金山茶叶专业合作社	合作社	100	10
枫香溪	德江县枫香溪镇仙山茶叶专业合作社	合作社	50	5
	德江县宏壶春茶叶有限公司	企业	3000	500
	德江泉鸿茶业有限责任公司	企业	3000	500
	德江县红枫茶叶种植专业合作社	合作社	50	5
堰塘乡	德江县杜氏茶叶专业合作社	合作社	300	50
	德江县丽频茶业科技发展有限公司	企业	20	3
	德江县堰塘乡玉凤茶叶专业合作社	合作社	2000	200
	德江县胜辉农业综合开发有限公司	企业	0	0
楠杆乡	德江翠姑茶叶专业合作社	合作社	2000	300
	德江县南山云雾茶叶厂	企业	100	10
	兴隆村集体经济	集体经济	0	0
	六一村集体经济	集体经济	0	0
	长远村集体经济	集体经济	0	0
青龙	德江县青龙星辰茶叶专业合作社	合作社	100	20
	贵州龙正丰农业投资有限公司	企业	100	20
长丰	堕坪村集体经济	集体经济	0	0
合计	68家		37870	7735

（一）贵州省农业产业化经营重点龙头企业

1. 德江县鸿泰茶业有限责任公司

公司成立于2009年，是集茶叶种植、加工、销售于一体的民营企业，有茶园40hm^2，年加工能力1000t。公司曾荣获“贵州绿色生态优秀企业”“贵州省农业产业化扶贫龙头企业”“贵州省农业产业化经营重点龙头企业”称号。公司采取“公司+合作社+农户+直营店+电商”的经营模式，走“生态化茶园建设，标准化茶叶加工，中高低端茶叶营销”之路。2018年，生产高端名优茶叶3.05t，大宗绿茶54.38t，茶饼1.5万个。公司产品在2009—2018年的各种评比中共获13金7银5铜的殊荣。

2. 贵州省德江县桃源茶业有限公司

公司成立于2011年，是集茶叶种植、加工、销售、培训及旅游观光一体的综合性茶叶企业。主要生产“汇龙桃源”牌桃源龙井、桃源翠芽、桃源白茶、桃源红茶、毛峰等中高档茶叶系列产品。公司依托基地三面环水的自然生态环境条件，按照“现代生态农业示范园”的建设标准，茶果基地58.67hm²。2015年，公司被认定为“贵州省农业产业化经营重点龙头企业”“贵州省农业产业化扶贫龙头企业”。2016年，被评定为“铜仁市休闲农业与乡村旅游示范点”。

3. 德江永志生态茶业有限公司

公司成立于2010年，资产总额5000万元，从事茶叶生产、加工、销售及出口一体的综合性企业。茶园面积136.67hm²，茶叶加工生产线5条，包装车间、仓库、职工宿舍及行政综楼，主营有“白兰春”牌系列产品。2013年，获得全国业产品（食品）生产许可证（“QS”认证），获得“ISO9001”质量体系认证；2016年，获得食品生产许可证（SC）认证，公司“白兰春”品牌荣获中国著名品牌称号；2017年，公司获得HACCP体系认证；2017年6月，公司获得有机转换认证；2017年8月，获得出口食品原料种植场检验检疫备案证书、出口食品生产企业备注证书；2017年，成为贵州省品牌管理体系运行企业；2018年5月，获中国国际博览会金奖。“白兰春”品牌荣获铜仁市“十佳优质农产品”荣誉称号，2018年，被评为“贵州省农业产业化经营重点龙头企业”和“贵州省农业产业化扶贫龙头企业”。

（二）铜仁市农业产业化经营重点龙头企业

德江县现有市级农业产业化经营重点龙头企业11家，详见表5-6。

表5-6　德江县市级农业产业化经营重点龙头企业

企业名称	注册时间 / 年	认定时间 / 年	所在乡镇
德江县鸿泰茶业有限责任公司	2009	2010	合兴
贵州省德江县桃源茶业有限公司	2009	2012	龙泉
德江永志生态茶叶有限公司	2010	2010	合兴
德江县煎茶佳鹏茶叶专业合作社	2009	2012	煎茶
贵州德江众兴生态茶叶有限公司	2008	2014	复兴
德江官林茶叶有限公司	2009	2012	沙溪
贵州龙正丰农业投资有限公司	2009	2014	青龙
德江县大雲山茶叶专业合作社	2011	2012	复兴
贵州德江天上生态农业专业合社	2011	2013	龙泉
德江县煎茶世达茶叶专业合作社	2012	2015	煎茶
德江富兴茶叶专业合作社	2012	2015	煎茶

六、江口县茶叶企业

截至2018年底，江口县注册茶叶企业283家，其中：茶叶企业192家，茶叶专业合作社91家。国家级农业产业化经营重点龙头企业1家，贵州省农业产业化经营重点龙头企业3家，铜仁市农业产业化经营重点龙头企业12家。

（一）国家级农业产业化经营重点龙头企业

贵州贵茶（集团）茶业股份有限公司成立于2010年，荣获国家级农业产业化经营重点龙头企业。2017年3月，成立子公司——贵州铜仁贵茶茶业股份有限公司，是一家集茶叶种植、研发、生产、营销于一体的企业。公司占地面积22.67hm^2，建成清洁化、智能化、标准化厂房10多万平方米。有世界上最大的单体抹茶精制车间，年生产红绿宝石3000t、抹茶4000t、大宗茶10000t产能力生产线。建立产品质量全程可追溯体系，通过了ISO9001质量体系、ISO22000食品安全体系、HACCP体系、欧盟有机、日本有机、美国有机、雨林、犹太等认证。产品覆盖国内30多个省市市场，远销日本、美国、欧盟等30多个国家及地区，是贵州茶叶出口行业的领军企业。

（二）贵州省级农业产业化经营重点龙头企业

1. 贵州江口净园春茶业有限公司

公司成立于2009年，是一家集种植、生产、加工、销售、科研、茶文化传承一体的民营科技企业。茶园面积113.3hm^2，其中：绿色食品茶园43.6hm^2、有机茶园43.6hm^2、出口茶园44hm^2，观光茶园33.3hm^2，配套占地面积10000余平方米的厂房和名优茶生产线2条，大宗茶生产线1条、碾茶生产线2条，年生产加工能力300t。产品为“净园春”牌，梵净山绿宝石、净园春芽、梵净翠芽、梵净白茶等系列产品，“净园春”商标获贵州省著名商标，获得专利26项。通过食品安全管理体系认证、质量管理体系认证、环境管理体系认证、对外贸易经营者备案、SC认证、HACCP体系认证。2012年，获贵州省企业信用评价3A级信用企业；2014年，获“贵州省农业产业化扶贫龙头企业”称号；2015年，获“贵州省农业产业化经营重点龙头企业”称号；2017年，被评为“贵州省首批100家红榜企业”。2014年，“净园春”牌“梵净山绿宝石”和“梵净山红宝石”荣获第三届“国饮杯”特等奖；2015年，“净园春”牌“梵净山白珍珠”荣获第十一届中茶杯全国名优茶评比一等奖。

2. 贵州省江口县梵园农业综合开发有限责任公司

公司成立于2009年，是集茶叶生产、加工、产品研发为一体的现代农业企业，茶园面积73.3hm^2。2012年，被国标委列为贵州绿茶标准化示范基地之一；2013年，被评为“贵州省农业产业化扶贫龙头企业”；2015年，被认定为“贵州省农业产业化经营重点龙头企业”；2014年，评为贵州省“三绿一红”十大领军企业之一。

3. 贵州江口骆象茶业有限公司

公司成立于2010年3月，是一家从事茶叶种植、加工和销售一体的民营股份制企业。茶园面积66.66hm^2，茶叶加工厂房1860m^2、综合办公用房890m^2，购置茶叶加工设备52台/套，名优茶生产线1条、碾茶生产线1条，年加工能力100t。主要产品有梵净翠芽、绿宝石、红宝石、毛峰、龙井、梵净佛珠等系列产品。“梵净翠芽”茶在2014年和2015年获“黔茶杯”一等奖和特等奖。2016年，公司被认定为“贵州省农业产业化经营重点龙头企业”。

（三）铜仁市农业产业化经营重点龙头企业

江口县现有市级农业产业化经营重点龙头企业6家，详见表5-7。

表5-7　江口县市级农业产业化经营重点龙头企业

序号	企业名称	企业成立时间/年	认定龙头企业时间/年	认定单位
1	江口县梵天云雾白茶种植有限公司	2012	2015	铜仁市农业产业化联席会议办公室
2	江口梵韵白茶开发经营有限公司	2012	2014	
3	贵州江口梵净山茶业有限公司	2007	2012	
4	江口县鑫繁生态茶业有限公司	2010	2012	
5	江口县梵天红云茶业有限公司	2012	2015	
6	江口县铜江生物科技有限公司	2011	2012	

七、思南县茶叶企业

截至2018年底，全县企业221家，其中茶叶企业38家，合作社183家（含村集体经济合作社）。国家级示范社4家，贵州省农业产业化经营重点龙头企业7家，铜仁市农业产业化经营重点龙头企业10家。

（一）贵州省农业产业化经营重点龙头企业

1. 贵州百福源生态农业发展有限公司

公司成立于2012年，旗下有思南县常青种养专业合作社。茶园面积146.67hm^2，其中：有机认证茶园90hm^2，茶园套种桂花树12000棵，有加工厂面积3600m^2，茶叶加工机械设备120台（套）。公司注册“百家沁”“思州玉翠”“思州梵蕊”商标。2012年以来，荣获省内外茶叶评比活动10余奖项，“百家沁”获2016年贵州省著名商标，“思州玉翠”牌绿茶被认定为2017年贵州省名牌产品；“国家级现代农业技术体系示范基地”企业。2015年，公司获得出口资质，建立质量追溯体系；2016年，通过ISO9001、14001、

18001及HACCP体系认证。公司旗下的常青合作社成为“贵州省农业产业化经营重点龙头企业”“贵州省农业产业化扶贫龙头企业”“国家级示范性专业合作社”。2018年，茶叶产量280t，茶叶产值600余万元。

2. 思南欣浩绿色产业有限责任公司

公司成立于2012年，茶园面积333.33hm²，有机产品认证茶园60hm²。有大宗茶全自动加工生产线1条，名优茶加工生产线1条，年干茶产量500t。2015年，获食品生产许可证；2016年，获得“贵州省农业产业化经营重点龙头企业”和“贵州省农业产业化扶贫龙头企业”称号；2017年，获得有机产品质量体系认证。公司生产的“欣浩牌”白茶、绿茶、红茶等系列产品，荣获“2018年铜仁市十佳优质特色农产品”称号；2018年，获得出口资质和HACCP体系认证。

3. 贵州飞宏生态农业旅游发展有限公司

公司成立于2014年5月，公司旗下的思南县四野屯茶叶种植专业合作社，于2013年4月登记注册。茶园面积200hm²，有机茶园面积66.53hm²。公司注册有“飞宏野屯”“楠茗馨”“思楠红”“思楠贡茶”“国久香”等商标，在“中绿杯”“国饮杯”“黔茶杯”等茶叶评比活动中获奖10余次；其中“飞宏野屯”获“2017年度消费者最喜爱的茶叶品牌”。2017年，获“贵州茶行业最具影响力企业”；2018年，被认定为“贵州省农业产业化经营重点龙头企业”；旗下合作社同年也被农业部农村管理司认定为国家级示范社。2018年，生产名优茶20t，产值达880万元。

4. 思南县晨曦生态农业专业合作社

合作社成立于2009年，茶园面积173.33hm²，是大学生创业培训基地、退伍军人创业示范基地，贵州省茶科所茶叶实验基地。合作社厂房面积4500m²，有清洁化、自动化茶叶加工生产线，年加工能力500t，主要生产名优绿茶、红茶及大宗茶。2018年，合作社销售收入1500万元，净利润400万元。2014年，荣获“国家农民合作示范社”称号；2015年，荣获“贵州省农业产业化经营重点龙头企业”称号。

5. 贵州思南净鑫茶旅有限责任公司

公司成立于2016年，茶园面积190hm²；有名优茶和碾茶生产车间各1座，厂房面积4800m²，主要生产绿茶、红茶、白茶、黑茶、碾茶系列产品。2018年产名优茶12t，大宗茶300t，销售收入987万元。2016年，正式与贵州贵茶公司签约生产绿宝石和红宝石茶叶出口美国、欧盟；2016年12月，被贵州省科技厅评为科技型备案企业，荣获“国家农民合作示范社”称号；2018年，被认定为“贵州省农业产业化经营重点龙头企业”。

6. 思南梵众白茶开发经营有限公司

公司成立于2012年，是思南县人民政府的重点招商引资企业。安吉白茶园400hm^2，茶叶加工厂2座，张家寨镇厂房面积4000m^2，孙家坝镇厂房面积2500m^2，厂房内均配有全自动高端白茶加工设备50余台。2015年，成为“贵州省农业产业化扶贫龙头企业”；2018年，被认定为“贵州省农业产业化经营重点龙头企业”。

7. 思南县合朋国礼有机茶专业合作社

合作社成立于2009年，加工厂房占地面积135401m^2。茶园面积100hm^2。合作社的茶叶加工生产线3条，年加工能力200t；主要生产绿茶、红茶、黑毛茶系列产品。2018年，主营收入2000多万元。2013年，获“贵州省农业产业化扶贫龙头企业”；2015年，生产的“梵净山牌毛峰茶”荣获“贵州省秋季斗茶比赛绿茶类银奖”；2017年生产的毛峰茶获“贵州秋季斗茶赛银奖”，2018年生产的毛尖茶和毛峰茶均获“黔茶杯”一等奖；2018年，被认定为“贵州省农业产业化经营重点龙头企业”。

（二）铜仁市农业产业化经营重点龙头企业

思南县现有市级农业产业化经营重点龙头企业5家（表5-8）。

表5-8 思南县市级农业产业化经营重点龙头企业

序号	企业名称	注册时间 / 年	认定时间 / 年
1	贵州武陵绿色产业发展有限公司	2013	2013
2	思南县白鹭茶业有限公司	2013	2016
3	贵州思南太和茶业发展有限公司	2015	2016
4	思南县荣思源茶叶专业合作社	2011	2015
5	思南县华康生态茶产业专业合作社	2010	2011

（三）出口茶叶企业

1. 贵州茶润天下茶业有限公司

贵州茶润天下茶业有限公司，隶属联合利华立顿思南出口欧标精制茶制造中心。公司成立于2018年，厂房及库房面积4000m^2，采用国内先进的食品级不锈钢生产设备，年产精制茶2000t以上，2018年，精制茶叶350t，出口350t，产值1000余万元，主要出口欧盟等国家；2018年，获得SC认证；2018年，通过对外贸易经营者备案；2019年，获得ISO9001质量管理体系认证、ISO22000食品安全管理体系认证，获得雨林联盟认证。

2. 贵州詹姆斯芬利茶业有限公司

贵州詹姆斯芬利茶业有限公司是思南县政府重点招商引资企业，成立于2018年，属于英国太古集团旗下全资子公司，总部位于英国伦敦。公司有精制加工厂1座、办公楼1座。2017年，采购大宗茶1000t，已出口300t左右，主要出口英国、美国、中东、埃及、俄罗斯、巴基斯坦、日本等国家。公司业务范围为茶叶种植、采购、加工及销售；茶叶提取物的研发、生产及销售；茶叶及茶叶提取物进出口贸易；农场管理咨询服务，农场认证咨询服务。公司2019年获得雨林联盟认证。

3. 贵州思南思福实业有限公司

公司成立于2015年，主要从事茶叶种植、生产及销售；2016年，公司荣获“贵州省科技特派员服务企业”“贵州省农科院茶叶研究所茶叶示范基地”称号。公司自有基地200hm^2，有加工厂房4栋，其中初制加工厂房3栋、精制加工厂房1栋；拥有加工生产线4条，其中名优茶生产线2条，大宗茶生产线1条，精制加工生产线1条。2018年，公司生产名优茶20余吨，大宗茶150余吨。公司注册“贵思福”“思南红”商标；2016年6月，获得SC认证标准；2016年，获得“科技企业”称号，被评为“思南县农业产业化经营龙头企业”；2017年6月，通过企业出口备案。

八、万山区茶叶企业

（一）农业产业化国家重点龙头企业

贵州铜仁和泰茶业有限公司是2004年铜仁地委、行署招商引资企业，成立于2004年，是集茶叶种植、加工、科研、销售、出口为一体的茶叶综合型企业。2005年，建设万山和泰精制珠茶加工厂；2006年3月，贵州铜仁和泰茶叶进出口公司成立（子公司）；2006年5月，成立和泰之春名优茶专卖店（子公司）。2008年，承包茶园666.66hm^2，通过ISO9001:2000质量管理体系认证、食品安全管理体系认证（HACCP）、全国工业产品生产许可证，公司生产速溶茶粉的关键技术达到国内先进水平；2008年4月，成立茶叶深加工系列产品科技研发中心，对茶多酚、茶粉等产品开发研究；2008年，速溶茶粉生产线正式投产；2009年10月，获得出口食品认证，获得欧盟有机茶种植、加工认证；2010年，速溶茶粉的关键技术申报国家发明专利，速溶茶粉的关键技术达到国内先进水平。公司曾荣获“国家农业产业化经营重点龙头企业”“国家扶贫龙头企业”“茶叶行业百强企业”“贵州省科技创新型企业”“贵州省科技小巨人企业”“贵州省级企业技术中心”“贵州省外来投资优秀企业”“贵州省优秀茶叶企业”“贵州新农村建设荣誉企业”“招商引资先进企业”“工业生产突出贡献企业”“优秀农业龙头企业”“农产品加工示范企业”“外贸出口先进企业”“创建食品安全生产示范企业”“守合同、重信用企业”等荣誉。

（二）贵州省农业产业化经营重点龙头企业

贵州梵净山方瑞堂茶业有限公司成立于2012年，是铜仁市政府重点招商引资茶叶企业，是集茶叶的种植、生产、加工、销售和配方茶、研发茶叶企业。2014年12月，荣获“多彩贵州铜仁市旅游商品两赛一会”二等奖，入选为“贵州省青年创业就业示范基地”；2018年12月，公司注册商标，专利技术6项，版权2个，是贵州省科技厅认定的科技成长型种子企业。公司通过ISO9000质量体系认证。主要产品“千拂手”熟绿香茶系列、“武陵印象”生态绿茶系列、“凰雀翎”生态红茶系列，“依天云”白茶、“艾宁”配方茶产品。2016年11月，公司被评为“第八批农业产业化经营省级重点龙头企业”。

第二节　铜仁茶叶专业合作社

截至2018年，全市茶叶专业合作社485家，其中：国家级茶叶专业合作示范社3家，贵州省级茶叶专业合作示范社3家，铜仁市级专业合作社35家，区县级专业合作社444家。茶叶专业合作社社员19003人；茶叶专业合作社经营茶园面积17574.67hm^2；专业合作社经营茶叶产量19804.42t，专业合作社经营茶叶产值93767.91万元。

一、石阡县茶叶专业合作社

截至2018年，石阡县专业合作社和集体经济合作组织38家，其中：国家级示范社1家，贵州省级示范社3家，铜仁市级示范社7家，县级茶叶专业合作社27家，县级茶叶专业合作社27家。合作社社员2728人，经营茶园面积2868.7hm^2，年茶叶产量32566.5t，年茶叶产值4907万元（表5-9）。

表5-9　石阡县茶叶专业合作社

序号	合作社名称	成立时间/年	社员/人	茶园面积/hm^2	2018年茶叶		级别
					产量/t	产值/万元	
1	石阡县白沙镇庄园茶叶专业合作社	2017	33	223	0.6	7	
2	石阡县白沙镇花坪茶叶生产农民专业合作社	2016	32	182	2	50	县级
3	石阡县白沙镇铁矿山茶叶农民生产专业合作社	2015	100	26.6	50	200	市级
4	贵州石阡福臻茶业农民专业合作社	2017	29	650	30	48	县级
5	石阡县昌隆生态养殖专业合作社	2016	38	0	0.6	30	
6	石阡县大沙坝乡茶叶生产农民专业合作社	2008	114	20	25	100	市级
7	石阡县启成农业专业合作社	2015	36	8	25	30	
8	石阡县坪山乡坪贯村生态茶叶专业合作社	2013	34	50	15	20	

续表

序号	合作社名称	成立时间/年	社员/人	茶园面积/hm^2	2018年茶叶		级别
					产量/t	产值/万元	
9	石阡县坪贯贡茶茶产业专业合作社	2018	37	3.3	15	30	
10	石阡县凉山远景茶叶专业合作社	2013	1260	153.3	20	180	市级
11	石阡县国品黔茶新华茶叶生产农民专业合作社	2009	80	20	190	900	
12	石阡县芊指岭茶叶专业合作社	2010	61	13.3	130	680	
13	石阡县五德镇翠红茶叶生产农民专业合作社	2012	42	13.3	110	120	国家级
14	石阡县聚凤乡指甲坪茶叶专业合作社	2011	43	6.6	90	220	省级
15	石阡县马鞍山茶叶专业合作社	2013	50	6.6	30	40	省级
16	石阡县神仙庙茶叶专业合作社	2015	10	6.6	40	80	
17	石阡县白泥塘茶叶专业合作社	2015	72	3.3	3.5	30	
18	石阡县龙塘香花寺农民合作社	2016	41	245	0.8	25	县级
19	石阡县龙塘兆丰专业合作社	2016	60	26.6	95	100	市级
20	石阡县龙塘核桃湾专业合作社	2014	30	300	25	50	
21	石阡县龙井兴坤茶叶专业合作社	2017	58	100	39	70	
22	石阡县龙井乡茶叶生产农民专业合作社	2009	39	40	45	130	市级
23	石阡县万崇山茶叶专业合作社	2009	65	300	150	280	市级
24	石阡县石固泉龙茶叶农民专业合作社	2016	42	6.6	33	70	
25	石阡县石固乡茶叶产业农民专业合作社	2016	34	10	1000	15	
26	石阡县佛顶山苔茶农民专业合作社	2011	33	200	30000	85	县级
27	石阡县中坝镇河西万屯生态茶叶生产农民专业合作社	2013	39	50	1	30	
28	石阡县白沙镇化塘村药茶产业农民专业合作社	2017	32	40	155	290	
29	石阡县苔龙茶业农民专业合作社	2013	35	25.3	160	750	
30	石阡县本庄镇界牌村茶叶产业农民专业合作社	2011	30	13.3	19	55	
31	石阡县甘溪乡坪望村茶叶产业农民专业合作社	2015	5	40	25	25	
32	石阡县羊角山农业专业合作社	2018	20	13.3	5	60	
33	石阡县何家山绿茶种植农民专业合作社	2016	15	8.6	1.4	12	
34	石阡县贵珍农业专业合作社	2014	53	47.5	5	20	
35	石阡县健长苔茶专业合作社	2014	6	3.3	0.6	15	
36	石阡县国荣乡云苔阡红茶业专业合作社	2015	20	13.3	30	60	
	合计		2728	2868.7	32566.5	4907	

（一）国家级示范社

石阡县五德镇翠红茶叶生产农民专业合作社，成立于2012年，社员42人。2014年，荣获原农业部表彰全国农民专业合作社示范社。合作社建设制茶生产车间1座，生产加工绿茶、花茶、野生苦丁茶和野生甜茶。

（二）贵州省级示范社

1. 石阡县聚凤乡指甲坪茶叶专业合作社

合作社成立于2011年，社员43人，2015年，荣获贵州省农业厅表彰全省农民专业合作社示范社，有石阡古苔茶基地6.6hm^2，茶叶加工机械设备5套。

2. 石阡县马鞍山茶叶专业合作社

合作社成立于2013年，社员50人，带动农户212户561人，茶园面积6.6hm^2，茶叶加工机械设备3套。2015年，合作社荣获贵州省农业厅表彰“全省农民专业合作社示范社”称号。

二、印江县茶叶专业合作社

截至2018年，印江县茶叶专业合作社75家，其中：铜仁市级茶叶专业合作示范社19家，县级专业合作社56家。合作社社员899人，经营茶园面积1176.6hm^2，年茶叶产量1298.93t，年茶叶产值10466.41万元（表5-10）。

表5-10　印江县市级茶叶专业合作社示范社

序号	合作社名称	成立时间/年	社员/人	茶园面积/hm^2	2018年		市级示范社
					产量/t	产值/万元	
1	印江自治县兰香茶叶专业合作社	2012	103	120	55.8	591.48	√
2	印江自治县新寨乡花尖山茶叶专业合作社	2013	17	33.3	44.63	473.08	√
3	印江自治县梵净青茶叶专业合作社	2013	34	46.66	90.8	508.48	√
4	印江自治县孟郊茶叶专业合作社	2011	29	80	80.4	562.8	√
5	印江自治县茶元生态茶叶专业合作社	2012	26	40	12.3	129.15	√
6	印江自治县坳沟茶叶专业合作社	2012	29	20	9.5	99.75	√
7	印江自治县安家坝八达茶叶专业合作社	2012	34	43.33	13.6	129.2	√
8	印江土家族苗族自治县李家沟茶叶专业合作社	2012	36	53.33	23.1	235.62	√
9	印江土家族苗族自治县张家沟茶叶专业合作社	2012	17	36.66	21.2	224.72	√
10	印江翠峰茶果专业合作社	2011	46	73.33	56.23	461.09	√
11	印江自治县合水镇桂花茶叶专业合作社	2012	41	53.33	17.32	169.74	√
12	印江自治县宏源生态茶叶专业合作社	201	78	113.33	281.8	2254.4	√

续表

序号	合作社名称	成立时间/年	社员/人	茶园面积/hm^2	2018年		市级示范社
					产量/t	产值/万元	
13	印江自治县雾峰茶叶专业合作社	2012	63	43.33	42.6	451.56	√
14	印江土家族苗族自治县青杠林茶叶专业合作社	2012	52	33.33	13.9	147.34	√
15	印江自治县湄坨茶叶专业合作社	2012	84	106.66	306.5	2145.5	√
16	印江自治县洋溪镇桅杆村茶叶专业合作社	2012	36	30	15.15	160.59	√
17	印江土家族苗族自治县洋溪茶叶专业合作社	2013	119	164.66	98.3	668.44	√
18	印江土家族苗族自治县梵绿茶叶专业合作社	2012	31	80	72.5	594.5	√
19	印江自治县春雷茶叶专业合作社	2012	24	23.33	43.3	458.98	√
	合计		899	1176.6	1298.93	10466.41	

三、沿河县茶叶专业合作社

截至2018年，沿河县茶叶专业合作社19家，其中：铜仁市级示范社6家，县级专业合作社13家。社员131人，经营茶园面积890hm^2，茶叶产量694.2t，茶叶产值6942万元（表5-11）。

表5-11　沿河县茶叶专业合作社

序号	合作社名称	成立时间/年	社员/人	茶园面积/hm^2	2018年		级别
					产量/t	产值/万元	
1	沿河土家族自治县黔赋茶叶专业合作社	2011	8	40	31.2	312	市级
2	沿河土家族自治县联文茶叶专业合作社	2012	5	33.33	26	260	市级
3	沿河土家族自治县盛丰茶叶农民专业合作社	2013	6	80	62.4	624	市级
4	沿河土家族自治县御茗沁茶叶农民专业合作社	2013	4	40	31.2	312	市级
5	沿河土家族自治县大丰高原茶业农民专业合作社	2015	5	43.33	33.8	338	
6	沿河姚溪志飞茶叶农民专业合作社	2012	12	133.33	104	1040	市级
7	沿河土家族自治县家家乐茶叶农民专业合作社	2013	5	40	31.2	312	市级
8	沿河县塘坝富强种养农民专业合作社	2016	10	40	31.2	312	
9	沿河土家族自治县乌江茶厂	2016	12	53.33	41.6	416	
10	沿河土家族自治县黄土新型综合农民专业合作社	2012	8	56.66	44.2	442	
11	沿河塘坝马家庄古茶种植农民专业合作社	2016	7	33.33	26	260	
12	沿河土家族自治县土司贡茶农民专业合作社	2013	8	63.33	49.4	494	
13	沿河自治县晓景鸿泰生态茶叶农民专业合作社	2012	4	53.33	41.6	416	
14	沿河后坪大青山黄金茶种植农民专业合作社	2016	6	26.66	20.8	208	

续表

序号	合作社名称	成立时间/年	社员/人	茶园面积/hm²	2018年		级别
					产量/t	产值/万元	
15	沿河土家族自治县谯峰生态茶业农民专业合作社	2016	7	33.33	26	260	
16	沿河中界坛鸟坨种养农民专业合作社	2016	6	56.33	44.2	442	
17	沿河黑水家园茶叶农民专业合作社	2018	5	36.66	28.6	286	
18	沿河塘坝红竹制茶厂	2018	7	6.66	5.2	52	
19	沿河土家族自治县水爬岩生态种养农民专业合作社	2017	6	20	15.6	156	
	合计		131	890	694.2	6942	

四、德江县茶叶专业合作社

截至2018年，德江县注册茶叶专业合作社121家，其中国家级示范社2个，县级专业合作社119家。合作社社员2999人，经营茶园面积4490.89hm²，年茶叶产量2261.60t，年茶叶产值22642.50万元（表5-12）。

表5-12　德江县茶叶专业合作社

序号	茶叶专业合作社名称	成立时间/年	社员/人	茶园面积/hm²	2018年	
					产量/t	产值/万元
1	德江县青龙星辰茶叶专业合作社	2016	6	12.00	9.20	101.00
2	德江县龙凤茶叶种植专业合作社	2018	9	66.67	36.00	450.00
3	德江县大云山茶叶专业合作社	2011	4	17.00	51.00	1230.00
4	德江县中信生态茶专业合作社	2012	4	26.67	20.50	502.00
5	德江县明山茶叶专业合作社	2012	6	41.93	62.00	610.00
6	德江县和缘生态茶业专业合作社	2013	96	51.33	5.00	160.00
7	德江县朝辉种植专业合作社	2013	32	8.00	11.00	521.00
8	德江县英姿茶叶种植专业合作社	2017	6	20.00	6.50	90.00
9	德江县大龙门生态茶叶专业合作社	2015	5	7.33	1.50	26.00
10	德江县淋龙茶叶种植专业合作社	2014	5	8.00	1.60	15.50
11	德江县付伯强茶叶专业合作社	2014	5	10.00	3.10	32.00
12	德江县全峰茶叶种植专业合作社	2017	6	9.33	1.00	10.00
13	德江县大龙门生态茶叶专业合作社	2013	6	8.00	6.00	35.00
14	德江县时超茶叶种植专业合作社	2014	40	13.33	50.00	515.00
15	德江县生基坪茶园专业合作社	2017	5	12.59	6.00	70.00
16	德江县兴源茶叶种植专业合作社	2017	5	31.00	0	0

续表

序号	茶叶专业合作社名称	成立时间/年	社员/人	茶园面积/hm^2	2018年	
					产量/t	产值/万元
17	德江县黔中王茶叶种植专业合作社	2017	6	13.33	0	0
18	德江县国宇生态茶叶种植专业合作社	2017	8	20.00	0	0
19	德江县复兴镇乡堰盆村鸭子头组朝霞茶叶种植专业合作社	2017	4	4.05	0	0
20	德江县先氏茶叶种植专业合作社	2017	6	13.34	0	0
21	德江县泰和茶叶种植专业合作社	2014	119	233.34	150.00	621.00
22	德江县山人水茶叶种植专业合作社	2014	152	40.00	150.00	621.00
23	德江县黄泥坪茶叶专业合作社	2012	36	106.67	360.00	3200.00
24	德江县天香茶叶种植专业合作社	2017	6	20.00	30.00	390.00
25	德江县绿之缘茶叶专业合作社	2017	60	133.33	14.00	180.00
26	德江县香山茶叶专业合作社	2012	32	66.67	30.00	390.00
27	德江溢馨茶叶农民专业合作社	2012	37	81.13	15.00	180.00
28	德江县朝阳茶叶专业合作社	2010	37	808.60	206.00	620.00
29	德江县尖山茶叶专业合作社	2012	5	8.00	2.00	40.00
30	德江县永旺农业专业合作社	2014	6	10.00	10.00	120.00
31	德江县珍强茶叶专业合作社	2016	5	6.67	6.00	53.00
32	德江县梨子椏茶叶种植专业合作社	2016	8	15.53	11.00	131.00
33	德江县景坪寨茶叶种植专业合作社	2016	27	33.33	15.00	128.00
34	德江县艾坪茶叶专业合作社	2015	26	40.00	110.00	1102.00
35	德江县合兴镇合朋茶叶专业合作社	2013	50	13.33	10.10	102.00
36	德江县仁和茶叶种植专业合作社	2015	6	13.33	20.00	516.00
37	德江县龙丰茶叶种植专业合作社	2016	5	20.00	15.00	140.00
38	德江县勇细茶叶种植专业合作社	2017	4	10.00	0	0
39	德江县刘尚波茶叶专业合作	2017	8	13.33	0	0
40	德江县梨子椏茶叶种植专业合作社	2017	6	20.00	11.00	132.00
41	德江县河坎茶叶种植专业合作社	2017	7	6.67	0	0
42	德江县艺果茶叶种植专业合作社	2017	5	13.33	0	0
43	德江县向利茶叶种植专业合作社	2017	6	13.33	0	0
44	德江县号发茶叶种植专业合作社	2017	4	6.67	0	0
45	德江县板坪村集体经济合作联社	2017	8	3.33	0	0
46	德江县何兴茶叶种植专业合作社	2017	6	20.65	0	0
47	德江县茗盛茶叶种植专业合作社	2017	4	33.33	0	0

续表

序号	茶叶专业合作社名称	成立时间/年	社员/人	茶园面积/hm^2	2018年	
					产量/t	产值/万元
48	德江县燕袁茶叶种植专业合作社	2017	6	16.00	0	0
49	德江县国海茶叶种植专业合作社	2017	8	17.33	0	0
50	德江县丰林村集体经济合作联社	2017	5	3.33	0	0
51	德江县煎茶佳鹏茶叶专业合作社	2010	102	40.00	120.00	1140.00
52	德江县煎茶世达茶叶专业合作社	2012	60	13.33	1.00	10.00
53	德江县双辉茶叶专业合作社	2013	60	6.67	0.50	8.00
54	德江县尖峰岭茶叶种植专业合作社	2014	80	33.33	40.00	511.00
55	德江启权茶叶种植专业合作社	2014	52	6.67	5.00	102.00
56	德江县睿金茶叶种植专业合作社	2017	5	13.33	0	0
57	德江富兴茶叶专业合作社	2012	52	13.33	0.50	8.00
58	德江县华康生态白茶专业合作社	2013	92	200.00	10.00	1030.00
59	德江县泰康生态茶叶农民专业合作社	2012	10	66.67	6.00	640.00
60	德江县谢家井茶叶专业合作社	2016	36	26.66	2.00	50.00
61	德江县宝石茶叶种植专业合作社	2017	4	11.33	3.00	50.00
62	德江县德双茶叶种植专业合作社	2017	5	10.00	0	0
63	德江县仁芬茶叶种植专业合作社	2017	6	8.00	0	0
64	德江县永怀茶叶种植专业合作社	2017	4	8.20	0	0
65	德江飞燕茶叶种植专业合作社	2017	5	6.67	0	0
66	德江县宝石茶叶种植专业合作社	2016	6	13.33	8.00	212.00
67	德江县延森白茶种植专业合作社	2017	8	7.47	0	0
68	德江县余刚白茶种植专业合作社	2017	6	13.33	0	0
69	德江县老木丫茶叶种植专业合作社	2015	5	10.67	3.00	115.00
70	德江县红宝龙茶叶种植专业合作社	2017	4	9.33	0	0
71	德江县竹子白茶种植专业合作社	2017	6	14.00	0	0
72	德江县水车鸿发农牧专业合作社	2017	5	15.33	0	0
73	德江县止强茶叶种植专业合作社	2017	7	16.00	0	0
74	德江县永发农牧专业合作社	2017	8	20.00	0	0
75	德江县龙泉观音有机茶专业合作社	2013	10	13.33	0.50	5.00
76	德江县塘坝村茶叶专业合作社	2012	15	8.00	0	0
77	德江县居池坝村金鼎茶叶专业合作社	2012	35	53.33	0	0
78	德江县文新社区栗香露茶叶专业合作社	2012	96	6.67	0	0

续表

序号	茶叶专业合作社名称	成立时间 / 年	社员 / 人	茶园面积 /hm²	2018 年	
					产量 /t	产值 / 万元
79	德江县邓家村茶叶专业合作社	2013	20	13.33	0	0
80	德江县岸山村茶叶专业合作社	2012	50	13.33	0	0
81	德江兄妹兔业专业合作社	2017	5	13.33	0	0
82	德江县香树茶叶种植专业合作社	2017	5	16.67	0	0
83	贵州德江天上生态农业专业合作社	2013	24	84.53	50.00	1100.00
84	德江县沙溪乡大地茶叶专业合作社	2012	10	33.33	10.00	100.00
85	德江县沙溪乡四堡村茶叶专业合作社	2012	34	13.33	0.50	5.00
86	德江县沙溪金山茶叶专业合作社	2017	10	12.00	5.00	50.00
87	德江县雾云坡生态茶叶农民专业合作社	2016	23	100.00	81.00	640.00
88	德江县沙溪乡大屋基茶叶种植专业合作社	2017	16	20.00	0	0
89	德江县沙溪乡洪丰茶叶种植专业合作社	2017	10	16.00	0	0
90	德江县枫香溪镇安逸茶园专业合作社	2009	5	40.00	200.00	1502.00
91	德江县枫香溪长征村茶叶种植专业合作社	2012	50	13.33	0.50	3.00
92	德江县枫香溪先联村茶叶种植专业合作社	2012	35	10.00	0.30	2.00
93	德江县红枫茶叶种植专业合作社	2012	6	6.67	3.00	35.00
94	德江县枫香溪镇仙山茶叶专业合作社	2013	5	13.33	5.00	80.00
95	德江县枫香溪镇宏馨茶叶种植专业合作社	2013	50	66.67	20.00	200.00
96	德江县壹壶春茶叶种植专业合作社	2014	50	73.33	50.00	540.00
97	德江县尖峰山茶叶种植专业合作社	2014	32	40.00	6.00	10.00
98	德江县王屋基农牧专业合作社	2017	10	14.66	0	0
99	德江县德邦水果种植专业合作社	2017	12	23.33	0	0
100	德江县雾株茶叶种植专业合作社	2014	51	8.00	3.00	30.00
101	德江县堰塘乡新春茶业专业合作社	2012	28	14.00	0.50	5.00
102	德江县清露茶叶专业合作社	2011	125	66.67	0.30	3.00
103	贵州德江县堰塘乡玉凤茶叶专业合作社	2012	61	200.00	100.00	500.00
104	德江县杜氏茶叶专业合作社	2016	36	7.33	20.00	100.00
105	德江县黔北芒谷茶叶种植专业合作社	2017	32	100.00	0	0
106	德江翠姑茶叶专业合作社	2013	24	43.33	50.00	560.00
107	德江县鞍山茶叶专业合作社	2017	10	13.33	5.00	12.00

续表

序号	茶叶专业合作社名称	成立时间/年	社员/人	茶园面积/hm²	2018年	
					产量/t	产值/万元
108	德江县小寨茶叶专业合作社	2016	35	21.33	1.00	11.00
109	德江县正林茶产业专业合作社	2009	122	0	0	0
110	德江县新坑村茶叶专业合作社	2012	12	13.33	0	0
111	德江县梅氏茶叶种植农民专业合作社	2014	30	33.33	0.50	5.00
112	德江县官林茶叶种植专业合作社	2017	65	13.33	3.00	3.00
113	德江县好梦园果蔬种植专业合作社	2018	6	66.66	0	0
114	德江县马耳山茶叶专业合作社	2016	12	15.97	2.00	30.00
115	德江县泉口镇双峰茶叶专业合作社	2016	21	33.07	6.00	132.00
116	德江县泉口三雄茶叶专业合作社	2016	32	36.40	3.00	15.00
117	德江县麻阳河茶叶专业合作社	2017	11	8.30	1.00	10.00
118	德江县长丰堕坪茶叶种植专业合作社	2016	65	133.33	0	0
119	德江县政民茶叶农民专业合作社	2016	32	40.00	0	0
120	德江县向家果蔬种植专业合作社	2017	20	33.33	0	0
121	贵州沁苑茶业专业合作社	2018	42	66.67	0	0
	合计		2999	4490.89	2261.60	22642.50

（一）德江县正林茶产业合作社（国家级示范社）

合作社成立于2009年，社员122人，主要经营茶苗；建有育苗基地，年育苗8hm²，出苗480余万株，年供茶苗移栽面积106.67hm²。2015年，社员分红80万元；2016年，分红100万元。2017年，分红150万元，带领农民脱贫致富1500户。

（二）贵州德江天上生态农业专业合作社（国家级示范社）

合作社成立于2013年，合作社茶园面积40hm²，社员24人，是一家集茶叶、水果种植加工，畜牧养殖销售，休闲农业服务为一体的农民经济组织；贵州省级高效农业示范园区——德江县龙泉生态农业示范园区核心区骨干经营企业，铜仁市农业产业化经营重点龙头企业。合作社实行社员入股，利益共享，风险共担的利益联结机制。

五、江口县茶叶专业合作社

截至2018年，江口县茶叶专业合作社57个，社员2345人，合作社经营茶园面积4046.1hm²；茶叶产量10312.49t，茶叶产值41250万元（表5-13）。

表5-13　江口县茶叶专业合作社

序号	合作社名称	成立时间/年	社员/人	茶园面积/hm^2	2018年	
					产量/t	产值/万元
1	贵州江口华国生态农牧发展专业合作社	2009	23	8.4	10.08	4.03
2	江口县桃映茶叶种植专业合作社	2010	25	16	14.46	5.78
3	江口武陵茶业农民专业合作社	2010	60	45	54.4	21.76
4	江口县太平凯素生态农业综合开发专业合作社	2011	14	68.4	76.95	30.78
5	江口县三和种植专业合作社	2011	32	41.3	52.7	21.08
6	江口县梵净甘露茶叶专业合作社	2012	25	45.3	54.4	21.76
7	江口象头茶叶农民专业合作社	2012	60	80.6	96.8	38.72
8	江口县三赢茶业专业合作社	2012	42	46	282.9	113.16
9	江口县浩东茶叶专业合作社	2012	8	21.3	38.4	15.36
10	江口县凌峰茶叶专业合作社	2012	23	42.6	36.98	14.79
11	江口观音山茶业专业合作社	2012	12	72.6	141.7	56.68
12	江口县益民茶叶专业合作社	2012	23	23.3	21	8.4
13	江口县大溪沟茶叶专业合作社	2012	15	228.1	889.2	355.68
14	江口县沙子坡茶业专业合作社	2012	20	17.3	20.8	8.32
15	江口县都村茶叶种植专业合作社	2012	160	454.9	409.2	163.68
16	江口县新三农茶叶专业合作社	2012	12	121.4	158.34	63.34
17	江口县骆象茶业专业合作社	2012	68	178.8	214.4	85.76
18	江口县金竹茶叶专业合作社	2012	8	16	15.36	6.14
19	江口县梵源白茶专业合作社	2012	5	43.4	64.35	25.74
20	江口县明星种植专业合作社	2012	26	43.4	520	208
21	贵州江口梵馨茶业农民专业合作社	2012	42	57.4	68.8	27.52
22	江口县梵新农业专业合作社	2013	31	8.4	15.12	6.05
23	江口县梵星茶叶精果林林下养殖专业合作社	2013	80	45.5	122.76	49.1
24	江口县康庄生态绿色茶叶种植农民专业合作社	2013	20	17.3	150.8	60.32
25	江口县惠民茶叶专业合作社	2013	42	37.5	44.69	17.87
26	江口县云山乡宁茶业专业合作社	2013	52	15.3	17.48	6.99
27	江口县坪后农业生产农民专业合作社	2014	6	59.5	321.12	128.45
28	江口县新寨原生态农业观光专业合作社	2014	56	37.4	100.8	40.32
29	江口县全贵茶叶种植农民专业合作社	2014	25	15.7	65.8	26.32

续表

序号	合作社名称	成立时间/年	社员/人	茶园面积/hm^2	2018年	
					产量/t	产值/万元
30	江口县富源农业发展专业合作社联合社	2014	42	34.9	135.89	54.36
31	江口县道挡高山茶叶种植专业合作社	2014	26	15.7	15.58	6.23
32	江口县兴隆生态农牧业发展专业合作社	2015	53	14.7	19.8	7.92
33	江口县德旺茶寨白茶专业合作社	2015	23	28.4	11.08	4.43
34	江口县高墙生态茶叶专业合作社	2015	21	157.4	660.8	264.32
35	江口县月亮田茶叶专业合作社	2015	20	35.1	147.25	58.9
36	江口县都村万亩生态茶业专业合作社	2015	160	213.6	256.24	102.5
37	江口县永鸿泰农业发展专业合作社	2015	20	13.5	36.54	14.62
38	贵州梵云间茶业农民专业合作社	2015	7	42	56.84	22.74
39	江口县众富茶叶专业合作社	2015	20	15.7	75.41	30.16
40	贵州江口河口生态农牧发展专业合作社	2015	35	34.9	41.84	16.74
41	江口县合寨益农农业发展专业合作社	2016	26	15.7	42.48	16.99
42	江口县梵净山民众茶叶专业合作社	2016	23	34.7	56.28	22.51
43	江口县兵哥生态农业专业合作社	2016	24	84	5.87	2.35
44	江口县太极生态农牧专业合作社	2016	20	59.4	445.44	178.18
45	江口县军荣扶贫农业专业合作社	2016	26	35.4	47.38	18.95
46	江口县云雾山茶叶种植专业合作社	2016	25	16.9	44.98	17.99
47	江口县都村欣旺农业发展专业合作社	2016	23	44.2	52.96	21.18
48	江口县宏华生态茶叶种植专业合作社	2016	22	28	15.12	6.05
49	江口县华衡农业综合开发专业合作社	2016	33	24.4	84.58	33.83
50	江口县骆象村茶叶种植扶贫专业合作社	2017	8	28.4	477.12	19.09
51	江口县合心村农业产业扶贫专业合作社	2017	17	39.5	565.25	22.61
52	江口县盖上茶叶种植专业合作社	2017	23	21.3	865.24	346.1
53	江口县高墙村农牧扶贫专业合作社	2017	30	124.1	1892	756.8
54	江口县吉发农业综合开发专业合作社	2017	22	36.7	56.84	22.74
55	江口县茗和茶叶种植专业合作社	2017	20	28.1	66.24	26.1
56	江口县地楼村集体经济农业产业扶贫专业合作社	2017	32	16.4	11.81	4.72
57	江口果然美农业专业合作社	2018	15	34.7	45.85	18.35
	合计		2345	4046.1	10312.49	41250

六、思南县茶叶专业合作社

截至2018年，思南县茶叶专业合作社114家，社员6255人，经营茶园面积5077.68hm^2，茶叶产量2017t（表5-14）。

表5-14　思南县茶叶专业合作社

序号	合作社名称	成立时间/年	社员数/人	茶园面积/hm^2	2018年茶叶产量/t
1	思南县常青种养专业合作社	2009	150	146.66	220
2	思南县鑫钰源兴隆生态茶专业合作社	2016	58	53.33	5
3	思南县念北茶叶专业合作社	2015	160	200	200
4	思南县经天武陵茶叶专业合作社	2013	285	400	8
5	思南县井岗种养殖专业合作社	2012	150	333.33	180
6	思南悦丰果蔬专业合作社	2012	30	20	2.2
7	思南县张家寨鼎峰种养殖专业合作社	2012	45	40	3
8	思南县张家寨锦馨种养殖专业合作社	2012	31	29.33	2.5
9	思南县凉都益农绿业生态种养殖专业合作社	2012	205	100	60
10	思南县竹园集体经济专业合作社	2018	41	20	2.3
11	思南县龙岗村集体经济专业合作社	2018	60	21.33	2.1
12	思南县伟业惠农种养殖专业合作社	2012	20	13.33	1
13	思南县笔架山有机茶专业合作社	2011	110	120	100
14	思南县孙家坝源盛生态有机茶专业合作社	2012	23	20	20
15	长兴生态农牧种养专业合作社	2018	23	20	2
16	思南源天阳种养专业合作社	2018	32	20	2
17	龙园种植专业合作社	2018	21	21.33	2.1
18	思南县孙家坝新星茶叶专业合作社	2012	45	46.66	20
19	思南县祥顺专业合作社	2014	34	20	5
20	秦家寨农村集体经济专业合作社	2017	50	46.66	14
21	思南县合朋国礼有机茶专业合作社	2009	165	146.66	200
22	思南县香坝天香茶叶合作社	2011	160	18.66	1.8
23	思南县香坝南坝高峰专业合作社	2012	102	20	2.4
24	思南县一碗水种植专业合作社	2013	56	53.33	30
25	思南县群星茶叶种植专业合作社	2014	53	33.33	11
26	思南县迪美茶叶种植专业合作社	2014	42	16.66	2.5
27	思南县阳光生态农业发展专业合作社	2014	68	133.33	5
28	黔渝蔬菜专业合作社	2016	23	20	3

续表

序号	合作社名称	成立时间/年	社员数/人	茶园面积/hm^2	2018年茶叶产量/t
29	思南县正丰源生态农业发展专业合作社	2014	89	133.33	10
30	思南县宝隆种植专业合作社	2014	41	13.33	2
31	简家店集体经济组织专业合作社	2013	31	20	3.5
32	思南县新科农业专业合作社	2017	53	33.33	4.6
33	思南县助民薯业专业合作社	2010	34	26.66	3.8
34	思南县荣思源茶叶专业合作社	2011	118	133.33	118
35	思南县集泓生态茶叶农民专业合作社	2016	156	113.33	180
36	思南县枫香种植专业合作社	2013	54	26.66	3.6
37	思南大坝场健峰惠农种养专业合作社	2012	400	53.33	50
38	思南县四野屯茶叶专业合作社	2013	480	200	120
39	思南县华康生态茶产业专业合作社	2009	165	66.66	100
40	思南县亿农馨现代农业专业合作社	2014	57	53.33	35
41	思南县晨曦专业合作社	2009	123	173.33	200
42	思南县林峰益农种植专业合作社	2015	46	33.33	8
43	思南县怡心源种养殖专业合作社	2015	32	26.66	3
44	思南县净鑫生态种植专业合作社	2009	168	190	200
45	思南县箱子溪村集体经济组织专业合作社	2018	53	40	0
46	思南县映山红村集体经济组织专业合作社	2018	50	33.33	0
47	思南县燕子阡村集体经济组织专业合作社	2018	48	26.66	0
48	思南县翟家坝村茶叶专业合作社	2017	68	113.33	1.5
49	思南县桃园生态农业专业合作社	2011	12	13.33	1.5
50	思南县金中特色农业专业合作社	2013	23	20	2
51	思南县江山芳馨茶业专业合作社	2012	24	13.33	1.3
52	思南县胜利村集体经济组织专业合作社	2018	26	33.33	2
53	思南县五一村集体经济组织专业合作社	2018	25	53.33	0
54	思南县致远生态农业专业合作社	2015	68	53.33	8
55	思南县峰林茶叶专业合作社	2016	38	33.33	5
56	思南县邵家桥镇华光种养休闲专业合作社	2017	23	26.66	0
57	思南县建平茶叶种植专业合作社	2013	18	13.33	1
58	思南县花坪农村集体经济组织专业合作社	2018	20	10.2	0
59	思南县筑山农村集体经济组织专业合作社	2018	32	100	0

续表

序号	合作社名称	成立时间/年	社员数/人	茶园面积/hm^2	2018年茶叶产量/t
60	思南县硐龙农村集体经济组织专业合作社	2018	12	21.33	0
61	思南县桂花农村集体经济组织专业合作社	2018	24	16.66	0
62	思南县齐心农村集体经济组织专业合作社	2018	23	26.8	0
63	思南县坪星农村集体经济组织专业合作社	2018	26	13.93	0
64	思南县枣坪农村集体经济组织专业合作社	2018	21	13.33	0
65	思南县青杠园农村集体经济组织专业合作社	2018	31	52	0
66	思南县三角庄农村集体经济组织专业合作社	2018	54	80	0
67	思南县云峰农村集体经济组织专业合作社	2018	22	13.33	0
68	思南县明星农村集体经济组织专业合作社	2018	34	33.33	0
69	思南县永红农村集体经济组织专业合作社	2018	12	16.42	0
70	思南县许家坝镇潘家宅农村集体经济组织农民专业合作社	2018	31	72.66	0
71	思南县老鹰阡坝农村集体经济组织农民专业合作社	2018	12	6.62	0
72	思南县高阡农村集体经济组织农民专业合作社	2018	23	16.59	0
73	思南县双联农村集体经济组织农民专业合作社	2018	24	16.28	0
74	思南县双安种养集体经济组织专业合作社	2018	67	69.37	0
75	思南县利农农村集体经济组织农民专业合作社	2018	13	12	0
76	思南塘坝农村集体经济组织农民专业合作社	2018	12	16	0
77	思南九斤沟农村集体经济组织农民专业合作社	2018	37	23.08	0
78	思南县关山集体经济组织专业合作社	2018	11	6.84	0
79	思南联源旺农村集体经济组织农民专业合作社	2018	15	6.66	0
80	思南延辉农村集体经济组织农民专业合作社	2018	16	11	0
81	思南县邓家寨丰溪农村集体经济组织农民专业合作社	2018	34	24.48	0
82	思南县满秋农村集体经济组织农民专业合作社	2018	64	30.53	0
83	思南县青山种养集体经济组织专业合作社	2018	25	10.8	0
84	思南县祥顺农村集体经济组织农民专业合作	2018	23	14.66	0
85	思南县致富农村集体经济组织农民专业合作	2018	16	9.7	0
86	思南福林农村集体经济组织农民专业合作	2018	14	9.86	0
87	思南县王家堰农村集体经济组织农民专业合作	2018	11	8	0
88	思南县檬子树集体经济专业合作社	2018	16	11.33	0
89	思南花花桥农村集体经济组织农民专业合作	2018	15	20	0

续表

序号	合作社名称	成立时间 / 年	社员数 / 人	茶园面积 /hm^2	2018 年茶叶产量 /t
90	思南县玉皇冠农村集体经济组织农民专业合作	2018	14	8.44	0
91	思南县宇轩农村集体经济组织农民专业合作	2018	25	4.73	0
92	思南县鹦鹉溪镇燕子阡村集体经济组织专业合作社	2018	25	8.66	0
93	思南县红心园农村集体经济组织农民专业合作社	2018	78	49	0
94	思南县大河坝镇联山村种植专业合作社	2018	50	21.33	0
95	思南县桃山村集体经济组织农民专业合作社	2018	13	6.66	0
96	思南县大河坝镇转阁村果蔬种植专业合作社	2018	43	30	0
97	思南县大河坝镇天坝村种植专业合作社	2018	18	10.26	0
98	思南县大河坝镇勤俭村种植专业合作社	2018	20	14.66	0
99	思南县大河坝镇河坝村果蔬种植专业合作社	2018	34	20	0
100	思南县抗家山村农村集体经济组织专业合作社	2018	16	12	0
101	思南县井坝村农村集体经济组织专业合作社	2018	17	16	0
102	思南县合朋社区农村集体经济组织专业合作社	2018	24	14.66	0
103	思南县顶冠山农村集体经济组织专业合作社	2018	26	23.33	0
104	思南县院子村农村集体经济组织专业合作社	2018	28	12	0
105	思南县鱼塘村农村集体经济组织专业合作社	2018	26	7.33	0
106	秦家寨村集体经济组织专业合作社	2018	13	7.33	0
107	思南县袁家河沟农村集体经济组织农民专业合作社	2018	18	14.66	0
108	思南县南山农村集体经济专业合作社	2018	30	11.46	0
109	思南县楼房坡农村集体经济专业合作社	2018	19	9.33	0
110	思南县湾里农村集体经济组织专业合作社	2018	31	10.42	0
111	思南县云盘农村集体经济组织专业合作社	2018	28	16.1	0
112	思南县甘溪农村集体经济组织专业合作社	2018	26	12.9	0
113	庙坝村集体经济组织专业合作社	2018	41	23	0
114	思南县水晶农村集体经济组织专业合作社	2018	37	15.8	0
	合计		6255	5077.68	2017

七、松桃县茶叶专业合作社

截至2018年，松桃县茶叶专业合作社29家，社员6273人，茶园面积1342.4hm^2，茶叶产量1622.2t，茶叶产值9517万元（表5-15）。

表5-15　松桃县茶叶专业合作社统计表

序号	合作社名称	成立时间 / 年	社员 / 人	茶园面积 / hm^2	2018 年茶叶		合作社级别	
					产量 /t	产值 / 万元	省级示范社	市级示范社
1	松桃正大茶都原生态苗茶专业合作社	2008	236	61.4	64	579		是
2	松桃亚达种植专业合作社	2013	130	28	14.7	176		
3	松桃汇丰生态农业专业合作社	2011	127	23.3	12.2	147		
4	松桃银岩生态茶叶种植专业合作社	2012	105	56.7	59.5	535		
5	松桃白岩生态种植专业合作社	2013	125	24	14.5	129		
6	松桃孟红山茶叶种植专业合作社	2012	320	80	180	920		
7	松桃武龙茶叶专业合作社	2014	216	30	13.5	121		
8	松桃普觉四季香种植专业合作社	2011	160	40	90	540		
9	松桃普觉云上星星茶叶种植专业合作社	2012.	128	86.7	195	975		是
10	松桃妙韵七里香茶叶专业合作社	2016.	78	44	46.2	270		
11	松桃玲珑生态茶叶种植专业合作社	2012	136	73.4	165	825		
12	松桃梵天果茶种植养殖专业合作社	2010	185	70	157.5	787.5		
13	松桃兴农茶叶专业合作社	2009	210	83.4	187.5	937.5		是
14	松桃大溪山羊养殖专业合作社	2015	282	40	18	162		
15	松桃沿坪生态种植养殖专业合作社	2015	265	30	9	63		
16	松桃豪胜生态养殖专业合作社	2012	175	23.3	7	56		
17	松桃桂芽茶叶专业合作社	2010	530	106.7	48	432		
18	松桃红兵营生态茶叶种植专业合作社	2012	485	73.4	22	154		
19	松桃同心茶叶种植专业合作社	2017	132	17.3	5.2	36.4		
20	松桃乌罗灵官生态茶叶种植专业合作社	2012	210	63.4	66.5	598.5		
21	松桃正果高原生态茶叶专业合作社	2016	372	34.7	15.6	140.4		
22	桃苗族自治县黄板镇大坳村集体经济合作	2012	131	23.3	10.5	94.5		
23	松桃永金茶叶专业合作社	2012	165	13.3	6	54		
24	松桃长兴生态茶叶专业合作社	2010	378	65.4	147	135	是	
25	桃苗族自治县永兴种植专业合作社	2011	216	25.3	11.4	102.6		
26	松桃永兴茶叶专业合作社	2014	112	18.7	8.4	75.6		
27	松桃大溪种植专业合作社	2012	246	40	24	264		
28	松桃玛瑙山生态茶叶专业合作社	2013	342	53.4	21	180		
29	松桃黄羊岭云雾茶专业合作社	2016	76	13.3	3	27		
	合计		6273	1342.4	1622.2	9517		

第三节　铜仁茶叶家庭农场

截至2018年，铜仁市茶叶家庭农场114家，其中：贵州省级示范农场6个，市县级家庭农场108家，从事家庭农场经营526人，农场茶园面积2458.86hm^2，茶叶年产茶叶1759.85t，茶叶年产值4258.27万元。

一、石阡县茶叶家庭农场

截至2018年12月，石阡县茶叶家庭农场13家，农场成员125人，农场茶园面积115.39hm^2，年产茶叶18.99t，年产值442万元（表5-16）。

表5-16　石阡县家庭农场

序号	名称	认定时间/年	茶园面积/hm^2	2018年茶叶		成员/人	农场级别
				产量/t	产值/万元		
1	石阡县白沙镇红星茶叶家庭农场	2013	13.34	0.15	15	5	
2	石阡县羊角山生态茶叶种植园	2016	6.67	0.8	50	20	
3	石阡县坪山雲洲茶叶种植场	2014	0	0.12	20	8	
4	石阡县本庄花山种植场	2013	8.671	0.15	10	4	
5	石阡县乌江茶叶种植场	2013	0	1.5	45	4	
6	石阡县本庄镇界牌陈家坡茶场	2012	13.34	6.6	80	20	
7	石阡县本庄国豪天香茶种场	2015	2.001	2.8	30	6	
8	石阡县本庄镇绿荫塘光礼种植养殖家庭农场	2016	13.34	1.3	19	8	
9	石阡县聚香茗茶厂	2013	13.34	4.5	100	20	
10	石阡县河坝场乡大梁山茶叶种植场	2012	8.004	0.12	10	5	
11	石阡县本庄镇长香茶叶种植园	2011	10.005	0.15	8	5	
12	石阡县五德镇宏云种植养殖家庭农场	2016	13.34	0.2	15	10	
13	石阡县阡玺茶叶家庭农场	2014	13.34	0.6	40	10	市级
	合计		115.39	18.99	442	125	

二、印江县茶叶家庭农场

截至2018年12月，印江县茶叶家庭农场13家，农场成员53人，茶园面积202.9hm^2。2018年，年产茶叶74.71t，年产值657.4万元（表5-17）。

表5-17　印江县茶叶家庭农场

序号	名称	认定时间/年	茶园面积/hm²	2018年产茶叶		成员/人
				产量/t	产值/万元	
1	黄海勇农场	2013	130	14100	14.95	4
2	陈红霞农场	2014	281.4	4100	43.46	2
3	黄安刚农场	2014	418	9900	104.94	4
4	任光兵农场	2014	500	9400	99.64	9
5	高峰茶场	2014	200	3300	34.98	5
6	杨再国茶场	2015	180	3000	31.80	3
7	杨玉英茶场	2015	128	2300	24.38	2
8	王安顺茶场	2016	120	1880	19.93	5
9	陈玖发茶场	2016	100	1300	13.78	5
10	唐祥发茶场	2016	300	3900	41.34	4
11	周素芳茶场	2016	87	1260	13.36	2
12	韩落松茶场	2017	100	1400	14.84	2
13	田仁礼茶场	2018	500	18868	200	6
	合计		202.9	74.71	657.4	53

三、沿河县茶叶家庭农场

截至2018年12月，沿河县茶叶家庭农场6家，其中：铜仁市级茶叶家庭农场1家，县级家庭农场5家。农场成员24人，农场茶园面积251.3hm²。2018年，茶叶产量301.55t，茶叶产值12224万元（表5-18）。

表5-18　沿河县茶叶家庭农场

序号	名称	认定时间/年	茶园面积/hm²	2018年茶叶		成员/人	农场级别
				产量/t	产值/万元		
1	沿河县板场联文家农场场	2014	53.3	80	3200	3	
2	沿河县黄家洞农场	2014	20	30	1200	5	市级
3	田华农场	2015	40	60	2400	6	
4	唐仕银农场	2016	100	112.5	4500	3	
5	陶旭农场	2018	20	15	600	4	
6	田强农场	2018	18	4.05	324	3	
	合计		251.3	301.55	12224	24	

四、德江县茶叶家庭农场

截至2018年12月，德江县茶叶家庭农场23家，其中：铜仁市级茶叶家庭示范农场5

家，县级家庭农场18家。农场成员67人，农场茶园面积287.73hm²，生产茶叶1078.55t，茶叶产值1186.46万元（表5-19）。

表5-19　德江县茶叶家庭农场

序号	名称	认定时间/年	茶园面积/hm²	2018年茶叶		成员/人	农场级别
				产量/t	产值/万元		
1	杨昌勇农场	2015	16.03	60.1	66.11	4	市级
2	张贤洪农场	2015	8.67	32.5	35.75	2	市级
3	吴剑农场	2015	16.44	61.65	67.82	4	市级
4	刘尚波农场	2015	7.93	29.7	32.67	3	
5	任勇农场	2016	22.6	84.75	93.22	4	
6	张斌农场	2016	13	48.75	53.62	3	
7	杜超农场	2016	10.33	38.75	42.63	3	
8	杨浩农场	2016	5.73	21.45	23.59	2	
9	蔡梦华农场	2016	5.67	21.25	23.38	2	
10	罗莱高农场	2017	5.73	21.45	23.59	2	
11	牟安农场	2017	8	30	33	2	
12	牟静农场	2017	23.33	87.45	96.2	4	
13	田维军农场	2017	13.72	51.45	56.59	3	
14	舒大刚农场	2017	5.61	21	23.15	2	
15	宋高飞农场	2017	7.21	27	29.7	2	
16	龚强农场	2017	5.33	19.95	21.95	2	
17	曾科茶场	2017	6	22.5	24.75	2	
18	何祖强农场	2017	5.33	19.95	21.94	2	
19	许胜猛农场	2017	7.33	27.45	30.2	3	市级
20	田萍农场	2017	33.07	124	136.4	5	
21	田光农场	2017	36.4	136.5	150.15	5	
22	田子进农场	2017	15.97	59.85	65.84	4	
23	冯修文农场	2017	8.3	31.1	34.21	2	市级
合计			287.73	1078.55	1186.46	67	

五、江口县茶叶家庭农场

截至2018年12月，江口县茶叶家庭农场47家，农场成员174人，农场茶园面积1395hm²，生产茶叶223.75t，茶叶产值141.76万元（表5-20）。

表5-20 江口县茶叶家庭农场

序号	名称	认定时间 / 年	茶园面积 /hm^2	2018 年茶叶		成员 / 人
				产量 /t	产值 / 万元	
1	江口县锦江凯峰茶叶种植场	2012	23	10.02	6.01	3
2	江口县跃全茶叶种植场	2012	26	13.2	7.92	3
3	江口县丰香茶叶种植园	2017	32	0	0	5
4	江口县郭家茶叶种植场	2016	26	0	0	2
5	江口县兴林茶叶种植场	2015	41	5.6	3.36	6
6	江口县祥丰生态农业发展家庭农场	2016	33	0	0	2
7	江口县和秀茶场	2013	26	12.65	7.59	4
8	江口县柑子湾茶叶种植园	2017	20	0	0	2
9	江口县茶语茶叶种植场	2012	32	20.1	12.06	2
10	江口县辛勤茶叶种植场	2012	35	20.5	12.3	3
11	江口县兴业茶叶种植场	2012	28	11.6	6.96	5
12	江口县远兴茶叶种植场	2012	33	16.31	9.78	2
13	江口县盛兴茶叶种植场	2012	60	26.5	15.9	4
14	江口县君民油茶茶叶种植场	2012	40	18.9	11.34	3
15	江口县云龙腾茶叶种植场	2014	34	16.5	9.9	5
16	江口县华康茶叶种植场	2015	37	16.8	10.08	2
17	江口县佳裕农业种植家庭农场	2014	25	10.22	6.13	4
18	江口县小塘茶叶种植园	2017	35	0	0	6
19	江口县森大茶叶种植场	2017	26	0	0	2
20	江口县坪所茶叶种植园	2017	38	0	0	3
21	江口县水竹园茶叶种植场	2016	33	0	0	2
22	江口县华华生态种植园	2016	30	0	0	4
23	江口县腊岩垱生态茶园	2017	36	0	0	3
24	江口县贵竹湾茶叶种植场	2015	27	0	0	5
25	江口县浩民茶叶种植场	2015	26	0	0	6
26	江口县舒家茶叶种植园	2017	28	0	0	2
27	江口县平寨茶园	2013	29	12.45	7.47	3
28	江口县建芬茶叶种植场	2014	30	0	0	5
29	江口县青山民众茶叶种植园	2016	24	0	0	4
30	江口县骆象高山云雾茶叶种植园	2016	26	0	0	3

续表

序号	名称	认定时间 / 年	茶园面积 /hm^2	2018 年茶叶		成员 / 人
				产量 /t	产值 / 万元	
31	江口县毅然茶叶种植园	2017	26	0	0	5
32	江口县定水茶叶种植场	2016	22	0	0	6
33	江口县鸿丰茶叶种植园	2017	20	0	0	2
34	江口县高山禄茶种植园	2016	32	0	0	4
35	江口县火烧坡茶叶种植家庭农场	2017	30	0	0	2
36	江口县金观音茶叶种植场	2016	25	0	0	5
37	江口县光辉生态茶业种植场	2016	25	0	0	3
38	江口县林枫茶叶种植场	2017	33	0	0	3
39	江口县农夫茶叶种植场	2015	30	12.4	7.44	5
40	江口县梵星茶叶种植园	2016	26	0	0	4
41	江口县太甲沟茶叶种植园	2017	20	0	0	6
42	江口县元井茶叶种植园	2017	30	0	0	2
43	江口县梵蕴怡茶叶种植场	2015	25	0	0	3
44	江口县尖尖坡原生态油茶种植场	2017	28	0	0	4
45	江口县茶溪高山茶叶种植场	2017	32	0	0	5
46	江口兴华茶叶种植场	2012	22	12.54	7.52	6
47	江口县柿子坪高山茶叶种植场	2016	30	0	0	4
	合计		1395	223.75	141.76	174

六、松桃县茶叶家庭农场

截至2018年12月，松桃县茶叶家庭农场4家，农场成员28人，农场茶园面积70hm^2，生产茶叶45.3t，茶叶产值350.1万元（表5-21）。

表5-21　松桃县茶叶家庭农场

序号	名称	认定时间 / 年	茶园面积 /hm^2	2018 年茶叶		成员 / 人
				产量 /t	产值 / 万元	
1	松桃乌罗观音山生态茶叶种植场	2013	23.3	12	108	9
2	松桃普觉梵净山黄氏茶叶种植场	2012	19.3	21	147	8
3	松桃群英养殖家庭农场	2013	10.0	4.5	40.5	5
4	松桃瓦溪山陆绿种植场	2013	17.3	7.8	54.6	6
	合计		70.0	45.3	350.1	28

七、思南县茶叶家庭农场

截至2018年12月，思南县茶叶家庭农场8家，农场成员30人，农场茶叶面积136.44hm^2，生产茶叶17t，茶叶产值256.6万元（表5-22）。

表5-22　思南县茶叶家庭农场

序号	名称	认定时间/年	茶园面积/hm^2	2018年茶叶		成员/人	农场级别
				产量/t	产值/万元		
1	谭仕武农场	2016	17.3	1.5	26	4	
2	冉泓浪农场	2015	20	1.8	30	4	
3	张永国农场	2016	14.66	1.5	22	3	
4	杨琴农场	2014	33.33	4	50	5	
5	杨天碧农场	2015	13.3	1.2	20	2	
6	王明礼农场	2016	16.66	3	40	6	市级
7	车贞权农场	2014	7.86	2	35.6	4	
8	李思国农场	2013	13.33	2	33	2	
	合计		136.44	17	256.6	30	

第四节　铜仁茶叶品牌

截至2018年，铜仁市茶叶品牌209个：国家驰名商标2个；省级著名商标29个；地理保护产品3个；公共品牌5个（市级公共品牌2个，县级公共品牌3个）；企业品牌204个。

一、铜仁市级公共茶叶品牌

2012年，将印江县“梵净山”茶、“梵净山翠峰”茶注册商标转让到铜仁市茶叶行业协会，作为全市茶叶公共品牌。2015年，“梵净山”茶被国家工商总局商标局认定为“中国驰名商标”；2016年，“梵净山”茶被农业部认定为国家农产品地理标志保护产品；“梵净山”茶荣获贵州省三大名茶，“梵净山”茶参加“农博会”“中茶杯”“中绿杯”“国饮杯”等名优茶评比中荣获特等奖、金奖、一等奖、银奖共计160多个。2017年，在中国茶叶区域公用品牌价值评估中，“梵净山”茶品牌排名全国第35位，品牌价值15.48亿元。2018年，在中国茶叶区域公用品牌价值评估中，“梵净山”茶品牌排名全国第31位，品牌价值19.86亿元；2019年，在中国茶叶区域公用品牌价值评估中，“梵净山”茶品牌排名全国第31位，品牌价值23.4亿元。2020年，在中国茶叶区域公用品牌价值评估中，“梵净山”茶品牌排名全国第26位，品牌价值26.20亿元；“梵净山茶”2017—2020年品牌评估值逐年提高。2018年，在第八届“中绿杯”名优绿茶评比中，“梵净山”茶被评为全国十大绿茶推荐公共品牌。

(一)整合“梵净山”茶、“梵净山翠峰”茶品牌

2012年，铜仁市委、市政府高度重视茶叶品牌整合，将印江县茶叶管理局注册的“梵净山”茶、“梵净山翠峰”茶品牌整合为铜仁市公共茶叶品牌，全市统一打造，树立“梵净山”茶品牌形象，提升品牌价值和品牌影响力。

1.“梵净山”茶、“梵净山翠峰”茶品牌转让

“梵净山”茶、“梵净山翠峰”茶注册商标于2012年12月28日签订转让协议，“梵净山”茶、“梵净山翠峰”茶品牌从印江土家族苗族自治县茶业管理局转让给铜仁市茶叶行业协会，“梵净山”茶、“梵净山翠峰”茶品牌获补偿费50万元。

2.“梵净山”茶、“梵净山翠峰”茶品牌图样

“梵净山”茶、“梵净山翠峰”茶品牌图样（图5-1、图5-2）。

图5-1 “梵净山”及图商标图样
（铜仁市茶叶行业协会提供）

图5-2“梵净山翠峰”茶
（铜仁市茶叶行业协会提供）

3.国家商标局对“梵净山”茶、“梵净山翠峰”茶品牌转让批复

国家商标局于2013年3月27日，核准商标转让证明，兹核准第593459号商标转让；核准商标转让证明，兹核准第9571612号商标转让；“梵净山”茶、“梵净山翠峰”茶品牌由印江土家族苗族自治县茶业管理转让到铜仁市茶叶行业协会。

(二)“梵净山”茶、“梵净山翠峰”茶品牌管理

为了维护“梵净山”茶、“梵净山翠峰”茶品牌在国内外市场的信誉，保护生产者、经营者、消费者的合法权益，根据《中华人民共和国商标法》《中华人民共和国商标法实施条例》及中共铜仁市委办公室铜仁市人民政府办公室关于印发的《铜仁市茶叶品牌整

合实施方案的通知》要求，制定了“梵净山”商标使用管理办法，经第一届铜仁市茶叶行业协会会员大会通过实施。

1．“梵净山”茶、“梵净山翠峰”茶品牌授权使用

“梵净山”茶品牌授权使用证书（图5-3），“梵净山翠峰”茶品牌授权使用证书（图5-4）。

梵净山茶 Fanjingshan Tea

授权证书

根据《梵净山茶公共品牌使用管理办法》《梵净山茶地理标志使用管理办法》等相关规定，特授权：

贵州江口净园春茶业有限公司

使用本会的“梵净山茶”公共品牌商标标识及“梵净山茶”农产品地理标志公共标识。

授权期限：2019年12月19日至2021年12月31日

授权使用证书编号：TRCXFJSCSQ—0031号

备注：本授权证书以原件为有效文本，不得伪造、彩印、涂改、转让，本会拥有此授权证书的最终解释权。

铜仁市茶叶行业协会

2019年12月19日

图5-3“梵净山”茶品牌授权使用证书（铜仁市茶叶行业协会提供）

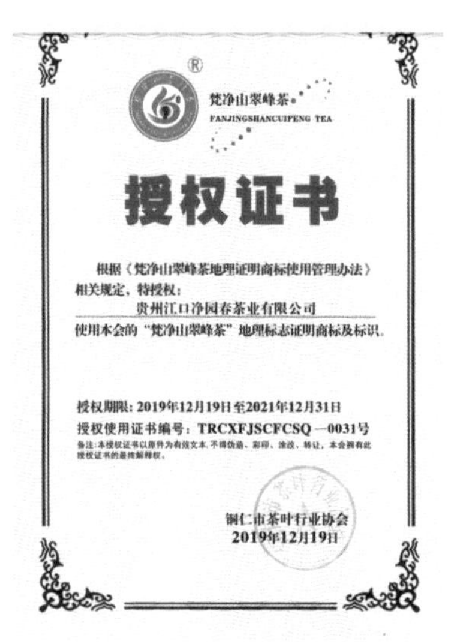

梵净山翠峰茶 FANJINGSHANCUIFENG TEA

授权证书

根据《梵净山翠峰茶地理证明商标使用管理办法》相关规定，特授权：

贵州江口净园春茶业有限公司

使用本会的“梵净山翠峰茶”地理标志证明商标及标识。

授权期限：2019年12月19日至2021年12月31日

授权使用证书编号：TRCXFJSCFCSQ—0031号

备注：本授权证书以原件为有效文本，不得伪造、彩印、涂改、转让，本会拥有此授权证书的最终解释权。

铜仁市茶叶行业协会

2019年12月19日

图5-4“梵净山翠峰”茶品牌授权使用证书（铜仁市茶叶行业协会提供）

2．“梵净山”茶认定为中国驰名商标

2013年，铜仁市茶叶行业协会向国家工商总局申报中国驰名商标；2015年，“梵净山”茶品牌被国家工商总局认定为中国驰名商标。

3．“梵净山”茶、“梵净山翠峰”茶地理标志

2015年，铜仁市茶叶行业协会申报“梵净山”茶农产品地理标志登记产品，2016年11月2日，农业部公告并颁发中华人民共和国农产品地理标志登记证书，生产区域范围：铜仁市所辖印江县、石阡县、思南县、德江县、沿河县、江口县、松桃县共7个县122个乡镇。地理坐标为东经107°44′~109°30′，北纬27°07′~29°05′，制定了《梵净山茶农产品地理标志质量控制技术规范》《梵净山茶地理标志保护产品知识产权保护管理制度》。

2005年，梵净山翠峰茶获得地理标志产品保护（图5-5）。保护范围：贵州省印江自治县辖区行政区域；国家公告号：国家质量监督检验检疫总局2005第175号；产品标准编号：DB52/T 469—2011（图5-6）。

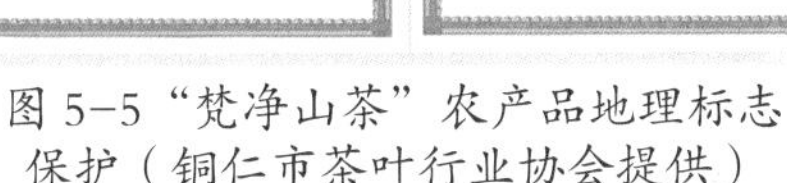

图 5-5 “梵净山茶”农产品地理标志保护（铜仁市茶叶行业协会提供）

图 5-6 “梵净山翠峰”地理标志保护产品（陈明凤提供）

（三）“梵净山”茶品牌影响力

2017年，中国茶叶区域公用品牌价值评估中，“梵净山”茶品牌排名全国第35位，品牌价值为15.48亿元；2018年，中国茶叶区域公用品牌价值评估中，“梵净山”茶品牌排名全国第31位，品牌价值为19.86亿元；2019年中国茶叶区域公用品牌价值评估中，“梵净山”茶品牌排名全国第31位，品牌价值为23.4亿元；2020年，中国茶叶区域公用品牌价值评估中，“梵净山”茶品牌排名全国第26位，品牌价值为26.20亿元。2018年，授权使用“梵净山”茶、“梵净山翠峰”地理标志产品企业63家，2019年12月，授权69家企业使用“梵净山”茶、“梵净山翠峰”地理标志产品。

（四）“梵净山”茶品牌综合标准体系

2012—2014年，为规范“梵净山”茶的生产加工，统一质量标准，推动“梵净山”茶标准化、规范化、品牌化、集约化、产业化发展，做大、做精、做强“梵净山”茶，铜仁市茶叶行业协会牵头制订“梵净山”茶品牌综合标准体系，制订“梵净山”茶从“茶园到茶杯”全产业链的标准化技术标准，共制订42个标准，其中：省级地方标准12个，市级地方标准30个。2015年，铜仁市茶叶行业协会出版了国内首部茶叶区域公用品牌标准体系专著《梵净山茶品牌综合标准体系》，在全市7个重点产茶县推广应用。2016年，该标准体系荣获铜仁市科技进步奖一等奖。

二、铜仁市县级茶叶品牌

（一）石阡县茶叶品牌

截至2018年12月，全县茶叶企业注册商标78个，其中省级著名商标和名牌产品16个。2010年，石阡县茶业协会注册“石阡苔茶”为地理证明商标。企业品牌“华贯”商标获省级著名商标，“贵州老字号”“阡纤美人红茶”品牌被评为贵州省最受消费者欢迎品牌。

1. 公共品牌

2009年，“石阡苔茶”获“贵州十大名茶”称号；荣获“贵州三大名茶”“贵州五大名茶称号”；2012年12月，“石阡苔茶”荣获“中国驰名商标”；2014年，荣获“贵州省著名商标”，农业部批准“农产品地理标志产品”；2016年，“石阡苔茶”品牌价值达到8.98亿元人民币。“石阡苔茶”品牌在国内外荣获各种奖项20多次，2018年9月，在欧盟成功注册，提升了国际影响力（图5-7）。

图5-7 石阡苔茶品牌被认定为驰名商标（石阡县茶业协会）

2. 石阡企业品牌

全县44家茶叶企业注册商标78个（表5-23）。

表5-23　石阡县茶叶企业品牌

序号	企业名称	法人	企业所属地	商标名称	数量/个
1	石阡县国宇茶业有限公司	曹国羽	石阡县白沙镇	阡城春	1
2	石阡县白沙镇化塘加工厂	陈思武	石阡县白沙镇	黔茗箐	1
3	石阡县白沙铁矿山茶叶生产农民专业合作社	李其金	石阡县白沙镇	白聚露	1
4	石阡县飞涵白茶有限公司	岑伟	石阡县白沙镇	贵沁、雨芊、一皖黔茶	3
5	石阡县国豪天香种植场	白正贵	石阡县本庄镇	贵豪天香	1
6	石阡县本庄镇凉山远景茶茶叶有限公司	李文安	石阡县本庄镇	凉山远景	1
7	石阡县大沙坝乡茶叶生产农民专业合作社	汪兴珍	石阡县大沙坝乡	兴珍	1
8	贵州裕佳农业发展有限公司	杨刚	石阡县龙井乡	苔龙	1
9	甘溪乡扶堰茶叶生产农民专业合作社	曹定启	石阡县甘溪乡	泥畔香	1
10	石阡县甘溪乡坪望茶叶加工厂	胡永仙	石阡县甘溪乡	竹林君	1
11	石阡县聚凤乡指甲坪茶叶专业合作社	黄云仙	石阡县聚凤乡	泉绿苔香	1
12	石阡正岩苔茶有限公司	张洪英	石阡县龙井乡	正岩苔、罐罐苔茶、净天绿	3
13	石阡县龙塘山丰茶场	雷洪勇	石阡县龙塘镇	芊玺	1
14	石阡县茗泉茶业有限公司	卢平贵	石阡县龙塘镇	苔园春	1
15	龙塘万丰园茶叶有限公司	游德喜	石阡县龙塘镇	游氏红、游氏毛峰	2
16	石阡县龙塘镇兆豐茶叶生产农民专业合作社	周绍军	石阡县龙塘镇	黔兆丰茶、石茗字	2
17	石阡县兴源生态茶业有限公司	王大福	石阡县坪地场	泉友	1

续表

序号	企业名称	法人	企业所属地	商标名称	数量/个
18	石阡县裕和原生态农牧发展有限公司	王可成	石阡县坪地场	黔城裕和、阡苔王	2
19	贵州石阡坪山贡茶有限公司	冯志远	石阡县坪山乡	富钾天下	1
20	石阡县玉财茶叶加工厂	娄爱才	石阡县坪山乡	玉财	1
21	石阡县鑫怡茶叶加工厂	王天强	石阡县坪山乡	晨奕	1
22	石阡县富鑫苔茶加工厂	肖光富	石阡县坪山乡	苔尖	1
23	石阡县黔鑫茶叶加工厂	肖光辉	石阡县坪山乡	黔苔鑫	1
24	坪山贡茶加工厂	肖光亮	石阡县坪山乡	坪贯	1
25	石阡县青阳乡青龙茶厂	王声远	石阡县青阳乡	欢苔	1
26	贵州苔茶集团	李忠育	石阡县汤山镇	栗香公主	1
27	隆泰茶业（贵州）有限公司	刘绍宽	石阡县汤山镇	隆泰茶业	1
28	石阡县茗茶科技开发有限责任公司	汪艳	石阡县汤山镇	泉都坪山、苔红、鸿云茶庄	3
29	贵州省石阡县爽珍绿色食品有限公司	杨喜雪	石阡县汤山镇	爽珍、爽针	2
30	贵州钾天下有限公司	林荣峰	石阡县汤山镇	紫芽古茶	1
31	石阡县五德镇宏源茶叶加工厂	李洪佳	石阡县五德镇	贵溪源	1
32	贵州新大农业发展有限公司	欧华	石阡县五德镇	新大、黔新大	2
33	石阡县汇民茶叶加工厂	彭之明	石阡县五德镇	千云阁	1
34	贵州芊指岭茶业有限公司	田洪玉	石阡县五德镇	芊指岭、石阡红	2
35	石阡县夷州贡茶有限责任公司	王飞	石阡县五德镇	华贯、苔紫茶、夜郎古茶、梵净金宝石、梵净红宝石、山国天子岭、夜郎乡愁、泉都第一村、野生绿、黔东苔源	10
36	贵州和鑫农业发展有限责任公司	夏和成	石阡县五德镇	苔茶树	1
37	石阡县五德镇小鸡公茶叶专业合作社	詹義	石阡县五德镇	阡紫韵	1
38	贵州祥华生态茶业有限公司	饶登祥	石阡县龙塘镇	阡纤美人红茶、苔尊、东方红苔、亚洲绿苔、黔白记忆、赤佛、红佛情	7
39	石阡县棉花山专业合作社	汤小涛	石阡县龙塘镇	苔玺	1
40	石阡县国有投资公司	胡绍安	石阡县汤山镇	贵绿、石苔天草、阡尊佛顶、云顶净界	4
41	石阡县不晚茶坊	周金莲	石阡县汤山镇	不晚茶坊	1

续表

序号	企业名称	法人	企业所属地	商标名称	数量/个
42	石阡县夜郎苔茶有限公司	彭再勇	石阡县龙井乡	夜郎苔茶	1
43	贵州弘农堂茶业有限责任公司	杨秀中	石阡县本庄镇	黔都、峰上品	2
44	贵州天成茶业有限公司	周天珍	石阡县白沙镇	点点茶香、TCCY	2
45	石阡县翠红茶叶农民专业合作社	欧兴洋	石阡县五德镇	泉茶醉	1
46	石阡县云顶黔红茶叶加工厂	周登举	石阡县国荣乡	云苔竿红	1
合计					78

3. 石阡苔茶公共品牌管理机构

石阡县茶业协会是“石阡苔茶”商标持有单位，对“石阡苔茶”公共品牌授权使用管理工作。

（二）印江县茶叶品牌

1. 公共品牌

贵州印江梵净山茶场于1991年申请注册“梵净山”茶商标，1992年获国家工商总局批准，2002年续展有效期至2012年5月9日，2012年经铜仁市人民政府批准，印江自治县茶业管理局将“梵净山”商标转让给铜仁市茶叶行业协会，2015年正式过户转让到铜仁市茶叶行业协会，现为铜仁市茶叶行业协会持有。

2012年7月，印江县茶业管理局申请注册“梵净山翠峰”地理标志证明商标，注册有效期限为2012年7月21日至2022年7月20日。“梵净山翠峰”于2015年6月转让给铜仁市茶叶行业协会，现为铜仁市茶叶行业协会持有。2010年，“梵净山翠峰”茶被评为“贵州五大名茶”；2012年，“梵净山翠峰”注册“地理标志证明商标”。

2. 企业品牌

印江县有“净团”“梵净山兰香”等20多个茶叶品牌（表5-24）。

表5-24　印江县茶叶企业品牌

序号	企业名称	商标名称	注册时间/年	著名商标	品牌产品
1	贵州印江净团茶叶有限公司	净团	1993	2012	净团牌
2	印江洋溪镇茶场	梵绿	2010		梵绿牌
3	贵州省印江自治县梵净青茶业有限责任公司	双弓	2010		双弓牌
4	印江洋溪茶叶专业合作社	净合	2013		净合牌
5	印江梵净山高峰茶业	黔茗韵	2015		黔茗韵牌

续表

序号	企业名称	商标名称	注册时间/年	著名商标	品牌产品
6	贵州印江自治县银杉茶叶有限公司	银杉茶叶及图	2014	2014	银杉茶叶及图牌
7	贵州印江自治县在贵茶业有限公司	在贵	2014		在贵牌
8	印江自治县玉芽茶业有限公司	孟娇	2013		孟娇牌
9	印江净贡茶业公司	净贡	2011		净贡牌
10	贵州印江贵蕊农业开发有限公司	贵蕊	2018		贵蕊牌
11	贵州印江绿野农牧综合开发有限公司	黔印贵芽	2013		黔印贵芽牌
12	贵州印江自治县梵天净土绿色产业有限公司	梵天净土	2014		梵天净土牌
13	印江自治县湄坨茶叶专业合作社	梵净玉露	2017		梵净玉露牌
14	印江自治县兰香茶叶有限公司	梵净兰香	2013		梵净兰香牌
15	贵州省印江银辉茶叶有限责任公司	山旮旮	2013		山旮旮牌
16	贵州省印江银辉茶叶有限责任公司	湄坨茶	2014		湄坨茶牌
17	贵州省印江银辉茶叶有限责任公司	惊天石	2013		惊天石牌
18	印江自治县梵净山团龙茶场	正团龙贡	2014		正团龙贡牌
19	印江自治县梵净山团龙茶场	团隆			团隆牌
20	贵州印江梵净贡源茶业有限公司	梵净贡源	2017		梵净贡源牌

（三）沿河县茶叶品牌

1. 公共品牌

沿河县茶叶公共品牌4个，1993年8月注册“坤龙”商标，品名为“武陵春富硒茶”，荣获“93”中国保健科技精品金奖，为沿河县茶叶第一个品牌（图5-8、图5-9，表5-25）。

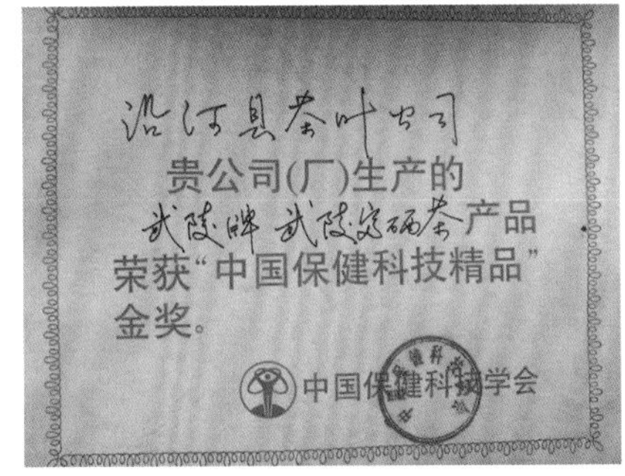

图5-8“武陵富硒茶”荣获中国保健科技精品金奖证书（温顺位提供）

图5-9“武陵富硒茶”荣获中国保健科技精品金奖奖牌（温顺位提供）

表5-25 沿河县茶叶公共品牌

序号	企业名称	品牌	注册时间/年	获奖情况
1	沿河县茶叶公司	坤龙	1993	荣获“93”中国保健科技精品金奖
2	沿河千年古茶有限公司	姚溪贡茶	2013	
3	乌江古茶有限公司	千年魂	2017	
4	贵州沿河洲州茶业有限公司	洲州茶	2018	

2. 企业品牌

沿河县有茶叶企业15家，注册商标22个，其中：贵州省著名商标4个（表5-26）。

表5-26 沿河县茶叶企业品牌

序号	企业名称	商标名称	注册时间/年
1	沿河土家族自治县乌江生态茶业有限公司	画廊绿宝	2016
2	贵州东山农业开发有限责任公司	谯家茶	2014
3	沿河土家族自治县塘坝天马农牧科技有限公司	九天马、西部之秀	2017、2017
4	贵州云露富硒白茶有限公司	贵谯家	2016
5	沿河县懿兴生态茶业有限公司	谯家翠芽、懿兴茶业	2010、2014
6	贵州天缘峰生态农旅开发有限公司	天缘峰	2013
7	贵州贵印象集团有限公司	壶掌柜、贵印象	2016、2019
8	贵州韵茗春茶业有限公司	盖懿	2015
9	沿河千年古茶有限公司	姚溪贡茶、清流水、塘坝千年古、塘坝千年古及图	2013、2010、2012
10	贵州沿河乌江古茶有限公司	千年魂	2017
11	沿河土家族自治县黔赋茶叶专业合作社	黔赋	2016
12	贵州塘坝千年古茶有限公司	T.O.E 、皇城马家庄	2014、2018
13	沿河土家族自治县黄土生态珍稀白茶有限责任公司	黄土珍稀	2018
14	沿河土家族自治县天然富硒绿色食品开发有限公司	天赋	1905
15	贵州新景生态茶业有限公司	画廊雀舌	2013

（四）思南茶叶品牌

思南县有茶叶企业17家，注册商标17个，其中：贵州省著名商标2个。

1. 公共品牌

思南县茶叶协会，2015年，申报“思南晏茶”地理证明商标；2018年，于国家市场监督管理总局注册，思南县将“思南晏茶”作为公共品牌。

2. 企业茶叶品牌

截至2008年12月，全县茶叶企业17家，注册商标17个，其中：贵州省著名商标2个，详见表5-27。

表5-27　思南县茶叶企业品牌

序号	企业名称	品牌	标商注册时间
1	贵州百福源生态农业发展有限公司	百家沁	2011.10
2	贵州百福源生态农业发展有限公司	思州玉翠	2014.01
3	贵州百福源生态农业发展有限公司	思州梵蕊	2014.01
4	思南县天香茶业专业合作社	香坝	2013.03
5	思南黔之浓商贸有限公司	松道艷	2017.04
6	贵州飞宏生态农业旅游发展有限公司	飞宏野屯	2015.02
7	贵州飞宏生态农业旅游发展有限公司	国久香	2015.06
8	贵州飞宏生态农业旅游发展有限公司	楠茗馨	2015.02
9	思南县合朋国礼有机茶专业合作社	卿雅	2011.11
10	贵州思南思福实业有限公司	贵思福	2016.12
11	贵州飞宏生态农业旅游发展有限公司	思楠贡茶	2015.06
12	贵州飞宏生态农业旅游发展有限公司	思楠红	2015.05
13	贵州武陵绿色产业发展有限公司	石林神叶	2013.03
14	思南梵众白茶开发经营有限公司	常茗莊	2018.10
15	思南县健峰惠农种养专业合作社	迎沁丰	2015.10
16	思南县华康生态茶产业专业合作社	武陵宇星	2013.11
17	思南县孙家坝新星茶叶专业合作社	思仙山	2015.08

（五）德江县茶叶品牌

截至2018年12月，德江县注册茶叶商标19个，其中：中国著名商标2个、中国最具潜力（红茶）品牌1个，详见表5-28。

表5-28　德江县茶叶品牌

序号	企业名称	商标	注册时间
1	德江县鸿泰茶业有限责任公司	山人水	2009.10
		云露清羽	2012.06
		傩香红	2012.06
		黔春瑰宝	2014.10
		鸿泰茗珠	2012.06
2	德江永志生态茶业有限公司	永志	2013.03
		白兰春	2013.08
3	德江众兴生态茶业有限公司	众芯	2012.10
		丝芝路	2018.04
4	德江县泉鸿茶业有限公司	傩韵	2012.10
		翠傩春	2017.08
5	德江大云山茶叶专业合作社	大云山	2012.06

续表

序号	企业名称	商标	注册时间
6	德江官林茶业有限公司	官林	2011.12
		官林TEAASTRIBUTE	2020.10
		官林玫瑰红	2017.07
		沙溪山	2014.08
7	贵州德江桃源茶业有限公司	汇龙桃园	2019.02
8	德江裕昌生态茶业有限公司	雾重山	2016.06
9	德江县艾坪茶叶专业合作社	淏然白茶	2018.06
10	煎茶佳鹏茶叶专业合作社	费州	2012.02
		梵野	2013.06
11	德江县强大茶业有限公司	翠满壶	2016.06
12	德江宝石茶叶专业合作社	黔北白宝石	2018.06
13	德江县乾灵茶业有限公司	乾灵	2021.03
		乾灵星火	2021.03
		乾灵燎原	2021.03

（六）江口县茶叶品牌

截至2018年12月，江口县茶叶企业15家，注册商标15个，其中：贵州省著名商标2个，详见表5-29。

表5-29　江口县茶叶品牌

序号	企业名称	商标名称	注册时间
1	贵州江口云峰野生植物开发有限公司	梵锦	2009
2	贵州江口云峰野生植物开发有限公司	武陵藤	2009
3	贵州江口云峰野生植物开发有限公司	武陵藤S	2010
4	贵州江口云峰野生植物开发有限公司	神叶堂	2010
5	贵州江口净园春茶业有限公司	净园春	2011
6	贵州江口梵净山茶业有限公司	梵净翠芽	2011
7	江口鑫繁生态茶业有限公司	页岩珍珠	2011
8	江口县铜江物生科技有限公司	江口梵净翠芽	2011
9	江口县梵天素心白茶有限公司	梵境素心	2012
10	贵州江口梵净山茶业有限公司	梵净山茶	2012
11	贵州江口梵净山茶业有限公司	骆象雨露	2012
12	贵州江口梵净山茶业有限公司	骆象云雾	2012
13	贵州省江口县梵园农业综合开发有限责任公司	梵 园	2013
14	贵州江口净福生态茶业有限公司	毛逊杰茗茶	2018
15	江口县梵天红云茶业有限公司	楠木山	2018

（七）松桃县茶叶品牌

截至2018年12月，注册商标7个，其中：全国著名品牌1个，详见表5-30。

表5-30　2007—2018年松桃县茶叶品牌

序号	企业名称	品牌名称	注册时间 / 年	产品名称
1	松桃茶叶公司	玉瀑牌	1994	松桃翠芽
2	松桃茶叶公司	玉瀑牌	1994	松桃春毫
3	梵锦茶业公司	一天一叶	2011	黔茶教父
4	梵锦茶业公司	一天一叶	2011	梵净毛峰
5	梵锦茶业公司	一天一叶	2011	金黔红
6	梵净山茶叶公司	净山牌	2007	净山翠芽
7	梵净山茶叶公司	净山牌	2007	净山翠芽
6	梵净山茶叶公司	净山牌	2007	净山翠芽
7	武陵源苗王城茶业有限公司	苗王城	2010	苗王顶萃

1. 公共品牌

松桃县茶叶公共品牌“松桃翠芽”“松桃春毫”。

2. 企业品牌

松桃县有7家茶叶企业，注册商标7个（表5-30）。

（八）万山区茶叶品牌

1. 铜仁和泰茶业有限公司品牌

铜仁和泰公司创建“天坛”“万年青”“和泰之春”等茶叶品牌，其中：“和泰之春”商标荣获贵州省著名商标和中国著名品牌，详见表5-31。

表5-31　贵州铜仁和泰茶业有限公司注册商标

序号	商标名称	申请时间 / 年	申请号	发文编号	类别
1	山水黔城	2006	5508531	ZC5508531SL	30
2	和泰之春	2006	5508532	ZC5508532SL	30
3	梵净龙毫	2008	7078439	ZC7078439SL	30
4	梵净龙珠	2008	7078438	ZC7078438SL	30
5	梵	2008	7078436	ZC7078436SL	30
6	梵净山	2008	7078341	ZC7078341SL	30
7	茶力多	2009	7454137	ZC7454137SL	30

2. 贵州梵净山方瑞堂茶叶有限公司

2015年，公司注册“千拂手”商标。2016年10月，公司注册“千拂手”品牌。

群龙聚三江（摄影：冯伯坚）

第六章 铜仁茶叶产销

本章从铜仁市茶叶产销历史、茶叶产品种类、茶叶销售方式、国内外茶叶销售和茶叶市场等方面阐述，展现铜仁市茶叶产销的悠久历史、丰富的茶叶品类、茶叶市场前景及铜仁市茶产业发展的丰硕成果。

第一节　铜仁茶叶产销历史

一、石阡县茶叶产销

（一）1949年前茶叶产销

图 6-1《石阡府志·物产》（石阡县茶业协会提供）

据北宋地理学家乐史著《太平寰宇记》、明万历二十六年《湄江·石阡卷》《贵州通志》、乾隆二十九年《石阡府志·物产》《石阡县志》史书方志记载：987年，石阡就有茶叶产量记载，明清时期茶叶年产量达到250余吨，茶叶年销售200余吨。1949年茶叶年产量32.5t，茶叶年销售25t（图6-1、表6-1）。

表6-1　石阡1949年前茶叶产销表

年份	茶叶产量 /t	茶叶种类	茶叶销售 /t
	绿茶	绿茶	绿茶
1987	10	青毛茶	9.5
1597	30	青毛茶	29
1760	200	青毛茶	198
1764	250	青毛茶	200
1906	250	青毛茶（烘、晒青）	200
1909	250	青毛茶（烘、晒青）	200
1918	230	青毛茶（烘、晒青）	190
1919	230	青毛茶（烘、晒青）	190
1932	150	青毛茶（烘、晒青）	100
1940	160	青毛茶（烘、晒青）	110
1941	100	青毛茶（烘、晒青）	80
1942	60	青毛茶（烘、晒青）	50
1949	32.5	青毛茶（烘、晒青）	32

注：据北宋地理学家乐史著《太平寰宇记》载；明万历二十六年《湄江·石阡卷》和《贵州通志》载；乾隆二十九年《石阡府志·物产》和《石阡县志》载；清代张澍《续黔书》载；民国二十九年（1940年）《杨大恩教材辑要》载；民国《贵州通志》（1948年）载；《石阡县志》等记载在明清至民国时期高档毛尖细茶（炒青）已大量生产，占比都在30%左右，在唐宋以前外形以自然芽状为主，并有刀状（如古钱刀币）紧压茶生产的传说。

（二）1950—1980年茶叶产销

1950年，出口苏联和东欧国家；并供应边疆少数民族。1960—1970年初，销往西北及内蒙古、广西等边疆少数民族地区；20世纪70年代中后期，茶叶年产量350t左右，1980年茶叶产量200余吨，年度茶叶产量，详见表6-2。

表6-2　石阡县1950—1980年茶叶产量表

年份	茶叶产量/t			茶叶种类		茶叶销售/t		
	绿茶	红茶	其他茶	绿茶	红茶	绿茶	红茶	其他茶类
1950	27	0	0	青毛茶（烘、晒青）		26.8	0	0
1951	28.5	20	0	青毛茶（烘、晒青）	红碎茶 工夫红茶	28	20	0
1952	51	80	0	青毛茶（烘、晒青）	红碎茶 工夫红茶	50	80	0
1953	51	140.22	0	青毛茶（烘、晒青）	红碎茶 红条茶	50	140.22	0
1954	54	168	0	青毛茶（烘、晒青）	红碎茶 工夫红茶	53	168	0
1955	60	177	0	青毛茶（烘、晒青）	红碎茶 工夫红茶	59	177	0
1957	52.77	190.47	3.24	青毛茶（烘、晒青）	红碎茶、红条茶	52	190.47	3.24
1958	68.51	180	8.49	青毛茶（卷曲形）	红碎茶 工夫红茶	67	180	8.49
1959	31.75	56.5	32.95	青毛茶（卷曲形）	红碎茶 工夫红茶	31.7	10	32.95
1960	41	10	0	青毛茶（卷曲形）	工夫红茶	39	10	0
1961	41	6	0	青毛茶（烘、晒青）	工夫红茶	39	6	0
1962	47	2	0	青毛茶（烘、晒青）	工夫红茶	46	2	0
1963	62	0	0	青毛茶（烘、晒青）		53	0	0
1964	64	0	0	青毛茶（烘、晒青）		55	0	0
1965	66	0	0	青毛茶（烘、晒青）		58	0	0
1966	46	0	0	青毛茶（烘、晒青）		45		0
1967	54.5	0	0	青毛茶（烘、晒青）		53	0	0
1968	52.5	0	0	青毛茶（烘、晒青）		51	0	0
1969	59	0	0	青毛茶（烘、晒青）		57	0	0
1970	62	0	0	青毛茶（烘、晒青）		60	0	0
1971	82	0	0	青毛茶（烘、晒青）		80	0	0
1972	150.5	0	0	青毛茶（烘、晒青）		150	0	0
1973	195	0	0	青毛茶（烘、晒青）		193	0	0

续表

年份	茶叶产量 /t			茶叶种类		茶叶销售 /t		
	绿茶	红茶	其他茶	绿茶	红茶	绿茶	红茶	其他茶类
1974	240	0	0	青毛茶和炒青		238	0	0
1975	282	0	0	青毛茶和炒青		280	0	0
1976	353	0	0	青毛茶和炒青		350	0	0
1977	353	0	0	青毛茶和炒青		350	0	0
1978	303	0	0	青毛茶和炒青		260	0	0
1979	293	0	0	青毛茶和炒青		290	0	0
1980	233	0	0	青毛茶（含毛尖）		230	0	0

注：①据1958年中国科学出版社出版，俞寿康著《红茶工艺》和《石阡县志》载其他茶指南边茶。②红茶和其他茶由供销社和外贸公司订单加工，统购统销。

（三）1981—2007年茶叶产销

1997年，石阡县茶叶产量450余吨；1998年，出口英国联合利华绿茶60t。2007年，茶叶产量达800余吨，详见表6-3。

表6-3　石阡县1981—2007年茶叶产销表

年份	茶叶产量 /t	茶叶种类	茶叶销售 /t
	绿茶	绿茶	绿茶
1981	221	青毛茶（卷曲形）	218
1982	203	青毛茶（卷曲形）	200
1983	203	青毛茶（卷曲形）	200
1984	253	青毛茶（烘、晒、炒青）	250
1985—1991	304	青毛茶（卷曲形）	300
1992	356	炒青绿茶（烘、晒、炒青）	350
1993	368	青毛茶（烘、晒、炒青）	360
1994	378.5	青毛茶（烘、晒、炒青）	370
1995	399	青毛茶（烘、晒、炒青）	390
1996	409.5	青毛茶（烘、晒、炒青）	400
1997	460	青毛茶（烘、晒、炒青）	450
1998	462	青毛茶（烘、晒、炒青）	450
1999—2003	392	青毛茶（烘、晒、炒青）	380
2004	413	青毛茶（烘、晒、炒青）	400
2005—2006	676	青毛茶（烘、晒、炒青）	560
2007	815	青毛茶（烘、晒、炒青）	800

注：出口茶叶种类：绿茶；销售形式：批发销售为主。

（四）2008—2018年茶叶产销

2018年，石阡县茶叶产量2.4万t，茶叶综合产值23.76亿元，各年茶叶产销数据详见表6-4。

表6-4　石阡县2008—2018年茶叶产销表

年份	茶叶产量/t			茶叶销售/t			
	绿茶	红茶	其他茶	绿茶	红茶	白茶、黑茶	销售方式
2008	2487	0	0	2450	0	0	批发
2009	3857	0	0	3820	0	0	批发
2010	6897	0	0	6860	0	0	批发
2011	7868	0	0	7830	0	0	批发
2012	9889	10.5	0	9850	10	0	批发
2013	11638	301	0	11600	300	0	批发
2014	13988	501	50	14000	500	50	批发
2015	15738	601.5	200	15200	600	200	批发
2016	18639	702	300	18600	700	300	批发
2017	19239	905	400	19200	900	400	批发
2018	22439	1106	500	22400	1100	500	批发

二、印江县茶叶产销

（一）1949年前茶叶产销

据印江县《柴氏谱志》《印江县志》《印江茶业志》记载，明朝永乐年间（1411年）团龙茶就进贡皇家，赐封为“贡茶”。1949年，据记载生产青毛茶0.2t。

（二）1950—1980年茶叶产销

1968年，沿梵净山麓兴办印江镇红光村茶场，缠溪区民族茶场，国营桅杆茶场，新寨农业中学茶场；1975年，茶园面积670hm^2。据《印江茶业志》记载，1980年，生产大宗毛茶4.1t，茶叶产销，详见表6-5。

表6-5　印江县1967—1980年茶叶产销表

年份	茶叶产量/t	茶叶销售/万元
	绿茶	绿茶
1967	0.5	0.015
1970	0.7	0.021
1971	0.9	0.027
1972	1.2	0.036

续表

年份	茶叶产量 /t	茶叶销售 / 万元
	绿茶	绿茶
1973	1.5	0.045
1974	1.6	0.048
1975	1.7	0.051
1976	2	0.06
1977	2.5	0.1
1978	2.9	0.116
1979	3.6	0.144
1980	4.1	0.164

注：据《印江茶业志》记载。其中茶叶种类为卷曲形毛茶。

（三）1981—2007年茶叶产销

1991年，印江县茶园面积298hm^2，建设梵净山茶场、湄溪茶场、永义茶场茶叶加工厂；1992—2002年，全县13个乡镇发展茶园400hm^2；2007年，茶园面积1653hm^2，茶叶产量5465.8t，详见表6-6。

表6-6　印江县1981—2007年茶叶产销表

年份	茶叶产量 /t	茶叶销售 / 万元
	绿茶	绿茶
1981	4.5	0.345
1982	5.3	0.534
1983	7.1	0.712
1984	8.8	1.472
1985	8.9	0.712
1986	14.2	2.34
1987	50.8	10.12
1988	104.0	25.48
1989	136.5	52
1990	159.0	91.2
1991	162.0	124
1992	169.0	161
1993	171.0	228.2
1994	197.0	336.6

续表

年份	茶叶产量 /t	茶叶销售 / 万元
	绿茶	绿茶
1995	208.0	396
1996	214.0	487.2
1997	219.0	540.8
1998	225.0	575.1
1999	232.0	613.2
2000	232.0	660
2001	232.0	660
2002	237.0	713.6
2003	277.0	946.8
2004	370.0	1278
2005	524.0	2032
2006	628.0	2692.8
2007	670.0	2999.2

注：茶叶主要以批发兼零售为主。茶叶种类为扁形、卷曲形、珠形绿茶。

（四）2008—2018年茶叶产量

1. 茶叶生产

① **绿茶：**2008—2018年，累计茶叶产量69142t，其中：优质绿茶8558t，大宗绿茶60584t。

② **红茶：**2008—2018年，累计红茶产量7665.6t，其中：优质茶519.6t，大宗茶7146t。

③ **其他茶类：**2008—2018年，累计白茶产量1249.6t（其中优质茶21.6t，大宗茶1228t）、累计黑茶产量3530t，详见表6-7。

表6-7　印江县2008—2018年茶叶产量

年份	绿茶 /t	红茶 /t	黑茶 /t	白茶 /t
2008	2100	0	0	0
2009	2370	0	0	0
2010	1236	0	0	0
2011	3100	0	0	0
2012	5610	0	0	0

续表

年份	绿茶 /t	红茶 /t	黑茶 /t	白茶 /t
2013	6116	21.6	0	0
2014	6999	365	0	0
2015	7276	1511	386	3.6
2016	9367	1901	425	6
2017	11753	1178	2113	331.5
2018	13215	2689	606	908.5
合计	69142	7665.6	3530	1249.6

2. 茶叶销售

① **绿茶**：2008—2018年，累计绿茶销售6.9万t，其中：名优茶0.85万t、大宗茶6.05万t；实现销售额105亿元，其中：名优茶销售60亿元，大宗茶销售45亿元。

② **红茶**：2008—2018年，累计红茶销售7666t，其中：名优红茶520t，大宗红茶7146t；实现销售总额11.56亿元，其中：名优红茶销售5.43亿元，大宗红茶销售6.13亿元。

③ **其他茶类**：2008—2018年，累计黑茶、白茶销售4780t，其中：名优白茶21t，大宗白茶和黑茶4759t；实现销售额1.28亿元，其中：名优白茶销售0.45亿元，其他白茶和黑茶销售0.83亿元。

3. 茶叶出口销售

出口茶叶种类：主要为绿茶类，出口茶叶800t，出口茶叶金额1036.21万元；出口国家缅甸。

4. 出口茶企业

贵州省在贵茶业有限公司，成立于2008年7月。出口备案时间2013年2月。

三、沿河县茶叶产销

（一）1949年前茶叶产销

据记载1949年前，沿河县茶叶年产量0.45t，品种有青茶、细茶、台子茶、贵州苔茶、红边茶、青龙茶、米家茶、家茶、大树茶、老鹰茶、苦丁茶、甜茶、姚溪茶等，销售方式为自产自销、集市售卖、茶盐古道，销往乌江下游城市。

（二）1950—1980年茶叶产销

据记载1950—1980年，沿河县茶叶年产量0.45~13.25t，茶叶销售以集市零售、茶楼、茶馆、茶船古道外运销售，详见表6-8。

表6-8　沿河县1950—1980年茶叶产销表

年份	茶叶产量/t	茶叶销售/万元
1950	0.45	0.12
1951	0.55	0.15
1952	0.70	0.24
1953	3.90	1.25
1954	1.00	0.95
1955	2.60	1.20
1956	4.20	1.05
1957	4.65	1.25
1958	5.15	1.15
1959	4.50	1.95
1960	2.50	4.20
1961	3.00	0.60
1962	2.95	0.10
1963	3.30	0.70
1964	6.00	2.05
1965	8.00	0.75
1966	7.95	1.60
1967	7.00	0.80
1968	6.25	0.75
1969	7.50	0.85
1970	8.40	0.65
1971	6.80	1.25
1972	13.25	2.05
1973	7.30	0.45
1974	7.70	1.15
1975	5.40	1.30
1976	5.15	1.50
1977	8.65	2.15
1978	8.25	0.90
1979	7.95	0.60
1980	8.05	3.95
合计	169.05	37.66

注：数据来源于《沿河县社会经济统计》。

（三）1981—2007年茶叶产销

1981—2007年，沿河县累计茶叶产量1186.98t，其中：绿茶1131.98t，其他茶类55t；累计茶叶产值4180.02万元，其中：绿茶4094.52万元、其他茶类85.5万元，详见表6-9。

表6-9 沿河县1981—2007年茶叶产销表

年份	产量/t		产值/万元	
	绿茶	其他茶类	绿茶	其他茶类
1981	8.12		18.25	
1982	7.25		16.75	
1983	7.68		17.28	
1984	5.26		14.50	
1985	9.28		19.60	
1986	9.68		21.80	
1987	8.27		23.85	
1988	7.65		24.57	
1989	6.38		22.78	
1990	8.26		25.23	
1991	9.55		26.74	
1992	10.65		29.82	
1993	8.80		23.80	
1994	9.20		26.60	
1995	8.95		26.85	
1996	38.00		98.80	
1997	63.00		176.40	
1998	68.00		204.00	
1999	76.00		173.60	
2000	82.00		295.20	
2001	80.00		320.00	
2002	83.00		332.00	
2003	81.00		340.20	
2004	92.00		386.40	
2005	108.00		475.20	
2006	101.00	31.00	435.50	49.30
2007	135.00	24.00	518.80	36.20
合计	1131.98	55.00	4094.52	85.50

1981—1990年，茶叶销售是以集市零售；1991—2007年，茶叶销售以沿河县茶叶公司实体店销售、散户加工集市零售形式。

（四）2008—2018年茶叶产销

2008—2018年，累计茶叶产量52783t，累计茶叶产值411861万元，主要生产绿茶、红茶、黑茶、其他茶类，详见表6-10。

表6-10　沿河县2008—2018年茶叶产销表

年份	茶叶产量/t						茶叶销售/万元					
	绿茶		红茶		黑茶	其他	绿茶		红茶		黑茶	其他
	名优	大宗	名优	大宗茶			名优茶	大宗茶	名优	大宗茶		
2008	200	65	15	30		48	8000	520	900	360		288
2009	195	193	43	25		68	7800	1544	2580	300		380
2010	205	756	41	37		84	8200	4530	2350	440		980
2011	220	1843	44	41		97	8800	7750	2640	492		990
2012	230	2761	48	76		126	9200	11000	2880	640		1100
2013	238	3587	59	109		149	9520	14300	2540	872		1392
2014	245	4475	75	135		170	9800	17900	4500	1080		1420
2015	550	5200	162	228		280	22000	21800	9720	2730		1680
2016	625	3629	196	1017	1775	365	26000	11440	11600	12200	3190	2190
2017	568	4284	117	1237	2513	403	25500	12850	7120	14800	4523	2410
2018	556	5126	87	1500	5200	432	25000	15380	5650	18000	5500	2590
合计	3832	31919	887	4435	9488	2222	159820	119014	52480	51914	13213	15420

四、松桃县茶叶产销

（一）1949年前茶叶产销

1949年，松桃茶叶产量为500kg（图6-2）。

（二）1950—1980年茶叶产销

1956年，松桃县茶叶产量1.3t；1958—1962年，年茶叶产量0.6t；1976年茶叶产量为45.8t，由松桃外贸局收购销售；1980年松桃茶叶产量在45t左右。

图6-2　明清时期裕国通商茶叶销售店遗址
（松桃摄影协会提供）

（三）1981—2007年茶叶产销

1981年，茶叶销售由供销社收购，名优茶单价30元/kg；1989年，茶叶产量106t，产值127.2万元。

（四）2008—2018年茶叶产销

2008年，茶叶产量为1056t，茶叶销售2217.6万元，茶叶销售浙江、江苏、山东、河南、安徽与本地。销售形式批发占71%，零售占16%，茶庄占13%；2009—2010年，年均茶叶产量1060~1120t，年均茶叶销售2300万元；2011—2012年，年均茶叶产量2025t，年茶叶销售1亿元。主要以绿茶为主，春茶销售占68%，茶叶销售以批发为主，主要以浙江、江苏、安徽、山东、河南茶叶市场为主。

2018年，茶叶产量1.29万t，茶叶产值12.65亿元。茶叶品种：绿茶占75%，红茶、黑茶、青茶占25%，茶叶主要批发销售至浙江、江苏、安徽、河南、山东、北京、上海市场。

五、德江县茶叶产销

（一）1949年前茶叶产销

据《民国德江县志（补注）》载，1939年，德江县政府根据贵州省第五行政督察区令，首次对县内种茶面积、茶叶产量、市场销售开展调查，全县共有茶叶面积23.34hm^2，以第一、第五区为主产地。1946年10月1日起，县内开征茶叶货物税。1942年3月起，茶叶由官僚资本贵州企业公司在县内独家收购。据不完全统计（民国档案不全），1939—1948年，德江全县累计生产茶叶39.2t，茶叶销售8t（图6-3）。

图6-3 民国德江县志（德江县茶叶产业发展办公室提供）

（二）1950—1980年茶叶产销

根据《德江县社会经济统计资料（1949—1990）》统计，1950—1980年，德江县累计生产茶叶209.2t，茶叶销售80.77t，详见表6-11。

表6-11　1950—1980年德江县茶叶产销表

年份	茶叶产量/t	茶叶销售/万元
1950	4.8	1.49
1951	5.0	1.60
1952	5.1	1.68
1953	6.3	2.21
1954	5.0	1.90
1955	4.5	1.39
1956	5.0	1.75

续表

年份	茶叶产量 /t	茶叶销售 / 万元
1957	3.5	1.09
1958	3.0	1.08
1959	3.5	1.12
1960	3.8	1.36
1961	4.0	1.48
1962	1.4	0.00
1963	8.0	3.04
1964	8.0	3.28
1965	10.0	4.23
1966	10.5	4.41
1967	10.5	4.72
1968	10.0	4.30
1969	10.0	3.58
1970	4.7	1.41
1971	7.8	2.81
1972	4.7	0.00
1973	6.3	2.08
1974	11.5	4.19
1975	7.6	3.19
1976	9.7	4.36
1977	7.4	3.04
1978	10.3	5.63
1979	8.2	3.77
1980	9.1	4.58
合计	**209.2**	**80.77**

（三）1981—2007年茶叶产销

1981—2007年，德江县累计生产茶叶2599.61t，其中：名优绿茶363.4t，大宗绿茶2236.21t，累计茶叶销售1550.55万元，详见表6-12。

表6-12　德江县1981—2007年茶叶产销表

年份	茶叶产量 /t	茶叶销售 / 万元
1981	13.5	4.05
1982	16.2	5.67
1983	35.7	14.63
1984	30.3	12.72
1985	23.0	10.35

续表

年份	茶叶产量/t	茶叶销售/万元
1986	75.7	37.09
1987	42.8	22.68
1988	43.0	23.65
1989	38.2	19.48
1990	28.1	10.11
1991	31.3	11.27
1992	20.81	6.45
1993	21.0	6.72
1994	33.0	11.88
1995	53.0	20.67
1996	79.0	32.39
1997	138.0	62.10
1998	143.0	84.37
1999	149.0	85.84
2000	158.0	93.22
2001	178.0	110.36
2002	183.0	118.95
2003	187.0	115.94
2004	197.0	133.96
2005	215.0	152.65
2006	230.0	165.60
2007	237.0	177.75
合计	2599.61	1550.55

（四）2008—2018年茶叶产销

2008—2018年，德江县累计生产茶叶5.22万t，其中：绿茶5.13万t，红茶938t，其他茶类10t（表6-13、图6-4）。

德江县茶叶销售形式：批发销售占全县茶叶销售量的70%左右；零售销售，茶叶专卖店（含茶庄）、茶叶专柜、茶代销点销售为主，占茶叶销售量的25%；企业自营销售，企业销售量占茶叶销售的5%，详见表6-13。

出口食品生产企业
备案证明

5200/04070

图6-4 德江县出口食品生产企业备案证明

表6-13　德江县2008—2018年茶叶产销表

年份	茶叶产量/t	茶叶销售/t	茶叶产值/万元
2008	104	84.24	78
2009	127	105.41	173
2010	131	108.08	393
2011	215	176.73	3000
2012	1200	990.24	6051
2013	2801.5	2670.11	13400
2014	5005	4341.83	28000
2015	7004.5	6185.94	64800
2016	10000	9138	101900
2017	12401	11452.32	124200
2018	13209.6	12200	128900
合计	52198.6	47452.9	470895

六、江口县茶叶产销

（一）1949年前茶叶产销

江口县茶叶历史悠久，清代，江口县茶叶产量有较大规模，茶叶年产量135t，通过茶盐古道对外销售达100余吨。在旧民主主义时期，茶叶产量增加，年产量165t，对外销售100余吨。1949年茶叶产量12t，茶叶外销量8.5t。

1949年，江口县藤茶年产量1.2t，主要产于太平镇、坝盘镇一带，通过水路销售到湖南常德等地，年销售在0.5t左右。江口县苦丁茶年产量0.06t，主要产于德旺、闵孝区域。江口县甜茶年产量0.03t，主要产于德旺、闵孝区域。

（二）1950—1980年茶叶产销

1960年，江口县茶叶年产量160余吨，茶叶由政府统购，出口苏联和东欧国家。1964年，江口县茶叶年产量190余吨；贵州省供销合作社收购江口县桃映区快场公社供销合作社茶叶37.9t。1965年，江口县茶叶产量200余吨，出口茶叶20t，边销茶170余吨。

1975年，江口县茶叶年产量240余吨，出口茶叶40t，边销茶180余吨。

1980年，江口县茶叶年产量90余吨，藤茶产量3t，苦丁茶产量0.06t，甜茶产量0.03t。

（三）1981—2007年茶叶产销

1981—2007年，江口县年茶叶产量30~50t；1990年，茶叶年产量20余吨；1992年茶叶年产量达30t。

2007年，茶叶年产量18t，藤茶年产量3t，苦丁茶年产量0.06t，甜茶年产量0.03t。

1981—2005年，茶叶销售到铜仁、湖南常德、贵阳、怀化等地；2006—2007年，茶叶在江口县内销售。藤茶主要在县内太平镇、坝盘镇销售，部分销售到湖南常德等地。

（四）2008—2018年茶叶产销

2008年，绿茶产量12t，藤茶产量10t；2012年，藤茶产量16t；2017年，绿茶产量1518.25t；2018年，绿茶产量1740t，碾茶产量62t，抹茶产量152t，藤茶产量30t。产品出口30多个国家和地区。

2008年，茶叶销售20t；2018年，茶叶销售7164t，其中：绿茶1738t、红茶5210t、其他茶2t、碾茶62t、抹茶152t，藤茶销售29t，主要销往北京、上海、广州、贵阳、浙江、山东、深圳、中国香港等地。

① **茶叶出口量：**2013年，出口红茶30t、绿茶10t，茶叶年出口额960万元；2018年，出口抹茶50t、红茶30t、绿茶10t、片茶200t，茶叶年出口额8060万元。

② **茶叶销售形式：**批发销售；零售销售；茶庄销售；网上销售；2014年后，在淘宝、京东建设网络销售平台开设网店，每年销量在10~15t。

③ **出口茶企业：**贵州铜仁贵茶茶业股份有限公司。截至2018年底，贵茶集团茶叶出口创汇2000万美元，成为贵州茶叶出口行业的领军企业。

七、思南县茶叶产销

（一）1949年前茶叶产销

明洪武九年（1376年），马河的茶叶曾为进贡方物；20世纪50年代前的产茶区有张家寨、竹园、溪底、南盆、胡家湾、鹦鹉溪、马河、水口寺、大兴、大坝等处，主要生产绿茶、产量较小，自产自销。

（二）1950—1980年茶叶产销

1972年，茶叶产量31.05t，主要生产绿茶；1972—1976年，由省农场管理局按计划统购统销。

（三）1981—2007年茶叶产销

1981年，思南县茶场每年销售给国家的精制茶30t，承担边疆地区边销茶供给，每年供给边销茶10t，由省农场管理局统一调拨到新疆地区；1982年，茶叶总产量60t，经省验收合格，调运广州出口；1985年，茶叶产量为58.3t，主要销往广州、江浙等地。

（四）2008—2018年茶叶产销

1. 茶叶产销

思南县2008—2018年茶叶产销，详见表6-14、表6-15。

表6-14　思南县2008—2018年茶叶产量产值表

年份	总计		绿茶		红茶		其他茶类	
	产量/t	产值/万元	产量/t	产值/万元	产量/t	产值/万元	产量/t	产值/万元
2010	160	672	160	672	0	0	0	0
2011	207	2100	207	2100	0	0	0	0
2012	660	6430	660	6430	0	0	0	0
2013	1615	6118.2	1608.5	6040.2	6.5	78	0	0
2014	1913.46	13940.05	1824.86	13264.85	88.6	675.2	0	0
2015	4338	42046	4252	41186	86	860	0	0
2016	7275.1	78894.48	5619.9	65103.9	839.3	10575.18	815.9	3215.4
2017	8900	88800	6551	85354	1217	2683	76	583
2018	10213	120023.01	9998	119000.91	215	1022.1	215	1022.1
合计	35281.56	359023.738	30881.26	339151.858	2452.4	15893.48	1106.9	4820.5

表6-15　思南县2018年茶叶销售表

销售地点	省内销售				省外销售			
	绿茶销量/t	销售收入/万元	红茶销量/t	销售收入/万元	绿茶销量/t	销售收入/万元	红茶销量/t	销售收入/万元
贵州	4448	29094.40	204.95	1288.49	3692.4	42514.5	23.25	153.05
北京	0	0	0	0	30.0	956.5	2.00	29.60
上海/江苏/浙江	0	0	0	0	66.0	2568.4	2.00	28.45
广东/福建	0	0	0	0	549.0	7568.2	10.00	45.00
湖南/湖北	0	0	0	0	2365.4	22727.8	5.00	22.00
重庆/陕西/甘肃	0	0	0	0	654.0	78844.2	3.00	18.00
合计	4448	29094.39	204.95	1288.49	7356.8	155179.5	45.25	296.10

2. 茶叶品类

茶叶品类主要有绿茶、红茶、黑茶、白茶，其中绿茶有翠芽、毛尖、毛峰、绿宝石、安吉白茶；大宗茶有片茶、碾茶；红茶有红芽茶、红条茶、红宝石等；白茶有珍眉、白牡丹、寿眉；黑茶有黑毛茶。

3. 茶叶销售形式

主要有零售、经销渠道、批发、原料供应4种销售形式，主要以批发、原料供应为主，零售和经销渠道为辅，同步在专卖店和网上旗舰店销售。

4. 茶叶出口

2015年，出口绿茶30t，出口金额53.8万美元；2016年，出口绿茶126t，出口金额225.96万美元；2017年，出口绿茶601t，出口金额1077.79万美元；2018年，出口茶叶870t，出口金额1560万美元。主要出口英国、美国、越南、泰国等国家。

八、碧江区茶叶产销

（一）1949年前茶叶产销

1937年，铜仁（现碧江区）0.2t。

（二）1950—1980年茶叶产销

1959—1965年，铜仁市（现碧江区）茶叶年产量1.35~4.75t。1966—1980年茶叶产量0.2~2.5t，产量下降。

（三）1981—2007年茶叶产销

茶叶产量从1982年的2.2t上升至1990年的20.25t；1993年茶叶产量36t；1994—1996年每年产茶叶8~15t。

1997—2007年，年产量59t左右（每年茶叶每公顷产442.5kg），年产值380万元（平均每公顷产值2.85万元）。

（四）2008—2018年茶叶产销

2008年，碧江区生产茶叶63t，其中：绿毛茶54t、其他茶9t；2009年，碧江区共产茶叶70t，其中：绿毛茶60t、其他茶10t。

九、万山区茶叶产销

（一）1981—2007年茶叶产销

2004—2007年，贵州铜仁和泰茶叶公司生产珠茶9168t，实现销售收入9848万元，出口创汇680万美元，利润582万元，税收258万元。

主要产品有“天坛”“万年青”“和泰之春”等品牌的名优茶和精制珠茶。名优茶有翠峰、翠芽、毛峰等优质绿茶；精制珠茶有“3505”“9372”“9373”“9374”“9375”等规格。珠茶主要销往摩洛哥、阿尔及利亚等非洲和阿拉伯国家。国内市场以名优茶产品为主，主要销往北京、上海、浙江、东北等地。

（二）2008—2018年茶叶产销

2008—2018年，贵州铜仁和泰茶业公司生产珠茶和茶粉46217t，实现销售收入53625万元，利税6942万元，出口创汇6188万美元，主要销往摩洛哥、阿尔及利亚、阿富汗、日本、加拿大、美国、法国等国家。国内市场主要以速溶茶、名优茶产品为主，主要销往北京、上海、浙江、广州、云南等大中型城市。

贵州梵净山方瑞堂茶业有限公司，2013—2018年平均茶叶产量200t，年销售茶叶150t左右，实现销售额8000余万元。通过实体店、电商销售等形式，主要销往贵州省内及北京、上海、浙江、广州等大中型城市。

第二节　铜仁茶叶市场

一、石阡县茶叶市场

石阡县茶叶市场包括茶青交易市场和茶叶市场，主要以体验店、实体店、茶庄、茶馆、批零店及线下线上网店等形式。

（一）茶青交易市场

石阡县茶青交易市场20个，龙塘、龙井省级苔茶示范园区5个，白沙羊角山园区4个，甘溪乡1个，河坝镇1个，本庄镇2个，聚凤乡1个，五德镇2个，中坝街道1个，国荣乡1个，石固乡1个，坪山乡1个。茶青年交易量900万kg，年交易总额2亿元。

（二）茶叶市场

石阡县茶叶企业开设专卖店20余家，采取“专卖店+大单批发+线上网店+微店”综合营销模式；推进“互联网+茶叶”，在县城建设西部茶都电子商务产业园，入驻50多家电商企业，培育7家电商网站上线运营。在淘宝、天猫、京东、阿里巴巴电商平台，注册有石阡苔茶旗舰店铺100余家。

①**北方市场**：在黑龙江、北京等城市，以石阡县正岩苔茶、芊指岭、贵州祥华生态茶业有限公司为主，有7个市场（表6-16）。

②**华东市场**：以上海为中心，辐射华东地区（表6-16）。

③**华南市场**：以广东深圳为中心，辐射华南地区（表6-16）。

④**西北市场**：以西宁和乌鲁木齐中心的茶叶市场（表6-16）。

⑤**贵州省内茶叶市场**：以贵阳为中心，辐射贵州省内的茶叶市场（表6-17）。

⑥**欧美茶叶市场**：以伦敦为中心，辐射欧美市场（表6-18）。

⑦**东南亚及中国香港市场**：东南亚及中国香港市场（表6-19）。

表6-16 石阡县茶省外叶市场

店面名称	市场主体	经营地址	建设时间/年	经营面积/m²	经营业绩/万元
石阡苔茶	石阡县聚凤乡指甲坪茶叶专业合作社	上海市	2016	60	30
石阡苔茶	石阡县茗泉茶业有限公司	广东省东莞市长安镇	2015	60	70
石阡苔茶	贵州钾天下有限公司	海南省海口市	2018	200	300
石阡苔茶	贵州芊指岭茶业有限公司	黑龙江省哈尔滨市	2014	49	70
石阡苔茶	贵州祥华生态茶业有限公司	北京市马连道	2017	40	80
石阡苔茶	贵州裕佳农业发展有限公司	苏州市姑苏区	2018	68	45.8
贵州绿茶	石阡县大沙坝茶叶专业合作社	广东省河源市	2016	63	220
石阡苔茶	贵州省石阡正岩苔生态农业有限公司	北京市马连道	2016	61	385
石阡苔茶	贵州省石阡正岩苔生态农业有限公司	北京市海淀区	2015	98	296
石阡苔茶	贵州省石阡正岩苔生态农业有限公司	北京市朝阳区	2015	92	185
石阡苔茶	贵州苔茶有限公司	新疆维吾尔自治区乌鲁木齐市	2017	108	314
苔茶	贵州苔茶有限公司	沈阳五里河茶城	2016	52	120
黔茶	贵州苔茶有限公司	新疆维吾尔自治区赫尔果斯	2017	41	240

表6-17 石阡县贵州省内茶叶市场

店面名称	市场主体	经营地址	建设时间/年	经营面积/m²	经营业绩/万元
阡城春	石阡县国宇茶业有限公司	石阡泉城别苑	2015	120	200
石阡苔茶	石阡县白沙铁矿山茶叶农民专业合作社	贵阳市白云区	2016	40	80
石阡苔茶	石阡县白沙铁矿山茶叶农民专业合作社	贵阳市金阳步行街	2012	60	120
石阡苔茶	石阡县飞涵白茶有限公司	苏宁易购	2019	网店	5
石阡苔茶	石阡县本庄凉山远景茶茶叶专业合作社	本庄、文家店	2015	40	130
石阡苔茶	石阡县大沙坝乡茶叶专业合作社	福天领秀城	2008	50	60
石阡苔茶	石阡县裕佳农业发展有限公司	贵阳太升茶城	2019	38	5
石阡苔茶	贵州裕佳农业发展有限公司	石阡鸿源农贸市场对面	2013	385	100
石阡苔茶	石阡县甘溪乡坪望茶叶加工厂	石阡中坝街上	2016	60	100
石阡苔茶	石阡县佛顶山苔茶农民专业合作社	石阡温泉桥头	2007	60	120
石阡苔茶	石阡县聚凤乡指甲坪茶叶专业合作社	贵阳大剧院	2016	150	20
石阡苔茶	石阡县龙塘山丰茶场	石阡万寿宫	2018	30	40
石阡苔茶	石阡县裕和原生态农牧发展有限公司	石阡县坪地场	2013	200	30

续表

店面名称	市场主体	经营地址	建设时间/年	经营面积/m²	经营业绩/万元
石阡苔茶	石阡县富鑫茶叶加工厂	石阡农业局旁	2014	20	70
石阡苔茶	石阡县坪山贡茶加工厂	石阡老大关酒长	2015	60	40
鸿云茶庄	石阡县名茶科技开发有限责任公司	石阡泉都酒店旁	2014	150	200
石阡苔茶	贵州省石阡县爽珍绿色食品有限公司	石阡宾馆门口	1998	80	300
石阡苔茶	贵州钾天下有限公司	贵阳万象温泉酒店	2018	230	50
石阡苔茶	贵州钾天下有限公司	贵阳金融城	2017	110	150
石阡苔茶	贵州芊指岭茶业有限公司	石阡民政局	2015	100	200
石阡苔茶	贵州和鑫农业发展有限责任公司	石阡希望小学	2010	60	200
石阡苔茶文化馆	贵州祥华生态茶业有限公司	石阡温泉酒店	2018	200	200
楼上楼茶馆	贵州钾天下有限公司	石阡温泉酒店	2016	377	300
弘农堂茶业	贵州弘农堂茶业有限责任公司	石阡华联超市	2015	35	68
石阡苔茶	贵州祥华生态茶业公司	贵阳市观山湖区	2016	40	50
石阡苔茶	贵州祥华生态茶业有限公司	贵阳太升茶城	2019	38.5	6

表6-18　石阡县欧美茶叶市场

店面名称	经营企业	经营地址	建设时间/年	面积/m²	经营业绩/万元	经营形式
草人木	贵州祥华生态茶业有限公司	伦敦市一区摄政运河旁	2016	128	600	实体体验店

表6-19　石阡县东南亚及中国香港茶叶市场

店面名称	茶叶企业	经营地址	建设时间	面积/m²	经营业绩/万元	经营形式
弘瑜茶庄	贵州祥华生态茶业有限公司	九龙观塘官塘道480号观塘工业中心第一期3楼W1室	2015年5月	40	300	线下（批零兼营）及线上（淘宝网店）

二、印江县茶叶市场

（一）茶青交易市场

全县茶青交易市场17个，分布在县内17个乡镇。

（二）茶叶市场

1990年，全县有12个茶叶销售网点，在县内销售；1991年，省内市场，县内茶叶企业与省农工商公司、省茶叶公司、贵阳春秋实业公司、湄潭茶场等省内23家茶叶销售企业，联合在铜仁、贵阳、遵义、安顺等地开设经营部；在县内外设有34个销售专营店；1992年，在县内外设有65个销售经营部；1993—1996年，贵州省内有71个梵净山绿茶经营网点及代销商，在贵阳、铜仁、遵义、安顺等地设有直销点；1997—1999年茶叶进入香港市场。

2000年，印江茶叶市场以北京、河北为主的北方市场，以广州、深圳、广西为主的华南市场，以西宁、陕西为主的西北市场，以上海、江苏、浙江为主的华东市场，以贵阳、铜仁、印江为主的省内市场。茶叶企业开设专卖店80余家。印江县率先建立电子商务示范基地，吸引30多家电商企业入驻，培育50多家茶叶网店在淘宝、天猫、阿里巴巴线上经营（表6-20）。

表6—20　印江县茶叶市场

序号	店面名称	经营地址	建设时间/年	经营面积/m^2	市场主体	经营业绩/万元
1	梵净山茶	北京马连道3区2号底商10021幢	2013	80	多彩黔农（北京）商贸有限公司	300
2	梵净山茶	北京朝阳门43幢首层	2013	55	多彩黔农（北京）商贸有限公司	200
3	梵净山茶	北京燕郊镇泰合城市城东门1-3号店	2014	30	多彩黔农（北京）商贸有限公司	180
4	梵净山茶	河北省任丘市华油阳光大街五号	2014	50	多彩黔农（北京）商贸有限公司	280
5	梵净山茶	北京马连道南口茶缘茶城大和102号	2013	70	北京梵净山沁心商贸有限公司	260
6	梵净山翠峰茶	重庆市沙坪坝区滨江大道121号	2014	68	贵州印江绿野农牧开发有限公司	120
7	梵净山翠峰茶	山东省章丘市双山大道齐鲁涧桥2-12楼107铺	2013	34	贵州印江绿野农牧开发有限公司	80
8	梵净山翠峰茶	陕西省榆林市绣园小区西畔台湾高粱酒门市部	2014	95	贵州印江绿野农牧开发有限公司	160
9	梵净山翠峰茶	湖南省凤凰古城步行街	2014	22	贵州印江绿野农牧开发有限公司	70
10	梵净山绿茶	广西壮族自治区柳州市鱼峰区柳石路362号门面	2011	50	印江县永和世家茶叶有限公司	150
11	梵净山绿茶	广州市荔湾区芳村葵蓬洲生园2号	2010	70	贵州省在贵茶业有限公司	230
12	梵净山茶	广东省中山市东区岐关西路55号朗晴假日三期5栋11卡	2013	49	贵州省印江县玉芽茶业有限公司	120

续表

序号	店面名称	经营地址	建设时间/年	经营面积/m^2	市场主体	经营业绩/万元
13	梵净山翠峰茶	广东省开平市埠三区曙光东路140号后座豪园8栋首层104号铺位	2014	51	贵州省印江县玉芽茶业有限公司	90
14	梵净山翠峰茶	广西壮族自治区桂林市灵川县定江镇盈丰路新民街24号	2009	58	印江县净团茶叶有限公司	180
15	梵净山翠峰茶	吉林省梅河口市民安北苑45号门市	2008	60	印江县净团茶叶有限公司	100
16	梵净山翠峰茶	云南省弥勒市弥勒镇俊峰花园71号	2006	70	印江县净团茶叶有限公司	80
17	梵净山翠峰茶	四川省绵阳市涪城区长虹大道北段83号	2006	55	印江县净团茶叶有限公司	60
18	梵净山翠峰茶	云南省文山市开化南路尚都紫荆1-S-2号	2006	50	印江县净团茶叶有限公司	130
19	梵净山茶	云南省文山市炬隆艺墅1幢101号	2011	68	印江县净团茶叶有限公司	70
20	梵净山绿茶	深圳罗湖区黄贝岭中国古玩城1栋101号茶店	2016	140	贵州省在贵茶业有限公司	150
21	梵净山茶	北京市西长安街中国职工之家内（一楼）	2016	206	贵州省印江县宏源茶叶有限公司	200
22	梵净山茶	深圳市松阳茶城长虹路145号	2016	68	印江梵净山恒润源茶业有限公司	180
23	梵净山翠峰茶	深圳市龙岗区龙河路榭丽花园B区一期东方茶都商铺M121	2017	55	贵州贵蕊农业发展有限公司	150
24	梵净山翠峰茶	深圳市龙岗区平湖街道华南城一号交易广场5B188	2017	50	贵州贵蕊农业发展有限公司	100
25	梵净山茶	江苏省苏州市	2019	45	贵州贵蕊农业发展有限公司	60
26	梵净山茶	江苏省苏州市吴江区	2018	40	贵州贵蕊农业发展有限公司	80
27	梵净山茶	广东省深圳市福田区红荔路2001号四川大厦一楼	2017	45	贵州印江天人合一有限公司	110
28	梵净山茶	河北省邢台市冶金北路与莲池大街交叉口西行150m路北	2017	60	贵州印江天人合一有限公司	90

续表

序号	店面名称	经营地址	建设时间/年	经营面积/m²	市场主体	经营业绩/万元
29	梵净山翠峰茶	重庆市南川区南城街道办事处金光大道15号浦江明珠17栋1，2-1楼	2016	360	贵州印江梵净山翠峰茶业公司	150
30	团龙贡茶	铜仁东太大道中国移动斜对面	2013	60	印江县团龙茶场	52
31	梵净山茶	碧江区中南门古城	2012	35	贵州印江玉芽茶业有限公司	38
32	梵净山茶	铜仁桃源酒店直销点	2013	30	贵州省印江县宏源茶叶有限公司	49
33	梵净山茶	铜仁市小十字	2015	30	恒丰茶庄	35
34	净合茶吧	贵阳观山湖区世纪城踏莎尚品酒店内	2015	40	洋溪茶叶专业合作社	40
35	梵净山茶	贵阳白云区御舌茶庄	2016	60	御舌茶庄	55
36	洋溪镇茶场	印江县梵净山路	2009	20	印江县洋溪镇茶场	24
37	净贡茶业	印江县梵净山路	2008	20	印江县净贡茶业有限公司	26
38	团龙茶场	印江县梵净山路	2008	40	印江县团龙茶场	41
39	三合茶场	印江县梵净山路	200	40	三合茶场	38
40	新寨茶场	印江县梵净山路	2005	40	新寨茶场	35
41	新寨茶场	印江县渝黔街对面	2006	20	新寨茶场	22
42	紫薇茶场	印江县西门湾	2006	20	紫薇茶场	27
43	洋溪镇茶场	印江县西门湾	2006	40	印江县洋溪镇茶场	45
44	鈷天井茶场	印江县西门湾	2007	20	木黄镇鈷天井茶场	28
45	新寨茶场	印江县西门湾	2008	20	新寨茶场	30
46	洋溪镇茶场	印江县建设路	2010	20	印江县洋溪镇茶场	26
47	新寨茶场	印江县民宗局	2011	30	新寨茶场	33
48	新寨茶场	印江县文昌路	2009	20	新寨茶场	29
49	洋溪镇茶场	印江县文昌路	2008	20	印江县洋溪镇茶场	31
50	云峰茶业	印江县文昌路	2008	20	云峰茶业	33
51	新寨茶场	印江县文昌路	2011	20	新寨茶场	34

续表

序号	店面名称	经营地址	建设时间/年	经营面积/m²	市场主体	经营业绩/万元
52	天星茶场	印江县新村路	2010	20	天星茶场	23
53	洋溪镇茶场	印江县新中国成立路	2013	20	印江县洋溪镇茶场	27
54	三合茶场	印江县新中国成立路	2010	30	三合茶场	39
55	云雾茶叶	印江县新中国成立路	201	40	云雾茶叶	78
56	洋溪镇茶场	印江县县府路	2014	50	印江县洋溪镇茶场	36
57	联晟农业	印江古镇	2018	45	印江联晟农业开发有限公司	30
58	永和世家	印江县县府路	2014	50	印江县永和世家茶叶有限公司	46
59	云峰茶庄	印江县泉州商贸城	2013	60	云峰茶庄	52
60	湄坨茶场	印江县振兴路	2012	35	印江县银辉茶叶有限公司	38
61	振兴茶庄	印江县振兴路	2006	36	振兴茶庄	34
62	绿野茶叶	印江县花园城8-8号门面	2010	100	贵州印江绿野农牧开发有限公司	170
63	玉芽茶叶	印江县文昌广场负一楼	2011	40	贵州省印江县玉芽茶业有限公司	63
64	玉芽茶叶	印江县西苑开发区	201	5	贵州省印江县玉芽茶业有限公司	87
65	梵净青茶业	印江县南湖	2010	110	贵州印江梵净青茶业有限公司	160
66	新寨茶场	印江县新中国成立路	2013	30	新寨茶场	30
67	净团茶叶	印江县茶城	2008	120	印江县净团茶叶有限公司	80
68	净团茶叶	印江县中洲风雨桥	2007	200	印江县净团茶叶有限公司	120
69	在贵茶业	印江县教育局对面	2011	100	贵州省在贵茶业有限公司	80
70	三合茶庄	印江县县府路	2011	120	三合茶庄	124
71	福缘土特产	印江县文昌路	2006	120	福缘土特产	216
72	瑞丰茶庄	印江县饮食一条街	2008	90	印江县鑫瑞茶业有限公司	137
73	桂花茶叶	印江古镇	2018	45	印江桂花茶叶专业合作社	50
74	承英茶场	印江古镇	2018	45	印江县承英茶场	55
75	恒润源茶业	印江古镇	2018	50	印江梵净山恒润源茶业有限公司	160
76	贡源茶业	印江古镇	2018	45	贵州贡源茶业有限公司	240

续表

序号	店面名称	经营地址	建设时间/年	经营面积/m²	市场主体	经营业绩/万元
77	绿穗科技	印江古镇	2018	45	印江绿穗科技有限公司	40
78	天人合一	印江古镇	2018	45	贵州印江天人合一有限公司	60
79	净团茶叶	印江古镇	2018	120	印江县净团茶叶有限公司	380
80	宏源茶叶	印江古镇	2018	120	贵州省印江县宏源茶叶有限公司	180

三、沿河县茶叶市场

（一）贵州省外茶叶市场

2013—2019年，在省外开设茶叶实体店7家，经营面积597.7m²，经营业绩1080万元（表6-21、图6-5）。

图6-5 贵州新景生态茶业有限公司北京马连道茶叶专卖店（沿河县产业发展办公室提供）

表6-21 沿河县省外茶叶市场

店面名称	市场主体	经营地址	建设时间/年	面积/m²	经营业绩/万元	经营形式
梵净山茶	贵州新景生态茶业有限公司	北京市西城区茶马街8号院2号楼10022号商铺	2013	67.7	300	实体体验店
梵净山茶	贵州塘坝千年古茶有限公司	上海普安区	2019	60	50	实体店
梵净山茶	贵州塘坝千年古茶有限公司	杭州市余杭区	2019	100	30	实体店

续表

店面名称	市场主体	经营地址	建设时间/年	面积/m²	经营业绩/万元	经营形式
沿河千年古茶	贵州沿河洲州茶叶有限责任公司	江苏省张家港市	2019	150	500	实体店
沿河一品康茶业	贵州沿河一品康茶业有限公司	科威特国的“中国红龙商城”	2019	20	300	实体店
沿河一品康茶业	贵州沿河一品康茶业有限公司	内蒙古呼和浩特市	2018	50	200	实体店
沿河懿兴茶业	沿河县懿兴生态茶业有限公司	重庆兰桥市茶城	2018	150	200	实体店

（二）贵州省内茶叶市场

2014—2019年，在省内开设茶叶实体店7家，经营面积460m²，经营业绩1030万元（表6-22、图6-6）。

图6-6 贵州塘坝千年古茶有限公司贵阳销售中心（沿河县茶产业发展办公室提供）

表6-22 沿河县（贵州省内）茶叶市场

店面名称	市场主体	经营地址	建设时间/年	面积/m²	经营业绩/万元	经营形式
沿河懿兴茶业	沿河县懿兴茶业有限公司	贵阳市太升茶城	2014	50	250	实体店
沿河新景茶业	贵州沿河新景茶业有限公司	贵阳市太升茶城	2015	60	100	实体店
韵茗春茶业	贵州韵茗春茶业有限公司	贵阳市	2015	40	100	实体店
沿河千年古茶	贵州塘坝千年古茶有限公司	贵阳龙洞堡机场	2018	20	50	实体店

续表

店面名称	市场主体	经营地址	建设时间/年	面积/m^2	经营业绩/万元	经营形式
沿河千年古茶	贵州塘坝千年古茶有限公司	贵阳市花果园设营运中心	2019	160	300	实体店
贵州贵印象	贵州贵印象集团有限公司	贵阳市设办事处	2018	100	200	实体店
沿河千年古茶	贵州塘坝千年古茶有限公司	黄果树瀑布景区	2017	30	30	代理实体店

（三）铜仁市级茶叶市场

表6-23　沿河县（铜仁市内）茶叶市场

店面名称	市场主体	经营地址	建设时间/年	面积/m^2	经营业绩/万元	经营形式
沿河千年古茶	贵州塘坝千年古茶有限公司	铜仁凤凰机场	2017	60	20	实体店
贵州贵印象	贵州贵印象集团有限公司	铜仁市	2017	40	50	实体店

（四）铜仁县级市场

2017年11月5日，沿河县画廊天街思州茶城，经营面积1200m^2，入驻县内企业22家、县外企业2家入驻销售，实现茶叶年销售8000万元，县内销售总额达3000万元。

入驻企业：沿河土家族自治县盛丰茶叶农民专业合作社、沿河土家族自治县黔赋茶叶专业合作社、沿河土家族自治县联文茶叶农民专业合作社、沿河土家族自治县乌江生态茶业有限公司、沿河土家族自治县塘坝天马农牧科技有限公司、沿河古唐茶业有限公司、沿河县懿兴生态茶业有限公司、贵州天缘峰生态农旅开发有限公司、沿河贵印象茶业有限公司、贵州韵茗春茶业有限公司、沿河千年古茶有限公司、沿河土家族自治县家家乐茶叶农民专业合作社、贵州塘坝千年古茶有限公司、沿河土家族自治县黄土生态珍稀白茶有限责任公司、贵州沿河武陵春茶业有限公司、贵州三叶农业发展有限责任公司、沿河土家族自治县晓景鸿泰生态茶叶农民专业合作社、贵州新景生态茶业有限公司、贵州沿河乌江古茶有限公司、贵州琥珀生态农业有限公司、沿河百连电子商务有限公司、贵州银童生态玉白茶业有限责任公司（图6-7）。

图6-7　贵州省铜仁市沿河思州茶城
（沿河县茶产业发展办公室提供）

四、松桃县茶叶市场

（一）北京茶叶市场

2012年9月19日，北京市西城区马连道茶城入驻贵州松桃“梵净山茶庄”。“梵净山茶庄”是松桃梵净山生态茶叶有限公司首家入驻北京马连道茶城的第一家企业。2012年9月至2013年9月，“梵净山茶庄”年销售松桃名优绿茶400余万元，中高档绿茶1.8万kg。

（二）上海、苏州等外省茶叶市场与贵州茶叶市场

松桃县在上海、苏州等外省（自治区、直辖市）茶叶市场与贵阳茶叶市场，主要以批发或订单生产销售。

五、思南县茶叶市场

（一）贵州省外茶叶市场建设

梵净山·思南晏茶在省外开设专卖店15个，代销点3个；省内专卖店26个，店中店6个，专柜3个，代销点8个。

1. 北京茶叶市场

2013年，贵州武陵绿色产业发展有限公司在北京市西城区茶马街8号院2号楼10024号开设梵净山茶专卖店，店面面积68.13m^2；2014年，销售茶叶3t，销售金额95.4524万元。2018年，北京甄品茶业有限公司在北京市昌平区回龙观商品交易市场开设梵净山思南晏茶专卖店，店面面积30m^2，年茶叶销售额88万元。2018年，北京梵净山沁心商贸有限公司在北京市马连道茶城开设梵净山思南晏茶专卖店，店面67.28m^2，年茶叶销售额168万元（图6-8）。

图6-8 北京市昌平区回龙观商品交易市场的梵净山思南晏茶专卖店（田坤提供）

2. 上海茶叶市场

2016年，思南人黎军在上海市宝山区南大路319号开设梵净山思南晏茶上海专卖店，店面面积200m^2。销售茶叶25t，销售额1200万元。2017年，王元信在上海市联友路2096号虹桥国际特产电商物流巷开设梵净山茶庄，店面面积30m^2。销售茶叶3t，销售额154万元。2017年，封雪在上海市浦东新区青厦路199号开设梵净山茶庄，店面面积60m^2。销售茶叶5t，销售额265万元（图6-9）。

图6-9 上海茶叶市场的梵净山茶业专卖店（胡红波提供）

3. 苏州茶叶市场

池金勇在江苏省张家港市金港镇长江西路69号开设梵净山茶庄，店铺面积100m²，销售茶叶5t，销售额256万元（图6-10）。

4. 长沙茶叶市场

2017年，湖南常名庄茶品销售有限公司在湖南长沙开设常茗庄体验店，店铺面积170m²，销售茶叶20t（图6-11）。

图6-10 江苏省张家港市金港镇长江西路69号梵净山茶庄（陆表提供）

图6-11 湖南常名庄茶品销售有限公司湖南长沙常茗庄体验店（何凤提供）

（二）贵州省内茶叶市场

1. 贵阳茶叶市场

2014年，贵州武陵绿色发展有限公司在贵阳市花果园龙福春茶文化广场第B区23号开设梵净山茶专卖店，店面85.68m²；2015年销售茶叶3t，销售额62万元。2014年，思南县合朋国礼有机茶专业合作社在贵阳市花果园龙福春茶文化广场第B区1—3号开设梵净山茶专卖店，店面37.64m²；2015年，销售茶叶1.2t，销售额37.2万元。2014年，思南县笔架山有机生态茶专业合作社在贵阳市花果园龙福春茶文化广场第B区8-2号开设梵净山茶专卖店，店面36.11m²；2015年，销售茶叶1t，销售金额30万元（图6-12）。

图6-12 思南晏茶在贵阳的茶叶专卖店（谭应飞提供）

2. 县级茶叶市场

思南县县城及乡镇共开设专卖店30余家、代销点150余家。

六、德江县茶叶市场

2017年，德江县茶叶企业在省内外新开设茶叶专卖店11家，其中省外茶叶专卖店3家，省内茶叶专卖店5家，县内茶叶专卖店2家。2018年，全县有淘宝村91个，其中涉及茶叶销售72个，占全县淘宝村的比例79%。

（一）德江县省外茶叶市场

2017年，在北京、上海、福建、济南、内蒙古等地开设销售点和代销点8个；2018年，在北京、上海、山东、内蒙古、福建、贵阳等地新设销售网点和茶叶专卖店9个。

1. 北京茶叶市场

2013年10月，德江鸿泰茶业有限责任公司在北京马连道茶叶市场铜仁市梵净山茶城开设专卖店，茶叶店面积60m^2，茶叶销售额1000万元。

2. 上海茶叶市场

2016年，德江永志生态茶业有限公司与上海阿良实业有限公司合作，在上海市场设立代销点和贵州省铜仁市梵净山茶上海营销中心。代销点面积100m^2，年销售茶叶500万元。

3. 深圳茶叶市场

2017年，德江县官林茶业有限公司在深圳设立销售公司，建立销售部，销售茶叶300万元。

（二）贵州省内茶叶市场

2010年，茶叶企业以贵阳茶城、太升茶城、湄潭西南茶城为主拓展省内市场；2013年，贵阳梵净山茶城入驻5家企业，在贵阳市开设茶叶专卖店5家。2018年，德江县在省内开设销售点28家，其中专卖店20个。

1. 市级茶叶市场

茶叶企业入驻铜仁淘宝体验店为主，5个茶叶企业产品入驻。

2. 县级茶叶市场

茶叶企业在县城开设专卖店28家；农特产品交易市场，入驻茶叶企业4家；入驻铜仁淘宝茶叶实体店4家，开设企业网站网上销售3家，开设淘宝网账号15个，详见表6-24。

表6-24 德江县茶叶市场

企业名称	地址及专卖店	财政补助金额 / 万元
德江县泉鸿茶业有限责任公司	德江县青龙街道香树路销售店	0.5
德江县鸿泰茶业有限责任公司	北京马连道销售店	2
	贵阳贵安新区销售店	1
	贵阳新添寨销售店	1
	德江县畜牧小区销售店	0.5
德江县官林茶业有限公司	深圳万众生活村31栋B座销售店	2
	上海普陀区灵石路1669弄31号销售店	2
	贵阳玉厂路177号销售店	1
德江永志生态茶业有限公司	贵阳新添寨销售店	1
	贵阳茶城销售店	1
	德江销售店	0.5
德江县裕昌生态茶业有限公司	德江县农业农村局销售店	0.5
宏壶茶业有限公司	枫香溪镇销售店	0.5
德江县玉林茶业有限公司	堰塘乡高家湾园区销售店	0.5
煎茶佳鹏茶叶专业合作社	煎茶中街销售店	0.5
	德江县城团结街销售店	0.5
德江县银松茶叶专业合作社	复兴镇销售店	0.5
德江县盛兴缘茶业有限公司	德江县城销售店	0.5
德江县大云山茶叶专业合作社	德江县城销售店	0.5
贵州德江县桃源茶业有限公司	德江县城销售店	0.5
德江县羽强茶业有限公司	煎茶镇销售店	0.5
德江沙溪金山茶叶专业合作社	沙溪乡销售店	0.5
合计	22	18

七、江口县茶叶市场

（一）贵州省外茶叶市场建设

2013年，江口县鑫繁生态茶业有限公司等茶叶企业入驻北京、哈尔滨、苏州、青岛、上海茶叶市场。

（二）贵州省内茶叶市场

2014年，铜江生物科技有限公司茶叶企业入驻贵阳梵净山茶城、左藏古三库古玩城茶叶市场。

（三）铜仁市级茶叶市场

2012年，全县茶叶直销店5家，商铺面积为310m²，总销售额800万元。2013年，全县茶叶直销店7家，商铺面积为400m²，总销售额1900万元。2014年，全县茶叶直销店13家，商铺面积为650m²，总销售额4700万元。2015年，全县茶叶直销店16家，商铺面积为790m²，总销售额7800万元。2016年，全县茶叶直销店21家，商铺面积为1120m²，总销售额12000万元。2017年，全县茶叶直销店21家，商铺面积为1120m²，总销售额15000万元。2018年，全县茶叶直销店22家，商铺面积为1330m²，总销售额18000万元。

沿河乌江山峡（摄影：冯伯坚）

第七章 铜仁茶品类

铜仁市茶品类有绿茶、红茶、黑茶、青茶、白茶、黄茶六大茶类，以绿茶为主，绿茶产量占80%以上，红茶产量占12%，黑茶、白茶、青茶、黄茶产量占8%。

第一节　铜仁绿茶

铜仁市绿茶生产历史悠久，早在唐宋时期就有绿茶生产，在石阡、沿河、德江、思南、印江、江口县有贡茶记载，是以传统加工的绿茶为主。随着茶叶科学技术和茶叶机械的快速发展，茶叶加工技术不断地提高，涌现出许多名优绿茶，如梵净山翠峰茶、梵净山毛峰茶、泉都云雾茶、泉都碧龙茶、沿河富硒茶等，名优茶产量大幅度的增长，名优茶产值占茶叶产值的60%以上。

一、石阡苔茶

（一）石阡苔茶

石阡县苔茶经历了从饼茶到自然芽状的散茶、青毛茶等多茶类，青毛茶工艺一直得以传承。主要有石阡土茶、坪贯茶、梁家坡茶、胡家坡茶。在20世纪90年代被称为“石阡青毛茶”或“黔青”茶。

1. 坪贯贡茶

石阡坪贯贡茶距今有1300多年的历史，在明朝为贡品。据记载，1938年石阡茶商龙尧夫参加全省开展茶叶展销会评比获“优质奖章”。

图7-1 泉都云雾茶
（石阡县茶业协会提供）

2. 泉都云雾茶

泉都云雾茶采用现代茶叶炒制技术创制的名优茶。1994年，荣获首届“中茶杯全国名优茶评比”一等奖；1997年，荣获第二届“中茶杯”全国名优茶评比特等奖；1999年，参加“第二届中国国际茶叶博览会”评选获得金奖（图7-1）。

图7-2 泉都碧龙茶
（石阡县茶业协会提供）

3. 泉都碧龙茶

泉都碧龙茶采用西湖龙井炒制工艺。1999年，荣获“第二届中国国际茶叶博览会”产品评选活动金奖；1999年，获第二届“中茶杯”全国名优茶评比特等奖（图7-2）。

4. 翠芽茶

翠芽茶是在手工扁形茶的工艺上研制的名优茶。2006年，荣获“第二届中国（深圳）国际文化博览会名茶评比”金奖；2009年和2013年，荣获“日本静冈国际绿茶评比”金奖。

5. 绿针茶

绿针茶是采用槽式茶青理条机械及配套技术生产优质绿茶。产品特征：干茶色泽绿、匀整，白毫显露，身骨轻盈，芽叶自然皱褶，茶汤清澈透明，香气清悦悠长，滋味鲜爽浓烈，叶底鲜活舒张（图7-3）。

图 7-3 绿针茶（石阡县茶业协会提供）

（二）石阡名优茶

1. 生　产

石阡县是以名优绿茶生产为主导产品，产量1.344万t，占绿茶总产量的2.24万t的60%。

2. 品　类

石阡名优绿茶品类，主要以扁形绿茶、卷曲形绿茶、珠形绿茶为主。

3. 加工工艺

① **扁形绿茶加工工艺：**摊青→杀青→摊凉→理条做形→摊凉→脱毫→筛分→提香。

② **卷曲形绿茶加工工艺：**摊青→杀青→摊凉→揉捻→解块→初烘→做形→摊凉→提毫→足干→提香。

③ **珠形绿茶加工工艺：**摊青→杀青→摊凉→揉捻→解块→初烘→摊凉→做形→摊凉→复烘→提香（图7-4）。

图 7-4 石阡苔茶珠形茶产品（石阡县茶业协会提供）

（三）石阡大宗绿茶

1. 生　产

石阡县大宗绿茶，采用1芽3叶、4叶为原料，1982年大宗绿茶产量50t，1996年产量400t，2014年茶叶产量1.297万t，2018茶叶产量2.2439万t。

2. 品　类

主要以炒青绿茶、烘青绿茶、晒青绿茶为主。

3. 加工工艺

① **炒青绿茶加工工艺：**摊青→杀青→摊凉→揉捻→解块→初烘→摊凉→二次揉捻→摊凉→做形→摊凉→辉锅足干。

② **烘青绿茶加工工艺：**摊青→杀青→摊凉→揉捻→解块→初烘→摊凉→足干。

③ **晒青绿茶加工工艺：**摊青→杀青→摊凉→揉捻→解块→晒青→足干。

4. 品质特征

① **石阡高端大宗绿茶：**外形卷曲，条索紧结圆润，茶身光洁亮泽，色泽墨绿，汤色黄绿明亮，滋味浓烈，回味甘甜，叶底黄绿匀净。

② **石阡中低端大宗绿茶：**外形粗松，栗香带粗气，汤色绿尚亮，滋味浓厚，叶底黄绿尚亮，耐冲泡；晒青或烘青，叶底较完整。

二、印江绿茶

（一）名优绿茶

1. 品　类

梵净山翠峰茶、梵净山毛峰茶、梵净山兰香茶、梵净山珠茶、梵净山白茶。

2. 品质特征

① **梵净山翠峰茶：**干茶外形为扁、平、直，色泽翠绿，汤色嫩绿明亮，滋味鲜爽，香气馥郁，叶底嫩绿明亮均整（图7-5）。

② **梵净山毛峰茶：**干茶紧细卷曲、翠绿显毫，汤色黄绿明亮，滋味鲜爽回甘，嫩香持久，叶底嫩绿明亮（图7-6）。

图 7-5　梵净山翠峰茶
（印江县茶产业发展中心提供）

图 7-6　梵净山毛峰茶
（印江县茶产业发展中心提供）

③ **梵净山兰香茶：** 干茶挺直、翠绿，汤色黄绿明亮，显嫩香，滋味鲜爽回甘，叶底黄绿明亮匀齐（图7-7）。

④ **梵净山珠茶：** 干茶外形紧结圆润、墨绿，汤色黄绿明亮，滋味鲜醇回甘，栗香明显，叶底黄绿尚亮（图7-8）。

⑤ **梵净山白茶（品种白茶）：** 干茶直条扁平、黄绿带玉白，汤色嫩绿明亮，显嫩香，滋味鲜爽，叶底黄绿明亮匀齐。

图7-7 梵净山兰香茶
（印江县茶产业发展中心提供）

图7-8 梵净山珠茶
（印江县茶产业发展中心提供）

3. 加工工艺

① **梵净山翠峰茶加工工艺：** 萎凋→杀青→摊凉→理条→摊凉→脱毫→做形→摊凉→辉锅足干→提香。

② **梵净山毛峰茶加工工艺：** 萎凋→杀青→摊凉→揉捻→解块→初烘→摊凉→做形→二烘提毫→足干→提香。

③ **梵净山兰香茶加工工艺：** 萎凋→杀青→摊凉→理条→摊凉→足干→提香。

④ **梵净山珠茶加工工艺：** 萎凋→杀青→摊凉→揉捻→脱水→摊凉→一炒→摊凉→二炒→摊凉→三炒→摊凉→足干→提香。

⑤ **梵净山白茶（品种白茶）加工工艺：** 萎凋→理条杀青→摊凉→理条→摊凉→理条→足干。

（二）大宗绿茶

1. 大宗绿茶品类

梵净山绿茶、梵净山烘青茶、梵净山香茶、梵净山绿片茶。

2. 品质特征

① **梵净山绿茶：** 干茶外形紧细卷曲、乌绿油润，汤色绿黄尚亮，滋味醇厚回甘，栗香明显，叶底黄绿尚亮。

② **梵净山烘青茶：** 干茶外形紧细较直、墨绿油润，汤色黄绿尚亮，滋味鲜醇回甘，

清香显，叶底黄绿、亮。

图 7-9 梵净山绿片茶
（印江县茶产业发展中心提供）

③ **梵净山香茶：**干茶外形紧结卷曲、墨绿油润，汤色绿黄尚亮，滋味醇厚，栗香明显，叶底黄绿尚亮。

④ **梵净山绿片茶：**干茶外形呈片状色黄绿，汤色绿黄尚亮，滋味醇厚，显清香，叶底黄绿尚亮（图7-9）。

3. 加工工艺

① **梵净山绿茶加工工艺：**摊青→杀青→摊凉→揉捻→解块→毛火→摊凉→二炒→摊凉→辉锅足干→提香。

② **梵净山烘青工工艺：**摊青→杀青→摊凉→揉捻→解块→初烘→摊凉→二烘→摊凉→足干→提香。

③ **梵净山香茶工工艺：**摊青→杀青→摊凉→揉捻→解块→毛火→摊凉→二炒→摊凉→辉锅足干→提香。

④ **梵净山绿片茶工工艺：**鲜叶碎切→杀青→一烘→二烘→三烘足干→碎切→筛分。

三、沿河绿茶

（一）名优绿茶

1. 品　类

① **扁形茶：**画廊雀舌、懿兴雀舌、沿河翠芽、沿河龙井（图7-10）。

② **卷曲形茶：**沿河毛尖和毛峰。

③ **珠形茶：**绿宝石、乌江茗珠（图7-11）。

图 7-10 沿河扁形茶
（沿河县茶产业发展办公室提供）

图 7-11 梵净山珠形茶
（沿河县茶产业发展办公室提供）

2. 加工工艺

① **扁形绿茶加工工艺：**鲜叶摊放→杀青→摊凉→理条压扁→脱毫→分级。

② **卷曲形绿茶加工工艺：**鲜叶摊放→杀青→摊凉→揉捻→解块→做形→烘干。

③ **条形绿茶加工工艺：**鲜叶摊放→杀青→摊凉→揉捻→解块→理条→干燥→提香。

④ **珠形绿茶加工工艺：**鲜叶摊放→杀青→揉捻→解块→炒（烘）二青→做形→拼锅→干燥→提香。

3. 品质特征

① **沿河翠芽：**外形扁直、油润光滑、色泽翠绿，香气嫩香，汤色清澈明亮，滋味鲜爽，叶底翠绿明亮、匀整。

② **沿河毛峰：**外形条索紧细卷曲、色泽翠绿，白毫显露，香气嫩香或栗香，汤色黄绿明亮，滋味鲜醇，叶底嫩绿明亮、较匀整。

③ **沿河翠片：**外形凤形，色泽翠绿，香气兰花香、嫩香或清香，汤色黄绿明亮，滋味鲜醇，叶底嫩绿明亮成朵、较匀整。

④ **乌江茗珠：**外形呈颗粒状，匀整重实，绿较润，香气浓郁，滋味浓醇，黄绿明亮，叶底芽叶完整。

（二）大宗绿茶

1. 生　产

沿河大宗绿茶有炒青、烘青、晒青、蒸青等，以中、低档茶叶为主，茶叶年均产量4543t，年均产值3.9672亿元。

2. 品质特征

① **卷曲形绿茶：**外形紧实卷曲、匀整绿润，香气栗香，汤色黄绿较亮，滋味醇和，叶底绿黄明亮、匀整。

② **颗粒形绿茶：**外形呈颗粒状，匀整重实，绿较润，黄绿明亮，香气浓郁，滋味浓醇，黄绿明亮，叶底芽叶完整。

③ **片形（绿翠片）茶：**外形呈小片状、黄绿匀整，汤色黄绿亮，香气纯正，滋味醇和。

3. 加工工艺

大宗绿茶加工工艺：鲜叶→摊放→杀青→揉捻→干燥。

四、松桃绿茶

（一）名优绿茶

1. 生　产

松桃翠芽是主要的茶叶产品。2014—2018年，名优绿茶年均产量1.2万t，茶叶年均产值12亿元。

2. 品　类

① **扁形茶：** 松桃翠芽、梵净山翠峰。

② **卷曲形茶：** 松桃春毫、松桃毛峰。

③ **条形茶：** 苗王顶翠、净山翠片。

④ **珠形茶：** 松桃珠茶、梵净山绿珍珠。

3. 加工工艺

名优绿茶加工工艺：鲜叶→摊放→杀青→做形→干燥→提香。

4. 品质特征

① **松桃翠芽：** 外形扁、平、直，光滑油润，色泽翠绿，香气醇郁，汤色清澈明亮，滋味醇厚鲜爽、回味持久，叶底翠绿明亮。

② **松桃毛峰：** 条索紧细卷曲，色泽鲜绿，白毫显露，香气清香，汤色清澈，滋味鲜浓、回味甘甜，叶底嫩绿明亮，芽头肥壮。

③ **净山翠片：** 外形瓜子形、单片、自然平展、叶缘微翘、色泽翠绿，大小匀整、不含芽尖、茶梗；香气清香高爽，滋味鲜醇回甘，汤色清澈透亮，叶底绿嫩明亮。

④ **梵净山绿珍珠：** 外形呈颗粒状、紧结圆润、绿润显毫，内质栗香显，汤色翠绿明亮，滋味鲜醇回甘，浓而不涩，叶底肥嫩成朵、鲜活，芽叶完整。

（二）大宗绿茶

① **生产：** 2018年，松桃大宗绿茶的产量9120t，年均产值3.55亿元。

② **品类：** 炒青绿茶。

③ **加工工艺：** 杀青→揉捻→干燥。

④ **品质特征：** 香气低淡，汤色黄绿，滋味平淡欠鲜爽。

五、思南绿茶

（一）名优绿茶

1. 思南翠芽

① **茶树品种：** 福鼎大白。

② **原料标准：** 单芽。

③ **加工工艺：** 萎凋→杀青→摊凉→理条→摊凉→定型→脱毫→摊凉→提香。

④ **品质特征：** 形似瓜籽、扁平光滑、挺直尖削、嫩绿鲜润有光泽、匀净，汤色嫩绿清澈，香气清香持久或显栗香，滋味鲜爽，叶底完整、叶质肥嫩匀净（图7–12）。

图 7–12 思南翠芽（思南县茶桑局提供）

2. 思南毛峰

① **茶树品种：** 福鼎大白。

② **原料标准：** 1芽1叶或1芽2叶。

③ **加工工艺：** 杀青→揉捻→做形→干燥。

④ **品质特征：** 外形条索紧细、白毫满披、色泽绿润，汤色碧绿明亮，香气，嫩香、栗香持久，滋味鲜爽鲜醇，叶底完整成朵状、色泽嫩绿明亮、匀整。

图 7–13 安吉白茶（思南县茶桑局提供）

3. 安吉白茶（品种白茶）

① **茶树品种：** 安吉白茶。

② **原料标准：** 1芽1叶或2叶。

③ **品质特征：** 外形兰花形，挺直显芽，嫩绿鲜润，汤色嫩绿清澈明亮，香气豆香，滋味甘醇鲜爽，叶底细嫩成朵、叶白脉绿鲜亮、显芽（图7–13）。

图 7–14 绿宝石（思南县茶桑局提供）

4. 绿宝石

① **茶树品种：** 福鼎大白。

② **原料标准：** 1芽2叶或3叶。

③ **加工工艺：** 杀青→揉捻→解块→做形→干燥。

④ **品质特征：** 外形，颗粒匀整、绿润，汤色黄绿明亮，香气浓香高长，滋味鲜醇爽口，叶底芽叶匀整、黄绿亮、鲜活（图7–14）。

（二）大宗绿茶

① **茶树品种：** 福鼎大白。

② **原料标准：** 1芽3叶或4叶。

③ **品质特征：**外形条索尚紧结、黄绿或灰绿、有茎梗，汤色黄绿尚亮，香气显栗香，滋味醇和，叶底较完整、深绿稍亮。

六、江口绿茶

（一）名优绿茶

① **品类：**“梵净翠芽”“江口梵净翠芽”“页岩珍珠”“梵境素心”“绿宝石”。

② **加工工艺：**萎凋→杀青→揉捻→解块→整形→干燥→提香。

③ **品质特征：**香气馥郁，汤色翠绿，滋味甜爽鲜嫩，气味清香，叶底匀整。

（二）绿宝石绿茶

① **加工工艺：**摊青→杀青→摊凉回潮→揉捻→解块→脱水→摊凉回潮→造形→干燥→精制提香。

② **品质特征：**绿宝石绿茶为盘花状颗粒形绿茶，特征为“翡翠绿、嫩栗香、浓爽味”（表7–1）。

表7–1　绿宝石绿茶的品质特征

级别	外形	内质			
		汤色	香气	滋味	叶底
珍品	盘花状颗粒，匀整，绿润，有毫	黄绿明亮	香浓郁有栗香	浓厚鲜爽	柔软，黄绿明亮，芽叶完整
特级	盘花状颗粒，较匀整，绿较润，带毫	黄绿、亮	香尚浓郁带栗香	醇厚	柔软，绿亮，芽叶完整
一级	盘花状颗粒，较匀整，较绿尚润	黄绿较亮	纯正	醇正	较柔软，绿明，较完整

七、德江绿茶

（一）名优绿茶

1. 生　产

2018年，全县生产名优绿茶7854.5t，产值19.64亿元。

2. 品　类

德江县名优绿茶：扁形、卷曲形、直条形和珠形。

3. 加工工艺

① **扁形茶加工工艺：**摊青→杀青→理条→整形→脱毫→烘干。

② **卷曲形工艺：**摊青→杀青→揉捻→解块→整形→提毫→烘干。

③ **直条形工艺：**摊青→杀青→揉捻→解块→整形→脱毫→烘干。

④ **珠形茶工艺：**摊青→杀青→揉捻→解块→脱水→整形→烘干。

4. 品质特征

① **扁形绿茶**：外形扁平光滑匀齐挺秀，色泽翠绿润亮；香气清高持久，汤色碧绿清澈，滋味甘醇鲜爽，叶底柔嫩匀亮。

② **卷曲形绿茶**：条索紧细卷曲，白毫显露，色泽银绿显翠；香气清嫩，汤色绿艳明亮，滋味清鲜回甘，叶底嫩绿匀齐明亮（图7-15）。

③ **直条形绿茶**：条索紧细圆直，翠绿油润；香气清嫩，汤色绿艳明亮，滋味清鲜回甘，叶底嫩绿匀齐明亮。

④ **珠形绿茶**：外形颗粒圆结重实，细嫩露毫，绿润显翠；香气浓香馥郁，汤色碧绿清澈；滋味鲜醇，回甘爽口；叶底嫩匀鲜活（图7-16）。

图7-15 德江县毛峰茶
（德江县茶叶产业发展办公室提供）

图7-16 德江鸿泰山人水牌鸿泰“茗珠”
（德江县茶叶产业发展办公室提供）

（二）大宗绿茶

1. 生　产

据统计，2007年以前德江县的大宗绿茶的年产量95~104t，产值71.25万~78万元；2010年，生产大宗绿茶129t；2018年，生产大宗绿茶4.39万t，产值27.9亿元。

2. 品　类

炒青茶、烘青茶、绿片茶、绿碎茶。

3. 加工工艺

① **炒青绿茶**：摊青→杀青→揉捻→做形→炒干。

② **烘青绿茶**：摊青→杀青→揉捻→烘干。

③ **绿片茶**：摊青→切青→杀青→烘干→分拣。

④ **绿碎茶**：摊青→杀青→揉捻→锤切→揉切→干燥。

4. 品质特征

① **炒青绿茶**：条索紧结，色泽绿润，香高持久，滋味浓郁，汤色、叶底黄亮。

② **珠形绿茶**：外形圆紧如珠、香高味浓、耐泡。

③ **烘青绿茶：**清香味，色泽绿，白毫显现，条索略粗松，茶汤黄绿色，滋味鲜爽，回甘，叶底绿亮。

④ **绿片绿茶：**茶片均匀，色泽嫩绿，清香味，汤色黄绿，叶底绿亮。

⑤ **绿碎茶：**外形色绿，颗粒重实匀整，绿汤绿叶，味香醇，茶汤的物质多，可以直接装成袋泡茶。

第二节　铜仁红茶

铜仁市红茶在20世纪70年代以生产红碎茶为主。2015年后随红茶消费市场增长，企业转向红茶的生产，红茶产量增幅较大，主要产品有红条茶、卷曲形红茶、红片茶等茶品类。

一、石阡红茶

① **名优红茶：**石阡县名优红茶，20世纪50年代红碎茶产量达到190余吨，名优红茶产量100t。2010年，红茶产量大幅增加，占全县茶叶总产量的8%左右。

② **名优红茶加工工艺：**萎凋→揉捻→解块→发酵→初烘→摊放→挑拣分级→复烘。

二、德江红茶

（一）名优红茶

1. 生　产

德江县红茶，2011—2018年累计生产红茶940t，累计产值1.48亿元，其中：生产名优红茶670t，名优红茶产值1.45亿元。

2. 品　类

丝芝路红茶、鸿泰金豪红茶、卷曲形红茶、玉蕊红茶、珠形红茶、玫瑰红茶。

3. 加工工艺

① **珠形红茶生产工艺：**萎凋→揉捻→发酵→造形→烘干。

② **卷曲形红茶生产工艺：**萎凋→揉捻→发酵→做形→干燥。

4. 品质特征

① **珠形红茶：**条索紧细卷曲、显金毫、色泽乌润，香气浓郁甜香，汤色红亮，滋味鲜爽，叶底红明均整。

② **卷曲形红茶：**条索紧细微卷、匀齐，色泽金黄或乌润，香气馥郁，汤色红艳明亮，滋味醇和甘浓，叶底柔嫩、红匀明亮。

（二）大宗红茶

① **生产**：2018年，德江县生产大宗红茶270t，产值300万元。

② **加工工艺**：摊青→揉捻→发酵→干燥。

③ **品质特征**：茶条大小相对均匀，色泽淡红，茶汤浓、汤色深红，香气不高。

三、思南红茶

（一）红条茶

① **茶树品种**：福鼎大白、金观音。

② **原料标准**：单芽、1芽1叶初展、1芽2叶。

③ **加工工艺**：鲜叶→萎凋→发酵→做形→干燥。

④ **品质特征**：外形细紧匀净、乌润显金毫、尚净带筋梗，汤色红艳、明亮，香气带花果香，滋味醇和、尚爽，叶底匀红亮（图7–17）。

图 7–17 思南县红条茶（周芳提供）

（二）珠形红茶

① **茶树品种**：福鼎大白。

② **原料标准**：1芽2、3叶。

③ **加工工艺**：鲜叶→萎凋→发酵→做形→干燥。

④ **品质特征**：外形颗粒紧卷匀整、有金毫、色乌较润，汤色红艳、明亮，香气甜醇，滋味醇和，叶底尚匀尚红（图7–18）。

图 7–18 思南县珠形茶（贵州飞宏生态农业旅游发展有限公司提供）

四、沿河红茶

沿河县红茶加工始于20世纪90年代初，2008年后茶叶企业生产红茶。2008—2018年累计红茶产量5322t。

（一）名优红茶

1. 品　类

① **工夫红茶**：懿兴红茶、武陵春红茶、新景红茶（图7–19）。

② **珠形红茶**：红宝石、乌江茗珠（图7–20）。

③ **沿河古树红茶**：千年古红茶、马家庄古红茶、思州红茶、洲州红品类（图7–21）。

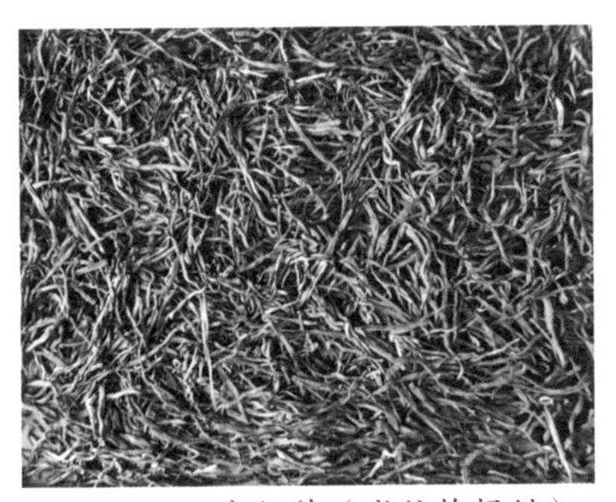

图 7–19 工夫红茶（肖仕梅提供）

2. 加工工艺

① **条形红茶工艺：**鲜叶→萎凋→揉捻→解块→发酵→毛火→理条→摊凉→足火→提香。

② **卷曲形红茶工艺：**鲜叶→萎凋→揉捻→解块→发酵→初烘→摊凉→做形→摊凉→足火→提香。

③ **颗粒形红茶工艺：**鲜叶→萎凋→揉捻→解块→发酵→初烘→摊凉→做形→摊凉→足火→提香。

图 7-20 沿河红宝石
（沿河县茶产业发展办公室提供）

3. 品质特征

① **沿河工夫红茶：**外形条索紧细，金毫显露、色泽乌润，香气蜜香，汤色红亮，滋味鲜醇，叶底红亮（图 7-22）。

② **沿河珠形红茶：**外形颗粒圆整，色泽红润，香气甜香，汤色红亮，滋味甜醇，叶底红明。

③ **沿河古树红茶：**外形条索紧结、弯曲、带金毫，色泽乌黑油润，汤色红亮、花香突显，滋味浓醇，叶底红亮。

图 7-21 沿河古树红茶
（沿河县茶产业发展办公室提供）

（二）大宗红茶

1. 生　产

红茶在沿河茶叶生产中占有较大比重，仅次于绿茶，红茶以名优红茶为主，大宗红茶为辅，年红茶产量占年茶叶总产量的40%左右，2018年红茶产量1586.5t。

图 7-22 沿河县工夫红茶
（沿河县茶产业发展办公室提供）

2. 加工工艺

萎凋→揉捻→发酵→干燥。

3. 品质特征

① **卷曲形大宗红茶：**外形尚卷曲匀整乌润，香气甜香，汤色红尚亮，滋味醇和，叶底尚匀尚红亮。

② **颗粒形大宗红茶：**外形颗粒尚紧结尚匀整，色泽较乌润，香气纯正，汤色红明，滋味醇和，叶底尚匀红亮。

五、江口红茶

（一）名优红茶

①**品类**：红宝石、页岩珍珠红、净山红。

②**加工工艺**：萎凋→揉捻→发酵→干燥。

③**品质特征**：条索紧结肥壮、重实、匀整，色泽乌黑油润，香气高鲜，汤色红艳鲜明、清澈、带金圈，叶底肥厚，滋味醇厚、甘滑爽口、回甘持久。

（二）红宝石红茶

①**加工工艺**：萎凋→摇青→揉捻→发酵→脱水→做形→烘干→提香。

②**品质特征**：详见表7-2。

表7-2　红宝石红茶品质特征

级别	外形	汤色	香气	滋味	叶底
特级上等	盘花颗粒、匀整、重实、乌润、有毫	红艳	浓郁甜香、高长持久	鲜醇回甘	红明完整
特级	盘花颗粒、尚匀整、重实、乌尚润、隐毫	红亮	甜香、尚持久	甜醇	尚红明完整
一级	盘花颗粒、尚匀整、重实	尚红亮	甜香、尚浓郁	纯正	较完整

六、松桃红茶

（一）名优红茶

2014年，松桃县红茶产量约5000kg。

1. 品　类

小种红茶、工夫红茶。

2. 加工工艺

萎凋→揉捻→发酵→干燥。

3. 品质特征

①**小种红茶**：条索粗壮紧直、身骨重实、色泽褐红润泽，汤色红艳浓厚、香气高爽浓烈、带有松烟香味，滋味浓醇、活泼甘醇，叶底红亮、呈紫铜色、叶张大而柔软、肥壮厚实。

②**工夫红茶**：外形条索紧细、苗秀显毫、色泽乌润，香气清香、馥郁持久，汤色红

艳明亮，滋味鲜醇带甜，叶底鲜红明亮。

（二）大宗红茶

松桃大宗红茶主要品类：红片茶。

七、印江红茶

（一）名优红茶

1. 品　类

梵净山红茶、梵净工夫红茶、梵净山红珠茶。

2. 加工工艺

① **梵净山红茶加工工艺：** 鲜叶萎凋→揉捻→解块→发酵→初烘→摊凉→复烘→摊凉→提香。

② **梵净山工夫红茶加工工艺：** 鲜叶萎凋→揉捻→解块→发酵→初烘→摊凉→复烘→摊凉→提香。

③ **梵净山红珠茶加工工艺：** 鲜叶萎凋→揉捻→解块→发酵→一炒→摊凉→二炒→三炒→摊凉→三炒→摊凉→提香。

3. 品质特征

① **梵净山红茶：** 干茶外形紧细直，色红褐；汤色金黄明亮；滋味醇爽回甘；香气显蜜香、果香，叶底红褐匀齐。

② **梵净山工夫红茶：** 外形紧细稍卷，色棕褐；汤色红艳明亮，滋味醇厚回甘；香气显蜜香、花果香，叶底匀、齐明亮。

③ **梵净山红珠茶：** 干茶外形紧实呈颗粒，色棕褐油润；汤色红亮，滋味鲜醇浓厚，香气显蜜香、花果香，叶底暗褐尚亮。

（二）大宗红茶

1. 品　类

梵净山红碎茶、梵净山红毛茶。

2. 加工工艺

① **梵净山红碎茶：** 萎凋→揉切→发酵→初烘→摊凉→复烘→筛分→足干。

② **梵净山红毛茶：** 萎凋→揉捻→发酵→一炒→二炒→足干。

3. 品质特征

① **梵净山红碎茶：** 干茶外形呈粒形、色棕红，汤色红亮，滋味醇厚浓强，香气显甜香，叶底暗褐。

② **梵净山红毛茶：**干茶外形粗松条形少卷、色棕褐，汤色红亮，滋味醇厚浓强，香气显甜香，叶底暗褐。

第三节　铜仁黑茶

一、松桃黑茶

1. 生　产

松桃县黑茶生产以“三尖”“三砖”为主，“三尖”即天尖、贡尖、生尖；“三砖”，茯砖、黑砖、花砖等产品。

2. 工艺流程

杀青→揉捻→渥堆→干燥。

3. 品　类

① **天尖：**“天尖”是“三尖”之一。“天尖”是用黑毛茶的一、二级原料加工而成的。其品质特征，外形条索紧结，较圆直，嫩度较好，色泽黑润，香气纯和带松烟香，汤色橙黄，滋味醇厚，叶底黄褐尚嫩。

② **茯砖：**“茯砖”是黑毛茶的三、四级原料加工而成。“茯砖”是“三砖”之一。茯砖规格为35cm×18.5cm×45cm，每片茯砖净重2kg。砖面平整，棱角分明，厚薄一致，发“花”普遍茂盛，特茯呈褐黑色。香气纯正，具有特殊的菌花香，汤色橙黄，滋味醇厚或醇和。

③ **黑毛茶：**黑毛茶原料要求成熟度、新鲜。一级黑茶要求1芽3、4叶为主；二级要求1芽4、5叶为主；三级以1芽5、6叶为主；四级以开面叶和对夹新梢为主。一、二级毛茶用于加工“三尖”，三级用于加工花砖和茯砖，四级用于加工普通茯砖和黑砖（图7-23）。

图7-23 松桃黑毛茶
（松桃苗族自治县茶叶产业发展办公室提供）

二、思南黑茶

① **生产企业：**思南白鹭茶业有限公司。

② **原料加工：**品种为福鼎大白茶，黑毛茶加工。

③ **原料标准：** 1芽4叶或5叶，粗枝老梗（图7-24）。

④ **加工工艺：** 杀青→揉捻→渥堆→干燥。

⑤ **品质特征：** 外形条粗叶阔，色泽黑褐光润；汤色橙红明亮；香气纯正；滋味醇厚，回甘；叶底深褐色，匀整。

图7-24 黑茶感官审评（思南县茶桑局）

三、石阡黑茶

石阡县从20世纪50年代，生产低端青毛茶（边销茶）原料销售广西、四川和贵州桐梓等地的边销茶场。2014年，以夏秋茶原料，生产黑毛茶，销往湖南安化及广西等地。2018年，企业将黑毛茶运到湖南安化制成紧压茶后（饼茶）返回石阡销售。

第四节　铜仁白茶及青茶

一、石阡白茶及青茶

（一）石阡白茶

据有关文献资料记载，石阡在唐宋之前就有生产白茶的历史。贵州祥华生态茶业有限公司生产的"黔北记忆"白茶，贵州省石阡正岩苔生态茶业有限公司生产的"正岩苔"白茶在北方市场供不应求。2017年起，每年干茶产量约50t（图7-25）。

图7-25 石阡白茶
（石阡县茶业协会提供）

① **白茶加工工艺：** 鲜叶→均匀散在筛面→萎凋—烘干→包装。

② **白茶品质特征：** 芽毫显露，鲜香持久，汤色杏黄，滋味清新鲜醇，叶底成朵。

（二）石阡青茶

石阡生产青茶始于2009年。2010年，贵州昌裕农业发展有限公司建成年加工能力500t的青茶生产线。

① **加工工艺：** 鲜叶→晒青→凉青→摇青→发酵→杀青→包揉→干燥→拣梗→成品。

② **品质特征：** 外形紧结、重实、匀整洁净，内质香气持久、花香明显，滋味醇厚、有音韵，汤色黄绿明亮，叶底软亮、匀整。

二、江口青茶

江口县2007年引进铁观音、金观音、大红袍、水仙、梅占、肉桂等国家级青茶优良品种种植。

1. 加工工艺

萎凋→做青→杀青→包揉→烘干→提香。

2. 品质特征

① **条形青茶**：外形弯条形、色泽乌褐或带墨绿、条索紧结、壮结，汤色橙黄至金黄、清澈明亮，茶汤温润，回甘顺滑，既有红茶浓鲜味又有绿茶清芬香，岩骨韵厚重，口齿留香，叶底软亮、叶缘红点泛现。

② **卷曲青茶**：茶条卷曲、肥壮圆结、沉重匀整、色泽绿润，汤色金黄浓艳、有天然馥郁的桂花香，滋味醇厚甘鲜、回甘悠久。

三、德江青茶

2009年，德江种植“金观音”“黄观音”适宜制乌龙茶高香型茶树品种；2012年，全县生产青茶11t，产值330万元；2013年，生产青茶1t，产值20万元。

① **加工工艺**：采摘→萎凋→摇青→炒青→揉捻→烘焙。

② **品质特征**：外形紧结重实，深绿乌润，花香馥郁，滋味醇厚甘鲜，汤色金黄明亮，叶底深绿红边。

第五节　铜仁特种茶

铜仁市特种茶有安吉白茶、黄金芽茶、碾茶、抹茶、藤茶（非茶类）等品类。碾茶主要在江口、德江、思南、印江、沿河等县生产；抹茶由贵州铜仁贵茶茶业股份有限公司生产，2018年有2条现代化流水线投入生产，抹茶产量50t；2019年生产抹茶产量110t。

一、石阡特种茶

（一）石阡安吉白茶（品种白茶）

① **生产**：2005年，石阡县引种安吉白茶；2018年，年产量10t。

② **加工工艺**：鲜叶→杀青→摊凉→轻揉→初烘→摊凉→足干。

③ **品质特征**：外形挺直、呈自然芽状、翠绿，清香高扬持久，滋味鲜爽甘甜、叶底嫩绿均整明亮成朵。

（二）石阡黄金芽茶

① **生产：** 石阡县2014年引进黄金芽茶品种；2018年，年产量2t（图7-26）。

② **加工工艺：** 鲜叶→杀青→摊凉→轻揉→初烘→摊凉→足干。

③ **金芽茶品质特征：**“三黄”，即“干茶亮黄、汤色明黄、叶底纯黄”，外形呈自然芽状，香气香高馥郁持久，滋味甘甜鲜爽，叶底玉黄成朵。

图7-26 石阡黄金芽（石阡县茶业协会提供）

二、印江特种茶

梵净山黄金茶：印江县2016年引进黄金茶品种，2018年初投产，加工原料为春茶的1芽1叶、1芽2叶。

① **加工工艺：** 杀青→摊凉→一炒→摊凉→二炒→摊凉→三炒→摊凉→足干→提香。

② **品质特征：** 干茶外形紧结，色玉黄，汤色嫩绿明亮，滋味鲜爽，香气馥郁持久，叶底玉黄明亮完整。

三、江口特种茶

（一）梵净山白茶（品种白茶）

2009年，引进安吉白茶品种；2012年，建成年产30t的茶叶加工生产线。梵净山安吉白茶经检测，可溶性氨基酸9.28%，水浸出物达43.02%；2018年，加工白茶产品23t。

① **品类：** 条形、颗粒形、卷曲形等品类。

② **原料标准：** 1芽1叶、1芽2叶。

③ **加工执行标准：** DB52/T97—2015。

④ **加工工艺：** 摊凉→杀青→做形→干燥→提香。

⑤ **品质特征：** 色如玉霜、光亮油润，茎脉绿，汤色清澈明亮、清中显绿，香气鲜爽醇厚，滋味甘醇。

（二）江口藤茶（非茶类）

江口藤茶，俗称端午茶、藤婆茶（又称山甜茶、龙须茶）。系葡萄科蛇葡萄属显齿蛇葡萄种的藤本植物。江口县是藤茶原生地，有600多年的藤茶饮史，全县有18万亩天然野生资源，生产藤茶干茶350余吨。

江口藤茶是名贵珍稀的保健茶。据《中华本草》记载，藤茶产品其功效为“清热利湿、平肝降压、活血通络”。经华西医科大学、贵州省师范大学生命科学院、北京营养研究中心等多家科研机构分析检验，江口藤茶含大量的二氢杨梅素、杨梅素等黄酮类化合物，19种人体必需的可溶性氨基酸，每100g产品含热量为1590.1kcal、蛋白质13.3g、脂肪7.0g、胡萝卜素10.6mg、维生素E 25.2mg、铁12.31mg、锌31mg、钙639.38mg、硒0.017mg等。其具有清热解毒、抗菌消炎、祛风除湿、强筋骨、降血压、降血脂、保肝护肝等功效。2014年1月，被国家卫生计划委员会正式列入国家新资源食品，进入药食同源名录。江口县藤茶年产量100t左右（图7–27）。

图7–27 铜仁江口藤茶
（印江县茶产业发展中心提供）

① **加工工艺：**采青→杀青→摊凉→发酵→干燥。

② **品质特征：**藤茶产品色绿起白霜，味苦甘长，生津止渴；入口为苦涩药香，几秒后立刻回甘，清香，甘甜入喉。

四、德江特种茶

德江白茶（品种白茶）：2009年，德江引进安吉白茶（白茶1号）；2018年，白茶产量400t，产值1.08亿元。

① **加工工艺：**摊青→杀青→做形→干燥。

② **品质特征：**外形似凤羽，条直显芽，芽壮匀整，嫩绿鲜活，透金黄，冲泡后叶白、脉浅绿，茶氨酸含量高达4.5%以上。

第六节　铜仁碾茶及抹茶

一、江口碾茶及抹茶

（一）江口碾茶

① **碾茶：**2018年，江口县加工62t。2019年，加工107.3t，产值1189.4万元。

② **生产线：**截至2019年12月，江口县有12家企业，碾茶生产线14条。

③ **加工工艺：**茶园遮阴覆盖→采摘→储青→鲜叶切割、筛分→蒸汽杀青→冷却散茶→碾茶炉干燥→梗叶分离→低温足干→茎叶分离→分装。

④ **碾茶感官品质：**详见表7-3。

表7-3　碾茶感官品质要求

级别	外形	内质			
		汤色	香气	滋味	叶底
特级	呈片状，墨绿或鲜绿，油润，匀净	嫩绿明亮	覆盖香显著	鲜醇	嫩匀
一级	呈片状，绿润，较匀净	绿明亮	有覆盖香	醇和	嫩尚匀
二级	呈片状，尚绿润，尚匀净	浅黄绿	尚纯正	略带粗涩	尚嫩

⑤ **碾茶理化指标：**详见表7-4。

表7-4　碾茶理化指标

项目		贵州标准
粉末（≤40目）（质量分数/%）		≤5.0
水分（质量分数%）		≤6.0
总灰分（质量分数%）		≤8.0
茶氨酸总量（质量分数%）≥	特级	2.0
	一级	1.5
	二级	0.5

⑥ **碾茶品质特征：**碾茶产品通过欧盟486项农残检测，符合欧盟食品安全。碾茶具有色泽浓绿、口感鲜醇的特点。碾茶色泽匀净、覆盖香显著、滋味鲜醇（图7-28）。

图7-28　江口碾茶产品（江口县茶叶局提供）

（二）江口抹茶

2017年，江口县人民政府与贵州贵茶（集团）有限公司签订合作协议，开展抹茶深加工及红宝石、绿宝石茶精深加工。2017年，铜仁市委、市政府打造“中国抹茶之都”战略决策，把铜仁打造成为国际抹茶文化中心和交易中心。2018年，江口县凯德特色产业园区贵茶产业园建成投产；同年成立贵州铜仁贵茶茶业股份有限公司。

1. 抹茶产品标准

① **国家标准：** GB/T 34778—2017抹茶，标准定义采用覆盖栽培的茶树鲜叶经蒸汽（或热风）杀青后，干燥制成的叶片为原料，经研磨工艺加工而成的微粉状茶产品。

② **地方标准：** DB52/T 1358—2018，标准中抹茶是采用覆盖栽培的茶树鲜叶，经蒸汽杀青、未经揉捻、辐射热方式烘烤干燥制成的叶片为原料，经研磨工艺加工而成的微粉状茶产品（图7–29）。

2. 加工工艺

碾茶→研磨→灭菌。

3. 感官品质

外观绿亮、细腻均匀，香气覆盖香，滋味纯正味浓，且汤色绿（图7–30、表7–5）。

① **理化指标：** 国家标准和贵州标准的理化指标，抹茶粒度（D60）均要求800目以上，详见表7–6。

② **安全指标：** 抹茶农药最大残留限量应符合表7–7规定。

图7–29 抹茶产品（江口县茶叶局提供）

图7–30 抹茶茶汤（江口县茶叶局提供）

表7–5 贵州抹茶感官品质要求

标准	外形		内质		
	色泽	颗粒	香气	汤色	滋味
国标标准	鲜绿明亮	柔软细腻均匀	覆盖香显著	浓绿	鲜醇味浓
	翠绿明亮	细腻均匀	覆盖香明显	绿	纯正味浓
贵州标准	鲜绿明亮	柔软细腻均匀	覆盖香显著	鲜浓绿	鲜醇味浓
	翠绿明亮	柔软细腻均匀	覆盖香明显	浓绿	纯爽味浓
	绿亮	细腻均匀	覆盖香	绿	纯正味浓

表7-6　贵州抹茶理化指标

项目		国标（GB）	贵州标准
粒度（D60）		≤ 18 μm	≤ 18 μm
水分（质量分数%）		≤ 6.0	≤ 6.0
总灰分（质量分数%）		≤ 8.0	≤ 8.0
茶氨酸总量（质量分数%）	特级	/	≥ 1.5
	一级	≥ 1.0	≥ 1.0
	二级	≥ 0.5	≥ 0.5

表7-7　贵州抹茶农药最大残留限量

项目	国标标准	贵州标准
吡虫啉（mg/kg）	≤ 0.5	≤ 0.2
草甘膦（mg/kg）	≤ 1	≤ 0.5
虫螨腈（mg/kg）	≤ 20	≤ 10.0
啶虫脒（mg/kg）	≤ 10	≤ 2.0
联苯菊酯（mg/kg）	≤ 5	≤ 2.0
茚虫威（mg/kg）	≤ 5	≤ 2.0

4. 抹茶品质特征

抹茶质量要求：颗粒大小是≤ 18μm，整体粉质细腻，点茶后泡沫柔滑持久不散。抹茶是碾茶研磨而成，符合欧盟食品安全要求。产品感官外观色泽鲜绿，汤色明艳，颗粒细腻，覆盖香，浓郁的口感中能感受到甘甜味，可以直接点茶饮用，亦可作为饮品、甜点、化工添加材料使用（图7-31）。

图 7-31 抹茶产品（江口县茶叶局提供）

二、德江碾茶

（一）碾茶生产

2017年，建设碾茶生产线6条。

（二）德江县碾茶企业

德江县碾茶企业，详见表7-8。

表7-8　德江县碾茶企业

乡镇	企业名称	企业所在地	碾茶生产线（条）
枫香溪	德江县泉鸿茶业有限公司	德江县枫香溪镇保安村	2
复兴	德江县名山茶业有限公司	德江县复兴镇棋坝山村	1
复兴	德江县众兴茶业有限公司	德江县复兴镇贾村村	2
沙溪	德江县官林茶业有限公司	德江县沙溪乡	1
合计	4		6

① **加工工艺：** 摊凉→切茶→蒸青→脱水→干燥→梗叶分离→干燥→去杂→装袋。

② **品质特征：** 茶片大小均匀，色泽深绿鲜活，汤色嫩绿明亮，有海苔香味，叶底嫩绿（图7-32）。

图7-32 德江县泉鸿茶业公司生产的碾茶（德江县茶叶产业发展办公室提供）

三、思南碾茶

① **生产企业：** 贵州思南净鑫茶旅有限责任公司。

② **碾茶基地及生产线：** 贵州省铜仁市思南县张家寨茶园基地190hm^2，有生产线1条。

③ **厂房建设时间：** 2018年8月。

④ **生产产品：** 碾茶（图7-33）。

图7-33 思南县碾茶（万高涛提供）

四、印江碾茶

① **生产：** 2017年，贵州印江梵净汇浦生态茶叶有限公司建成投产，覆盖茶园基地10hm^2，碾茶生产线3条。

② **品质特征：** 产品外形呈片状、色墨鲜亮，汤色嫩绿明亮，滋味鲜醇，香气海鲜味，叶底嫩绿明亮。

③ **加工工艺：**储青→鲜叶切割、筛分→蒸汽杀青→冷却散茶→碾茶炉干燥→梗叶分离→低温足干→茎叶分离→分装。

第七节　铜仁精制茶

一、石阡精制茶

1983年，石阡县引进设备建成精制茶加工车间，厂房面积800m^2，年精制茶叶50t。

2012年，引进中国台湾隆泰茶业集团，在汤山镇城北征地68000m^2，投资1.5亿元，新建石阡县茶叶初精制加工厂，精制厂房面积5200m^2，年加工能力9000t。

2016年，由石阡县政府投资1700万元，在国荣乡葛荣村四组杨家沟征地15000m^2，建设精初制茶叶加工厂，加工厂面积7100m^2，年加工能力2000t；2018年，加工茶叶100t。

二、印江精制茶

① **精制厂建设：**2018年，以净团茶叶公司合作经营为载体，利用工业园区厂房新建成两家自动化、连续化茶叶精制加工厂。

② **精制厂规模：**印江自治县福茗茶业有限公司精制加工厂，厂房占地面积3000m^2，加工设备47台（套），年加工能力500t，主要精制产品为眉茶。印江青耕茶叶公司精制厂，占地面积2000m^2，加工设备36台（套），年产量500t，主营精制包装，产品主要为花茶。

三、江口县精制茶

① **精制厂建设：**2017年5月，贵州铜仁贵茶茶业股份有限公司在江口县凯德特色产业园建设绿宝石、红宝石、欧陆大宗茶（片茶）精加工车间及生产线，2018年10月建成投产。

② **精制厂建设规模：**精制厂总规模11942m^2，其中：绿宝石生产车间面积为1270m^2，红宝石生产车间面积为1272m^2，片茶精制生产车间面积4600m^2，库房面积4800m^2；年精制产能力3000t，大宗茶（片茶）产量10000t。

③ **精制厂品类：**精制产品为红宝石、绿宝石、欧陆大宗茶（片茶）。

四、思南精制茶

（一）贵州茶润天下茶业有限公司

联合利华立顿思南出口精制欧标茶加工中心。

① **地址：** 贵州省思南县双塘街道办事处思南经开区双塘园区。

② **建设时间：** 2018年1月。

③ **建设规模：** 厂房及库房4000多平方米，国内先进生产设备，工艺先进，技术力量雄厚，年加工精制茶2000t以上。

④ **加工产品：** 符合欧盟标准的毛茶进行精加工出口。

⑤ **加工工艺：** 干燥→筛分→切轧→拣梗→拼配匀堆。

⑥ **精制茶造形：** 弯曲、碎片（末）。

（二）贵州詹姆斯芬利茶业有限公司——太古集团旗下全资子公司

① **地址：** 贵州省铜仁市思南县经济开发区。

② **建设时间：** 2018年3月。

③ **建设规模：** 精制厂占地面积23545.1m²，包含办公楼、服务用房、加工厂房、两栋仓库、停车场、道路、景观等工程。

④ **精制产品：** 符合欧盟标准的毛茶进行精加工出口；茶叶提取物研发、生产及销售。

⑤ **加工工艺：** 干燥→筛分→切轧→拣梗→拼配匀堆（图7–34）。

图7–34 贵州詹姆斯芬利茶业有限公司精加工产品（贵州詹姆斯芬利茶业有限公司提供）

（三）贵州思福实业有限公司

① **地址：** 贵州省铜仁市思南县经济开发区双龙大道工业园区9号楼。

② **建设时间：** 2015年6月。

③ **建设规模：** 面积1300余平方米，含有原料存储区、加工区、成品区、产品检验室、审评室，现有茶叶精制设备锯齿切茶机、茶叶平面圆筛机、茶叶抖筛机、茶叶风选机、茶叶色选机2台、茶叶烘干机、茶叶提香机等完整的精制茶叶生产加工机械设备。

图7–35 贵州思福实业有限公司茶叶产品（邹水英提供）

④ **加工工艺：** 干燥→筛分→切轧→拣梗→拼配匀堆（图7–35）。

梵山圣水泡茶好水（供图：肖楚）

第八章 铜仁茶水茶器

“水为茶之母”，陆羽在《茶经》中有：“山水上，江水中，井水下”，好茶须好水冲泡，水质直接影响茶汤色、香、味的品鉴。

第一节 铜仁水资源概况

铜仁市雨量充沛，河网密布，水资源非常丰富，过境河流主要有乌江和舞水干流，均为山区雨源型，径流主要靠地表水和地下水补给，水量大、水质好，有水资源总量为162亿m^3，天然饮用水资源量为24亿m^3，查明温泉23处，日产量2.05万m^3。

一、地表水

地表水主要来源为降雨，年平均降水量1216.6mm，年平均径流量672.8mm，年平均径流量124.14亿m^3。径流的地区分布与降水量的分布相一致，整体是东部多西部少，尤以松江流域最多，其次是锦江流域，最低位于境内乌江河谷区。径流量的季节分配，与汛、枯期一致，东部4—7月和西部5—8月4个月的径流量占全年总量的60%以上，10月至次年3月占40%，12月与1月最小，仅占2%左右。年隙间，径流量最大为最小的2.5~2.8倍，最小量为年平均值的0.6~0.46倍，按此推算，境内年径流量最多约为200亿m^3，最少约为75亿m^3。

二、地下水

地下水有岩溶水、裂隙水和孔隙水三种类型，以碳酸盐岩溶区为主。

三、河 流

河流以梵净山至佛顶山山脉为分水岭，分属长江流域两大水系，东为沅江水系，西为乌江水系，河流按流域面积20km^2以上的有229条，其中，20~99km^2的172条，100~499km^2的42条，500~999km^2的7条，1000km^2以上的8条。在229条河流中，境内长度在5~9.9km的58条，10~50km的156条，51~100km的10条，101~200km的4条，201km以上的1条。全市河流长度10km以上的总长度为4389km，平均每100km^2土地面积的河网密度为24.35km。其中，沅江水系74条，总长1963km，平均每100km^2的河网密度27.61km；乌江水系97条，总长2426km，平均每100km^2的河网密度22.22km。以东部玉屏境内最密，为39.65km，亦是贵州之最；以西部沿河境内最稀，为20.48km。除过境的舞阳河和乌江干流，其余河流均发源于境内武陵山脉，尤以主峰梵净山、凤凰山为主，其次是佛顶山等。主要河流均沿地势向东、东北和北三面迂回流入湖南或重庆，呈放射状。东部沅江水系流域面积6883km^2，占土地面积38.2%。西部乌江流域面积11140km^2，占土地面积61.8%。

在水文特征方面，境内河流基本是雨源性河流，受降雨影响明显，时空分布不均，径流分配不均，水位变化较大。通常4—9月为丰水期，10月至次年3月为枯水期。汛期流量占全年流量的80%左右。枯水严重时仅为2%左右，洪枯流量比在100倍以上。河流，二、三级支流和主要水体的水质良好，符合工农业生产和人民生活饮用水标准。

第二节　铜仁优质水资源分布

铜仁市优质水源244个，其中水质达到饮用天然矿泉水水源点29个，水质同时达到饮用天然矿泉水和理疗天然矿泉水水源点6个，水源点水质达到饮用天然泉水的水源点159个，水质达到I类地表水水源点30个。

一、优质水源

铜仁大型优质水源与国内外知名品牌矿泉水进行对比，铜仁市具有与世界级、国家级相媲美的优质水源点6个，其中分布在石阡4个，石固乡凯峡河村溶洞温泉、大沙坝乡余家寨村关余粮温泉、汤山街道温泉社区城南温泉、花桥镇凯镇村施场温泉；江口1个德旺镇潮水村地热井；印江1个紫薇镇慕龙村水源点。

二、优质泉水

铜仁市辖区内可分为饮用天然矿泉水、优质饮用天然泉水两种类型。据资料和水样检测结果，优质饮用山泉水175个，其中含锶的饮用天然矿泉水16个（表8-1），优质饮用天然泉水159个。

（一）饮用天然矿泉水

主要分布于思南县、石阡县、印江县、德江县等县内，总体受地层岩性、地质构造、地形地貌等多种因素控制（图8-1）。

（二）饮用天然泉水

根据取样检测分析结果，铜仁市区内优质饮用天然泉水的水源点159个。

图8-1 梵净山优质山泉水
（铜仁市工信委提供）

表8-1 铜仁市达到饮用天然矿泉水指标的下降泉统计表

序号	位置	水温/℃	达到矿泉水界限指标的元素（GB537—2008）	pH值	ρ（锶）/mg·L^{-1}	ρ（偏硅酸）/mg·L^{-1}
1	石阡县河坝乡和平村三湾组	18	锶	7.69	0.547	7.02
2	石阡县河坝乡中宅村岩郎组	16	锶	7.63	0.477	9.01
3	思南县孙家坝镇双红洞门前组	16	锶	7.42	0.59	9.5
4	思南县思塘街道城北社区凉水沟组	17	锶	7.39	0.44	10.73
5	思南县关中坝街道白沙井村高坪庄组	18	锶	7.49	0.42	11.03
6	思南县关中坝街道皂角溪村胡家溪组	18	锶	7.68	0.401	9.93
7	思南县张家寨镇檬子树村楼房组	15	锶	7.36	0.69	6.34
8	思南县板桥乡和平村坎上组猫尾巴	18	锶	7.6	0.731	9.89
9	思南县板桥乡板桥社区屯脚姚家冲	18	锶	7.54	0.724	8.71
10	思南县板桥乡水淹坝村	18	锶	7.48	0.645	8.88
11	思南县三道水乡龙塘河村	16	锶	7.78	1.15	10.22
12	德江县枫香溪乡思毛坝村二郎岩组九眼泉	16	锶	7.88	0.82	9.46
13	印江县紫薇镇慕龙村	18	锶	7.54	0.543	9.77
14	印江县板溪镇白果村	16	锶	7.49	0.44	8.48
15	沿河县泉坝乡捷克正北500m	17	锶	7.69	0.65	6.52
16	印江县沙子坡镇池坝村茨岩组	/	锶	7.68	0.46	7.22

第三节　铜仁优质水生产企业

铜仁优质水生产企业10家，详见表8-2。

表8-2 铜仁优质水生产企业统计表

序号	单位名称	水产品类别	行业代码	所属区县
1	贵州五新农业科技有限责任公司	饮料制造	1529	碧江区
2	农夫山泉（贵州）武陵山饮料有限公司	瓶（罐）装饮用水制造	1522	碧江区
3	石阡县泉都矿泉水开发有限责任公司	瓶（罐）装饮用水制造	1522	石阡县
4	思南县梵山山泉饮业有限公司	瓶（罐）装饮用水制造	1522	思南县
5	德江县乐乐美饮料有限公司	瓶（罐）装饮用水制造	1522	德江县
6	贵州清心露实业有限公司	瓶（罐）装饮用水制造	1522	德江县
7	沿河县中界乡猴子洞土家山泉水厂	瓶（罐）装饮用水制造	1522	沿河县

续表

序号	单位名称	水产品类别	行业代码	所属区县
8	贵州梵净山矿泉水有限公司（屈臣氏）	瓶（罐）装饮用水制造	1522	江口县
9	贵州高原清泉有限公司	瓶（罐）装饮用水制造	1522	石阡县
10	贵州好彩头食品有限公司	饮料制造	1524	碧江区

第四节　铜仁泡茶名泉

一、梵净灵水

梵净灵水天然矿泉水是屈层氏食品饮料有限公司旗下的高端天然矿泉水品牌，产自黔东灵山梵净山——第42届世界遗产大会认定的自然遗产，至今保留原始生态系统。由梵净山水资源有限公司投资并注册于贵州省江口县，位于德旺乡潮水村，源水取自地下471m，同时水质富含锶和其他多种微量矿物元素，并呈天然弱碱性。公司与拥有亚洲首家获得ISO国际品质嘉许证书和联合国世界卫生组织水质安全标准NSF认可证书的世界知名企业——屈臣氏实业公司进行战略合作，专门生产屈臣氏“梵净灵水”天然饮用矿泉水。灵山出好水，梵净灵水受数十亿年生态净土庇护，屈层氏把这瓶纳天地灵气的自然好水带进都市，诠释“水有灵净于心”的品牌理念。水质报告编号为：[黔]质检第W20190100693号（图8-2）。

图8-2　梵净灵水（水源地江口县德旺乡）（江口县茶叶局提供）

二、农夫山泉

农夫山泉即农夫山泉股份有限公司原名“浙江千岛湖养生堂饮用水有限公司”，公司总部在浙江。贵州武陵山是其八大优质水源基地之一，农夫山泉在远离都市的深山密林中建立生产基地，生产过程在水源地完成。农夫山泉在铜仁有以下两处生产基地。

（一）农夫山泉（贵州）武陵山饮料有限公司

成立于2012年10月，是铜仁市碧江区政府2012年重点招商入黔企业，所用的水资源取水点位于碧江区灯塔办事处寨桂村贺家组七股水，山泉从百米崖壁喷薄奔流，水质呈现弱碱性，口感清甜甘洌。

（二）农夫山泉贵州梵净山饮料股份有限公司

坐落在梵净山脚下德旺村，于2018年10月动工建设，于2019年5月建成投产。梵净山下的天然水源生产的优质瓶装饮用水，含有天然矿物元素，符合人体需求，任何人工水都难与之比拟。

三、石阡县知名泉水

石阡县知名泉水：汤山镇“泉都矿泉水”、中坝镇“玉虹山泉”、花桥镇“高源清泉”、龙塘镇“竹林山泉”“茶乡之水”，故有中国“泉都”之誉。

（一）汤山镇“泉都矿泉水”

“泉都”优质天然矿泉水，由石阡县泉都矿泉水有限责任公司生产。原农业部部长陈耀邦同志曾到该公司视察，陈耀邦部长亲自为泉都矿泉水题词：“水之精品，来自天然，延年益寿，堪称一绝”。汤山镇“泉都矿泉水”获2018年梵净山国际天然饮用水水博会“梵净山水·泡茶好水”品茗鉴水大赛绿茶类第一名（图8-3）。

图8-3 汤山镇“泉都矿泉水”
（石阡县茶业协会提供）

（二）石阡县龙塘“龙泉”

贵州省石阡县龙塘龙泉水水质优良，既可直接饮用，又可直接洗浴，其水pH值为7.30~7.85，富含硒、锶、钾、钙等20余种对人体有益的微量元素，长期饮用有利于提升人体的新陈代谢和免疫力。2016年10月22日，被中国民族卫生协会、中国生态好水源专家评审组评定为“中国生态好水源”，荣获国家3A级大奖。因其取水点位于龙塘镇省级现代高效苔茶示范园区东南侧的岔溪沟，故被人们称为“茶乡之水”年产量9万t，所产水经国家级检验。2017年8月，石阡县龙塘龙泉水厂与四川省神马泉合作成立了贵州省神马泉高溶氧饮品有限公司（图8-4）。

图8-4 石阡县龙塘“龙泉”
（石阡县茶业协会提供）

（三）泉都矿泉水

石阡“泉都”饮用天然矿泉水，中国国家级鉴定产品，产于中国长寿之乡——石阡。富含锶、偏硅酸、硒、锌等多种对人体有益的微量元素，其中“锶”含量尤为丰富，高达0.85~1.83mg/L，偏硅酸高达20.3~33.6mg/L，是高品质的饮用天然矿泉水、贵族水。多年来，产品一直深受广大消费者信赖。为综合开发利用石阡饮用天然矿泉水资源，提升“中国矿泉水之乡”的影响力，做大做强“泉都”天然饮用矿泉水品牌，生产企业在原有基础上投资2.24亿元，改建成年产10万t，集生态保护、智能生产、品牌展示、观光体验及工业扶贫于一体的现代化高端饮用天然矿泉水生产示范园区。

（四）石阡高原清泉

高原清泉位于享有“温泉之乡、长寿之乡、苔茶之乡、矿泉水之乡”美誉的贵州省铜仁市石阡县，形成于5亿年前寒武纪时代产生的断裂岩层带——武陵山脉西缘凯峡河（水源点位于石阡县石固乡凯峡河村），富含锶（1.3mg/L以上，GB ≥ 0.2mg/L）和偏硅酸（35.0mg/L以上，GB ≥ 25mg/L）等十余种有益人体健康的微量元素和组分，pH值7.5~8.5，属“世界少有、中国独有”的弱碱性小分子团复合型天然溶洞地热水资源。2018年9月，该泉水荣获贵州梵净山国际天然饮用水博览会组委会颁发的“十佳泡茶好水”称号（图8-5）。

图8-5 石阡高原清泉荣获“十佳泡茶好水”称号（石阡县茶业协会提供）

四、碧江区七股水

位于碧江区灯塔办事处寨桂村贺家组，为深层地下水、泉水，地下水性质为岩溶裂隙水，通过查1∶50000水文地质图瓦屋幅及云场坪幅，量得地下水来水面积为33.27km^2，面积一部分地表径流汇入头溪，剩余部分地表径流汇入其他流域，七股水为水文地质单元地下水唯一排泄口。其出露地点位于半山腰，七股水最枯流日量为9753.1m^3，农夫山泉取水量为944.3m^3/d（图8-6）。

图8-6 碧江区寨桂七股水农夫山泉取水点（碧江区茶叶站提供）

五、清心露饮用天然泉水

位于德江县青龙街道办事处向阳社区即北纬28°，水源地常年平均气温≥10℃，水温稳定，钻取地下300m含水岩石层的天然活性弱碱山泉水，水质澄清、水温稳定、入口甘甜，蕴含钙、镁、钾、钠等多种矿物质，富含偏硅酸，年取水量为15.2万m^3。清心露山桶装泉水经国家权威机构检测，各项指标达到国家矿泉水标准，各项指标优于国家山泉水标准，是极为难得的纯天然饮用山泉水（图8-7）。2007年，清心露饮用天然泉水获得中国国际博览会首届品茶斗水大赛“优质宜茶水品”称号；2016年，清心露饮用天然泉水在贵州首届（铜仁）国际水博会中获“中国生态好水源”称号；2017年4月，清心露饮用天然泉水获邀参加第十届中国高端水（上海）博览会，荣获“天然山泉水推荐品牌”；2018年，荣获“十佳泡茶好水”。

贵州省产品质量监督检验院
（国家酒类及加工食品质量监督检验中心）
检验报告

页号	共 3 页 第 1 页
编号	【黔】质检第W20180121148号

*产品名称	清心露饮用天然泉水	*商标	清心露
*规格型号	18.9L/桶	*质量等级	----
*生产厂家	贵州清心露实业有限公司	*生产日期或批号	2018-10-24
检验类别	委托检验	送样日期	2018-10-24
样品数量	7桶	送样者	林星海
样品编号	W20180121148	样品状态描述	包装未见破损
检验开始日期	2018-10-24	检验完成日期	2018-11-15
检验环境条件	按标准要求	检验地点	贵州省贵阳市白云区科教街698号
受检单位	贵州清心露实业有限公司	委托方地址	----
检测依据	GB/T 5750.4-2006《生活饮用水标准检验方法 [illegible]》、GB/T 5750.10-2006《生活饮用水标准检验方法 消毒副产物指标》、GB/T 5750.8-2006《生活饮用水标准检验方法 有机物指标》、GB/T 5750.7-2006《生活饮用水标准检验方法 有机物综合指标》等		
判定依据	DBS52/ 008-2015《食品安全地方标准 饮用天然泉水》		
检验结论	经检验，所检项目符合DBS52/ 008-2015《食品安全地方标准 饮用天然泉水》要求。		
备注	标注“*”项目信息由委托方提供且对真实性负责。 1.型式检验；2.标签检验检测结果“不包括内容真实性的核实”。		
批准	[illegible]	审核	[illegible] / 主检 [illegible]

图8-7 清心露饮用天然泉水的产品质量监督检验报告
（德江县茶叶产业发展办公室提供）

六、梵净山泉

位于思南县鹦鹉溪镇，规模800桶/田，取水点为思南县鹦鹉溪镇湘思溪代家沟泉水，出水点距厂0.8km，取水口坐标东经108°9′44″，北纬28°2′59.06″，高程650m。企业为思南梵净山泉饮业有限公司。企业2008年创办，投资3000余万元，建设饮用天然水、桶装水、瓶装水3个项目，拥有3条自动化程度极高的生产线，年产饮用天然水5万t，把思南的优质天然矿泉水送往了全国各地。2016年企业荣获“中国生态好水源”称号（图8-8）并作为首届贵州（铜仁）国际天然饮用水博览会唯一指定供水商；2018年被省政府指定为“多彩贵州”生产用水，向全世界展现思南的优质天然水，宣传思南优质天然的水资源。选择在鹦鹉溪镇箱子溪村建厂，是因此地环境优美、森林覆盖率高、水源保护完整，对水源进行检测，水中富含锶、偏硅酸等人体所需的微量元素。2020年瓶装水日生产量将达40万瓶，桶装水达3万桶，年产值5000万元左右。好山出好水，好水养容颜；让思南的优质水资源更加响亮夺目。

图8-8 花滩子水获“中国生态好水源”称号
（思南县茶桑局提供）

七、圣岭泉山泉

位于思南县关中坝街道江东社区链鱼组，水厂于2012年建成投产，生产规模为桶装水37.5万桶/年。2018年，在水厂内上的一条生产线，生产瓶装水100万瓶/年饮用天然泉水，生活（地表）日取水量1.0m^3/d，生产（地表）日取水量32.1m^3/d。

八、古溶洞山泉

位于思南县孙家坝镇双红村花滩子组古溶洞，泉水水质优良，思南县古溶洞天然山泉水厂在思南县孙家坝镇双红村花滩子组建设桶装水50万桶/年饮用天然泉水项目，水厂于2013年建成投产，至今运营良好。2017年在水厂内再上一条生产线，生产瓶装水1250万瓶/年。项目生产规模为桶装水50万桶/年、瓶水1250万瓶/年饮用天然泉水。生活（地表）取水量1.0m^3/d，生产（地表）取水量68.6m^3/d（图8-9）。

图8-9 天然山泉水取水点古溶洞
（思南县茶桑局提供）

九、松桃涌泉

位于松桃县盘信镇麦地七星坡，水源地是麦地七星坡的金星岭，水源流量达142m^3，62t/d，是井泉（纯净水），获1989年的“中国梵净山旅游节暨经贸洽谈会”松桃七星坡涌泉（苗苗纯）被指定为唯一专用水殊荣。

十、土家山泉

位于沿河县中界镇中界村猴子洞，水源周围数里山高谷深，古木参天、天然的溶洞泉眼藏于鸡冠岭主峰密林深处，年取水量为0.81万m^3。水中富含硒、锌、铁、钾、钙、钠等多种对人体有益的微量矿物质，pH值呈中性，水质清澈、水温稳定、入口甘甜。经国家权威机构检测，各项指标达到国家矿泉水标准，是极为难得的纯天然饮用山泉水。沿河县中界乡猴子洞土家山泉水厂成立于2006年4月，公司总投资1000万元，厂房面积3000多平方米。引进了吹瓶、灌装、包装一体化生产线，配套生态环境建设，建立了50km^{2}的水源保护区。2017年，“土家山泉”牌瓶装水荣获“第十届中国高端水博览会（CBW2017）推荐品牌”奖项。

第五节　铜仁泡茶好水

一、泡茶好水标准

国际好水标准的7个指标：

① 不含对人体有毒、有害及异味的物质；

② 水硬度适中；

③ 人体所需矿物质含量及比例适中（其中钙含量≥8mg/L）；

④ 呈弱碱性（pH值7~8）；

⑤ 水中溶解氧及二氧化碳含量适中（水中溶解氧≥6mg/L，二氧化碳10~30mg/L）；

⑥ 水分子团小；

⑦ 生理功能强（渗透力、溶解力、代谢力等）。

二、泡茶斗水大赛

（一）首届国际品茶斗水大赛

2007年5—7月，在贵州贵定县举行首届国际品茶斗水大赛，国内外150家纯净水、矿泉水、泉水企业参赛，贵州13家水企业和国内其他45家水企业在北京决赛，经专家评委评定，德江县清心露山泉水被评为中国十大泡茶名水之一，均符合国际七大标准和泡茶好水的“清、轻、甘、冽、活”五项指标，用以泡茶出色快、茶汤鲜艳饱和，口感细腻厚重，饮后满口留香，韵味悠长，水性与茶性相得益彰。

（二）“梵山净水泡茶好水”品茗鉴水大赛

2018年梵山净水泡茶好水品茗鉴水大赛中被评为“十佳泡茶好水”，详见表8-3、图8-10。

图8-10 2018年梵净山国际天然饮用水博览会品茗鉴水大赛现场（石阡县茶业协会提供）

表8-3 品茗鉴水大赛十佳泡茶好水

茶类	序号	地区	品牌	企业
绿茶	1	铜仁石阡	泉都	石阡泉都开发有限公司
	2	山西	沁园春	山西沁园春矿泉水有限公司
	3	黔西南兴义	金贵之州	贵州苗西南饮品有限公司
	4	黔西南贞丰	山乳山泉	贞丰双乳山泉绿色有限公司
	5	铜仁石阡	高原清泉	贵州高原清泉有限公司
红茶	1	毕节威宁	多彩阳光	贵州高原鹤乡绿色食品有限公司
	2	西藏	卓玛泉	中国石化销售有限公司铜仁石油分公司
	3	铜仁德江	清心露	贵州清心露实业有限公司
	4	贵阳	贵州泉	贵州泉天欣实业有限责任公司
	5	四川	泓硒泉	四川泓硒泉饮品有限公司

三、天然饮用水博览会

（一）铜仁市举办首届水博会

2016年，首届贵州（铜仁）国际天然饮用水博览会是贵州省委、省政府关于生态文明建设和大力发展天然饮用水产业的决策部署，旨在搭建国际天然饮用水交易平台，推动贵州健康水产业快速发展，展示贵州绿色、健康、生态新形象，推动天然饮用水产业发展，使贵州成为全国重要的天然饮用水产业集聚区、优质天然矿泉水主产区。

在开幕式暨“中国生态好水源”授牌仪式上，中国民族卫生协会授予铜仁“中国生态好水源”集聚区。

（二）梵净山国际天然饮用水博会

2018年，由贵州省经济和信息化委员会、铜仁市人民政府主办，贵州省商务厅、贵州省投资促进局、贵州省食药监局、贵州省国土资源厅、贵州省旅发委、贵州省水利厅、贵州省住建厅、贵州省环保厅、贵州省质监局、贵州省地矿局、贵州省外事办、多彩贵州文化产业集团有限责任公司、贵州省内各市州政府、贵安新区管委会协办。开幕式暨“多彩贵州水”品牌推广启动仪式在铜仁隆重举行，本活动旨在向全国市场推介铜仁的优质水。规划到2022年把水产业打造成为百亿级支柱产业，建设成为“健康水都”的目标。

铜仁承办的水博会，通过文化沙龙、文艺节目、影视作品、歌曲、媒体网络等不同形式和载体，广泛宣传“梵山净水健康水都”“梵山净水泡茶好水”等公共品牌。水沙龙、水主题歌曲、水主题短片征集大赛，“梵山净水泡茶好水”品茗鉴水大赛，水摄影大赛，天然饮用水品牌影响力评选活动，在该届水博会开幕式大会上，中国食品工业协会授予铜仁市“梵山净水健康水都”“梵净山珍健康养生”称号。

该届水博会上，将国际标准的审评方式与贵州冲泡的方法相结合，全国40余家水企业来自选送水样入围本届水博会冲泡，所有参赛水样，统一冲泡石阡苔茶红茶、梵净翠峰绿茶，按照不同的水冲泡出的不同汤色，滋味、香味程度，红茶、绿茶分别选取总分排名前五位的，授予参赛水“十佳泡茶好水”奖。

第六节　铜仁茶器的种类

“器为茶之父”，茶器作为茶的主要载体，茶是饮茶时不可缺少的一种盛器，有助于提高茶叶的色、香、味，饮茶器具也富含艺术性。茶具有五个功能：有一定的保温性；有助于茶汤滋味醇厚；方便茶艺表演过程的操作和观赏；具有工艺特色；可供把玩欣赏。

一、古代茶具

随着社会经济的发展，茶对人体健康的特殊功效，饮茶也成了人民生活中不可缺少生活要素，正所谓“开门七件事，柴米油盐酱醋茶”。宋元时期后，饮茶风气之盛使人们对茶具的需要与日俱增；民间收藏的黑釉茶盏、茶罐、汤瓶、汲水瓶等都是当时普遍使用的茶具（图8-11~图8-15）。

图8-11　石阡明清时期的茶壶茶罐（石阡县茶业协会提供）

图8-12　石阡清末民国初年茶壶（石阡县茶业协会提供）

图8-13　石阡清末民国初年陶土茶具（石阡县茶业协会提供）

图8-14　石阡县20世纪60年代的茶壶（石阡县茶业协会提供）

图8-15　石阡县20世纪60代的茶具（石阡县茶业协会提供）

二、现代茶具

图 8-16 石阡县20世纪60年代的茶器具
（石阡县茶业协会提供）

饮茶离不开茶具，茶具就是指泡饮茶叶的专门器具。民族众多，民俗差异，饮茶习惯各有特点，器具精彩纷呈。随着饮茶之风的兴盛及各个时代饮茶风俗的演变，茶具的品种越来越多，质地越来越精美（图8-16）。

（一）现代茶具的主要构成

① **主茶具：**泡茶、饮茶的主要用具，包括茶壶、茶船、茶盅、小茶杯、闻香杯、杯托、盖置、茶碗、大茶杯、同心杯以及冲泡盅等。

② **辅助用品：**泡茶、饮茶时所需的各种器具，以增加美感，方便操作，包括桌布、泡茶巾、茶盘、茶巾、茶巾盘、奉茶盘、茶匙、茶荷、茶针、茶箸、渣匙、箸匙筒、茶拂、计时器、茶食盘、茶叉、餐巾纸以及消毒柜等。

③ **备水器：**净水器、贮水缸、煮水器、保温瓶、水方、水注、水盂。

④ **备茶器：**茶样罐、贮茶罐（瓶）、茶瓮（箱）。

⑤ **盛运器：**提柜、都篮、提袋、包壶巾、杯套。

⑥ **准茶席：**茶车、茶桌、茶席、茶凳、坐垫。

⑦ **茶室用品：**屏风、茶挂、花器。

（二）现代茶具用途

图 8-17 煮水器（幸玫提供）

① **煮水器：**煮水器由烧水壶和热源两部分组成，热源可用电炉、酒精炉、炭炉等。为了茶艺表演的需要，茶艺馆中经常备有一种“茗炉”。炉身为陶器，可与陶水壶配套，中间置酒精灯，点燃后，将装好开水的水壶放在“茗炉”上，可保持水温，便于表演。现代使用较多的是电水壶，电水壶以不锈钢材料制成，表面呈颜色，有光亮的银白色和深赭色两种。人们还给此种电水壶取名为“随手泡”，取其方便之意（图8-17）。

图 8-18 开水壶（幸玫提供）

② **开水壶：**开水壶是用于煮水并暂时贮存沸水的水壶。水壶，古代称注子，现在随着国学的盛行，又有人称之为水注的。开水壶的材质以古朴厚重的陶质水壶最好，通常讲究茶道的人不会

选用金属水壶，而对陶质水壶情有独钟。金属水壶虽然传热快，坚固耐用，但是煮水时所产生的金属离子会影响茶香茶味（图8–18）。

③ **茶叶罐：**茶叶罐是专门用来保存茶叶的器具，为密封起见，应用双层盖或防潮盖。锡罐是最好的储茶罐，陶瓷制罐为佳，不宜用塑料和玻璃罐子贮茶，塑料产生异味，玻璃透光容易使茶叶氧化变色（图8–19）。

④ **茶则：**茶则是一种从茶叶罐中取茶叶放入壶盏内的器具，通常以竹子、优质木材制成，还有陶、瓷、锡等制成。茶艺表演时，茶则除了用来量取茶叶以外，另一种用途是用以观看干茶样和置茶分样。茶则的主要作用是衡量茶叶用量，确保授茶量的准确（图8–20）。

⑤ **茶漏：**茶漏是一种圆形小漏斗，用小茶壶息茶时，把它放在壶口，茶叶从中漏进壶中，以免干茶叶撒到壶外。茶漏常用于冲泡乌龙茶时，借以其遮挡、汇拢的作用防止茶叶外撒（图8–21）。

图 8–19 茶叶罐（幸玫提供）

图 8–20 茶则（龙颖提供）

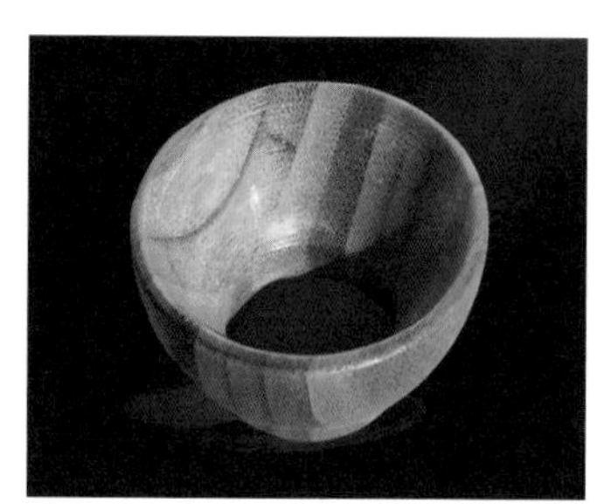
图 8–21 茶漏（幸玫提供）

⑥ **茶匙：**茶匙是一种细长的小耙子，茶匙多为竹质，有黄杨木质和骨、角制成。茶匙还可帮助将茶则中的茶叶拨入茶壶、茶盏（图8–22）。

⑦ **茶壶：**茶壶是用以泡茶的器具。泡茶时，将茶叶放入壶中，再注入开水。将壶盖盖好即可。茶壶由壶盖、壶身、壶底和壶足四部分组成。壶盖有孔、钮、座、盖等细部。壶身有口、延、旁、流、胶、自、把等细部。由于壶的把、盖、底、形的细微部分的不同，壶的基本形态就有近200种。茶壶的材质一般选用陶瓷，壶之大小视饮茶人数而定，泡工夫茶多用小壶（图8–23）。

图 8–22 茶匙（幸玫提供）

图 8–23 茶壶（幸玫提供）

图 8–24 茶盏（淡园茶楼提供）

⑧ **茶盏：**茶盏又称茶盅，是一种小型瓷质茶碗，可以用它代替茶壶泡茶，再将茶汤倒入茶杯供客人饮用。茶盏的应用很符合科学道理，如果茶杯过大，不仅香味易散，且注入开水多，载热量大，容易烫熟茶叶，使茶汤失去鲜实味。茶盏可分为三种：一是壶形盅，以代替茶壶用之；二是无把盅，将壶把省略，为区别于无把壶，常将壶口向外延拉成一翻边，以代替把手提着倒水；三是筒式盅，无盖，从盅身拉出一个简单的倒水口，有把或无把。茶盏可以泡任何茶类，有利发挥和保持茶叶的香气滋味（图8–24）。

⑨ **品茗杯：**品茗杯俗称茶杯，是用于品尝茶汤的杯子。可因茶叶的品种不同，而选用不同的杯子。茶杯有大小之分，小杯用来品饮乌龙茶等浓度较高的茶，大杯可泛用于绿茶、花茶和普洱茶等。一般品茶以白色瓷杯为佳，以便于观赏茶汤的色泽（图8–25）。

⑩ **闻香杯：**闻香杯。顾名思义，是一种专门用于嗅闻茶汤在杯底留香的茶具。它与饮杯配套，再加一茶托则成为一套闻香组杯。闻香杯是乌龙茶特有的茶具（图8–26）。

图 8–25 品茗杯（幸玫提供）

图 8–26 闻香杯（幸玫提供）

图 8–27 茶荷（幸玫提供）

⑪ **茶荷：**茶荷又称“茶碟”，是用来放置已量定的备泡茶叶，同时兼可放置观赏用样茶的茶具，瓷质或竹质，好瓷质茶荷本身就是一件高雅的工艺品。茶荷的形状多为有引口的半球形，供人赏茶之用（图8–27）。

⑫ **茶针：**茶针用于清理疏通壶嘴，以免茶渣阻塞，造成出水不畅。一般在泡工夫茶时，因壶小易造成壶嘴阻塞而备用。茶针形状为一根细头针，在茶渣堵塞壶嘴时用于疏导，使水流通畅（图8–28）。

图 8–28 茶针（幸玫提供）

⑬ **公道杯：**公道杯，又称茶海，可将冲泡出的茶汤滋味均匀，色泽一致，同时较好地令茶汤中的茶渣、茶末得以沉淀。常见的材质有陶瓷、玻璃、紫砂等，少数还带有过滤网（图8–29）。

图 8–29 公道杯（幸玫提供）

⑭ **茶盘：**茶盘，也叫茶船，是放置茶具、端捧茗杯、承接冲泡过程中溢出茶汤的托盘。有单层、双层两类，以双层可蓄水的茶盘为适用。以前还有专门的壶盘，用来放

置冲茶的开水壶，以防开水壶烫坏桌面的茶盘，还有茶巾盘、奉茶盘等，现在一般只有一个茶盘，与壶具或杯具相协调配套使用。茶盘的质地可为竹子、瓷质、紫砂、金属、原木，形状有规则形、自然形、排水形等多种（图8–30）。

⑮ **奉茶盘：**用于放置泡好的茶汤，敬奉给客人品尝的用具（图8–31）。

⑯ **水盂：**水盂是存放弃水的茶具，其容量小于茶池，通常以竹制、木制、不锈钢制居多，共有两层，上层设有筛漏可过滤，隔离废水中的茶渣（图8–32）。

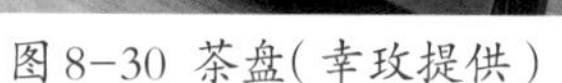

图8–30 茶盘（幸玫提供）

图8–31 奉茶盘（幸玫提供）

图8–32 水盂（幸玫提供）

⑰ **汤滤：**汤滤就像滤网，是用于过滤茶汤用的器物，由金属、陶瓷、竹木或葫芦瓢制成。使用时常架设在公道杯或茶杯杯口，发挥过滤茶渣的作用，不用时则安置在滤网架上（图8–33）。

⑱ **盖置：**盖置是用来放置茶壶盖的茶具，以减少茶壶盖上的茶汤水滴在茶桌上，更能保持茶壶盖的卫生，其外形有木墩形、盘形、小莲花台形等。（图8–34）。

⑲ **茶巾：**茶巾又称“涤方”，用棉麻等纤维制成，主要作为揩抹溅溢茶水的清洁用具来排除茶具上的水渍、茶渍，吸干或拭水，去茶壶、茶杯等茶具的侧面、底部的残水，还可以托垫在壶底（图8–35）。

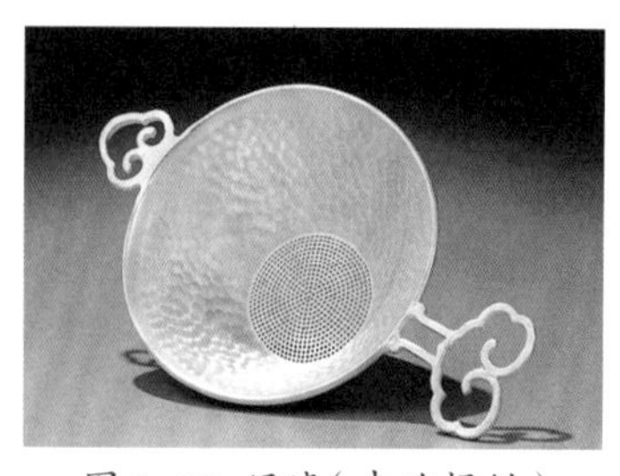

图8–33 汤滤（幸玫提供）

图8–34 盖置（幸玫提供）

图8–35 茶巾（幸玫提供）

（三）茶具按质地分类

金属茶具、瓷器茶具、陶土茶具、竹木茶具、玻璃茶具、漆器茶具、搪瓷茶具、玉石茶具等。

1. 金属茶器

金属茶具是用金、银、铜、锡制作的茶具，铜仁常见的烧水用的茶具有铁锅、铝壶、锡壶、铜壶等。金属器具作为饮茶用具，尤其是用锡、铁、铅等制作的茶具煮水泡茶，会使茶味变化，以致很少被使用。而用锡做的贮茶器具，具有很大的优越性，锡罐贮茶器多制成小口长颈，盖为圆筒状，比较密封，防潮、防氧化、避光、防异味性能都很好，因此用锡制作的贮茶器具，至今仍流行（图8–36）。

图8–36 金属茶器：清乾隆年间制的铜质茶壶——八仙壶
（印江县茶产业发展中心提供）

2. 瓷器茶具

瓷器茶具的品种很多，其中主要有青瓷茶具、白瓷茶具、黑瓷茶具和彩瓷茶具。

① **青瓷茶具：**色泽青翠，用它冲泡绿茶，有益于汤色之美，用来冲泡红茶、白茶、黄茶、黑茶，则易使茶的汤色失去本来面目，似有不足之处。

② **白瓷茶具：**白瓷是指瓷胎为白色，表面为透明釉的瓷器。因色泽洁白，能反映出茶汤色泽，而且传热能保温性能适中，加之色彩缤纷，造型各异，所以目前使用最为普遍。

③ **黑瓷茶具：**黑瓷茶具，宋代流行的斗茶大赛为黑瓷茶具的崛起创造了条件。古人衡量斗茶的效果，一看盏面汤花色泽和均匀度，以“鲜白”为先；二看汤花与茶盏相接处水痕的有无和出现的早迟，以“著盏无水痕”为上。“茶色白，入黑盏，其痕易验”。所以，宋代的黑瓷茶盏，成了瓷器茶具中的最大品种。

④ **彩瓷茶具：**是在白瓷的基础上发展而来的，彩瓷茶具的品种花色很多，其中尤以青花瓷茶具最引人注目（图8–37）。

图8–37 瓷器茶器
（万山区方瑞堂提供）

⑤ **搪瓷茶具：**以坚固耐用，图案清新，轻便耐腐蚀而著称。搪瓷茶具传热快，易烫手，放在茶几上，会烫坏桌面，加之“身价”较低，使用时受到一定限制，一般不作待客之用。

3. 陶土茶具

以陶土为原料，经高温1000℃以上烧制而成。铜仁各县都有民间土窑，乡镇农村普遍使用。主要是不上釉的烧水或煮茶用的陶罐、砂锅、砂罐，内外上釉，品饮用的陶杯、陶碗，垫放陶杯用的陶碟等。形状随大小、地域不同而改变，各具地方乡土特色，质朴实用。石阡罐罐茶茶具就是典型的代表（图8–38）。

图8–38 陶土茶具：罐罐茶茶具
（玉屏县农业农村局提供）

4. 紫砂茶具

陶器茶具中最常见的是紫砂茶具，烧结密致，胎质细腻，既不渗漏，又具有透气性能，既利于保持茶的原香、原味，又不会产生熟汤气，即使在盛夏，壶中茶汤也不会变质发馊。紫砂壶造型丰富多彩，工艺精湛超群，具有很高的艺术价值。紫砂茶具使用年代越久，色泽越光亮照人、古雅润滑，常年久用，茶香愈浓，有“饮后空杯，留香不绝”之说。

5. 漆器茶具

采用天然漆树汁液，经掺色后，再制成绚丽夺目的器件。漆器茶具表面晶莹光洁，嵌金填银，描龙画凤，光彩照人；其质轻且坚，散热缓慢。制品红如宝石，绿似翡翠，光亮照人，人们多将其作为工艺品陈设于客厅、书房。

6. 竹木茶具

竹木茶具来源广，制作方便，受到人们的欢迎。竹编茶具由内胎和外套组成，内胎多为陶瓷类饮茶器具，外套用精选慈竹，制成柔软竹丝，经烤色、染色，再按茶具内胎形状、大小编织嵌合，使之成为整体如一的茶具。竹木色调和谐，美观大方，能保护内胎，减少损坏；泡茶不易烫手，并富含艺术欣赏价值。多数人购置竹编茶具，不在其用，而重在摆设和收藏（图8–39）。

图8–39 竹木茶具（幸玫提供）

7. 玻璃茶具

玻璃茶具优点是质地透明，光泽夺目，可塑性大，造型多样，且价格低廉，深受人们的欢迎。玻璃茶具泡茶，可直观杯中茶叶缓缓舒展和上下浮动以及茶汁慢慢浸出的过程，欣赏茶汤的鲜艳色泽，增添品味之趣。

8. 其他茶具

有玉石茶具及一次性的塑料茶杯、纸质茶杯等。梵净山是紫玉之乡，紫袍玉带石产于铜仁市江口县德旺梵净山区域，走向数千米，上下是碳石，花岗石依附夹层，平均厚度14~15cm，开采难度大，产出较少，有多种层次清晰的颜色，平行延伸分布均匀，似条条玉带，其表层的精美图案，形如紫袍，故称紫袍玉带石，用之加工的茶具具有极高的观赏和收藏价值，早在明清就作为贡品敬献皇帝，其紫色中所夹黄色玉带极具帝王之气，同时具有天然油脂和独特的光泽，是古今不可多得的优质玉石（图8-40、图8-41）。

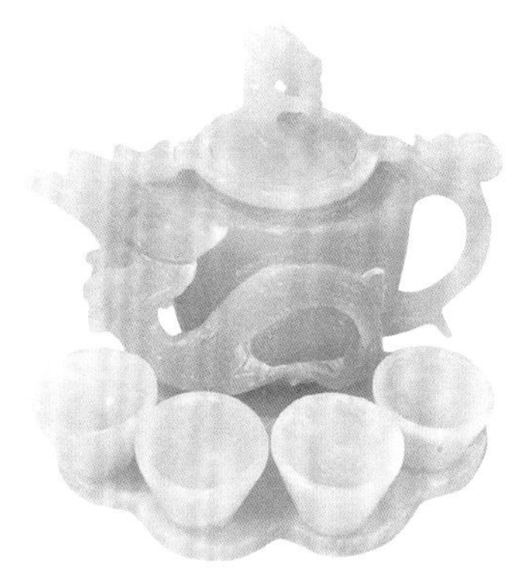

图 8-40 玉石茶具（幸玫提供）

图 8-41 梵净山紫袍玉带石茶具（碧江区中南门茶馆提供）

三、梵净山抹茶茶具

铜仁市荣获“中国抹茶之都”的美誉，“抹茶+文化”延伸的梵净山抹茶道，是集观赏、品饮、丹青、描画于一体，也是中国抹茶的复兴崛起。

抹茶具包含茶碗、茶碗托、茶承、茶粉盒、茶筅、茶筅架、茶勺、水碗、随手泡、茶巾、茶笔、丹青杯等（图8-42）。

① **茶碗：**饮茶所用的器皿，有各种形状和颜色。有陶、瓷质地（图8-43）。

图 8-42 梵净山抹茶道茶具全图（龙颖提供）

图 8-43 茶碗（龙颖提供）

② **茶碗托：**茶碗托是专门用来搁放茶盏的小托盘。托多呈圆形，中间有作为承托的凸起的托圈，即托口。在奉茶时泡茶者的手指不直接接触茶杯，令茶事更洁净（图8–44）。

③ **茶承：**泡茶时用来承放茶碗，承接温壶碗茶的废水，避免水湿桌面的器具（图8–45）。

④ **茶粉盒：**用来盛抹茶的陶瓷、金属、漆器等制作成的小罐（图8–46）。

⑤ **茶筅：**圆筒形竹制的点茶用具，乃是将竹切成细刷状所制成。形状如喇叭，高11cm，直径6cm。使用前要预先用冷水浸泡，点茶前为防止竹丝折断混入茶中，有必要在热水中再浸泡洗涤（图8–47）。

⑥ **茶筅架：**放置茶筅的专用架（图8–48）。

⑦ **茶匙：**从茶罐（枣或茶入）中取茶的用具，竹制（图8–49）。

⑧ **水盂：**用于装清洁茶具后的废水的储水器皿（图8–50）。

⑨ **随手泡：**盛装泡茶用水（图8–51）。

⑩ **茶巾：**茶巾又称“涤方”，以棉麻等纤维制成，主要作为揩抹溅溢茶水的清洁用具来排除茶具上的水渍、茶渍，吸干或拭水，去茶壶、茶杯等茶具的侧面、底部的残水还可以托垫在壶底（图8–52）。

⑪ **茶笔：**用来在茶汤上作画或书写的器具，竹制（图8–53）。

⑫ **丹青杯：**盛放在茶汤上作画或书写时蘸取书画需要的水或茶汤的容器。（图8–54）。

图 8–44 茶碗托（龙颖提供）

图 8–45 茶承（龙颖提供）

图 8–46 茶粉盒（龙颖提供）

图 8–47 茶筅（龙颖提供）

图 8–48 茶筅架（龙颖提供）

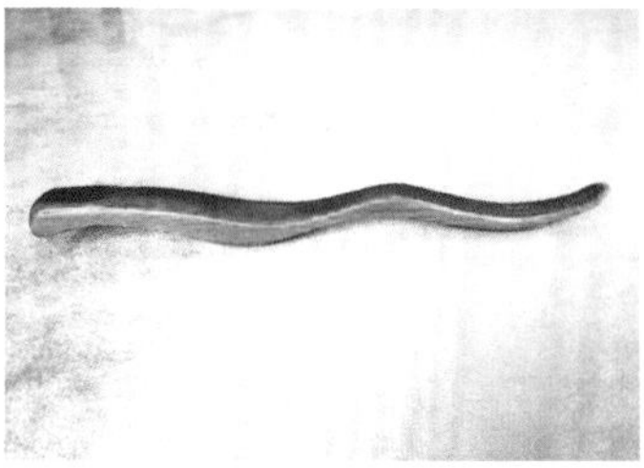

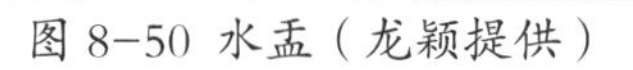

图 8-49 茶匙（龙颖提供）

图 8-50 水盂（龙颖提供）

图 8-51 随手泡（龙颖提供）

图 8-52 茶巾（龙颖提供）

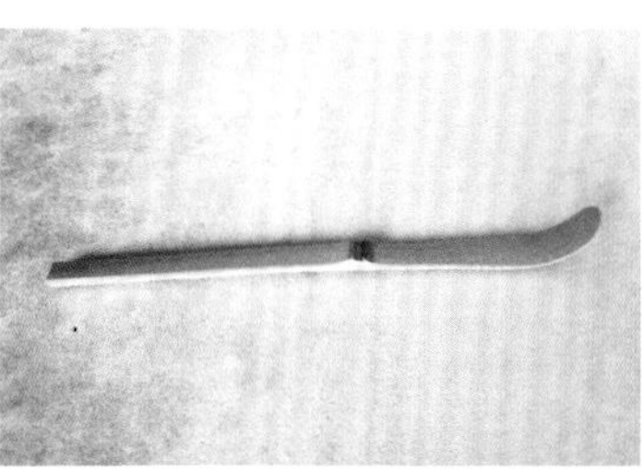

图 8-53 茶笔（龙颖提供）

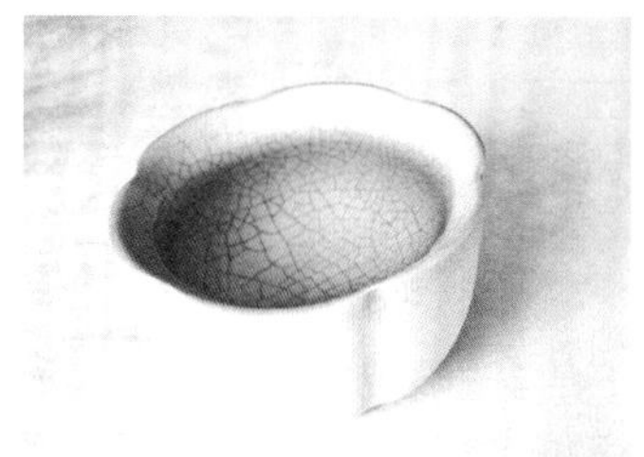

图 8-54 丹青杯（龙颖提供）

中南门古城（摄影：代鸣）

第九章 铜仁茶文学

铜仁以茶为主题的诗歌、小说、散文、茶歌、茶舞、书法、绘画、摄影等文学及艺术作品，内容丰富多彩。

第一节　铜仁茶文学

一、诗　词

踏莎行·茶

画鼓催春，蛮歌走饷，雨前一焙争春长。低株摘尽到高株，株株别是闽溪样。

碾碾春风，香凝午帐，银瓶雪滚翻轻浪。今宵无睡酒醒时，摩围影在秋江上。

（黄庭坚）

游飞凤山即事

几曾疏放是吾曹，拄杖携来兴自豪。才见眠鸥依水浅，忽闻莺语出林高。

地宜春暖寻芳卉，人诩诗成倒浊醪。徙倚莫教轻别去，茶声和煮有松涛。

（郑廷献）

平　溪

回峰复岭路周遮，尽领朝烟与暮霞。山鹊雨御乌柏子，溪鸥晴傍白蘋芽。

（史申义）

与友人过洪罘山永丰村即事

结伴来寻处士家，门前溪水泛桃花。山残隐雾锄云子，径僻编篱护笋芽。

酿熟不烦沽肆酒，读深频唤煮园茶。何年得践为邻约，也学东陵自种瓜。

（许之獬）

龙塘茶香

茶园逢春换绿妆，和风二月剪山梁。片身飞出青峰外，赴汤蹈火也流芳。

（熊志扬）

茶山情歌

清明谷雨好时光，一上南山十指忙。茶叶装满花背篓，深藏楼阁待情郎。

（熊志扬）

雷声催梦

龙塘苔茶分外香，枝头摇晃小旗枪。昨夜春雷敲战鼓，时光催我掐山梁。

（熊志扬）

龙塘茶场

北望龙塘已春光，雨润青峰先有香。只盼清明红日出，伊人邀我上茶场。

苔茶矿水美名扬，把盏开壶数里香。独秀一枝千百载，夜郎故地请君尝。

（熊志扬）

泉茶联姻

百花未发我开张，先占春风叶抱香。喜与龙泉成佳偶，相拥翻腾化茗汤。

（熊志扬）

焙茶女

亲把新芽采到家，情和美梦焙成茶。谁能品得其中味，只有边防那个他。

（卢之分，原载《傩乡诗联》21 期）

阮郎归四首·茶

一

摘山初制小龙团，色和香味全。碾声初断夜将阑，烹时鹤避烟。

消滞思，解尘烦，金瓯雪浪翻。只愁啜罢月流天，余清搅夜眠。

二

烹茶留客驻雕鞍，有人愁远山。别郎容易见郎难，月斜窗外山。

归去后，忆前欢，画屏金博山。一杯春露莫留残，与郎扶玉山。

三

歌停樽板舞停鸾，高阳饮兴阑。兽烟喷尽玉壶干，香分小凤团。

雪浪浅，露花圆，捧瓯春笋寒。绛纱笼下跃金鞍，归时人倚栏。

四

黔中桃李可寻芳，摘茶人自忙。月团犀胜斗圆方，研膏人焙香。

青箬裹，绛纱囊，品高闻外江。酒阑传椀舞红裳，都濡春味长。

（黄庭坚）

咏团龙贡茶

卅树茶王郁梵山，纯香飘逸绕天坛；古枝嫩叶春春发，陶罐金杯日日端；
益脑清心幽雅座，蓝天碧海净玉盘；新茶不减野茶韵，绿意绵绵满丘峦。

（阙灿洪）

茶　趣

知秋一叶千杯少，清风两袖百花早；新妇三日天地事，回首不堪少亦老。

（文新忠）

沙子坡新垦茶场

闻道荒原好种茶，土娃苗女笑如花。地挖尺半银锄折，石砌千重玉臂麻。
兔穴狼窝成沃土，芜岗秃岭绕云霞。辛勤赢得千山绿，一片茶歌醉万家。

（李敦礼）

西江月·茶山

一片青葱繁茂，数山舒缓丘陵。应知此地景光明，雾淡风轻倩影。
品得林中气韵，参出壶里乾坤。静思好悟人生情，远胜桂香兰润。

（龙益飞）

鹧鸪天·茶山抒怀

水阁江天一串红，采茶姐妹过桥东。隔帘昨夜萧萧雨，笑视今朝暖暖风。
花万树，草蒙茸，三春过后叶葱茏。朱明多结鲜红果，胜似青山不老松。

（周吉全）

说　茶

陆羽矜夸两腋风，东坡待遇不相同。峰峦列秀胸襟阔，口齿盈香耳目聪。
气贯千秋天未老，名惊万国誉难穷。山间草木何生异，撷翠衔芳足谷翁。

（周志刚）

江山溪白茶

一壶褐绿耗闲工，莹薄金明色类同。翡翠翩翩齐起舞，玉芽跃跃独邀功。
平肝解表精神好，透疹消脂肺腑通。甜润甘醇余味爽，留香适口嚼春风。

（杨殿忠）

浪淘沙·茶姑娘

春夏满山岗，嫩叶盈筐。采茶姑娘喜洋洋，哪怕汗珠如雨下，露湿罗裳。

梵净毛尖香，出口他邦。迎亲接友最相当，将相王侯称上品，忘了姑娘。

（黄文耀）

张家寨茶山公园

万亩茶山栈道连，亭台错落碧云天。风吹翠浪摇花扇，日送丹青开画筵。

彩蝶翩翩迎贵客，清香阵阵醉神仙。此中真意谁能悟？一片和声悦耳边。

（傅华强）

品茗忆雨

是夜，揽走青色的蓑衣

留下蒙蒙的江南，痛哭

泪打在石头上，逆生长

筑一座孤城，遮挡远方

幸甚清茶淡如许，解忧

万千梦幻，够作一厢泡影

倾城油伞，应是凉夏未至

匆匆那年，情亦断乡亦愁

秋水烹新茗，冷暖热旧事

苦只有茶懂，雨只剩追忆

绿瓦作伴青山，红叶相邀橘灯

是季节，在心眼前缠绵入画屏

往事瞒作香气，任凭岁月吮吸

羁旅一盏万年，总教乱世轻狂

我在哪里煮梦，他乡还是故乡！

（曹瑞冬）

题玉峰翠芽

玉露又阳光，峰间绿满眶。翠涛生雀舌，芽嫩更芬芳。

（谢怀富）

采茶女

在清明里盛一箕茶青　新鲜着面容

晨露亲吻脚踝的声音　似嫩枝吐芽

荡着少女明媚的眼眸　倒映出花蕾的思念

偷偷地，把清香揉入心的深处　舒展冰封一季的春意

轻轻地捻起一丝情歌　鸟鸣和着绿色落满竹篮

悠悠地扬起袖子　抚起柔软，微风

（梁　沙）

苔茶姑娘

通透的玻璃杯折射着阳光
笑得像恬静的忧郁
弱水三千一瓢则已
悬着水的细手
托着柳枝抚风般轻柔，水流的声音的眼眸
佳人通透的玻璃杯折射着阳光
三千一人则溅开了花
清澈明朗如伊人已
起起浮浮的翩跹，若隐若现的皓齿
抿着苔茶酣醇的体香
佳茗三千一杯则已

（梁　沙）

虞美人·采茶

漫山初语谁倾诉？尽惹依人顾。嫩黄带绿浸心思。写意世间生命、入新词。
无由不理馨香漫，那是心呼唤。雀舌欣吐叙春愁。约好欢呼声里、进红楼。

（黄春秋）

抹茶简史

抹茶，原名末茶，又名硝茶，祖籍中国，鼻祖神农氏，发迹于隋唐，
香慧日本和韩国，现迁徙贵州江口，在梵净山的云雾里隐居，
拜大自然为师，修她的有口皆碑，为了适应半天云里的寒冷，表面看去，
她的三观不明显，且常常随风摇摆　其实是在暗暗吸收天地之灵气。
她一出生就时刻准备着，为一杯水献出生命，
她的生命里只有绿，且富含茶多酚、游离氨基酸、叶绿素、芳香物质……
不要看她身高只有 3.5 毫米，体重只有 0.05 克，血液中，却流动着一座春天
她命中有三劫：赴汤，蹈火，粉身碎骨　三次大难后，飞升成大地的灵魂
唯一不足：曲高和寡，知音少　她对人间有小意见
自我评价：生育力强，青春期长　群众评语：安是安逸，就是有点金
专家定论：此茶只应天上有　众神发话：下凡江口抹茶。

（末　末）

茶花赋

绿色茶山连天涯，繁星点点白茶花。风和雨露花漫去，飘香阵阵出新芽。

（王时代）

石阡苔茶赋

神农尝百草兮，遇茶而毒免；九天降濮嫫兮，赐叶于洞天；武王伐纣兮，牧野百濮矫健；丹砂兆吉兮，洪渡天母娇艳。《童约》述西汉兮，茶市兴夷边；《茶经》载夷州兮，嘉木生峡川。

乌江龙川育茶之本源，坪贯贡茶弘茗之味鲜；温泉淙淙衍长寿盎然，苔茶清清参佛顶真禅。

铜仁西南，夜郎石阡，古茶参天，秀丽田园，太白高楼，渔舟龙川，返璞归真，万古桃源，濮僚峡川，华夏茶源，茶圣梦牵，总理题赞，盛世茶兴，品牌多元，黔茶有机，引领康健，苔茶醇鲜，地理独善，云蒸味鲜，钾富汤酽，馨香醇厚，源本天然，汤色明亮，疗渴涤烦，清肝明目，和胃养颜，松烟烹雪，泉煮山岚，醍醐灌顶，蓬莱神仙，佛顶般若，护佑山川，泉茶璧合，益寿延年。

（张道华）

二、小说、散文

梵净抹茶赋

山滋瑞木，水毓绿茶。生武陵而愈秀，处梵净乃弥嘉。品类珍奇，当推铜仁之玉树；柔条郁茂，堪誉黔地之灵芽。聚以先贤智慧，历于百代烟霞。典溯神农，质含清毒速效；经传陆羽，味数黔地绝佳气，栽培已继乎千载，幽香广散于万家。清润今古，名溢天涯。

若夫青枝滴翠，玉叶凝寒。潜根大化，恣意晴峦。静处山林，汲晨露以涧秽；香疏旷野，沐熏风而涵妍。枝势仰天，遥采绛宫之颠气；樱条近地，广沐灵岫之流烟。秉嘉木之懿质，献秀色于人间。于是藉灵地以兴茶业，推梵净而谱新篇。固知生态优先，风景与和谐并重；绿色发展，山水与经济相连。建以园区，兴印江之湄坨；足为示范，访龙塘于石阡。叶翠乌江之畔，香彻锦江之岚。袅袅碧色，掩映于武陵源也。

及其抹茶所需，铜仁应势。纷集苍黎，云从俊逸。巩仁里之经济，建设抹茶名都；茶而制碾谋产业之新途，倡导世界优质。蒸汽杀青，超微泛碧。采春选佳叶茶坤维而呈以葆香味。妙质成末，秉坎德而含清；嫩色浮馨，生舒心保健，兼美，多酚而适备药食之功；养气理神，愈胜绿茶之利。含茶补氨基酸以增益。销宜寰宇而非遥，筑茶都而可待。

诚为茶中精选，茗内殊珍。多含微量元素，添佐饮食香醇。梵净翠峰，已销中华内外；武陵玉叶，宜碾抹茶香尘。细粉泛绿，雅韵融春。引苍黎以富裕，骋抹茶之风云。既处灵地之宜，何妨逐梦；必领世界之首，势教维新。营黔中之特色，供市场而利民。不负茶乡美誉，呈极品于世人。

（冯 尧）

石阡茶赋

茶，乃国之饮品，茶之为用，可为米盐，不可一日无。茶饮之源，食之其味，为华夏文明结晶。九州寰宇，由古至今。皓月星空，先传于三皇五帝也，兴盛于唐宋，及至而今，播散于世界五湖四海，如雨后春笋，争奇夺艳。唯黔之东北向，西南辖下魅力石阡，阡之苔茶，汗青记录甚少，地处深闺人未识。一枝独秀。虽不与中华大地各类茗中极品。但与天、地、人三才之昌，独占鳌头，尽显奇葩。

茶史阡陌，追本溯源，阡之茶发乎于五德新华也，碧玉家持，为茶马古道之尽通往来兴隆。文人以评茶论道，茶商以客通南北四方。惠及于民，成就现今高功伟业，古有之时。苔茶源泉，夙昔，葬乎于五德新华崇山峻岭间仙洞，住仙人，名曰："神仙洞府"奉天旨意，入凡尘，救苦救难，扶贫济困。遇顽疾，入仙洞，求圣水，方可解。是以人人祈求平安幸福，感恩颂德也。忽一日，翁疾大作，众无策，入仙洞，求圣水，然泉水此时已物尽其用。忽见一叶上下翻飞，落入手掌，遂服病愈，至此家家户户皆种植此树也。

天下名山，必产灵草，巍巍佛顶山，海拔不过千米左右，条件特殊，其山中热眼温泉，山涧泉水、小溪遍布，土肥沃，多云雾，寡日照，取天地之灵气，山川之精华。造就阡之苔茶又一茶中极品。

茶之花语者，采茶之人，当入茶山采摘时机，清明谷雨，摘茶之候也。清明太早，立夏太迟，谷雨前后，其时适中。束为春茶，古献记载，黔中生思州、播州、夷州、往往得之，其味极佳，然阡之龙塘镇神仙庙村高效万亩苔茶示范基地。诚为可然，若肯再迟一二日期，待其气力完足，香烈尤倍，易于收藏。梅时不蒸，虽稍长大，故是嫩枝柔叶也。俗喜于盂中撮点，故贵极细。理烦散郁，未可遽非。初试摘者，谓之开园。采自正夏，其地稍寒，故须待夏，此又不当以太迟病之。往日野外有于秋日摘茶者，近乃有之。秋七、八月，重摘一番，谓之秋茶。其品甚佳，不嫌少薄。他山射利，且伤秋摘，佳产戒之，以欺好奇者。彼中甚爱惜茶，决不忍乘嫩摘采，以伤树本。余意他山所说，亦稍迟采之，待其长大，如岕中之法蒸之，似无不可。

茶之守护者，然茶叶采摘之精，制作之工，品第之胜，烹点之妙，莫不盛造其极。过红锅，加工序序常，适宜高温，速将发酵，适度炒热，破酶活性，酵停，留取精华。若岕之茶不炒，甑中蒸熟，然后烘焙。缘其摘迟，枝叶微老，炒亦不能使软，徒枯碎耳。但未试尝，亦有一种极细炒岕，乃采之他山炒焙，不敢漫作。过委调、摊凉、揉捻、烘焙其之工序。提茶之精华，香气扑鼻。闻着迷人醉，使之回味无穷尽也。引各方学茶之人无不经精细做，勤奋刻苦学艺。然功利之心，茶学之道，非一日之促也。必步步为营，夯实基础，扎实功底。多请教于贤人乎，方大成。

茶之使者，茶艺文化传播者，掘地方之乡土文化，夺天工之人和。遂成茶艺师，茶之大使。品茶论道。人文之情，彰显名城魅力，古城映辉。琼楼美厦。其文化核心为茶道使然，着重茶艺，艺术升华，其来源于生活，又高于生活。茶艺之美，浑然天成，是以净慧大师曰：感恩，包容，分享，结缘。所谓：上者生烂石，中者生砾壤，下者生黄土。苏东坡曰：戏作小诗君勿笑，从来佳茗似佳人。茶之传承者，学茶艺人之道，需经过岁月年轮摸索，天地不言，以成至上之德，万物无声，可就大和之好。文化技艺传承发扬下去。

除却外者，极优之水，亦必不可少。茶水之漏，有天、地、洞三水百上上之选。古语，茶者水之神，水者茶之体，非真水莫显其神，非真茶曷窥其体。山顶泉清而轻，山下泉轻而重，石中泉清而甘，砂中泉清而洌。山中泉清而白，流于黄石为佳，泻出青石无用。流动者愈于安静，负阴者胜于向阳。真源无味，真水无香，真情无缘。其水冰上，江水中，井水下。

品水，水之嫩也，入口即觉其质轻而不实；水之老也，下喉始觉其质重而难咽，二者均不堪饮。惟三沸初过，水味正妙。入口而沉着，下咽而轻扬。挢舌试之，空如无物，火候至此至矣。煎茶火候既得，其味至甘而香，令饮者不忍下咽。观其行而问其味者。无不惊叹连连。今人瀹茗全是苦涩，尚夸茶味之佳，真堪绝倒。

草，人之草木间，天然之物，妙手得之，润物于心，大象无形，变幻万千，大道至简。至简洁行，闹市垂帘，以茗相约，清茶一壶，书养心，茶静心，是以静心修身品茶养心也，以茶修身，以茶会友，以茶论道。一壶苔茶一壶春，把酒临风，一枚苔茶露华鲜。养心者静也，静而后能安，何为净茶，净茶为何。书养心，茶净心。一壶苔茶一壶春，把酒临风，一枚苔茶露华鲜。

观今其阡之苔茶，“泉都碧龙，坪山翠芽，阡阡美人茶，佛顶大白”昔露头角。阡城觉赏茗苑，夜郎弄春泉。

未来之阡府，必展阡之茶极盛兴宏图之志，促西部茶都蒸蒸日上，荣兴归怡，又得一地理标志产品保护。

余爱乡之心，亦比爱茶之人，家乡之茶，尤为更甚。古往今来，多少茶文化，浸淹于大江大河历史潮流之际，寰宇宇内，歌故乡以豪情，颂古今之华变。唯一佳作，凤鸣吟唱，何伸雅怀。

（隐　石）

茶为芳邻

突然暗想，眼前这个姑娘怕是个狠心的人。

茶席上，茶艺“六君子”十分安然，茶盏里已然盛了几匙粉末。

在梵净山，我和茶一直是邻居。平日里见茶，有条形的、卷形的、圆珠的，团饼的或者毫针的，样貌多姿。茶的心肠里藏了清香，茶的胸怀里也是印着山色天光。

可现在是粉末呢，现在是茶粉末了呀！

我见不得茶的零零碎碎，更不忍想象茶的香消玉殒。

坐观的人多了些，姑娘不言不语，开始烹水。这才细细打量了她：头发在脑后挽成单结，着藕粉色棉衫，神态恬静，明眸，皓齿，玉腕，素手，这些都能与茶性相呼应。茶师，是那种能唤醒茶、与茶对话、与茶相知相惜的人，若过于鲜艳、惊艳或者高冷，倒是扰了茶的清净。

姑娘说之前的三道茶艺叫“罗茶”“候汤”“熠盏”，现在她要注少许沸水入茶盏。玉腕徐移。

“请问这是干什么？”

姑娘道：“调膏。”

对，就是这调膏，让我暗想姑娘是个狠心人。

茶为粉末，已经很碎很细很轻很弱，若是一粒两粒甚至一小撮，怕早被吹散在红尘里了。都这番境地了，姑娘还要在一茶盏里调教、磋磨她们？品茶如品人生，这种柔和中暗藏着严苛，像过于深爱带来的窒息，像过于期望带来的重压。

我开始担心茶。在梵净山，我和茶做了几辈人的邻居，即便相识相熟未必相知，而我的担心却是少不了的。

姑娘随即注汤，从盏畔环注，手势舒缓大方，毫不造作。她拿起茶筅（之前问过了，我们得知这个茶器叫“茶筅”）绕茶盏中心转动打击，姑娘说这叫“击拂”。明显感觉她的手腕还藏着力量，在这一汤里她蓄而不发（因为担心碎了的茶，我格外看得细一些）。又注第二汤，这回直注茶汤面上，急注急停，干脆利落，这姑娘的决断毫不迟疑。再“击拂”时，只见玉腕翻动，瞬间一手如千手，令人目不暇接。此时，姑娘腕中力道全发，持久击打，眼看着汤花升起。茶汤和汤花一绿一白，十分悦目喜人。再注第三汤，汤花密结，越发纷纭，随着不疾不徐、力道均匀的“击拂”，汤花云雾般涌起，盖满了汤面……

一汤，二汤，三汤过后，佩服之意如汤花升起，密布心间。我误解了人与茶这番对话、商酌、言和与重生。无知让人惭愧。现在，我只剩自我解嘲了。事实是，茶艺兴起于唐代鼎盛于宋代，自古饮茶有“唐煮宋点”一说：唐代流行煮茶（煎茶），宋代崇尚点茶，到了明清，人们开始泡茶清饮。今晚，在梵净山北麓的江口小城，惠风和畅，世间天上，人月相邀，姑娘刚才就是在为我们点茶。

茶为灵物，引人时空移转，仿佛能遇见古人。不能不去听宋徽宗说茶，他在《大观茶论》的序言里描述了当时风尚：“天下之士，励志清白，竞为闲暇修索之玩，莫不碎玉锵金，啜英咀华，较筐箧之精，争鉴裁之别。”可窥一斑。北宋饮茶之风日盛，斗茶之风遍及朝野，自然，宋徽宗嗜茶，对当时流行的“斗茶”“分茶”更是乐此不疲，精于此道，他总结了七汤点茶法。刚才，被我暗自误解的姑娘已经为大家展示了“一二三”道汤，接下来看看宋徽宗对“四五六七”道汤的见解：

四汤尚啬，筅欲转稍宽而勿速，其清真华彩，既已焕发，云雾渐生；

五汤乃可少纵，筅欲轻匀而透达，如发立未尽，则击以作之；发立已过，则拂以敛之，结浚霭，结凝雪，茶色尽矣；

六汤以观立作，乳点勃结，则以筅著之，居缓绕拂动而已；

七汤以分轻清重浊，相稀稠得中，可欲则止，乳雾汹涌，溢盏而起，周回旋而不动，谓之咬盏。宜匀其轻清浮合者饮之。

帝王金口玉言，这算得上是对“点茶”的权威指导了。

席间，有人问什么是“咬盏”。

姑娘答：是汤花在茶盏里保持静态，久久不消退。如果击拂不当，汤花立即消退，露出水痕，点茶就失败了。

黑色的茶盏里，乳白汤花有静寂之美，似盈盈笑意，令人如在云上梦中，不知今夕何夕。恍惚能见到庆历年间创制小龙团贡茶、被誉为“庆历名臣的蔡襄”。这位茶学家、政府高级官员，除了精于书法（与苏轼、黄庭坚、米芾齐名，人称“宋四家”），他还积极推动发展茶产业，潜心于制茶和茶道，并撰写《茶录》书中，蔡襄说：“茶色白，黑盏。建安所造者绀黑，纹如兔毫，其坯味厚，熁之久热难冷，最为要用”。点茶用盏，蔡襄推崇福建建窑烧制的建盏，尤其是建盏中的兔毫盏。建盏为黑釉茶盏，釉面呈现细条纹或点状结晶，纹路如白毫状的就是“兔毫盏”；隐隐如银色小圆点的为“油滴盏”；如鹧鸪羽毛斑纹、玳瑁花纹的则是“鹧鸪盏”“玳瑁盏”宋代茶人最爱用兔毫盏。

这又要说到宋徽宗，他把咬盏的汤花叫作“云脚”。苏轼将盏中茶汤称水脚、云脚，斗茶时为了看得清楚明晰些，宋朝廷十分重视建官窑，福建省建阳县水吉镇的建窑成为宋代名窑。

无所事事是贵族的特权。这话是奥斯卡.王尔德说的。而我想说，幻想是旁观者的特权。“靖康之乱”后，北宋灭亡，宋徽宗赵佶这位糟糕的皇帝、杰出的艺术家，除了在书坛创下瘦金体，还是史上唯一御笔谱写茶书的皇帝，他的《大观茶论》成为史上研究茶文化不可绕开的著作。总是会想，将茶事痴迷到极致的人，即便昏庸，也会少了残酷暴戾的脾性，该是内心良善柔和的人。国破家亡，算是赵佶对权位的一个交代；人走茶未凉，如今的人们对赵佶是轻易恨不起来的。

月上柳梢头，今夜，这个为大家点茶的姑娘，她多年事茶，怕是早已掌握了“七汤”要领，领悟了茶与人生。茶席上的茶盏釉黑、纹如毫毛，姑娘说是仿造的兔毫盏。到明代崇尚泡茶清饮后，建窑就开始没落，建盏真品已成世上稀有，难得一见。没事的，仿兔毫盏也不会影响点茶，汤花依旧白如霜，密如雪，好久都没露出“水脚”闲说话间，姑娘在茶的汤面绘制了一幅图，人说的“水丹青”就是它了。

是是非非，真真假假，正如苏轼说的“人生所遇无不可，南北嗜好知谁贤”。那我们还是别扫了宋徽宗赵佶的茶兴：“宜匀其轻清浮合者饮之”诸君，且饮一盏茶吧！

点茶用的是梵净山绿茶，不是叶茶，而是碾磨过后的茶粉，说是叫抹茶。

日本的静冈、爱知县西尾、京都宇治、福冈八女等是抹茶的名产地。忍不住摘录了一串飘香的名字：抹茶瓜子、抹茶蛋糕、抹茶布丁、抹茶饼干、抹茶糖果、抹茶面包……还有抹茶牛奶、抹茶拿铁、抹茶酸奶……有抹茶面膜、抹茶肥皂、抹茶香波。

一口气念完这些，深感抹茶已经将日本人的生活围了个水泄不通，一呼一吸全是抹茶味儿。

抹茶带着时尚气息，漂洋过海，从日本的茶道中脱身寻来。梵净山北麓的江口县将成为抹茶的“根据地”。小城工业园区里已建起宽阔的生产车间，竖起高大的牌子，上书“中国抹茶之都”。抹茶，这就要在这里的丘陵、山顶上竖起旗帜，领跑贵州茶饮新时尚，成为贵州饮料中的精英。我想，在时代变更、江山易主中，茶无关国度无关种族，她们严格遵守着时节循环的自然之道，秉天地至清之气，在每一寸适宜生长的土地上都彰显着植物的厚道本质。

捧起茶盏歪来歪去地看。抹茶，颜色十分翠绿，鲜明浓艳。细闻了，茶香里回旋着一股生腥气。形状、色泽和茶汤都不同于我们熟悉的炒青绿茶。炒青绿茶的叶片和汤色是嫩绿清淡的。若以颜色论，即便是拿碧螺春、竹叶青来相比，抹茶都是要胜出许多的。

可以肯定，抹茶是绿茶，不是炒青绿茶，而是蒸青绿茶。

陆羽在《茶经》里记录了蒸青茶的制法："晴采之，蒸之，捣之……"。蒸青法盛行于唐宋，以蒸汽将鲜叶蒸软，而后揉捻、干燥而成。宋徽宗在《大观茶论》中、蔡襄在《茶录》里都提及点茶中的"碾茶"工序：将蒸青绿茶，碾磨成末，工艺精微，每次碾磨都有具体的数目。毫无疑义，"抹茶"即"末茶"。湖北、江苏是中国蒸青绿茶的主产地，在这"茶江湖"中叫得出名号的就有湖北的恩施玉露、当阳的仙人掌茶、江苏宜兴的阳羡茶。如此，蒸青茶哪能是日本有？中国才是蒸青绿茶的故乡，也是抹茶真正的"娘家"。

抹茶的娘家住在山里。这座山是天目山的余脉，位于杭州余杭，叫径山。在唐太宗贞观年间，僧人法钦好几年都在参悟"乘流而下，遇径而止"的预言。一天，法钦来到径山，便遵了这个预言，在山里创建寺院。寺院旁，法钦种上几株。

茶树，每年采摘制茶，用来供佛。佛祖慈悲，不久茶林蔓延山谷，异常芳香。自此，径山寺香火不绝，僧侣上千，信男善女无不纷纷前往朝山拜佛。径山茶宴、陆羽旧居、天目盏、禅茶一味……那么多的风物、风范、风雅，似星子散布在径山之上，无不引来世人对其憧憬之、向往之。

正是宋代，日本僧人纷纷来中国求法问道，他们当然首选径山。我同样抄了一份名录在此：

广心禅师：南宋咸淳年间，到浙江余杭径山寺研究佛学，将径山寺的"茶宴"和"抹茶"制法带到了日本，日本的蒸青绿茶由此发展；

千光荣西：将天台山茶籽和制茶法带回了日本，写成《吃茶养生记》，成为日本的"茶圣"；

希玄道元：将径山茶宴礼法带回了日本，制定了《永平清规》；

南浦昭明：将虚堂智愚赠送的一套径山茶台子与茶道具，以及七部中国茶典，一并带回了日本，开启了抹茶在日本的发展历程。

明白了，日本茶道的源头在径山，茶是中国茶，道是中国道，这上面的四位采摘制茶铁证。真是有点"墙内开花墙外香"的意味。

这一口茶吃得人心里竟松松落落的。

西南地区是茶的故乡，贵州是茶的故乡之一。“黔省各属皆产茶，惜产量太少，得之极不易。石阡茶、湄潭眉尖者皆为贡品。”从《民国贵州通志》里可以看出贵州茶的品质珍稀、宝贵异常。事实上，有唐以来，黔地的贡茶还有印江团龙茶、贵定云雾茶、贞丰坡柳茶、镇远天印茶、普定朵贝茶、开阳南贡茶、大方海马宫茶等。不过，种茶要看天意，不是每个地方都能让茶生长得下去。武陵主峰梵净山地处黔东，是世界自然遗产地。茶世代根植在这里，她们将生性放置于云遮雾绕之后，往往品质优异、滋味好、香气高。石阡坪山茶、印江团龙茶就深得此山滋养，成为朝廷贡茶。山高，水便长，在梵净山北麓的江口县，抹茶寻到了这一片厚土，并且拥有了自己的规范标准DB52/T 1350这是抹茶在贵州的身份密码。

风清晴好时，我要去江口县的骆象茶园里待一会。茶园高低起伏，顺着山势绵延开去。站在亭阁上眺望，翠色入眼，满目生机，洁净无尘，清风徐来，一时间，我只想把平日里的不堪和负累连同愉悦一起交付出去。交付出去就是了。只剩平静，仿佛能听到泠泠水声，能闻到茶香氤氲。

这一天，曾启发在茶林间来回穿行忙碌，他要将长长的遮阳网盖在每一行茶树上。二十天后，茶就可以采摘了。曾大哥说，蒸青绿茶在采摘前必须要遮阳，茶才会有一种“遮盖香”。从亭阁上下来时，我突然想起了清人袁枚，他在《遣兴》中戏称“阿婆还是初笄女，头未梳成不许看”。骆象茶园里的“遮盖香”倒是暗合了此意。人知茶，茶也知人，谁说不是呢。

幸好，抹茶寻到了梵净山，寻到了梵净山下的骆象茶风算是回家了。

当年，李六郎中从成都寄新茶给白居易，他以诗唱和：“不寄他人先寄我，应缘我是别茶人”。白居易对品鉴茶相当自信。除了诗歌，他一生离不开的有三样：琴、酒、茶。自称蒙山茶是与他混得烂熟的老朋友：“琴中知闻惟湿水，茶中故旧是蒙山”。

我自然是不敢和古人比，只有对“别茶人”“茶中故旧”相互间的这份相知相重仰慕不止。但我和茶是芳邻。

我反复地说，几乎是逢人就说，在梵净山，茶是我的芳邻。这话一点不假。

在以梵净山为中心的山山岭岭上，茶居住了千百年。在山下的江口、印江、石阡、松桃等十大城池里，也都能见到茶的族群和身影。我的家族也都在梵净山中，我们学着茶一样，将根茎盘错交叉在这片山水里，不易拔脚远离。

朝晖夕阴，像世上所有做邻居的，我和茶低头不见抬头见。我见一片一片的茶芽划一叶扁舟，出没在云雾和绿波里。茶见我赶着一群山羊、几片云朵、数只麻雀和自己的岁月，在山路上和清泉边游走。为着与茶是邻居，我已把柴刀放置了好些年。刀的暴戾脾气让刀变得越来越迟钝、颓废，我也不去理睬。我和茶带着各自的命和运居住山中、行走阡陌。我们相安无事。

知道这位芳邻的曲折身世，是从《尔雅》《晏子春秋》《尚书》等传世经典开始。起初，“茶”非“茶”，这些经典著作各自为政，称呼五花八门：荼、槚、茗、诧……几乎“荼”就是中原人眼中的“茶”，一种野菜而已。要感谢唐代的陆羽，是他在《茶经》为天地间的这一精妙之物正式冠名，写为“茶”字。

在苏轼眼中“从来佳茗似佳人。”世人对这位“佳人”的呼唤更是带着相知相惜的情味，比如苦口师，离乡草，不夜侯，涤烦子、清人树、凌霄芽、甘露、森伯香乳、玉蕊、琼屑等。戏称茶为“水厄”“酪奴”的人，怕是世上最无情趣、最无清骨也无傲骨的贫乏之辈，听了就让人忍不住要狠狠剜他们一眼才能解恨。在茶的众多别名、雅称、美称包括戏称中，深得我心的还是元代杨维桢在《煮茶梦记》中记录的一段梦，梦见“乃有扈绿衣若仙子者，从容来谒，云名淡香，小字绿花。”淡香、绿花、淡香。小绿花，采摘前山里人的乳名，亲切得很，正合我意。正合我意嘛。从此，我就叫这位芳邻“小绿花”。

提起芳邻小绿花，我总是兴奋地说个不停。想来，明人许次纾会站出来呵止我：“精茗蕴香，借水而发，无水不可与论茶也”。

茶与水，向来有鱼与水之说，有才子佳人之誉。《红楼梦》第四十一回，妙玉在拢翠庵给贾母烹茶，用的茶是老君眉，用的水“是旧年蠲的雨水”。与黛玉、宝钗喝“体己茶”时，她用的又是梅花上的雪。一部《红楼梦》读完，最不能忘记的就是“梅花上雪”，从天上下来，不沾半点泥污，惟有幽微清气。一场雪恰好遇见了这茶，也恰好遇见了这几个人。

由此可见，古人对烹茶用水的讲究。不先说水，就不敢开口说茶；不先说水，对茶的任何评论都是肤浅苍白的。

每天在梵净山转悠，见过不少清溪、深涧和瀑布，见惯无奇。“在天为雨露，在地为江湖”我得其恩泽，却无信心将此处山水的优劣说得清楚。《汉书·地理志》和《水经注·沅水》记载：“沅水又东径辰阳县南，东合辰水。水出三山谷，东南流独母水注之。”说的是，梵净山古时叫“三山谷”，此山多清泉，汇集而成辰溪，是武陵五溪之一，又名锦江。很喜欢“农夫山泉”进梵净山寻觅甘泉时拍摄的一个短片，他们夸赞山泉说：“我们不是在加工水，我们是在做大自然的搬运工。”这话真是不假。唐诗人孟郊也对黔地的山水点赞称绝：“旧说天下山，半在黔中青。又闻天下泉，半落黔中鸣。山水千万绕，中有君子行。”

翻阅《煎茶水记》，唐人张又新启迪我们：要想有好滋味，最好在原产地用本地的山水烹茶，否则，将失去一半的真味。江口县是进入梵净山的东大门，三两佳友在此点茶。借用茶圣陆羽的用水主张“山水上、江水中、井水下”，自然要取一勺甘洌的山水来用。那一晚，眼看茶艺姑娘也严格掌握着“三沸”水的讲究。待茶醒来时，陪着她的依旧是本地山水，再怎么沸腾，茶也不会焦躁、不会自轻，该打开多少甜，就打开多少甜，该关闭多少涩，就关闭多少涩。啜一口，悠长的滋味里自然多了一种熟人间的情味儿。难怪唐代的时候，进贡茶叶时，还必须将银瓶里装满当地的水，一起特快专递到长安；难怪还有“扬子江中水，蒙顶山上茶”“龙井茶，虎跑泉”的民谚和碧螺春太湖水、径山茶苧翁泉、君山银针柳毅泉等说法。

点茶虽然是微清小雅，然而品茶如品人生，若人同此心，心同此趣，会是乐事、韵事，如果道不同志不合，相对而坐，岂不是白白糟蹋了茶？周作人喜欢：“喝茶当于瓦屋纸窗之下，清泉绿茶，用素雅的陶瓷茶具，同二三人共饮，得半日之闲，可抵十年的尘梦。”郑板桥喜欢；“最爱晚凉佳客至，一壶新茗泡松萝。”松风下，花鸟间，凉台静室，素手汲泉，竹里飘烟，这是去诗人和学者那里吃茶，心性人品相近的几人，共一缕清香，也不枉朋友一场。

在民间，旧时茶是不能乱吃的，吃茶是婚俗。稍微宽裕的人家，男方给女方下聘礼时必定有茶。女方一旦接收了聘礼，就是“受茶”“吃茶”，算是定了这门亲事。林黛玉接过凤姐递过来的茶时，就被凤丫头开过玩笑：现在你吃了我家的茶就是我家的人了啊。那堂上，众目睽睽，黛玉是又羞又恼。在湖南与贵州相邻地界上的一些少数民族中有一首民谣：“小娘子，叶底花，无事出来喝盏茶。”男女未嫁娶时，人们唱着歌谣，以茶相邀，借茶传情。到如今，大家坐下喝茶时，没有人会担心这盏下肚，终身大事就“板上钉钉”再无反悔了，一旦有这样的犹豫怕是要成笑话的，而客来奉茶、以茶会友、相互赠茶的习俗却从未改变。

茶是我的芳邻，我当然羡慕那些有茶的美好姻缘。

冬夜里，梅花开了，疏影横斜。林觉民牵着陈意映来到后园，二人拍下梅花上的雪，烹一壶“梅雪茶”。一声“意映卿卿”与那年的茶香氤窜在陈意映的记忆里，陪她度过人生中孤苦悲痛的最后时光。书房里，茶已煎好，为了看谁能有幸喝到第一口茶，李清照与赵明诚玩起了猜谜游戏。一个说出某段内容，另一个就要说出在书的哪一页。赢了的那一个端起茶盏时十分得意，一忘形，反而打翻了手中的茶，令输了的那一个捧笑不止。洗尽铅华后，“秦淮八艳”之一的董小宛后来嫁给了江北名士冒辟疆。小宛十分能饮茶，见家中茶叶少了，自己忍着尽量少喝。

“花前月下，碧沉香泛”。小宛却要为丈夫细细烹茶。小宛去世后，冒辟疆著《影梅庵忆语》，追忆昔日良辰，长叹“余一生清福，九年占尽，九年折尽矣”。

居家过日子，开门“七件事”：柴米油盐酱醋茶。茶排在最后，是生活余韵袅袅的尾音，是家人心领神会的谦让，也是日常不言不语的体恤。一盏茶，让多少家常可以徐徐沟通，多少情感可以缓缓表白。

元和十年，白居易被贬任江州司马。他写信告诉朋友，自己要在庐山香炉峰下搭建草堂，然后住下来，因为他舍不得这里的云水泉石。白居易在草堂边种植了茶园一“药圃茶园为产业，野麋林鹤是交游”。茶，不仅是白居易的知音，还成了邻居，在喜欢的地方同住同活。自称是“别茶人”，这样一来我更信服白居易了。

在江口骆象茶园，曾启发种植茶、管护茶、收留茶，与茶同住同活，除了琴、诗、酒，我都快要把他误认为是白居易了。他们都勤事耕种。不同的是曾启发留下来是因为父母过世。当时，将二老安葬于这大山中之后，他突然感到了人生空空如也，直到来到骆象茶园。坐在茶园的最高处，满目茶树，鸟鸣山幽，绿风清凉，觉得自己如草芥一般，也许一生将碌碌无为，曾启发心生一丝惭愧。就这样，他决定不再远走，留下来照顾这片茶园，还可以时常祭祀父母。一天又一天，曾启发在茶园浇灌、除虫、遮盖、采摘，父母仿佛依然在村头村尾，双老似乎还能听见自己骨肉的走近。故乡不同于他乡，定居故乡者一直与世代的前辈们为邻，一直是广义上的守灵人，事死如事生。

寒宵几坐，手持一盏茶时，我不敢想象：看上去，一个人就要在一个地方生根，仿佛要终了一生，却没有一棵踏实的树来做邻居。人的悲哀也许就在这里了。

在庐山香炉峰下，茶是白居易的知音、邻居，茶陪着更多“别茶”人。

在骆象茶园，说曾启发照顾茶，其实是茶一直陪着他。在梵净山，茶是我的芳邻，茶也一直陪着我。

（陈丹玲）

沿河古茶记

一

唐人陆羽所著《茶经》是世界上最早的茶学专著，这位流芳千古的茶圣，在其中写道：茶之出黔中，思州、播州、费州、夷州……往往得之，其味极佳。盛赞了沿河古茶。又相传唐天宝年间，唐玄宗身患绝症，京城无人可医。后征思州鳌山寺高僧通慧禅师进殿医治，药到病除，其中一味药材便是沿河古茶。

沿河境内自然环境优越，四季温差小，昼夜温差大，日照充足，降水充沛，终年云雾环绕。土壤质地疏松、底土无硬盘层、排水性好、坡度适中，土壤以黄壤、红壤、黄棕壤等类型为主，适宜茶树生长。全县五百年以上树龄的古茶树有四万余株，超过一百年树龄的不计其数。仅塘坝乡，就有二万余株古茶树，其中有的树龄甚至高达一千二百年，属国内罕见。因为喜欢探源古茶树，我于2016年走访了沿河谯家、黄土、塘坝、新景、客田、后坪、洪渡、思渠等乡镇散布的古茶园。沿河凭借着得天独厚的自然条件，大力发展茶业，使其成为生产无公害、有机茶的最佳产地，是贵州省发展茶叶重点县，生产的茶叶以“绿色、生态、环保、健康、养身”独誉，曾获“中国名茶之乡”“中国古茶树之乡”“贵州十大古茶树之乡”“贵州省著名商标”“贵州省名牌产品”等荣誉称号，其千年古茶、画廊雀舌、懿兴雀舌、武陵工夫等茶产品先后在各类茶博会上屡屡获奖。

身处苍苍茫茫的万亩古茶园之间，见得那些躬身于茶园深处采摘茶叶的土家女儿，他们勤劳能干，充满智慧，生活中穿着朴素，笑容大方，对前来买茶喝茶的人，总是热情恭敬，礼数周全。他们用超出常人的胆量和坚强的心，谱写着大山深处千年古茶树的进行曲，诠释千年古茶树与土家人和谐共存的真谛。

暮色四合，在风雨中劳累了一天的采茶人脸上仍挂满微笑。他们以茶代酒，以茶传情，视茶为生活之中不可缺少的贵宾。因之，生活中处处可见茶，话语间亦处处藏着茶的身影。茶是大自然的馈赠，漫野古茶树就像山谷中那美丽的幽兰，在漫长的岁月里，见证了土家儿女代代相传的古茶文化。

二

沿河人喝茶，最为典型和独具特色的，当属当地的土家人。

土家人都有饭后喝茶的习惯，正餐进餐时也会给客人不断斟茶。茶具有醒脑清神、开胃健脾、醒酒解醉、消食利尿等功用，加上山区农业生产规模不大、节奏较慢，喝茶自然是土家人享受生活之乐的必备功夫了。

土家人讲究“酒满茶半”。给客人斟茶，土家人叫“倾茶”或者“参茶”，通常都不会倒满，最多也只有大半，这并非土家人吝啬，而是风俗使然。在土家人的观念里，满碗茶水是给要饭的叫花子解渴才多多益善的，而对于尊贵的客人，只能以一半敬之，即便是你喝上十碗八碗，主人反而会很高兴不断地为你斟茶，同样每一次都只半碗。

水是茶之母。土家山寨泉水丰富，凡有住人的村寨和农业生产的地方，均有大小山泉井水。由于山泉清洁无污染，富含各种人体所需的矿物质，杂物极少，且冬温夏凉，口感极佳。用山泉水泡茶，是远古的土家人在长期的农耕生活中积累下的经验，俨然也是一种生活习惯，是他们特有的茶品。

土家人泡茶十分讲究，其炮制的方法有煨茶、熬茶和泡茶等。

土家人煨茶的器皿叫“茶罐”，其形上下两头稍小，中间略大。一侧有握柄，开口在顶部且有一向外突出的小槽一并盖严。茶罐多为陶瓷制口，少数家庭还保留有铜质茶罐。煨茶时，先将茶罐注满泉水，盖上盖子后，置于土家木屋的火炉之上，尽量使其受热升温。通常还要用火钳从火塘里夹出正在燃烧的木炭或者块煤置于其下。水开后揭盖投入茶叶，继续盖上加温，待茶叶被开水煮透，汁液呈黄色或暗红色时即可倒入茶具中饮用。倒出茶水后加满水再次煨煮，等倒出的茶水喝完，茶罐里的茶又泡好了。这样边喝边泡，才算是“喝茶”。此法泡茶，经过三沸，便将茶罐移离火塘，开始“焖茶”。焖上三五分钟后再倾出，也不忙喝，先把茶水抬至鼻前，深吸几口茶的雾气，使茶露透入肺腑，体内顿生舒爽之感，随后慢慢呷送少量茶水，徐徐咽下，自能品出高原之巅云雾缭绕中的茶味。

“熬茶”，就是用大火煎煮茶水。用铁锅烧开清水后投入茶叶，稍煮片刻即成。也有在水未沸腾而先放入茶叶的熬法，只是此法熬出的茶水色浓却稍显淡寡，欠香味。熬茶一般用粗茶叶或茶籽，多为土家人自己制成的饼饼茶，还有其他各种各样的山中野生植物组合而成的刺梨茶、甜茶、吊钩茶、老鹰茶等，初次喝或刚开始喝会觉得味道有点异样，但喝后慢慢回味，便甘甜自知，尤其是土家炮制的这种茶水，放上两三天也能喝，且不会像其他冷茶，喝后拉肚子，不利于健康，所以土家熬茶是炎热季节避暑解渴的常用品。

“泡茶”，是先把细茶叶放入瓷器中，注入开水，盖严，三五分钟即可饮用。泡茶虽操作简单，但茶质要好，水必须烧开，这样才能泡出色、香、味俱佳的茶水来。

还有一种土家特制的茶，叫“油茶”。其制作是先备好优质茶叶、瘦猪肉丝、极薄而不规则的小块豆腐干片，还有芝麻，炒熟去衣并碾成小颗粒的花生和黄豆，再配以姜、蒜细末、短节香葱。将猪油煎至微微冒烟，再将肉丝和豆腐干片入锅炒至半熟，加入花生、黄豆碎粒，翻炒至充分沾油、颜色焦黄后刀上下芝麻和茶叶，文火快速翻炒，芝麻全部炒炸而不变色时立即加水，大火烧开，放葱、姜、蒜、盐等即成。油茶用料十分讲究、制作精细，每个环节的火候把握要求极高，是土家人待客的上等茶食，吃起来既觉得油质极浓又不嫌其腻，口感特异，回味悠长百吃不厌。一般是边喝油茶边吃其他专门配置的食物，既能解渴，又可充饥，茶食兼具，回味无比。

土家人饮茶一般都配上零食，叫作茶食。凡逢年过节、红白喜事以及其他喜庆之事，都能见到茶食场景。茶食的饮茶活动的必备之品，其特色则是多样化、平民化。除柑子、柿子、核桃、板栗、花生、瓜子和饼干、糖果之外，还有诸多土家人自己做的独特食品，包谷泡、米籽、酥食、麻饼、麻粮、包谷团儿等。土家包谷泡又叫包谷花，土法制作是先用铁锅将燃烧用过的废弃草木灰炒热，放入干透的包谷籽，在锅内一起翻炒，包谷籽受热膨胀先后爆裂，最后全部开花弃掉草木灰即成。现在有玉米爆花机，更为主便快捷且香脆可口。炒制时适当放点糖，则更香脆而甜，这是土家“下茶”的好食品。

三

沿河，是一座被乌江拴在水边的古城，其绵长的历史和文明也与这条蜿蜒而过的乌江息息相关。山是高山，崖是悬崖，壁是绝壁，滩是险滩，流是激流，茶是古茶，而人，则是兼具各类优秀品质的沿河土家人。

沿河古茶，外形呈尖状，色泽黄绿；叶底嫩软，黄绿；其汤色黄绿明亮，清香纯正，滋味醇厚。沿河古茶具有独特的品质特点。由于古茶树发芽较早，开春之后，有阳光的普照，雾气的滋润，绿芽出得较早，因此，采摘时间也早于其他类茶叶。茶青采摘标准也极为严格。采摘的茶青要经过两到三次筛选，方才进行炒制。在制作熟茶的过程中，每一道工序都苛求完美。杀青或者干燥，温度都不宜过大，否则会导致干茶外形显现叶缘泡点，甚至出现泡点过多的现象。这就要求古茶的炒茶师傅把握好火候。

出生婴儿的百日宴里，是一碗古茶道出了母亲十月怀胎的艰辛与欣喜。出嫁姑娘的离娘席上，是一碗古茶道尽了父母的养育之恩。乃至，老人们百年归天时的永别路上，是一碗古茶抚慰了孝子贤孙内心里的挽歌。因此，是这些悠久的民族传统铸就了沿河古茶文化独特的地域特点和民族风情文化。

乌江激流涌越，带着高原旷古雄阔的原始野性，和它独有的历史以及文明，绕城潆洄。旭日渐渐东升，熹微的亮光把高山的剪影，照得愈加碧幽，绿绿葱葱。大江远去，船舶轻轻摇摆，和着轻拍的浪花，对望江岸上的楼台，抵足期盼……

（刘燕成）

春日茶事

清明过后，春暮去，而茶事正旺。

石阡茶叶早已名声在外。此地种茶历史悠久，茶叶质量上乘，曾作为贡品进献给朝廷。在老城一角，自然形成茶叶市场，那个地方就叫“茶叶巷”，地名沿用至今。后来一直有人在此卖茶叶。曾有人托我买茶叶，说得很清楚：去茶叶巷那一带，摆地摊卖那种。

然而茶叶市场已转移到了另外一个巷口。还好，不远。卖茶叶的人不如想象的多，都是些年纪偏老的妇女。几个专门贩茶叶卖的，有固定摊位。还有少量农妇，自己掐的茶叶，自己炒了拿来，铺张塑料布往地上一摆。我们就专瞅这种买：一来价格便宜，二是真正的手工制作。

我之于买茶叶，实在外行，便邀了大哥一道。他看中一位农妇摆在地上的一包茶叶，形状是卷起来的，有白毫，闻起来一股浓郁的茶香。这种叫"毛峰"，相对于一瓣一瓣可以在杯中直立的"翠芽"，毛峰的价格便宜些。据说，喝茶的人更喜欢毛峰的味醇，耐泡。我学着大哥的样子，也抓一小撮送到鼻子底下闻闻，又放几片到嘴里嚼嚼。还是分辨不出与其他家的有什么不同。但看见大哥在同农妇讨价还价了，他看中了这茶叶！说明这茶叶一定有与众不同的地方。只几个回合，谈妥，成交。一模一样的，老妇还有一包，我遂提了那一包，心满意足而归。

仍不明白这茶叶好在哪里，回家赶紧烧水冲泡。只知道新茶叶的特点是色泽带有青绿色。抓一把茶叶放在杯中，开水冲下，原本钩状的茶叶迅速舒展开来，茶叶边沿的锯齿状清晰可见。杯中水色渐变成为浅黄绿色，茶叶的香味泛出，带一点淡淡的栗香——这正是石阡上乘茶最具特色的味道。

虽不会挑选茶叶，但我喝茶，从小就喝。

大清早，家里头等大事不是吃早餐，而是烧一锅开水，把温水瓶都灌满了，再抓一把茶叶在大搪瓷缸里，舀一瓢开水冲下去。茶泡上了，才开始洒扫，做其他事。后来看到"开门七件事，柴米油盐酱醋茶"这句话，毫不以为奇：早起泡茶，原本就是一天中的要事之一。

在院子里疯跑一阵后，满头大汗，进屋，抱着大搪瓷缸猛灌一气——等不及倒入茶杯中慢慢喝了。喉咙只管发出咕噜咕噜的吞咽声，半缸茶水下肚，满足地放下大搪瓷缸。但要及时给缸里加满开水，别人来才有得喝。此时，茶水已经没有多少茶味了，于我却是正好——酽茶可不好喝。

《红楼梦》里关于喝茶的描写较多，我记住的是妙玉论茶："一杯为品，二杯即是解渴的蠢物，三杯便是饮牛饮骡了"。而她用于泡茶的水是"梅花上的雪，共得了那一鬼脸青的花瓮一瓮，埋在地下"，五年后的夏天才取出用。当时只觉得这是个神仙一般的女人，她用作泡茶的水都那么诗意美妙。还有她的茶具，看书中描述，也不是平常物件。

我喝茶，永远是牛饮。妙玉与我的生活没有丝毫关系，故而我无法理解如妙玉那般的"品茶"境界。而且，埋在地下长达五年之久的一罐水——哪怕真的是梅花上收集的雪——真的就好吗？如果是酒，埋在地下五年后取出，那一定是好酒。而水，我则更认同“流水不腐”，“为有源头活水来”之类——必定是流动的水，有来源补充的水，才是好水吧。我只能对一位古代清高到不食人间烟火的尼姑表示不理解。

喜欢喝茶，还因为小时候吃药太多的缘故。那时候吞西药丸子，温水送服。如此送服了两天，只要一端起白开水，嘴里就升起一股药味，喉咙马上有反应，胃里开始翻腾。喝茶就不会这样，一点点茶味就可以抑制住喉咙对白水的条件反射。

记得很深的一件事：干完一趟活的母亲回到家，吃饭，她却咽不下饭粒。是感冒了，没有食欲。母亲深知“人是铁饭是钢”这个硬道理，她必须填一碗饭在肚子里扛住，才不会倒下。我看着母亲把大搪瓷缸里的茶倒进饭碗里，泡着饭粒，呼噜几下就快扒完了那碗饭。我好奇地问母亲：茶泡饭，很好吃吗？母亲说：好吃，你尝尝吧！她喂了我一口。什么味道也没有，就一股茶的清香。这种味道就此被我记住了，以后我觉得没有胃口时，也偶尔吃那么一次茶泡饭。

参加工作的头几年，经常去农民家中。只要一进入人家屋里，主人必先倒一杯茶递过来，有时是用碗盛。茶大多是泡在保温瓶里的，倒出来时，颜色已经深浓得发出铁锈红，尝一下，却并不酽。茶装在保温瓶里，是为了保温，茶色却不好了。但忙于干活的农民，哪里顾得上许多呢。除非冬天，有的人家在堂屋里的火堆旁，现用土罐子煨茶。那叫“罐罐茶”，如今被当作一种民俗大肆宣扬。

在农民家里喝的茶是比较粗糙的老茶叶，很多是自家采摘，自家炒制的。稍细的茶叶一般会拿去市场卖了，换生活用品。粗糙的就留下自己喝。这种茶味道特别浓厚，非常耐泡。“罐罐茶”用的就是这种老茶叶，味苦，涩，茶香浓郁，茶汤浓稠，解乏。

热情的农人一手端碗，一手提保温瓶倒茶水。眼见茶水渐渐漫上来，淹了抠住碗沿的大拇指。我接过碗来，捧在手里，送至嘴边，佯装吹冷，实际在用眼睛打量，看看哪里没有指纹印，好从那里下口。

我熟悉的茶就是这种样式的，是“粗茶淡饭”里的茶，与底层生活息息相关，与妙玉那般的“品茶”无关。

单独为自己泡一杯茶，是在莉那里。那年秋天，她刚刚参加工作，在距县城不远的一个乡镇，邀我去玩。她住的地方非常空旷安静，卧室在楼上，厨房在楼下。每天随她在楼下的厨房里做饭炒菜，吃完后她说：走，楼上喝茶去。我们就上楼，一人泡一杯茶，相对慢慢喝着，她说了许多喝茶的好处。又说，茶叶最要紧的是防潮，要用皮纸包好，放在透气的竹篓里。那个时候的茶叶都一个样：黑色，卷曲，干燥。就在同她喝茶那会儿，我注意到她的手非常漂亮，在书上看到“十指如葱”这个词语，觉得就很适合用于描述她的双手。她手背上的蓝色血管清晰可见，更衬托皮肤的白皙。茶杯在她的手中，有种无与伦比的美。那时，我就在想，该像她那样，泡一杯茶，摊开一本书，慢慢喝着，时光便会静好。

以为茶与书一联系，就高雅起来了。不谙世事时，写出的文字也透出矫情：“择一河岸边，有白鹅卵石的地方，建茅屋三间，一间用于生火做饭，一间用于睡觉，一间用于喝茶看书”——孤僻症患者。直到历经岁月，才知道，“酒逢知己千杯少”，喝茶，也是要与有话可说的人对饮才有意味。

茶事兴旺起来，各种形态的茶叶丰富了市场，谈论茶的人也多了起来，各种茶叶专卖店，各个茶场、茶园，以及名目繁多的茶艺表演等，此起彼伏，很有点“乱花渐欲迷人眼”的热闹。也曾被人请去茶楼“品茶”，看上去也格调高档，有美女伺茶，各色茶具令人眼花缭乱，一壶茶的价格不菲。一切均在表达“消费”一词的概念。每当此时，我只默默呆坐一旁，犹如一滴油漂浮于水面，无法与彼时彼地相融。

看了汪曾祺先生的《泡茶馆》，很有点心向往之：就着一碗茶，一本书，就是一个下午。在茶馆里，联大的学生聊天，看书，也写论文。也就着一碗茶吃俩烧饼。这时，茶与书的联系才紧致，高雅，也有份浓郁的生活气溢出。我想，那样的茶馆，应该是亲民价吧。这样的茶，才彰显出它的魅力。

让我心醉的喝茶，是三两好友，围在桌边，嗑瓜子，喝茶，摆龙门阵。此时，没有人在意茶壶里的茶叶价位，茶具怎么样。只要谈兴正酣，便好。

无意中看到一部日本电影：《寻访千利休》。千利休被奉为日本茶道的鼻祖，然而，他对茶的阐释却如此简单：“先把水烧开，再加进茶叶，然后用适当的方式喝茶。那就是你所需要知道的一切，除此之外，茶一无所有。”“在这碗茶里，品尝此时此刻活着的喜悦吧。”我不懂茶道，但我正在埋头喝的一杯茶里，仔细体会此刻的喜悦。尤其，与友人一道，有闲话佐茶时。

只是，我仍不会挑选茶叶。无事，再去卖茶叶的巷口逛，总可见着一两个老头转悠。这个摊前看看，那个摊前看看。也抓起几片茶叶闻闻，放嘴里嚼嚼。我只好奇地盯着老头高深莫测的一张脸问道：老人家，这茶叶可好？他笑而不答，稍微点点头。如果老头在开口问价了，可推测出：茶叶不错。价钱谈好，老头掏钱提走。我怔怔地望着老头远去的背影，心想：这老家伙，回去定然愉快地吩咐他老伴烧水泡茶，一会儿后就可以慢慢悠悠，在躺椅里喝茶了。

（聂　洁）

清明访鹦鹉溪茶园

似乎没有一蓑烟雨，那清明这个传统节日已然被人酿得酽稠的世味便被上天打了大大的折扣，好在上天是个萌萌哒的厚道人，记忆中连续几年的清明节都是一片烟雨空蒙中度过的。

今年的清明，气候上没有变，三天的小长假，天幕几乎都是由一片像牛毛花针细丝并且沾衣欲湿的小雨在斜织。有些出乎意料的是，由一个在鹦鹉溪工作的初中同学尽地主之谊，相邀了十几个具舟车之利而可朝发夕至的初中同学，到他们镇里发展的茶园去，观景也罢，品茗也罢，叙旧也罢，抠麸也罢，反正，由头自然是菩萨的胡子，任人栽的。

车下鹦鹉溪高速路口，在镇里没有作任何停留，三四辆车，十几个人各自怀揣了一份美丽的心情，由在鹦鹉溪工作的同学引导，直接来到了位于一个地名为马河的茶园里。

今人的轻车熟路给人带来的爽快感大约相当于苏东坡时代的竹杖芒鞋，春风得意，兴会淋漓，似乎是分分钟的事，不知不觉间我们已然来了这片海拔上千米的地方。

突然感觉到一阵轻寒，雨越下越密，山岚氤氲处，白茫茫一片，渺若烟云，看不到山，望不见水了，但所幸越发记得住乡愁，这一片景象契合了我这几十年来关于故乡雾霭的全部记忆。不由想到，假如是在江面，给诸葛亮同样的草船，趁着这样的山岚，他是足以第二次从曹丞相那里借来十万支箭的。

茶园的主人迎上前来，告诉我们，这里的气温比下面通常低三到五度，加之本身天气因雨降温，有此料峭春寒，本也在情理之中，自然是见不得怪认不得真的。

在檐下站立小会儿，打一个冷战，呵一口长气紧紧心，跺一下脚净净鞋，然后走进茶园的会客室。迎面见一个正在手工制茶的女子，在一口电炒锅前，戴着口罩，低着头，全神贯注，心无旁骛，用一双纤纤玉手，搓叶，揉团，技艺娴熟，手法老练。茶园主人告诉我们，她年纪不大，但制茶是科班出身，曾获省级传统手工制茶大奖。

那就少不了是要每人泡一杯茶来的，好客的主人拿出了顶级的茶叶，茶叶呈瓣状，是为单芽，据说市场上每斤卖价上千，然后烧水，洗杯，又根据各自喜爱的酽淡程度，往杯里酌进茶叶，一杯滚烫的开水冲进去，茶叶在杯中打了一个滚，立马就吊在了水面呈直立状，形如闷热天气里游到水面换气的鱼儿。

泡半刻，捂一会，透过茶杯，待先前瘦削的茶叶泡到丰腴时，深咂一口，一股蕴含了大自然馨香的茶味顿时沁人心脾地在舌尖浸染，弥漫。霎时，咳然一声长叹，天地成一统，吞吐皆六合，居庙堂之高处江湖之远的忧愁，遇知于明主用力于当世的欣慰，皆在这一杯茶中释然。看茶汤中袅袅泛起的白色热气，蒸腾而至空中与山岚交融，突然参悟了苏轼“浩浩乎如冯虚御风，而不知其所止；飘飘乎如遗世独立，羽化而登仙”的意象，顿觉神清气爽，怡然自得，一点浩然气，千里快哉风，入无我境，得大自在。

细雨仍淅沥，趁着茶兴，端杯出屋，看山岚仍浓，渺乎苍茫，浩乎无际，不觉想起陆羽“茶者，南方之嘉木也”的经论，也不觉想起卢仝“一碗喉吻润，二碗破孤闷。三碗搜枯肠，惟有文字五千卷。四碗发轻汗，平生不平事，尽向毛孔散。五碗肌骨清。六碗通仙灵。七碗吃不得也，唯觉两腋习习清风生”的神笔。

在这样一种遗世独立的环境里，昔日的同学少年，早过了书生意气的时代，都成家立业了，都为人父母了，如花美眷不在，似水流年长往，那在叙旧的话题里，自然少不了感慨岁月的沧桑，唏嘘人世的坎坷，初恋由谁开始，梦想自何而来，家长里短，世道人情，兴之所至，无话不谈，一时意兴盎然，其乐融融。

一杯茶过，在当地同学的建议下，我们又走下一家茶园。

本是相隔不远，更兼车道相连，不一会儿我们又来到了一家生产“晏茶”的茶园里。茶园主人迎上前来，当然热情不减，当然品茶不省。泡上来我才知道，这儿的茶叶主打的是毛尖了，品种有异于我们在第一家茶园喝的。但味道一样，感觉一样，都一样在鹦鹉溪镇这钟灵毓秀的自然山水哺育下，孕育了山川风物的精华。

雾天看不见，但据当地同学说，这样的茶园还很有几个，这边连着那边的张家寨，你中有我，我中有你，要是晴明天色，还可以优游很久。

倒是同学这样不无自豪的告诫，让我们打消了看遍茶园的念头，因为我们知道了，在这有限的一天时间里，是断然看不完这里的风景的，于是在日落前，在兴尽后，我们踏上了回程的路。

山岚仍未散去，茶香还在唇吻，在车上，不觉想起南宋陆放翁的《闭门》诗：

衰疾厌厌不易医，闭门惟与睡相宜。狂曾忤物慵迎客，瘦不胜衣悔作诗。

数简隐书忘世味，半瓯春茗过花时。寂寥终岁君无诮，正是幽居一段奇。

我想，下一次如有机会来，也一定带数简隐书，去泡半瓯春茗，当然不一定是寂寞终岁，只是也可求个幽居一段奇。

反正从思南到这里，很近的。

（安元昌）

三、茶对联

搓磨煎炒，历尽炎凉成极品；舒卷沉浮，常将甘苦化清香。

（西部茶都，熊志扬）

望中烟霭，画外风情，万缕茶香千里梦；岭上山歌，花间鸟语，一筐春色半囊诗。

（白沙茶园观景楼阁，林小然）

月出石阡，秋水长天成一色。茶香满院，和风细雨赏群芳。

（月出石阡茶香满院，杨菲）

一杯两叶三江水，香飘四海；五德六禅七碗诗，韵醉八方。

茶汤花液古温泉，洗几次松龄鹤寿；画水诗山新热土，迎八方珠履香车。

（五德茶园，王雪森）

梵净绿茶迎来湘鄂黔渝贵客，圣墩白酒宴请港台澳海雅人。

梵净贡茶香醇飘万里，圣墩大米味美乐千家。

梵净绿茶迎贵客，印江白酒宴嘉宾。

（张世麟）

大树古井容颜如玉，春茶蕙兰香茗有韵。春光溢满真情浓，漫上茶楼笑晚风。

（“梵净园茶馆”茶联；收集单位：松桃苗族自治县茶产业办公室）

岸边垂柳色青翠，堤畔旗张卓姿美。

（松桃“观江楼”茶联；收集单位：松桃苗族自治县茶产业办公室）

领点工资称斤茶叶买条香烟放团火炮一家老小灯前思甜忆苦，

杀个毛猪煮篼白菜炒碗瘦肉喝盅烧酒满壁诗画堂上喜地欢天。

（贺国鉴）

贵州生态形美多彩，梵净佛地茶韵独特。

（普觉大同“观景楼”对联；供稿：梵净山茶业有限公司）

一具煮沸三江奔腾水；全民同饮五岳静心茶。

（谭文科）

瑞气横香，清肠润肺开滋味；灵泉染色，寡欲廉心傲帝王。

安社稷，定江山，吞吐胸中气概；化浮心，宁躁性，品尝叶底乾坤。

安神自恃，黑白自分明，白梗红汤清俗虑；化境谁栽？青黄谁接续？黄钟大吕动仙思。

青叶满山，揉晒炒堆干，安家立业人丁旺；黑茶千两，备储挑取醒，化气通肠体魄康。

传承树艺清香劲，树人树德；博览联园雅趣横，联韵联情。

（周志刚）

四、地方特色茶文化

（一）印江春官说茶

这位同志真讲礼，走来就把茶泡起，不吃茶来由之可，说起茶来有庚生，此茶不是非凡茶，阳雀未叫先发芽，球泪滚滚猪八戒，昔日有名叫唐僧，他到西天去取经，行往玄女娘娘山前过，看见金童在扫地、扫得茶子乱纷纷，唐僧一见心不忍，包起茶子转回程。前往野猪山前过，野猪山上秧茶林，一怕野猪拱茶子，二怕野猪拱茶林，这堂茶树秧不起，挑起茶子往前行。前往火焰山前过，火焰山上秧茶林，一怕大火烧茶树，二怕小火炎茶林，这场茶树秧不起，挑起茶籽往前行。前往野鸡山前过，野鸡山上秧茶林，一怕野鸡刨茶树，二怕野鸡刨茶林，这场茶树秧不起，挑起茶子往前行，前往王母娘娘后花园内过，王母娘娘后花园内才秧成，三十三颗为一片，九十九片为一林，上头发起一对叶，乌鸦不来树上宿，下头发起几股根，野猪不来树下行，三月晴天摘回来，锅头妙起黄金色，放在罐内泡水吃，泡在缸中起莲花，发财之人大不同，茶泡缸中像菜油，老的吃了添福寿，少的吃了长精神，务农之人来吃茶，前仓满来后仓盈，当官之人来吃茶，全心全意为人民，读书吃了长学问，先生吃了为国家培养栋梁人，手艺之人来吃茶，千家有请万家迎，今日春官来吃茶，阳雀过山远传名，别府别县传不到，思南传过印江城。

（收集单位：印江土家族苗族自治县茶产业办公室）

（二）茶谚语

向阳种茶树，背阴栽杉木。

种茶栽漆树，不愁家不富。

栽一株活一株，茶林里头出珍珠。

家有千根茶，吃穿都不差。

（收集单位：印江土家族苗族自治县茶产业办公室）

（三）去来上下来吃茶

去来上下来吃茶，红漆朝门是公家。

阁上盖的是连二瓦，后园栽的是牡丹花。

花花大姐是小冤家，花花二姐贤惠喊吃茶。

（收集单位：印江土家族苗族自治县茶产业办公室）

（四）采茶号子

正细茶，林内出好杉。

窑内出好碗哪，碗上绣莲花。

（收集单位：印江土家族苗族自治县茶产业办公室）

第二节　铜仁茶艺术

一、茶　歌

思邛县茶歌

采茶采到茶花开，漫山接岭一片白，蜜蜂忘记园家去，神仙听歌下凡来。

百花开放好春光，采茶姑娘满山岗，手提着蓝儿将茶采，片片采来片片香。

米到东来采到西，采茶姑娘笑眯眯；过去采茶为别人，如今采茶为自己。

茶树发芽青又青，一棵嫩芽一颗心；轻轻摘来轻轻采，片片采来片片新。

采满一筐又一筐，山前山后歌声响；今年茶山好收成，家家户户喜洋洋。

阳出山乐悠悠，鸟儿双双叫连天；起来上南山，草上的露水还没干。

风和目丽好天气，白云柳絮飞满天；茶园满山嫩又绿，采茶的姑娘心欢喜欢。

（收集单位：印江土家族苗族自治县茶产业办公室）

十二月采茶歌

正月采茶是新年，妹妹双双上茶园。上点茶园十二亩，当面许愿两吊钱。

二月采茶是春分，妹妹双双摘细茶。左手摘茶茶四两，右手摘茶茶半斤。

三月采茶茶叶清，妹妹双双绣手巾。两边绣起茶花朵，中间绣起采茶人。

四月采茶茶叶长，奴家工夫两头忙。一忙田头秧又老，对面山上老麦黄。

五月采茶茶叶闭，茶树脚下老龙盘。多打钱纸敬土地，龙神土地保平安。

六月采茶热洋洋，上栽杨柳下栽桑。上栽杨柳柳沉沉，下栽黄桑好歇凉。

七月采茶茶叶稀，妹妹双双坐织机。织得绫罗箱箱满，与奴缝件抱茶衣。

八月采茶茶花黄，风吹茶花满山香。大姐捡得传二姐，头茶没得晚茶香。
九月采茶是重阳，重阳造酒桂花香。记得那年闰九月，过了重阳又重阳。
十月采茶立了冬，十担茶箩九担空。茶箩挂到茶树上，再等明年来相逢。
冬月采茶过大江，脚踏船头走苏杭。脚踏船头忙忙走，卖完细茶转回乡。
腊月采茶完一年，包袱雨伞讨茶钱。你把茶钱付与我，今年过了又明年。

（收集单位：印江土家族苗族自治县茶产业办公室）

拜堂敬茶歌

新娘唱：　　媳给爹娘敬茶拜堂，学识浅薄不懂礼往。
献上新茶浓香一杯，祝愿父母延年寿长。
儿媳孝敬责无旁贷，老人恩德时挂心上。

新郎父母唱：　　今天是个喜庆日子，高兴讨得好的媳妇。
敬茶送鞋礼数厚重，媳孝父母情到意浓。
夫妻美满百年和好，儿媳欢笑爹娘宽阔。

新娘唱：　　东边太阳披霞光，二位长辈坐中堂。
儿媳是个农家女，胸无大志礼数差。
长辈身教传佳话，老人教诲铭心肠。

新郎父母唱：　　东边月亮西边云，高兴讨得好儿媳。
你是望门农家女，知书达理又本真。
敬茶礼仪情意到，一片春暖透人心。

（吴胜之）

民谣“闹新房”

茶是美人茶，烟是新人烟。烟茶到了口，觉得很新鲜。
一对新人很大方，烟味香来茶味甜。香味带来天地久，甜味带来俩团圆。
天赐良缘同偕老，夫妻相爱过百年。
茶是解口喝，吸烟是新鲜。烟茶送过后，花生瓜子来一盘。
新娘来开锁，新郎来端盘。端来花生生贵子，端来葵花点状元。
葵花向阳长瓜子，花生逢年得团圆。花生本是长寿果，瓜子本是米神仙。
花生瓜子一齐到，一胞双胎在明年。
花生瓜子吃到口，还有茶水和美酒。茶水兰花香，茶汤滚滚烫。
品口茶水甜如糖，新郎新娘情义长。美酒赛茅台，揭开喷鼻香。

新郎闻味吞口水，新娘闻味手脚忙。茶水好比山泉水，夫妻相爱日月长。

敬我群仙一杯酒，明年生个状元郎。

（收集单位：松桃苗族自治县茶产业办公室）

采茶小调

腊月采茶下大凌，王祥为母卧寒冰，孝心感动天和地，天赐鲤鱼跳龙门。

冬月采茶冬月冬，秦琼打马过山东，秦琼打马山东去，夜奔潼关一场空。

十月采茶小阳春，董永卖身葬父亲，董永是个真孝子，天赐仙女配成婚。

九月采茶菊花黄，目莲和尚去寻娘，十八地狱都寻过，转来封他地藏王。

八月采茶是中秋，杨广观花下扬州，一心要吃桂花酒，万里江山一旦丢。

七月采茶七月七，牛郎织女两夫妻，人家夫妻常聚首，天河隔断两分离。

六月采茶六月天，宋朝有个穆桂英，七十二道天门阵，阵阵不离老将军。

五月采茶是端阳，刘秀十二走南阳，姚琪马武双救驾，二十八宿闹昆阳。

四月采茶四月八，丁山三请樊梨花。辞别母亲去挂帅，保住唐王坐中华。

三月采茶桃花红，杨泗将军斩蛟龙。斩得蛟龙头落地，一股鲜血满江红。

二月采茶百花开，无情无义蔡伯喈，苦了家中赵氏女，罗裙装石垒坟台。

正月采茶是新年，刘关张结义在桃园，弟兄徐州失散了，古城相会又团圆。

（演唱：杨胜茂、李松林、杨秀彬；收集：李华林、李世昌、杨光枝；

原载《中国民间文学三套集成·德江县卷》）

茶山歌

一

女：正月打扮上茶山，二月打扮下四川。

雾山脚下三条路，不知哪条上茶山。

有人知道茶山路，手上戒指鞋二双。

男：茶山大路我晓得，中间大路上茶山。远看茶山像茶山，近看茶山像把伞。

女：（白：干哥，你今日在茶山，明日在茶山，你在茶山做什么活？）

男：我在茶山办茶堂，粗茶卖得盐四两，细茶卖得油半斤。

细茶吃得甜咪咪，粗茶吃得苦阴阴。

粗茶卖给农夫汉，细茶卖得有钱人。

本钱多来利钱少，哪有银钱给干嫂。

女：干哥不嫌干嫂丑，一心打扮配干哥。爹娘晓得我不怕，我有法来对付他。

哥嫂晓得我不怕，嫂嫂总是外头人。舅爷晓得我不怕，哪有舅爷管外甥。

金竹桠来银竹桠，哪有族亲管我家。

送郎送到桥当头，两边扇儿一起丢。送郎送到大路边，两把扇儿同齐分。

送郎送到两河口，两把扇儿要挤走。送郎送在大门前，一路扇儿丢下门。

二

正月好唱正月梭，新来媳妇靠公婆，上身穿的红绫罗，下身罗裙脚底梭。

二月好唱月里梭，燕子衔泥来砌窝，燕子衔泥窝砌起，飞进飞出在唱歌。

三月好唱三月梭，蜜蜂飞往花园过，花见蜜蜂开言笑，好比情妹见情哥。

四月好唱四月梭，蚊虫蠓蠓实在多，许郎一铺红罗帐，不准蚊子咬情哥。

五月好唱五月梭，一对龙船顺水梭，大船载的是情妹，小船载的是情哥。

（收集整理：刘吴昌）

十口茶土苗歌

男：进得阿家门呀！是否请喝茶？你的那个爹妈（洒）欢不欢迎咱？

女：哥哥别多疑呀，只要礼到家，我的那俩爹妈（洒）定泡乌蒙茶。

男：喝你一口茶呀，首问一句话，你的那个爹妈（洒）年岁有多大？

女：喝茶就喝茶呀，哪来这多话，我的那俩爹妈（洒）已经八十八。

男：喝你二口茶呀，再问一句话，你的那个哥嫂（洒）在家不在家？

女：喝茶就喝茶呀，哪来这多话，我的那俩哥嫂（洒）已经分了家。

男：喝你三口茶呀，又问一句话，你的那个姐姐（洒）在家不在家？

女：喝茶就喝茶呀，哪来这多话，我的那个姐姐（洒）已经出了嫁。

男：喝你四口茶呀，还要问你话，你的那个妹妹（洒）在家不在家？

女：喝茶就喝茶呀，哪来这多话，我的那个妹妹（洒）已经上学啦。

男：喝你五口茶呀，继续问你话，你的那个弟弟（洒）在家不在家？

女：喝茶就喝茶呀，哪来这多话，我的那个弟弟（洒）已经当阿爸。

男：喝你六口茶呀，总想再问话，眼前这个妹子（洒）方年有多大？

女：喝茶就喝茶呀，哪来这多话，眼前这个妹子（洒），今年一十八。

男：喝你七口茶呀，问句心里话，面前这个哥子（洒），你肯嫁不嫁？

女：喝茶就喝茶呀，怎的心就花，黄狼想驾天鹅（洒），看你本事大不大。

男：喝你八口茶呀，再道心里话，女老要是不嫁（洒），春过就谢花。

女：喝茶就喝茶呀，何苦管别家，男大还是 棍（洒），众人耻笑他。

男：喝你九口茶呀，奉句心窝话，男女都需槐树（洒），何不同请它合：同喝十口茶呀，不再耍嘴巴，喜结同心拜槐（洒），俳个胖娃娃。

（收集单位：印江土家族苗族自治县茶产业办公室）

这片心驰神往的土地

陶醉你翰墨飘香　啊…拜谒你弥勒道场
拥抱你千年紫薇傲然风骨　凝眸你万米睡佛宁静安详
品位你梵净绿茶清香高洁　沉浸你民族风情仪态万方

你物华天宝文化源远流长　你人杰地灵民族勤劳善良
啊…这片心驰神往的土地哟　就是我的家乡我的家乡我的印江
啊…这魂牵梦萦的土地哟　就是我的家乡我的家乡我的印江

啊…我的印江　陶醉你翰墨飘香
啊…拜谒你弥勒道场　拥抱你千年紫薇傲然风骨
你人杰地灵民族勤劳善良　啊…这片心驰神往的土地哟
就是我的家乡我的家乡我的印江　啊…这片魂牵梦萦的土地哟

凝眸你万米睡佛宁静安详　品位你梵净绿茶清香高洁
沉浸你民族风情仪态万方　你物华天宝文化源远流长
就是我的家乡我的家乡我的印江　啊…我的印江
啊…印江，啊，印江，我的印江

（作词：陈晓华，作曲：王勇，演唱：刘思思）

苗岭茶歌

该歌具有浓厚的苗族风味山歌调，以茶为背景，充分反映了松桃苗族少男少女喜摘春芽的欢乐情景。苗乡松桃是一片古老神奇又多情浪漫的土地，生活在这里的人们热爱歌唱热爱生活，素有能说话就会唱歌的美誉。《苗岭茶歌》反映的是松桃苗乡尤其是茶乡群众采茶对歌和以歌传情，自由恋爱的浪漫情怀和多彩生活气息。该作品旋律优美，朗朗上口，在苗乡广为传唱，曾参加2016年铜仁市第五届旅游发展大会大型文艺演出，并在贵州卫视、铜仁电视台同步现场直播。此外，该作品还多次参加松桃“新春七天乐”、元宵晚会等大型文艺演出，被评为松桃“优秀原创作品”；2018年在由腾讯网等发起的“全国新民韵”优秀民歌征集推广活动中，还被列为初选提名作品；目前在百度、腾讯、松桃网等多家媒体传播。

1=♭E $\frac{3}{4}$ $\frac{4}{4}$ （女声独唱或组合） 龙 瀑 词
♩=118 孟 勇 曲

|: 3 4 3 2 | 2 - - 1 · 7 1 3 2 - - 3 4 3 2 | 2 - - |
哥哥住 在 茶 山脚 （也）， 妹妹住 在
妹妹住 在 茶 山坡 （也）， 哥哥住 在

7 · 1 7 6 6 - - | 1 6 3 2 - - 4 · 2 4 | 5 - - |
茶 山 坡， 三月春 风 吹 过 河（也），
茶 山 脚， 毛风细 雨 满 天落（也），

I. 6 5 · 0 | 4 5 · 0 3 4 3 2 2 - - 0 0 3 | 2 - - 2 - 5 |
柔情 蜜意 长 满 坡 （女）罗 也 罗
相思 绿叶 长 满 坡

II. 4 3 · 0 | 6 7 · 0 1 - 1 6 2 - - 1 6 6 - | 5 6 6 - | 3 2 2 - |
（男伴）罗 也 罗 也 罗 也

7 7 7 6 | 5 - - | 5 0 0 0

（女）4 - - | 4 - - 5 5 5 4 5 - - | 5 0 0 0 6 5 ·· 6 4 5 - |
也 唱起那茶 歌 妹妹 早晚
云里 雾里

（男伴）4 2 2 - | 5 5 5 4 5 5 - - | 5 - - | 5 0 0 0 4 3 ·· 4 2 3 - |
罗也 唱起那茶 歌

I. 3 4 3 2 | 2 - - 1 2 ·· 3 | 3 2 - 7 1 7 6 | 6 - - 6 5 ·· 6 | 4 5 - |
（女）
来 采 茶， 哥哥 早晚 来 唱 歌， 绿叶 片片
来 采 茶， 风里 雨里 来 唱 歌， 竹篓 装满

II. 1 - 1 6 | 2 - - 1 2 ·· 3 | 3 2 - 7 1 7 6 | 6 - - 4 3 ·· 4 | 4 3 - |

I. 4 2 4 5 | 5 - - 3 4 3 2 | 2 - - 4 2 · 6 | 1 0 4 5 | 6 - 5 6 | 4 - 1 2 |
有 情 意， 情歌阵 阵 暖心 窝（罗 也 罗 也 罗
哥 欢 喜， 茶歌唱 醉 妹心 窝（罗 也 罗 也 罗

II. 2 - 2 1 | 5 - - 3 4 3 2 | 2 - - 4 2 · 6 | 1 0 6 7 | 1 - 7 1 | 6 - 6 7 |

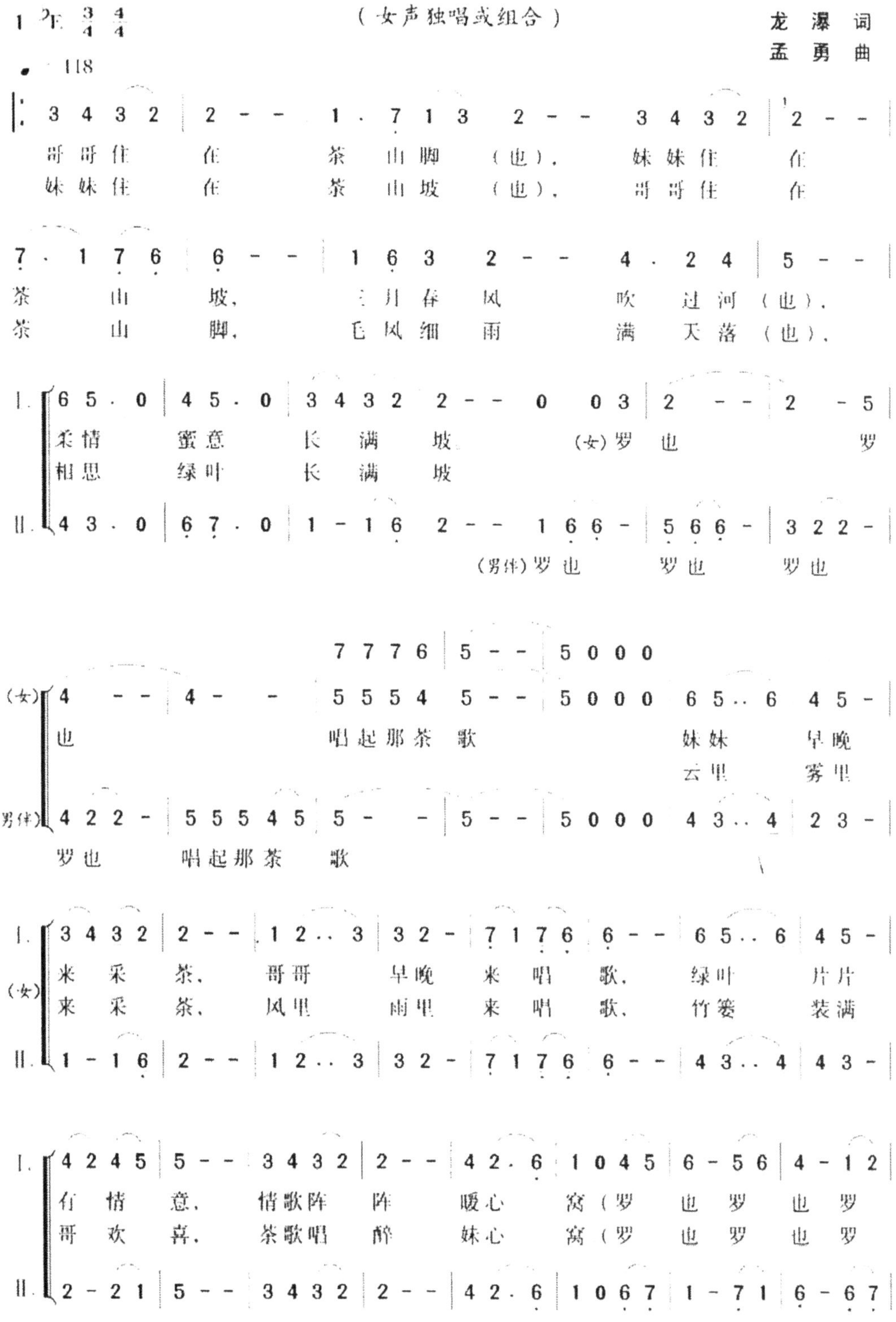

山里采茶迎红军

《山里采茶迎红军》，勾起了对当年贺龙红军的记忆，意味深长。该歌反映松桃苗乡老区群众当年在山里采茶劳动时盼红军、迎红军、颂红军，军民鱼水一家亲，团结一致闹革命的历史场景。该作品多次参加松桃和铜仁大型文艺演出活动，并先后荣获“多彩贵州”歌唱大赛松桃赛区原生态类“一等奖”、铜仁赛区比赛“二等奖”和“优秀创作奖”。该作品集茶文化、生态文化、红色文化于一体，生动感人，深受人们喜爱，并被改编为合唱作品，成为全县合唱比赛备选曲目。

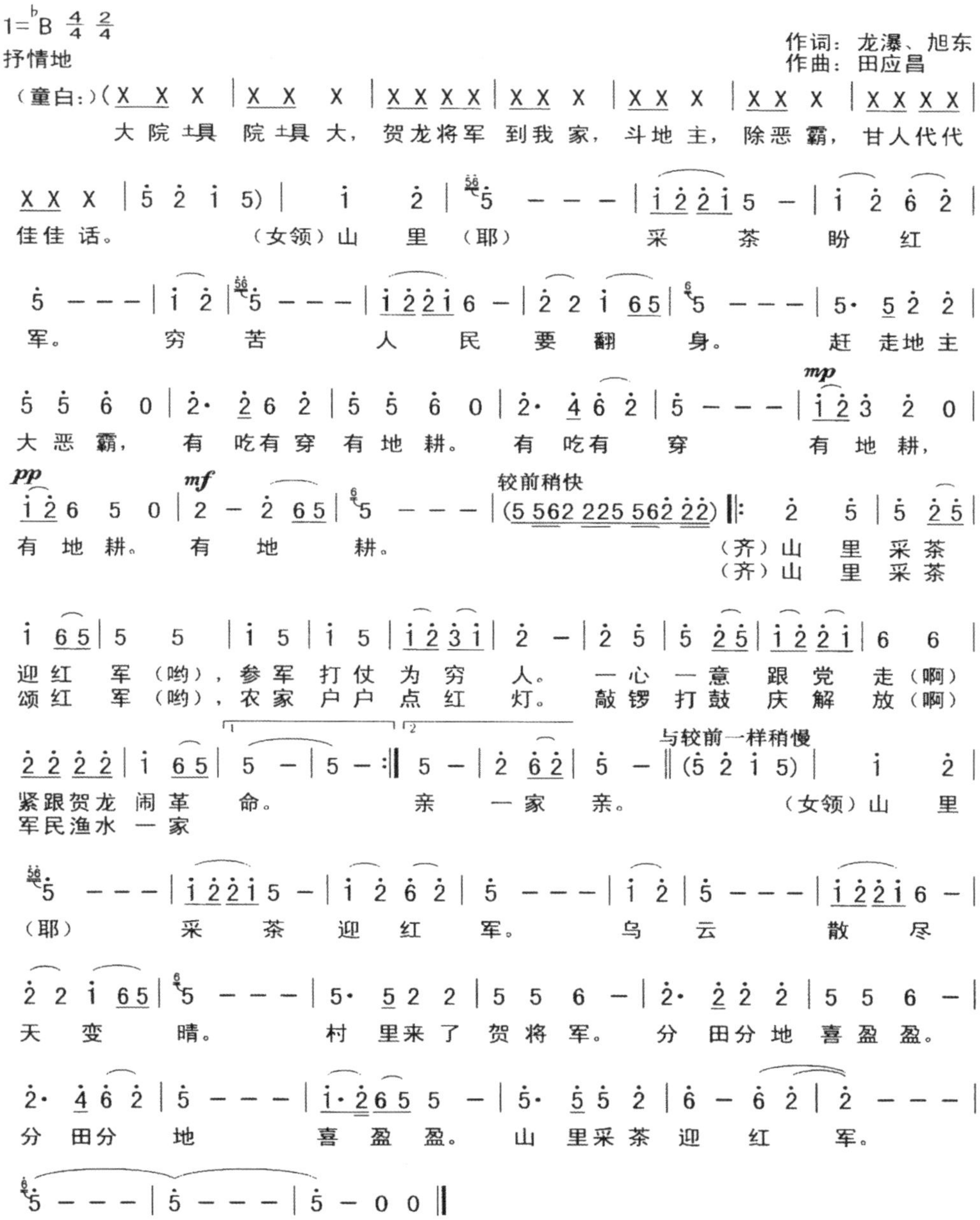

1=^{b}B $\frac{4}{4}$ $\frac{2}{4}$

抒情地

作词：龙瀑、旭东

作曲：田应昌

（童白：）(X X X | X X X | X X X X | X X X | X X X | X X X | X X X X |

大院坝院坝大，贺龙将军到我家，斗地主，除恶霸，甘人代代

X X X | 5 2 1 5) | 1 2 | 5 - - - | 1 2 2 1 5 - | 1 2 6 2 |

佳佳话。（女领）山 里（耶）采 茶 盼 红

5 - - - | 1 2 | 5 - - - | 1 2 2 1 6 - | 2 2 1 65 | 5 - - - | 5· 5 2 2 |

军。穷 苦 人 民 要 翻 身。赶 走地主

5 5 6 0 | 2· 2 6 2 | 5 5 6 0 | 2· 4 6 2 | 5 - - - | *mp* 1 2 3 2 0 |

大恶霸，有 吃有穿 有地耕。有 吃有 穿 有地耕，

pp 1 2 6 5 0 | *mf* 2 - 2 65 | 5 - - - | 较前稍快 (5 562 225 562 22) ‖: 2 5 | 5 2 5 |

有地耕。有 地 耕。（齐）山 里 采茶

（齐）山 里 采茶

1 65 | 5 5 | 1 5 | 1 5 | 1 2 3 1 | 2 - | 2 5 | 5 2 5 | 1 2 2 1 | 6 6 |

迎红 军（哟），参军 打仗 为穷 人。一心 一意 跟党 走（啊）

颂红 军（哟），农家 户户 点红 灯。敲锣 打鼓 庆解 放（啊）

2 2 2 2 | 1 65 | 1. 5 - | 5 - :‖ 2. 5 - | 2 62 | 5 - ‖ 与较前一样稍慢 (5 2 1 5) | 1 2 |

紧跟贺龙 闹革 命。亲 一家 亲。（女领）山 里

军民渔水 一家

5 - - - | 1 2 2 1 5 - | 1 2 6 2 | 5 - - - | 1 2 | 5 - - - | 1 2 2 1 6 - |

（耶）采 茶 迎 红 军。乌 云 散 尽

2 2 1 65 | 5 - - - | 5· 5 2 2 | 5 5 6 - | 2· 2 2 2 | 5 5 6 - |

天 变 晴。村 里来了 贺将 军。分 田分地 喜盈 盈。

2· 4 6 2 | 5 - - - | 1·2 65 5 - | 5· 5 5 2 | 6 - 6 2 | 2 - - - |

分 田分 地 喜盈盈。山 里采茶 迎 红 军。

5 - - - | 5 - - - | 5 - 0 0 ‖

二、茶　舞

（一）民间茶（歌）舞

1. 采茶调

1）内容简介

在印江自治县峨岭镇大溪沟，朗溪镇河西村石坪一带，是土家族以歌颂采茶叙说农事为主的大型歌舞活动。

印江采茶灯是在二人花灯、三人花灯的基础上发展起来的群体表演艺术，主要行当72人，以12位采茶姑娘为轴心，配以社会上各行各业的人物作陪衬，在同一音乐旋律和锣鼓声中表演，风趣幽默，极具魅力。采茶灯的内容繁多，有单、双采茶，农夫采茶，顺采茶、倒采茶三十余种角色有生、旦、净、末、丑，渔、樵、耕、读、商僧，道、闲汉等。整个活动上百人参与。表演程序是“恭贺新禧”的牌灯、锣鼓、二胡为前导；十二生肖，鱼、兵、虾蟹彩灯走（站）两旁：12位采茶姑娘左手花篮，右手折扇边舞边唱采茶调；管家婆舞扇拍响犒与姑娘们调笑，紧接着是渔樵耕读，三教九流，公公背媳妇等歌舞活动，人物表演的步法有十字步、交叉步、对穿花、麻花绞等舞蹈动作；曲调有十二采茶、花采茶、单采茶、双采茶、倒采茶、农夫采茶、古人采茶等唱词。

采茶灯浓缩社会七十二行形形色色人物形象，一般在宽敞的场地或街道行进表演、气势磅礴恢宏，具有寓庄于谐、寓教于乐、雅俗共赏的特点，充满着浓郁的乡土文化气息，普及全县城乡。2007年1月，被列为印江自治县非物质文化遗产保护名录。

2）采茶灯唱词

单采茶

正月采茶单采荟，哥哥采茶妹摘茶。哥哥你采茶，妹妹一枝花。南京茶来北京花，南京北京几斤茶，纱罗帐，帐罗纱，铜锣响，茶灯茶，贺新春，过新年，家家户户点明灯。哥妹二人巧梳妆，梳妆打扮去采茶。

倒采茶

倒采茶来倒采茶，柳州小姐倒采茶。牡丹一枝花，叫你哥哟叫你哥，背包挎伞去采茶。十二月采茶完一年，要去东家讨茶钱。八月采茶倒采茶，哥呀牡丹花儿开。莲花我知道，你连我之花。莲花我知道，桂花茶花一齐开。月月花儿红讨茶钱，哥呀海棠花，妹哟海棠花。十二月倒采茶，你讨茶钱倒采茶。牡丹一枝茶，牡丹一枝花。柳州妹倒采茶，柳州妹倒采茶。完一年，交予我。背包挎伞讨茶钱，今年去了等来年。

双采茶

月采茶双采茶，哥妹上山采茶花。哥找白的花，妹找红的花。金花吊银花，红花配白花。金吒配木吒，文王保驾南宫去，渭水去访姜子牙。

进茶园

正月是新年，小妹进茶园，手拿茶籽撒满园，梅花闹沉沉。二月正是春，茶叶正在生，手拿茶耙耙把草扯，梅花闹沉沉。三月采茶正当春，姐妹二人进茶园，嫩绿茶叶细细采，不采老叶只采青。

典茶园

正月采茶是新年，妹用金簪典茶园。红绕绕，颤惊惊，蜜蜂箱箱满。茶叶换钱作嫁妆，典得茶园十二亩，不作嫁妆送双亲。

茶山相亲

妹妹打扮上茶山，上山去把哥哥看。哥哥种茶有办法，找得银钱好找伴。哥哥不嫌妹妹丑，妹愿与哥长相伴。

（整理：吴亚松）

2. 印江苗族传统花灯上茶山

（男出台）

丑：（唱）茶哥今年二十三，天天一人爬大山，哪个女人来陪我，唱歌玩耍我喜欢。（锣鼓起）茶哥哎一年深山藏哎，哪有哎机会做新里郎呀。

旦：（白）山下来一个姑娘，我躲一下（蹲下）（锣鼓起）茶女哎今日上茶山啦，想找一个情人有依靠哇快快走哇。

丑：妹子，走得好快哟。

旦：哥哥，你要做哪样？

丑：上茶山。

旦：我们就一路嘛。

丑：好！（游台）（起舞）

（合）：正哪月说呀起上茶山哕（女）二月里格打扮啥下呀四川，呀儿呀哥哥闹梅花哕，妹妹满呀儿呀依呀，找得里格银钱啥几呀万罗呀儿呀。

男：正月说起上茶山。

女：二月打扮下四川呀儿呀。哥哥闹梅花哟——哥哥闹梅花哟——妹妹满呀儿依儿呀——

男：找得（里格）银钱啥，儿呀万唠呀儿呀。

女（白）：哥哥，你找得那么多钱，怎么不讨个干嫂。

男（唱）：本钱多来利钱少，哪得银钱讨干嫂呀儿呀。哥哥闹梅花哟——妹妹满呀儿依儿呀——

男：哪得里格银钱啥讨呀干嫂呀儿呀。

女（白）：哥哥，我给你找个嘛。

男（白）：不知面貌如何，她在哪里呀？

女（白）：说来嘛较远……

男（白）：远在哪里？

女（白）：远在天边。

男（自）：想来又近。

女（白）：近在眼前。

男（四下张望）：四下无人，莫不是就是……你？

女（唱）：干哥不嫌干妹丑，我一心打扮啥配呀干哥哥呀儿呀，哥哥闹梅花罗，妹妹满呀儿依儿呀，我一心打扮啥配呀干哥哥呀儿呀。

男（白）：好倒是好，恐怕你爹妈不喜欢？

女（唱）：爹爹晓得无法，妈妈晓得啥眼睛瞎呀儿呀。

合：哥哥闹梅花罗，妹妹（满）呀儿依呀。

女：妈妈晓得啥眼睛瞎呀儿呀。

男（白）：爹妈晓得你不怕，要是你哥嫂不同意呢？

女（唱）：哥哥晓得常在外，嫂嫂知道硬是夸呀儿呀。

（合）：哥哥闹梅花哟——妹妹（满）呀儿依儿呀。

（女）：嫂嫂知道喻硬是夸呀儿呀。

男（白）：……倘若你弟弟妹妹晓得呢？

女（唱）：弟弟年幼在读书，妹妹年轻还要我教呀儿呀。

（合）：哥哥闹梅花哟，妹妹（满）呀儿呀依儿呀。

女（白）：妹妹年轻还要我教呀儿呀。

男（白）：这个姑娘真是吃雷的胆子哟，（转身），妹子这些你都不怕。要是你家舅爷舅娘晓得呢？

女（唱）：山林树木青又青，哪有舅爷舅娘管外甥呀儿呀。

（合）：哥哥闹梅花哟，妹妹（满）呀儿依儿呀。

（女）：哪有舅爷舅娘管外甥罗呀儿呀。

男（白）：好！妹子你若不嫌弃，我们就以树为媒，以天为证，拜过天地。

（男拉女，一鞠躬）

（合唱）：别人成亲杀猪羊，我们成亲啥拜山岗呀儿呀，哥哥闹梅花哟，妹妹呀儿依儿呀，我们成亲啥拜呀山岗呀儿呀！

男（白）：你我既成夫妻，那就回家呀！

（二人起舞）（打收场锣鼓）

（整理：吴亚松）

（二）茶　灯

1. 石阡茶灯

1919年《石阡县志·风土志》载："阡素产茶，故有此灯。"茶灯的灯，极为繁盛，主灯古名"彩坛"，今称"彩门"，整体为牌楼型，俗称"牌坊"。高约3m，宽约2m，厚约20cm；竹木为架，篾编纸糊，上部飞檐翘阁的牌楼三间，中间高两侧低，内供"三元三品三官大帝神位"，中门甚宽，供演员出入，门内还横加一条竹竿，以备扛着行走。放置在演出场地的中心，起着特殊的布景作用。

茶灯的演员有"采茶十二娘子"十二人（闰年为十三人）、"茶婆"一人、"杂角"若干人等。其中"茶婆"身为茶女之母，她率领茶女们上场表演，她的大部分表演是护卫茶女，驱赶那些对茶女纠缠不休的"杂角"，常使观众为之捧腹。"杂角"则在"采茶娘子"绕场所形成的椭圆形场内同时作"赶场式"表演，有的穿梭走动，有的作对演唱，有的逗笑打趣等。

茶灯杂角有丑角和正角之分，丑角有："八字先生""倒把伞""卖药的""杂货客""笑和尚""叫花子""打莲花落""打大锣"等，这些丑角的共同之处，除宣扬自己做"赶场式"表演之外，便是以取乐茶女为能事，茶婆则挥舞着手中的"响篙"，边打边骂"黄鼠狼想吃天鹅肉""脸皮子比城墙转角还要厚"等。

正角有"春官""土地"等，春官头戴平顶冠，身穿大红袍，手端"春牛"，执手杖，来回高唱"说春词"。现在这种说春的形式已被列为国家级非物质文化遗产。

石阡人创造与茶文化结合的戏剧：茶灯。茶灯表演边唱边舞，舞蹈动作以表现制茶工艺为主要形式。制茶人为宣传苔茶，创造出戏曲表演推广，石阡茶灯可视为唐宋时期的茶广告。石阡茶灯所表达采茶场景的众生相，却是数百年茶文化与花灯文化相互交融的展现。随着社会的变迁，茶灯与茶的故事在石阡上演传承。

茶灯的乐队伴奏以丝弦锣鼓为主，演唱传统的十二月采茶调：

正月采茶是新年，抽奴金簪典茶园；典得茶园十二亩，当官见字满交钱。

二月采茶茶发芽，姊妹双双去摘茶；姊摘多来妹摘少，摘多摘少早回家。

三月采茶茶叶青，奴在房中绣手巾；绣得龙来龙现爪，绣得虎来虎现身。

四月采茶茶叶长，田中遇着使牛郎；采得茶来秧又老，栽得秧来麦焦黄。

五月采茶茶叶团，茶蔸脚下老龙盘；三束长钱敬土地，山神土地管茶园。

六月采茶热忙忙，上栽杨柳下栽桑；多栽桑树喂蚕子，少栽杨柳歇荫凉。

七月采茶茶叶稀，奴在房中坐高机；两边织起茶花朵，与奴织件采茶衣。

八月采茶茶花开，风吹茶花满山来；大姊摘朵二姊戴，梳妆打扮祝英台。

九月采茶是重阳，重阳造酒满街香；大姊提壶劝二姊，姊妹双双过重阳。

十月采茶郎未归，斜风细雨打湿衣；奴在房中烤炭火，郎在外面受孤凄。

冬月采茶过大江，脚踏船头走忙忙；脚踏船头忙忙走，买了细茶转回乡。

腊月采茶完一年，背包老伞讨茶钱；请把茶钱交与我，今年去了等来年。

大团圆来小团圆，十四十五圆团圆；左团三转保平安，右团三转庆丰年。

1）茶灯起源

茶灯文化源于唐朝，唱词记载“灯从唐朝起，灯从唐朝兴，王母娘娘眼睛痛，许愿99盏大红灯，33盏留上天，33盏去海边，33盏无去处，留在人间贺新春”。唐宋时期，茶叶是石阡人的主要经济来源，苔茶成为皇室贡茶。石阡苔茶被朝廷所用，制茶人为推广贡茶，在全县发展茶叶生产庆贺。民间一位杨姓艺人把采茶、制茶与花灯文化相结合，演绎出一种民间灯艺戏曲表演形式，“石阡茶灯”应运而生。

说到石阡苔茶的传承，一定要讲讲陈仕贵老人的故事，因为陈老的母亲杜西云女士就是一位茶灯传承人，而陈老本人更是不遗余力地为“石阡茶灯”的发展壮大而付出。首先把自家的堂屋设为灯堂，每周三、周六齐聚一堂演练，还不时拿出家中自制的米线、米花招呼演员，并拉着儿子一起扛演出时的道具。陈老为人和善，技艺熟练，诲人不倦。现陈老已仙逝，谨以此文向陈老致敬。

2）表演形式

“茶灯”表演没有舞台，在街头、院落或广场；参加演出人员或数十人或百余人不等。“茶灯”表演要有请“灯神”开光、表演、化灯仪式，主要情节是“十二采茶娘子”上山采茶所发生的故事。《石阡县志》对茶灯有比较生动的记载：“有所谓茶灯者，以村童十二人饰女装，为采茶十二姊妹，装一茶婆为其母率领上山采茶。别装四、五十人作赶场式，贸易之间多戏谑十二姊妹语，茶婆往往怒骂之。各执一灯或数灯，极其繁盛。采茶歌声，风流婉转，观众听者，不可胜计。”“茶灯”是广大劳动人民自娱自乐的大型灯种，对于研究古时的茶叶广告宣传，民族民间多声调式的运用和具有独特、丰富的民族造型艺术及服饰文化等都有极高的参考价值。

茶灯表演爱好者把对茶灯执着的爱和对生活的激情投入到表演中，并且在长期的茶灯排演中彼此间磨砺出姐妹般深情。

石阡茶灯现已被列为省级非物质文化遗产，相信在众多茶灯爱好者的共同努力下，石阡茶灯的发展将更加辉煌（图9-1）。

（收集整理：赵春莉）

图9-1 石阡茶灯现场（石阡县茶业协会提供）

2. 松桃孟溪茶灯

孟溪茶灯大约产生于唐代，兴盛于宋代，已有逾1000年历史。孟溪茶灯来源于当时的茶山文化“十二采茶娘子”上山采茶而得，是一种集灯、歌、舞、戏、锣鼓等多种艺术表现形式为一体的民间综合艺术。据史料记载，远在唐、宋时期，松桃就有种茶制茶的历史，并被朝廷所选用，素有茶乡之美誉，而孟溪则是松桃茶文化最浓厚的老区之一。到明朝，种茶、制茶、饮茶在县境内已普及规模。相传，孟溪民间制茶艺人为表示庆贺，把采茶、制茶过程中男女歌舞戏耍汇编成一种民间文艺表演形式，由于白天上山采茶，只有晚上才有时间聚在一起一边选茶一边歌舞，“灯”就这样伴随着茶文化歌舞诞生了，“孟溪茶灯”就这样形成并一直传承下来。

孟溪茶灯的灯笼通常由排灯、宫灯、耍灯三部分组成，按民俗功能分为太平灯、寿元灯、架桥灯、送子灯、玩要灯等多个种类；唱跳表演种类分为“迎灯拜主”“开财门”“跳灯唱戏”“化财送灯”四个部分；主要角色分“唐二”（丑角，有的班子称刘二，店小二等）和“幺妹子”（旦角），担任了茶灯的全部歌舞说唱表演。因有“女不跳茶灯”之俗，幺妹子角色通常由男角扮演。演员除丑角和旦角外，还有帮腔人员，人数从十多人到数十人不等，还有部分人握举一盏戏灯站在表演区周围，既照明，又防止有人干扰演出，在遇到主演员需帮腔时帮帮唱或搭白；伴奏乐器以打击乐为主，有鼓、锣（分铜锣、勾锣）、钹（分头钹、二钹），有鸡啄米、急急风、懒龙过江、鸡拍翅、龙摆尾、凤点头等打法，后来有的班子把二胡、唢呐、笛子等乐器也引入茶灯，增加了茶灯的音乐表现力。有史料记载过古代孟溪春节元宵中茶灯的盛况：有所谓茶灯者，以村童十二人饰女妆，为采茶十二姊妹，装一‘茶婆’为其母。率领上山采茶，别妆四五十人作赶场式贸易。谈笑之间，多戏谑十二姊妹语，茶婆往往怒骂之。各执一灯或数灯，极其繁盛。采茶歌声，风流婉转，观听者不可胜计。

孟溪茶灯的现状，由于茶灯文化的音乐和表演形式都无法用文字来加以记载和传承，所以千百年来都只能靠群众代代口耳相传。

例如，茶灯中的“十二月采茶”“送寿元”等音乐，格律没有严格规定，唱腔时而舒缓流畅，时而急转高扬，无法用曲的形式将其谱在书面材料上。茶灯的配乐更为深奥讲究，变化十分丰富，仅鼓的打法就有十余种，勾锣在整套乐器中起配色、转调等作用，铜锣主要作用是分节分段，所以这两种锣的打法不仅花样繁多，更是最好的搭档，需要非常密切的配合才行。所以，茶灯不仅唱腔难以记载，其配乐更难传承。

茶灯在经历了一千多年的传承与演变后，到19世纪中期，在孟溪已发展成70余支2200余人的农村专业表演队伍规模。孟溪老区的凯塘、安山、铜钱山、蛤蟆、后硐、耿溪等近100余个村寨，是远近闻名的茶灯“老灯堂”（就是发源地和发祥地的意思）了，在这些村寨里，不光中老年男人会唱会跳，包括妇女儿童都是跳茶灯的好手，这些妇女儿童还帮着男艺人们扎灯笼，整理服装，帮角色化妆等，逢年过节，处处器乐响，寨寨茶灯亮，户户充满茶灯调。

近些年来，受“打工潮”、外来强势媒介等多方面因素的影响，致使茶灯这一靠口耳相传的原生态群众艺术呈现消退现象。孟溪村70多岁的茶灯老艺人戴昌汶告诉笔者，现在的年轻人、能考上学的考学了，不能上学的外出打工了，家里就剩老人、小孩和妇女，就算到年关能回来，都是前前后后的，不得整齐，而且大多回来几天又走了，所以想扎茶灯都扎不起来。的确，在经济大潮的影响下，人人都在争先恐后地找融路赚大钱，哪里有活哪里跑，哪里找钱哪里行，一门心思都花到找钱上，再加上现在的人回到家叫有电视看，茶灯成了人们茶余饭后的话题却不是行动了。在谈及茶灯的现状时，老艺人戴昌汶老泪盈眶“像我们这样专业的茶灯艺人越来越少了，要是再不采取有效措施加以保护，这一优秀民间艺术可能很快就会随着我们这些老人的逝去烟消云散。”到2016年，孟溪原老区的茶灯专业队伍已不到7支，表演人员不足200人。

复兴孟溪茶灯文化之路茶灯文化传承后继乏人，这一现状引起了当地党委政府的高度重视。为了不让这千百年留传下来的民族民间特色文化消失，孟溪镇党委政府领导班子多次召开专题会议，讨论如何继承和发扬这一民族瑰宝。在经过多次讨论研究后，该镇决定通过建立专业的茶灯队和举办一年一度的茶灯文化艺术节的措施来对这一文化遗产进行保护与发展。

2016年，孟溪镇老年协会和妇女协会联合建立起了“孟溪业余茶灯表演队”，队伍由最初的12人发展到后来的64人，他们大部分是35岁到45岁的中年人，只有一部分年龄在50至60岁之间，由原孟溪镇党委副书记刘宗华出任队长。该镇出资24.7万元为这支业余茶灯表演队购买了服装、道具、乐器等，并请来民间老艺人指导排练。茶灯队伍建成后，他们把党的一些方针政策、国家的法制法规等编写成唱词，经常到农村以茶灯文艺义演的形式大力宣传，歌颂党恩，歌颂新社会，歌颂新生活，深受群众喜爱。

孟溪业余茶灯队建起后，曾多次参加湘渝黔边区文化交流汇演活动，取得良好的社会反响，还参加“多彩贵州”歌舞大赛，获得地区和省级表彰。茶灯还吸引了中外游客，2018年元宵佳节，香港凤凰国际金融投资有限公司加拿大籍总裁罗伯特先生在松桃与孟溪茶灯队演员一同表演，对茶灯产生了浓厚的兴趣。

2017年元宵节，孟溪镇投资5.3万元开始举办第一届“茶灯文化艺术节”，邀请了全镇各村寨和原老区的大路后硐、黑坡城、耿溪等地的茶灯队伍前来参加，共有11支队伍420余人上台表演。首届艺术节的举办，大大刺激了各茶灯老灯堂村寨的积极性，纷纷召回在外的茶灯艺人，并大力发展年轻人从师学艺，掀起一股振兴茶灯文化的热潮。到2018年茶灯文化艺术节举办时，已有22支队伍近1000名演员的规模了。

2017年，孟溪镇又在镇完小实施“艺术从娃娃抓起”文化工程，决定将“茶灯”艺术纳入学校工作的头等大事加以实施，每学期拨付2万元作为教学专项经费，聘请茶灯艺术教师专门为学生上课。拨付1.8万元专用经费制作花扇、戏灯和添置锣、鼓、钹等茶灯道具，抽调会唱会跳会敲打的老师组成茶灯艺术兴趣指导小组，专门对学生的表演进行指导和培训。茶灯艺术课堂教学在孟溪镇完小全面展开，深受学生的喜爱和学生家长的大力支持，一场振兴民族民间文化遗产的行动已在该镇拉开了序幕。

（收集单位：松桃苗族自治县茶产业办公室）

（三）现代茶（歌）舞

石阡苔茶上北京

[幕启]（画外音）

孙：爷爷，爷爷，我们制作的茶叶什么茶

爷：它呀，叫苔茶！

孙：哦，苔茶！

爷：你不要小看这一片茶叶，当年呀，它还上过北京参加全国群英大会，周恩来总理都亲笔给它题过字呢。

孙：爷爷，你快给我讲讲石阡苔茶上北京的故事吧！

爷：哈哈……

狗：春香妹，你快点，快点嘛！

众（内应）：来了，来了。

曲①：树上那个喜鹊叫喳喳啊，漫山那个遍野开鲜花，带上家乡苔茶一背篼呀，上北京去转一转呀。

快板：几十里的山路上大路，几十里的马车到县城，几百里的客车上贵阳呀，几千里的火车上北京。

白众：到北京这么远的路程，你们去干啥子哟？

狗、香：参加全国群英大会呀！

唱：苔茶香、苔茶美，因为它喝的是佛顶山的水，苔茶香、苔茶甜，它还出口到苏联，我和阿妹（阿哥）上北京呀，这把苔茶献给首都的人民尝一尝呀，尝一尝

香：狗崽哥，这回你当上了全国劳模，好威风哦

狗：春香妹，这个荣誉属于我们新华公社的全体社员，当然还有你对我的……

众：一片真情，哈哈……

（二人害羞状）

快板：石阡新华生产队，茶林春风阵阵吹，苔茶全国一枝花，茶叶飘香大江南北千万家，去年组织了两亩“卫星茶”，生产的茶叶顶呱呱，生产队年年评为全省茶模范，大家都把狗崽哥呀夸又夸

香：狗崽哥，快看，天安门到了！

狗：（情不自禁唱），我爱北京天安门，天安门上太阳升……

众：狗崽哥，你们住在那山旮旯，还得上北京来参加全国群英大会，硬是胡萝卜

蘸海椒看不出呢。

香：狗崽哥呀，可是我们新华公社的大红人，年年轻轻的就当上了村支书，还被评为全国劳模呢。

众：哦。

狗：春香妹，开会了，我们到人民大会堂去。

香：好！

快 板：第一次来到北京城，第一次逛了天安门，第一次走进人民大会堂，第一次见到啷个多领导人。

狗：吱……这个大会堂，比我们公社的大食堂大多了。

众：当然喽！

香：狗崽哥，这开会的都是些什么人呀？

狗：他们可都是全国各行各业的标兵，个个都是狗撵鸭子~呱呱叫！

快 板：全国劳模齐聚大会堂，个个是生产战线上的红缨枪，党和国家领导人亲自来接见，大家激动得热泪又盈眶。

香：开会了，开会了！

（画外音）：贵州石阡新华公社谭仁义上台领奖（掌声）！

众：狗崽哥，喊你了。

狗：喊我了？

众：对，喊你上台领奖。

香：狗崽哥，你莫要怕，上！

狗：好，上！

（音乐起，一段表现喜悦心情舞蹈）

众：狗崽哥，快给我们看看，是什么奖品？

（春香给狗崽别毛主席像章）

狗：周总理来了，周总理来了！

众：啊，周总理来了，周总理来了！

（画外音）：这是什么地方的茶叶啊？

狗：报告总理，这是我们石阡新华公社生产的苔茶。

（画外音）：嗯，这个茶叶，口感不错，喝到口中回甜，好茶！好茶！

狗：哎，哎……

（画外音）：这么好的茶叶，一定要大力发展。

狗：总理，我们回去后一定种出更多、更好的苔茶来！

（画外音）：好，好！（甲从台下拿来锦旗一幅）

甲：大家看，这是周总理给石阡苔茶题的字。（众围）

狗：茶叶生产，前途无量。

狗、香：茶叶生产，前途无量！

众：茶叶生产，前途无量！茶叶生产，前途无量！

狗：周总理，回去后，我一定和乡亲们种出更多更好的茶叶来。

香：狗崽哥！（二人觉深情对望）

狗：春香妹，回去后，我们一定不要辜负总理的厚望啊！

春香：嗯！

众：这下我们狗崽哥是猫抓糍粑~脱不到爪爪喽。

狗、香：那样，猫抓糍粑？

众：你看，你把我们春香妹子这块糍粑抓得好紧哟，哈哈……

（二人害羞放开）

唱：树上那个喜鹊叫得欢啊，地上那个马儿跑得欢啊！

白：狗崽哥，哎，春香妹，哎！总理的嘱托记心上，情哥情妹一条心呀，让山乡处处茶飘香，让山乡处处茶飘香……

（蔡建兴）

仡佬茶传说

男1：哎呀，你我二位茶师好久没有在一起了。

男2：听说石阡苔茶很不错哦！

男1：是嘛，今天呀，我们就是特意来品一品。

男2：哎，你看，从佛顶山走来一群茶仙呢！

快板（女）：快板一打响连天，引来茶师与茶仙，手捧茶杯献来客，泉都茗茶天下传。

快板（男）：品茗茶，划茶苑，各位仙姑请上来，请问仙姑何处来，你们各是哪路神来哪路仙。

快板（女）：小茶师，记性淡，我们相识已经几百年，你们常在石阡温泉边上的茶楼坐，我们姐妹常年飘移来石阡县的五老峰和佛顶山，名山灵气忆香茶，你们方得益寿延年。

男（合）：啊，原来你们是石阡名山大川中的茶仙。

男（快）：我们年年享清淳，养得鹤发童颜五脏通畅身体健。今日品茶见得众仙面，可谓是，以茶结情终有缘。

女（快）：说有缘，真有缘，我们其实经常都见面，你是凡体只见我们聚茶盅，我等却是仙气天天飘移你唇边，不信你来猜猜我们众姐妹，何名何姓何色何味，生长在哪个地方哪座山？

女1：我们是那家公司来经管？

女2：我们的历史有多少年？

女3：我们在茶评当中得过多少奖？

女4：我们的事故发生在哪朝哪代哪地点？

女5：猜得准有奖品，猜错了打手板。

到时莫怪我们不给你脸面。

男合：好好好，这不难，我们喝茶的历史已有几百年，只要端在唇边品一口，就能完美交答卷。

女1：茶师，请喝茶！

男（合）（慢速）：小仙姑，莫瞪眼，清品一口就知你是苔茶仙，发祥地在石阡县的佛顶山，聚集青山秀水云雾漫，天然饮品无污染，色清味淳茶芳香。全国群英会上受到中央领导的称赞。

女（合）：清朝列为贡品进朝廷，周恩来总理亲笔题字金光闪，今年国际绿茶博览会上评金奖，国内国外美名传。

女2：茶师，你知不知道我们苔茶有一个动人的传说？

男（合）：知道，知道，石阡五德镇内有个仙人洞，洞中居住两神仙，常给百姓解病痛，常向穷人赠衣衫，神仙在洞中栽下一棵树，树叶泡水喝了当药丸，有病能够治病痛，无病能够强体健，后人移种栽山上，留下今日苔茶园。

女3：苔茶特点是什么？

男（合）：香高形美耐泡加淳仙。

女：色绿润，形稍扁，色清淳，味爽干，全国茶道产业论坛会上评金奖。

男合：石阡蓝天公司谱新篇。

女4：茶师，你知不知道，苔茶还有一个神奇的故事。

男合：知道，知道一个秀才

图 9-2 石阡仡佬茶情茶艺 2011 年在贵阳茶展会上表演（石阡县茶业协会提供）

去京城，带了一筐苔茶相伴行，科举考试落了榜，却给太后治好病。

女合：秀才落榜心不快，漫步长街空徘徊，突见皇榜求御医，秀才顿时计出来。

女单：把我当作神药送皇后，皇后喝了马上除病灾。

女合：落第秀才不但封进士，我这个大山里的苔茶也跟着沾光彩，名声出来个个都来把我买，从此后，苔茶远销海内外。

女合：哇，神奇，神奇，真神奇！

合全：贵州神奇百十件，神奇茶叶产石阡，苔茶美名传天下，都是产于神奇的石阡龙川河，神奇的石阡五老峰和佛顶山。

男合：神山奇水出名茶

合：茶香千里造福人类万万年，造福人类万万年（图9–2）。

（熊　勇）

春满茶园

编剧／何立高

时间：当代　　地点：黔东某镇上

人物表：王达、徐欢、常书记、

王达：男，土家族，黔东天然绿色产业公司总经理

徐欢：女，土家族，黔东籍南方销售公司经理

常书记：男，黔东县书记

[布景：台正中一张办公桌，桌上一部电话，三把椅子，其他布景视剧情而定。]

幕时伴唱：好雨随风艳阳天，春茶遍绿山岗新，茶花飘香沁人心，春满茶园情满天。

[幕启：王达坐在正中，一会埋头清理票据，一会兴高采烈，十分高兴，其喜洋洋之状。]

王达：哈哈，只要这趟出口欧盟的春茶生意成功，公司收入就可观了。

（唱）：十年辛酸苦辣来，抛掷金碗把泥碗抬，脸朝土，背对天，餐风露宿梭光阴，绿色产业似朝阳，天然食品如黄金（念白）走美国，入欧盟，世界各地占市场，而今这趟生意啊，哈哈哈，收入就要增加（比手势“八”字），一百八十八万零（唱）八千……，桌上第一次电话铃声急响起，王达赶紧抓起电话。

王达：喂。我是，哪样！县委书记要来我公司搞农业产业化调研，好，要得，要得，县委书记看得起我们民营企业，实在太好了。（桌上第二次电话响起）喂：哪样？啊，（大吃一惊）（大喊）天啊。可谁知春茶片片打水漂。

徐欢：接到电话气氛又心焦，我公司出口春茶残留农药超过标，眼看我的二百万资金打水漂，拿上合同朝王总，亲兄弟也要明算账，王总经理……（握手拥抱）。

王达：徐经理，你来了……？

徐欢：来啦，你的生意越做越大那，冲出亚洲走向世界呀。

王达：你就不要取笑我，今天是落翅的凤凰不如鸡喽（强打精神，发出疑问）徐总，今天来……

徐欢：今天我是来兑现合同条款，收钱的呀？（拿出合同）

王达：哎……（叹气）？

（唱）：今天不妨实话说，出口茶叶都打脱，检验指标不符合，归还资金无着落。

徐欢：王总经理，

（唱）：不是我来把军将，白纸黑字纸一张，写清条条与款款，还我票子没商量。

王达：徐总经理，钱是一定要还！

徐欢：（伸手）那来！

王达：哪样？

徐欢：笑话，你七老八十老叮咚，钱！钞票！人民币。

王达：不慌，我要还你的……

徐欢：王总，饱汉不知饿汉饥，你不慌，我慌，公司员工几十人，都要等我拿到钱去发工资，几十张嘴巴要吃饭啊！

王达：徐经理，这样，我们再约定一个期限行不？

徐欢：我的王总经理呀！

（唱）：家家都有难念经，穷富好比地和天我的家小业又弱，只求按期付现金。

王达：我是一时间困难，过段时间就可以还款。

徐欢：王总啊！我知道

（唱）：骆驼虽瘦比马大，汗毛更比腰杆粗，只求按照合同办，注册品牌加基地，全部折入我名下，否则啊？！

王达：怎么样？

徐欢：（接唱）不管你是悲与欢，付清现款路途宽，倘若半点不兑现，按照条款来硬搬。

王达：今天我是和尚头上抓一把，我无法了！

徐欢：王总，本来我们是多年朋友，今天实在没有办法，实话告诉你，我能混到今日，除了生意场上讲信用外，我还有个绝招。

王达：晓得，晓得。你是一根头发遮张脸，认钱不认人。

徐欢：还有比这做得更绝的，要是有人惹到我的话，我可以坐在门口骂三天三夜不重复……

王达：徐经理，我真领教你呀！

（唱）：多年朋友说翻脸，

徐欢（唱）：遵守合同不违法。

王达（唱）：眼前关口难脱险，

徐欢（唱）：清楚条条与款款，

王达（唱）：打开天窗说亮话，

徐欢（唱）：绿色公司归我管，

王达（唱）：还望期限缓一下，

徐欢（唱）：诚信从商树样板，

王达：看来只有按合同把公司注册品牌、茶园基地折价归你了喽。

徐欢：大哥真爽快，照理说是要现金，但你眼前困难，咋办，不能要大哥去跳楼，妹子我只好帮你一把，更何况我们是多年老交情。

王达：可我这十年的心血……（伤感状）妹子，你看看我这张脸，这双手，这双脚……（叹气）

徐欢：哎，王总，这些我清楚，绿色公司一步一个脚印走到今天的确不容易。可是我的钱，也不是大水冲来的，你舍不得可以理解，但我的投入也不能摔水呀！

王达（唱）：人有困难和苦处，眼下难把难关渡，加倍偿还不食言，容把时间稍宽廷。

徐欢：我这个人很现实，我的信条是赊三不如现二，拿摸不如现摸。我们不是要打造诚信社会吗？你说哎？

王达：看来这道硬是过不去。徐总，有没有商量余地？

徐欢：没有！

王达：一点没有？

徐欢：半点都没有！

王达（唱）：叫天天不应，叫地地不灵，原本想让土家山寨春茶飘海内外，原只想入土家人劳动果实满神州，想只想土家山民依山扬山打造山珍，原只想土家山村靠山吃山脱贫奔小康，到如今谁知落得竹篮打水一场空，到如今可谁知是黄粱美梦空一场，只落得买品牌，转基地，押房子，典机器，还清欠账……

徐欢（抢）：这就对了，我的好经理，转让合同我都拟好了。

（唱）：大家原来大家爱，两厢欢喜做表率。

对话：王哥啊，莫掉泪，明天到我公司来，当个副总部亏待。

王达：（哎呀，跺脚状）好，拿合同来。

徐欢：王总啊，真爽快，爽快。

王达：（拿起合同边看边渡步）

（唱）：打脱牙齿肚里吞，历历往事岁嵘峥，辞工作，建家园挺立朝头勇献身。

（伴唱）：看成败，人生豪迈，只不过是从头再来。（流泪唱）

王达：拿来，我签……哈哈……

[王达回到座位上，正欲挥动手中大笔。][常书记从一边急冲冲上]

常书记：且慢，王总经理！

王达：常书……（未喊完）

[常书记举手示意制止]

徐欢：（抢上一步，拉住常书记），哎，哎哎，你是哪个，你来凑什么热闹，我正同王总经理商量大事情，请不要打扰。

常书记：我是谁不重要，但我知道你们在商量处置公司注册品牌和茶园基地的事，才特意赶过来的。

徐欢：那正好你来当个证人。

常书记：双方都愿意？

徐欢：腊肉骨头不放盐——有盐（言）在先，我们签得合同。

（扬合同）

常书记：好，这个证人我当定了，但是必须要公平啊。

王达：徐经理，我跟你介绍一下！

徐欢：（不耐烦地打断王达），你不要去介绍，他来不来不影响我们按合同办事，你只管签字。

常书记：王总你说，这样处置公平不公平？

王达：这……

徐欢：公平不公平不由你说，有合同在先，这叫周瑜打黄盖，一个愿打，一个愿挨。

王达：唉，实在是出于无奈。

常书记：大路不平旁人铲，如果是趁人之危，强买强卖公司品牌和茶园基地，我这个证人就要主持公道。（猛醒悟状）哎，王总，我可不可以参加购买这个公司的品牌的基地？

王达：（指常书记，吃惊状）你也……！

徐欢：也？

徐欢：（唱）半路杀出个程咬金，来头不小气煞人。

常书记：（唱）大路不平旁人铲，公路竞争才公道。

王达：（唱）高价竞买为哪桩？常书记葫芦里装什么药？

王达：道白：常书记，你真的也要买啊？

徐欢：常书记？你就是我们县委常书记。

常书记：点头，（转身向王达）这位是……

王达：常书记，她叫徐欢是多年的生意伙伴，专门在南方省经营销售我们产品，每年都是先打钱给我付工资、购农药肥料，后用春茶抵扣，徐经理还是我们黔东人呢！

常书记：好呀，徐经理你支持我县非公有制经济发展，我表示感谢啊！（握手），实话告诉你，我今天买下公司是还给王总经理的。

王达：还我？（莫名惊诧）

徐欢：这是为什么？

常书记：这叫物归原主，王总，为我县绿色产业闯一条路子，走公司家基地联农业产业模式，农副土特产品必须进行深加工，创品牌，占市场。向国际贸易市场是方向发展，这点王总看准了。据我所知，这次出口欧盟农产品入不了关，主要是欧盟提高了残留农药的标准导致的。

王达：常书记，你硬是知道得清楚。

徐欢：这样关心民营企业的书记更是难得。

常书记：这次来镇上搞调研，得知公司情况，就急忙赶过来，殊不知看到了这一幕。

徐欢：常书记我们有合同在先。

常书记：哎！又不怪你，我又没有说是黄世仁逼杨白劳还债。

徐欢：书记真会开玩笑，那我投入的资金……

常书记：我们从财政周转金中拿出部分，再从银行支农贷款中贷一部分，来解决这个问题。

徐欢：我这钱，也有着落了。

王达：我真不知道如何谢您——常书记。

常书记：我应该感谢你王总，为黔东产业结构调整第一个螃蟹，脱下皮鞋穿草鞋，靠几百元钱起家，以前的事我都听说了，现在县委政府决定帮你一把。王总能否把搞民营经济思路再开阔一点，比如，对外招商引资。

徐欢：招商引资，那我可以入股。

常书记：当然可以，希望像你这样外出经商的黔东人都回来投资入股，开矿办厂。

（唱）：黔东地灵人俊杰，西部开发雄风激，农村城镇化，山区工业化，农业产业化，经济民营化，小康路上扬风帆，城乡统筹谋发展。

徐欢：好！（点头）

王达：徐欢妹子，你来当副总经理，专管销售。

徐欢：行！

常书记：（上前拉住二人的手）对，这叫“产—供—销”一条龙的民营经济模式，这是调整农村产业结构，解决“三农”问题的必由之路，让我妈携起手来，排难而进，共同努力，推动我县民营经济的快速发展。（三人握手相拥）

幕词伴唱：好雨随风艳阳天，春茶遍绿山岗新，茶花飘香沁人心，春满茶园情满天。

2004年8月编剧获铜仁地区文艺调演二等奖。

三、茶书法（图9-3～图9-14）

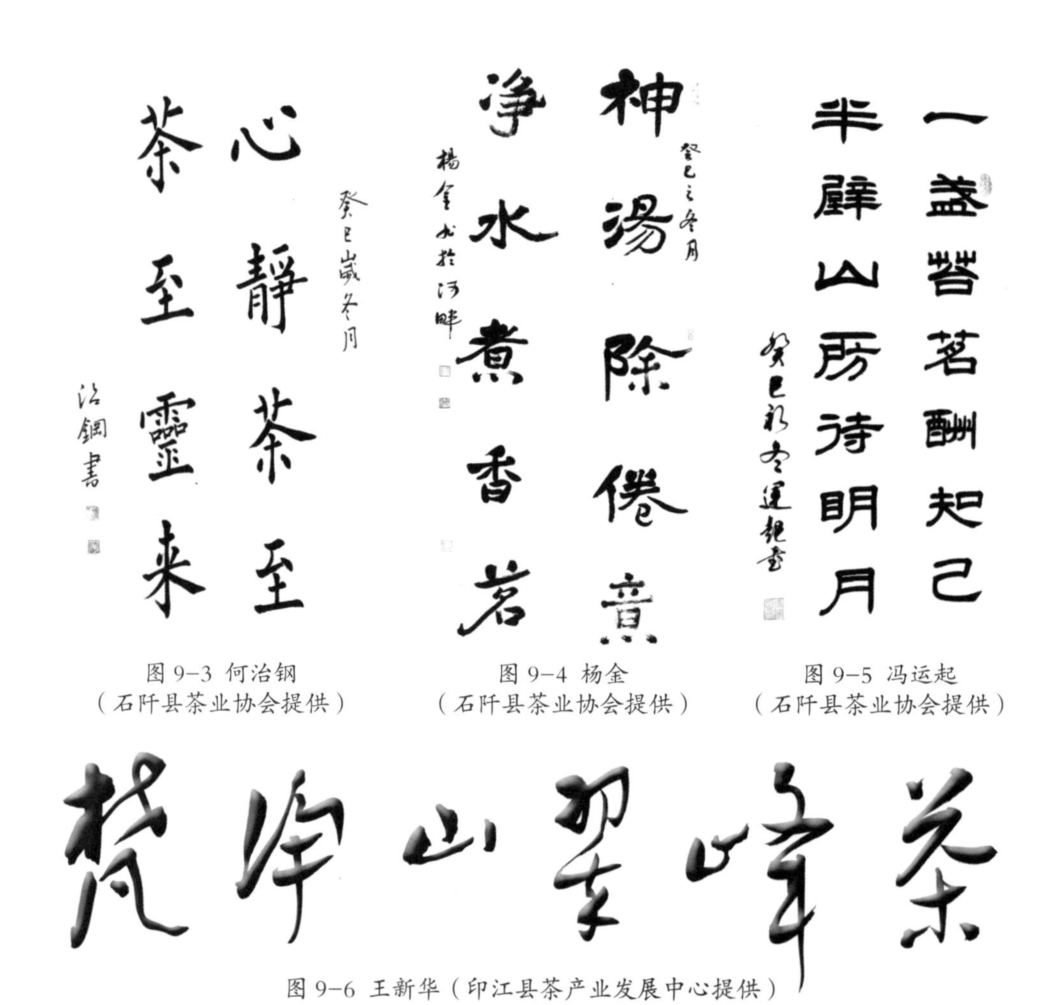

图9-3 何治钢（石阡县茶业协会提供）

图9-4 杨金（石阡县茶业协会提供）

图9-5 冯运起（石阡县茶业协会提供）

图9-6 王新华（印江县茶产业发展中心提供）

图 9-7 《百名书家写梵净》获奖作品
（印江县茶产业发展中心提供）

图 9-8 汪定强（铜仁市茶叶行业协会提供）

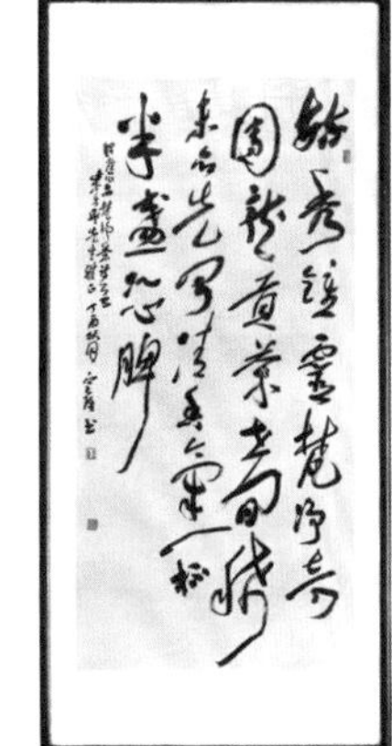

图 9-9 汪定强为团龙贡茶而书（印江县茶产业发展中心提供）

图 9-10 吴显富
（石阡县茶业协会提供）

图 9-11 游世海
（石阡县茶业协会提供）

图 9-12《中国梦·家乡美》印江第二届职工书画摄影展获奖作品
（印江县茶产业发展中心提供）

图 9-13《严寅亮杯全国书法展》获奖作品（印江县茶产业发展中心提供）

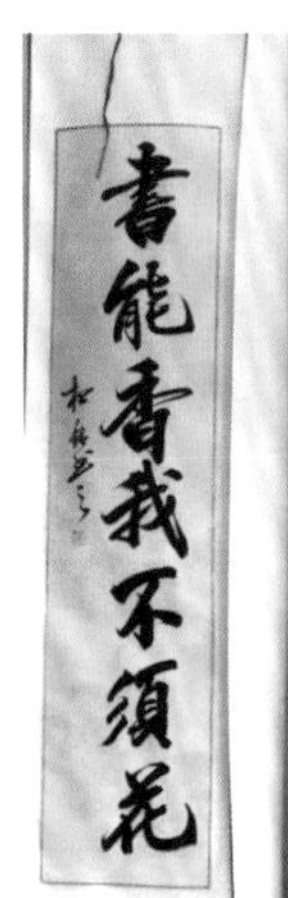

图 9-14 松铭书法
（印江县茶产业发展中心提供）

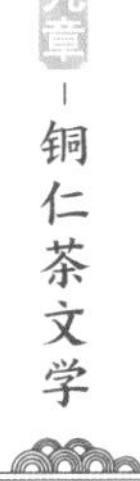

四、茶影视茶绘画（图 9–15 ~ 图 9–24）

图 9–15 茶绘画
（石阡县茶业协会提供）

图 9–16 陆治沙手绘落叶茶壶
（德江县茶叶产业发展办公室提供）

图 9–17 茶绘画（德江县茶叶产业发展办公室提供）

图 9–18 摄影作品：踏浪采茶（周盼祖摄）

图 9–19 摄影作品：采春茶（李庆红摄）

图 9–20 摄影作品：茶乡人（周盼祖摄）

图 9–21 摄影作品：思南张家寨园区（杨秀辽摄）

图 9–22 摄影作品：神仙庙的收获
（张志鲲摄）

图 9–23 摄影作品：石阡罐罐茶
（石阡县茶业协会提供）

图 9–24 摄影作品：苔茶制作
（崔卿摄）

五、茶故事典故

（一）团龙茶的来源

明洪武初年，梵净山中来了四个专门从事打猎，捕获山豹，取其豹皮和采药为生的柴、蔡、冯、熊四个拜把弟兄。这天正好来到皇庵护国寺，听说这里有仙茗可作包治百病的良药，于是弟兄四人，问及寺中老僧，不肯言语相告，很久没有眉目。于是他们只好借宿寺中，从事他们的打猎生活，他们的举动正好与佛家“不杀生”犯戒。老僧凌云更是气愤不已，他略施法术，让所有猎物远离四兄弟，他们成天翻山越岭，穿林跨溪，连一只兔子都没见到，只好疲惫不堪地返回寺中，钻进香客宿房就呼呼大睡。一连数日，所有盘缠全部耗尽，各自都身无分文，连斋饭也得向寺中乞讨。

这天柴、蔡、冯、熊四兄弟改变了主意，不上山药打猎，就在寺中给老僧做庙务，劈柴、洗衣、煮饭、种菜、迎送施主整理客房，勤快极了。一连几天他们的举动使僧民之间打消了戒意，愁眉开始舒展，山里山外的故事在这个寂静的皇庵里活跃起来。一混，这兄弟四人在皇庵整整过了一年。有一天，兄弟四人提出要离开大山到别的地方去闯生计，寺内老少僧人都舍不得他们走。其实他们也舍不得离开皇庵，只是思念家中亲人，必得返回探望。经询问，才得知他们是澧州人，打猎是为了缴纳贡赋。当地官绅勒令他们各家每年每丁缴纳一张豹皮或虎皮，缴不起就要在当地府衙服上年的徭役。

凌云大师为他们出了一道两全其美的主意，找他们兄弟四人商量。说道：“你们兄弟四人都手中有艺，正值年轻力壮，只要互相照应，有难同当，有苦同吃，不怕求不了生计。现在我把皇庵所辖的团龙庄子让给你们去经营，每人给你们一百方丈的土地和山林。林中的野兽只能驱赶，不许打死；你们可以砍老林中的古木造房；可以取岩边沟底的千层石造田；可以到山外买些毛铁来造工具；山中野果，野菌多的是，可以摘采加工后运到山外去卖，换些衣料来。我给你们每人一包劈山始祖妙玄大师留下的神茶种子，种在背风向阳处，吃了神茶有使不完的劲，何愁不能建家园？等你们建好了房子，造好了家园才去把家人接来。来时必须是二更起床，三更上路，五更过河，否则你们就走不脱了。”

柴、蔡、冯、熊兄弟四人高兴地按照凌云大师所教诲的去一一照办，各自在皇庵庄子的土地上得了一百方丈的土地，分别住在四个小山岗脚下，同饮在这里环绕一圈的团龙河。四户人家，一呼即应。他们很快造好了房子，在这深山老林里第一次冒出了袅袅炊烟。这是个兵匪都难以涉足的好地方，是理想的世外桃源。兄弟四人相依为命，转眼便过了一年。

为了感激凌云大师，他们每年都要集体去拜访好几次，每次去都给凌云大师带上一包上等的妙玄神茶，摘些熟透了的猕猴桃，带上几袋黄灿灿的野板栗作礼物。每年开山日前去祝贺，自愿去寺中干些杂工和参与佛事活动。

凌云大师把柴蔡冯熊兄弟四人的礼物分给了法徒，留下部分藏在菩萨座子下，其余撒在妙玄的坟墓周围，表示僧民对妙玄大师的共同敬仰和爱戴。

久而久之，团龙四姓所植的神茶，繁殖了坡坡岭岭，山上山下到处都有，用不完就运到山外的城镇去卖。

（收集单位：印江县茶产业发展中心）

（二）茶　祭

茶祭，这是生活在梵净山中团龙村居民至今仍保留的古老习俗之一。

相传，距皇庵护国寺较近的团龙村，现有人口近千人，是唐代思州的西水和澧水的“柴蔡熊梁”四户迁来定居而发展起来的。

这四户人家由于在山中勤耕苦织，创造了美好的家园，后世子孙日渐昌盛。传说皇庵护国寺首任主持僧妙玄是个品茶高手，山茶、猕猴桃是他的主要食品和饮料，相传他活了一百四十岁，在寺内培植了许多家茶。在一次盗匪洗劫团龙村和护国寺时，团龙村居民誓死保卫村庄和护国寺，妙玄念其山民护寺有功，便送给团龙村居民一些茶种，教以种茶，后来团龙茶成了远近闻名的特产，名噪天下，惊动皇宫，被指定为思州地的地方贡物，专供皇室饮用。

每年二六九这三个月的十九日为皇庵中的圣祭之日，祭品中用贡茶熬制的茶水，已是上等祭品。每当大祭，在佛像前摆上九九八十一杯贡茶。平时每当晨钟响起，一杯素茶置于案前。久而久之，传至民间，影响山民。

团龙人为纪念传授种茶技术的皇庵长老妙玄大师，祭祖也采用素茶敬贡。当地人又传说是为了纪念柴蔡熊梁四姓老祖宗形成的传统习俗，原来还有一段极不平凡的经历和富有传奇色彩的故事。

故事发生在永乐辛卯年，即永乐九年，公元1411年。团龙村明初属思州宣慰司沱江宣抚所辖的朗溪蛮夷长官司地，明洪武八年改隶思南宣慰司所辖。时值思南宣慰司土官田琛和思州宣题司土官田宏鼎争夺未分明的矿业和土特产地，连年不断地发生战争，其中争夺团龙贡茶作思州方物也在之列。

这年三月，思州土司和思南土司同时都派兵差来团龙索取虎皮和茶叶，逼得全寨男女老少只能净山上跑，到皇庵去避难。思南、思州两宣数词历派官差都争着住在团龙寨中，把山上山下的茶林都各自划了一片占着。可是寨中空荡，无有一人，没谁去采摘。思州兵差中的头领向植根号召兵差，每人到村民家中寻到一把柴刀或菜刀，又每人从河里捡回一块磨刀石，把寨中的干柴干草全部堆在一起，把整个山庄照得通红，周围蹲着兵差，磨刀霍霍，响彻山谷。

思南宣慰司的兵差，一看思州兵在磨刀，为首的也号召修整兵器，操戈练箭。看到是在磨砍柴刀和切菜刀也不在乎，以为是思州兵要在山上砍柴割草安营扎寨，或者要杀鸡宰牛，犒劳军士。思南兵差毫无警觉，安好防哨，其余兵士便呼呼大睡起来。

这天清晨，云散雾尽，一片晴空，只是春风伴随着一阵余寒，扑向山庄，穿过农家破屋陋室。熟腾在草堆里的思南兵差，蜷缩一团的肢体时而抖索，搅得草堆“嗞嗞”作响。等醒过神来，只见茶山上下，大片茶林被剃了光头，大批官兵将砍倒的茶结成柴捆，朝着皇庵护国寺方向运走。思南兵差这才知道思州兵差耍了手脚，企图将茶坞运到皇庵里，慢慢采摘，把茶坞烧掉，运走茶青，再到思州城里去加工，双方你争我夺，争砍茶坞，眼看全部茶坞都快被砍光了。

时值正午，当思州兵快砍到龙门坳，思南兵快欧到龙背坡时。突然间，乌云滚滚，狂风大作，刮得林中树枝折断，乱草横飞，双方只得暂停下来。

再说躲在梵净山中叫花洞观音洞和九皇洞中的团龙村民，得知茶山被毁，心急如焚。先是胆大的十六个壮汉，手持刀斧冲杀下山，为保护茶山，不顾倾盆大雨，奋不顾身冲向兵营，与官兵厮打起来，砍死砍伤思州和思南兵差若干人。最后护村世以中只剩下柴致林、蔡洪山、熊世河、梁庆海四人终因精疲力竭，被强胜的思州宣慰司兵差捉住，捆绑到皇庵护国寺，强迫他们在护国寺中制作茶叶。茶叶加工制成后，又把他们五花大绑捆得结结实实抛在茶堆上，加些干柴、干草，把他们活活烧死，化为灰烬。

村民们在伤心之余，将四壮汉的骨灰捧上山岗，撒在龙背坡、龙门坳几十株尚未被完全砍掉的茶坞上，一代代地让它们长下去，直至成为中国有名的茶王树。

再说思州和思南两宣慰司的士官长期争斗，虽然得到团龙茶作方物进贡朝廷暂得永乐帝的息怒。就在他们得意忘形，争夺加剧的明永乐十年（1413年），朝廷派兵，击败“两思”土司政权，永乐帝宣布废除两宣慰司，建立贵州布政使司。团龙贡茶按程序送到思南府，由府送贵州布政使司，又由布政使司呈送朝廷。在明代中叶改送梵净山中的“四大皇庵”，抵算贡物，免交当地皇粮赋税，这种形式沿袭到清末。

当地村民为纪念捍卫村庄和茶山壮烈献身的先辈每当节日盛典总要用茶作祭，还把他们的身像雕成木象供奉，在木相背后还打了一个小孔，装上小勺茶叶，以示怀念。后来在四大皇庵、四十八觉庵中为菩萨塑像，也在菩萨的塑像之后装上一个“茶荷包”，装上些上等茶，作为贡品，代代相传。至今习俗未变，被称为千古“茶祭”。

（**收集单位：印江县茶产业发展中心**）

（三）状元茶

唐初，思邛（印江县古名）城南有曹姓独子，家贫不坠鸿鹄之志，敏而好学，不耻下问。其居所后山长一茶木，常年葱茏。曹父春秋之际常采之，炒制干燥保存，淡淡兰香袭人，取名兰香茶。品茗兰香，双颊生津，神清气爽。曹父常以兰香茶为其子抵学费于学堂、抵苛税于官府，兰香茶蜚声遐迩。曹父也舐犊情深，常将温热之兰香茶汤送至学堂使其子饮。曹子亦日渐身健智增。寒来暑往，曹子学有大成，恰逢京试，遂别双老赴京应试。皇榜既出，曹子高中状元。皇帝喜其才而问其家世。状元公为展才华赋诗作答，意其家屋广财茂，人员庞大。震惊当朝，议有谋朝夺位之嫌。帝令斩之，又暗派钦差至印江曹家暗访。钦差至，但见曹家飘摇茅屋两间，老翁老妪两人。老翁擦凳迎客，老妪捧上香茗。钦差端茶，闻则其香扑鼻兰香四溢，喝则沁人心脾回味醇香。钦差见多识广，称此乃茶中极品，但又见屋顶漏光，四壁苇秆已腐，一片凄凉光景。钦差回奏实情。帝知错斩栋梁，特赐朱红棺椁厚葬，并钦赐印江成人去世后均享红棺葬，以此悼念曹状元。钦差品饮的茶中极品，经曹翁精作推陈，序流传后世，民间亦称状元茶。兰香茶业在秉承传统工艺结合现代科学，独研为“梵净兰香”。

（收集单位：印江县茶产业发展中心）

（四）苗家三宝

松桃苗族有三宝：莓茶、蕨粑、雷公屎。因为苗族居住在大山深处，瘴气大，因为这“三宝”具有退肝火、生津止渴、抗菌解毒、健胃脾、滋阴壮阳、补虚益气之功能，故有“救命食品”之盛誉。

松桃苗族作家龙岳洲的《阿方的故事》电视剧，就有“苗家三宝”描写。传说古时，松桃苗族土司的女儿金珠与自家聪明英俊的长工阿方相爱。因土司激烈反对，斗智斗勇又不是阿方的对手，便请来草鬼婆放蛊于自己女儿金珠，使其金珠身染重病，疙瘩遍身。阿方知道土司的作诡，悲从心来，便用苗歌传达教金珠治疾的方法。土司女儿金珠遁情郎阿方歌声所示，用莓茶汤服用与清洗，用蕨粑调食，用雷公屎涂敷，旬余即愈，脸上、身上的疙瘩全消失，皮肤变得光润水灵，气得土司和草鬼婆七窍出血，后人传为美谈。为此，苗家三宝被视为神灵的恩赐，奉为保命之上品，在松桃苗家流传起来，至今一直享有盛誉。

（收集单位：松桃苗族自治县茶叶产业发展办公室）

（五）苗女贞茶情缘

苍莽武陵黔东的松桃苗疆，翠岭异香，俊朗多姿。世代聚居在大山深处质朴的苗家人，婚恋习俗中，姑娘把特意采制的贞茶当作爱情信物馈赠给她心仪的情郎，以茶结缘情定终身。以大山贞茶的纤尘不染和圣洁的绿意，象征着苗家姑娘冰清玉洁和忠贞情操。

苗家姑娘采摘的童贞茶是很讲究的。采摘的鲜叶是生长在深山峻岭中的野生古茶树。而且在采摘时不能见到红光。姑娘在拂晓之前去采摘鲜茶，太阳露脸之后，必须停止采茶。采摘的叶芽标准是古茶树冠上的1芽1叶，嫩芽采回家后，及时洁净灶头上的土锅，用木柴生火进行加工炒制。炒出的干茶清汤绿叶，不能有红梗红汤。足干后的贞茶用草纸包裹好，然后悄悄地拿回闺房放进已绣好的花包之中。用来包装童贞茶的玲珑小花包绣得比较精巧，底色是用黑色的绣片，上面用鲜红、雪白和淡黄色的丝线绣多种图案花纹，色彩鲜亮俏丽。这小花包是姑娘精心绣制的珍贵信物。

后生一旦获得姑娘的爱情信物贞茶，就等于姑娘那颗纯真的爱心已交给你了，期盼后生及时请人登门明媒正娶了。后生要把这份珍贵的童贞茶收藏好，不能随意打开。要等待新婚之夜，新郎才把收藏的童贞茶放在土碗中用沸水冲泡。两位新人深情地轻啜贞茶的透明绿汤，遐思和咀嚼着今天爱情来之不易，双方要懂得珍惜；慢慢地品尝贞茶滋味的醇厚回甘，象征着婚后生活得有滋有味、甜蜜意长；新房溢出悠悠袅袅的贞茶浓香，祈祷新婚生活的美满幸福，富贵双全，早生贵子、人丁兴旺。这贞茶缘的婚恋习俗，如今大山中的苗家人们还在保持和延续着。

（收集单位：松桃苗族自治县茶叶产业发展办公室）

（六）一碗水煎茶待大堡南客

唐天宝年间，朝廷与南诏发生战争。南诏军在宣宗大中十三年（859年）攻陷黔中北播州，接着进入播州东北部的费州攻占大堡（今德江县城），又占领大堡南部的一片平畴旷野（后来南诏遗部世居于此，因之称其地为“南客”）。南诏将官早闻费州的扶阳县煎茶溪的茶叶乃朝廷贡品，连茶圣陆羽在《茶经》里都是赞誉“其味极佳”，于是带兵丁进入扶阳县地煎茶溪，命一茶农煎茶品饮。茶农不满南诏兵的骄横，磨蹭老半天后只端出一碗茶水。南诏将官大怒，欲斩杀茶农。当地一开学馆的老先生灵机一动，上前对南诏将官道：“此碗茶之水其来历非同寻常，乃取自扶阳县城外香炉山中的一眼岩泉。岩泉每日浸出一石碗水，人称其地名‘一碗水’，与此地相距三十里远。岩泉水乃煮茶之上等好水，取此一碗水须耗费两日之功。”南诏将官听后息怒，茶农躲过一劫。后世文人将这个故事中的四个地名连缀成有趣的上联“碗水煎茶待大堡南客”以广征下联，然历代文人苦思冥想，其联句甚多，词性、结构、平仄皆合，但全都少了那个“一碗水”蕴含的意味。

（收集单位：松桃苗族自治县茶叶产业发展办公室）

（七）千年古茶的传说

在乌江边上的蛮王洞下，矗立着一个2m高的人形礁石，礁石注视着乌江河上往来的大小歪屁股船。凡船上下，人们都会下船到石人前焚香烧纸祭拜，祈求石人保佑船只平安。这个石头叫“镇江王”，在贵州沿河洪渡及重庆酉阳、彭水交界一带，还广泛流传着关于他的故事呢。

镇江王是由一个土家男孩变成，名叫王田。王田生于今乌江边的一个村寨里。因父姓王，母姓田，憨厚老实的父亲在他出生后就取名为王田。因家贫庄稼收成少，无法养活家人，父亲就在离家不远的黔江（今乌江）里以捕鱼为生。王田从小就勤劳孝顺，深受父母疼爱。稍大就能下河捕鱼，上山砍柴。有一天父母因被鱼霸逼税而跳江自杀，尽管王田在乌江里找遍八十湾，游过一百个滩，也没有找到父母的尸体。伤心和劳累的王田在今蛮王洞下的石滩上睡着了。梦中，非常同情他遭遇的美丽漂亮的鲤鱼精姑娘来到他身边，说：“你别伤心，我给你一颗珠子，能使生命起死回生。以前是江王为保护过往船只平安的，你今后就拿它去救好人吧！但千万不要救坏人，否则，宝珠会不灵验的……”姑娘说着话就隐入江水里去了。王田醒来果然看见自己手里握着一颗闪光的珠子，王田高兴地向家跑去，他刚从塘坝河上岸就见家门口的大茶树缠着一条死了的大蟒蛇，茶树快要枯死。

茶树是王田父亲的救命树。有一次，父亲正在江面上打渔，突然江面出现黑风，把船掀翻了，父亲依靠江上游飘下来的茶树枝上了岸。为对茶树感恩，父亲把树枝插在房前土坎边想今后常祭拜，不想，茶树沾土即活，常年葱葱郁郁。有一年天干厉害，周围所有草木都干枯了，唯独这茶树的叶子早上还沾着水珠。十洞八寨的人们摘下茶叶煮汤喝，不知救活了多少人性命。王田看到神树枯死，不要说心里有多难受了。他猛想起梦中姑娘的话，心想：我何不试一试宝珠呢？看她说话是不是真的。于是掏出珠子，对着蟒蛇绕了两下，蟒蛇顿时蠕动着身子，飞快地爬走了。王田又惊又喜，又将宝珠沾点口水，在茶叶子上轻轻擦拭，茶树果真活了过来，叶子青翠欲滴。第二天他又在房边的大楠木下看见许多蜜蜂和蚂蚁僵死在地上，他用珠子救活了蜜蜂和蚂蚁。从此他下定决心专门做救死复生的好事。

有一年，巴王率许多人进入武陵山区，个个饿得像霜打的菜。王田看见巴酋个个友好，不像强盗，于是拿出珠子救活了饿死的巴人。巴王见奇，就说：你能变一些东西给我们吃吗？但王田却不知如何变出新的东西来。他搜遍家中，不见一颗粮食，咋办呢？正在为难时，成群的蚂蚁个个口里含着小米把王田送来，很快就在地上出现一碗多小米堆。但哪够巴酋那么多人吃啊？王田看见茶树叶后灵机一动，让大家摘下茶叶在锅里煮成汤，然后将小米炒熟，佐茶汤给巴酋部队吃，几年来巴酋第一次吃了饱饭，疲劳顿消。之后，巴酋天天采杂粮野果佐茶汤度过了困难时期。这种吃茶方法一直流传现在。

《酉阳直隶州总志·风俗》载：土民“俗尚俭朴，春秋佳节，炒米为花，烹萸为茶，不知所谓珍惜也，惟宴客稍丰。”沿河北部片区喝的油茶汤冬可暖身，夏可清暑，驱热御寒、止渴消乏，常饮脾胃畅和，强筋壮体。

后来，王田参加巴王部队的多次战争，次次用他的宝珠救活了牺牲的队友。而鱼霸看见王田的宝珠，便欲抢夺。有日，王田熟睡，就将其推下悬崖。但王田被半崖上的古藤网住，幸免一死。正在焦急中，忽见一大蟒蛇攀藤而来，对王田说“恩人，我来救你！”王田骑在蟒蛇背上爬上悬崖得救。鱼霸又骗说自己妻子死了，要借用宝珠用一下。王田想，黔江鱼王镇江之宝岂能为歹人所用？

于是对鱼霸说：要到蛮王洞下拜祭鱼王之后才灵验。鱼霸就随王田一同前往。蛮王洞下，王田捧住宝珠，大喊道：“江王啊，我还你宝珠来了……”，只见他右手一挥，把宝珠投进了江水激流。他的喊声在江上久久回荡。王田含着眼泪，心里实在难舍。鱼霸还未回过神来，又见数百万蜜蜂从四处飞来，把鱼霸一伙全部蛰下船葬身江底。这时，天空几道金光连闪，将矗立在江边王田变成了石头。江岸悬崖，山崩石落，形成一个大滩。后来，过往船只，到此必下船，向石像拜祭，否则就会发生翻船事故。

为此，人们便称他为“镇江王”。可惜这尊石人，在二十世纪五十年代整修乌江航道时被炸掉了。至今他的故事还在流传，他家的茶树，就是现在塘坝乡榨子村马家庄组的古茶园，2006年贵州省茶科专家考察发现后，次年沿河土家生态古茶制茶厂就开发成“蛮王土家千年古茶”和“土家古茶”品牌。

（收集单位：沿河县茶产业发展办公室）

第三节　铜仁茶事

一、茶　艺

（一）土家茶艺

中国茶文化博大精深，源远流长，五千年的发展历史，孕育出不同风格的茶艺文化，梵净山土家茶艺分10个步骤：

1. 整理茶具

在泡茶之前首先介绍一下泡茶所用的器具。储茶罐：用来存储干茶；土罐：是用来冲泡茶叶；土碗：是用来喝茶。

2. 活煮山泉、烫杯洁具

把土罐、土碗清洗一遍，表示土家人对宾客的尊敬，同时起到暖罐、暖碗和消毒的作用。将梵净山泉水盛入土罐中。用梵净山的水来泡梵净山茶，是天然绝配。将土罐放置火灶边将水浇开。

3. 佳茗亮相

土家人采自于梵净山的野生茶树的鲜叶，用土家人原始的制作方法炒制而成。梵净山茶在宋代时就作为贡茶，至今已有上千年的历史，梵净山茶是茶中珍品。这款茶其外形曲而不卷，条索肥壮，色泽油润深绿，韵味悠长。请大家赏干茶。

4. 绿叶飘舞

将茶投入水浇开的土罐中，继续温罐。茶叶在水中起伏翻腾，叶芽徐徐展开，像顽皮可爱的土家姑娘在溪边浣纱。苏东坡有诗云："戏作小诗君勿笑，从来佳茗似佳人"。

5. 碧玉沉清江

茶先是浮在水面上，反复冲注三次，犹如吉祥的凤凰向客人点头致敬，而后慢慢沉入罐底。

6. 敬奉香茗

将土罐中茶水注入土碗中，似高山泉水飞流直下。水至七分处，留下三分情。土家人素来好客，客来敬茶是土家人的传统礼仪，依序向各位奉茶，让大家在品茗叙谈中感受土家姑娘的热情，并融入土家这份浓浓的乡情。

7. 碧水回春（观汤色）

茶汤由浅变绿，清澈明亮，犹如阳光普照，春回土家，生机盎然。

8. 香飘四溢（闻香）

茶烟袅袅，如冉冉升起的薄雾，或发清香、花香、栗香，用心灵去感悟，使您产生一种融入大自然的心灵感应以及清醇悠远、难以言传的生命之香。

9. 品啜甘露（品茶汤）

品梵净山茶，一品，满口生津；二品，口齿生香，回味甘甜；三品，吹气若兰，心旷神怡，如春的旋律飘然而至。

10. 尽杯谢茶

请来宾同干了杯中的茶，尽杯谢茶，彼此祝福。

（白玉江）

（二）苗家茶艺

姑娘们表演的茶艺：遵循苗家习俗，先请山寨的寨主给主持迎客敬茶仪式，吟唱敬祖茶歌。苗家姑娘给大家敬茶的香茗，是由苗家童贞女特意采摘和制作的、“苗乡春”香茗，又称“童贞茶”。

焚香通灵：寨主唱着敬祖歌，先点燃一支香，一拜祖先，二拜神茶树，三拜嘉宾。茶要静品，香能通灵。在品苗茶之前，点燃的袅袅香烟，让大家的心境静下来。以便空明虚静之心去体悟苗茶的文化内涵和大自然的春天信息。

烫杯—仙子沐浴：茶道表演选用玻硝杯来泡茶。晶莹剔透的茶杯好比冰清玉洁的仙子，“仙子沐浴”即烫洗茶杯、一是提高杯温：二是表示对各位嘉宾的崇敬之心。

降温—玉壶含烟：冲泡“苗乡春”，只能用85℃的开水，在烫洗了茶杯之后，先不用盖壶，而是敞着壶，让壶中的开水着水汽的蒸发而自然降温。请看这壶口蒸汽氤氲，所以这道程序日“玉壶含烟”，然后把降温的开水倒入杯中。

赏茶—苗乡春亮相：“苗乡春”登台亮相，即请大家鉴赏干茶，“苗乡春”有四绝一美，即香浓，色翠、味纯、汤明。一美就是满身披毫的洁雪之美。赏茶就是观赏它的第一绝的形美苗乡春采摘一斤干茶的嫩芽需10名苗家女的一天劳作。由6万多细嫩芽头组成。苗乡春的条索纤细，卷曲成螺，满身披毫银白隐翠，犹若苗家民间故事中传说的含羞的田螺姑娘。

注水—雨涨秋池：唐代李白诗“巴山夜雨涨秋池”，这是很美意境。“雨涨秋池”就是向玻璃杯中注水，水不宜注十分满，多情的苗家姑娘，她们不愿把水注满，有意留下三分情。

投茶—苗女飘雪：即用茶匙把茶罐里的“苗乡春”，依次拨到已冲了水的玻璃杯中去，满身披毫，银白隐翠，顿时如雪花纷纷扬扬飘落在杯中，吸收水分后即可下沉，瞬间，白云翻滚，雪花翻飞，真是美妙极了。

待汤—春染碧水：苗乡春沉入水中后，杯中的热水溶解了内含苗茶的营养，渐变绿色，整个茶杯好像盛满了春天的气息也带来了苗家姑娘一片情真。

闻香—绿水溢香：翠绿的茶芽，碧绿的茶水，在杯中如云翻滚，氤氲的蒸气使得茶香四溢，清香袭人，看着清澈的茶汤，嫩绿明亮的茶芽，闻着苗乡春独特的天然果香和浓爽的滋味，真可谓是一种享受。苗乡春的茶汤淡绿清澈，银毫闪烁如飞雪飘扬。

献茶—初尝香茗玉液：苗家姑娘们把泡好的苗乡春香茗端在茶盘中，向客人献茶，在献茶时唱着苗家的献茶歌。（苗歌意：朋友请到我们苗寨来，喝“苗乡春”香茗，留住你的心，留下你的情），“苗乡春”要趁热细品，头一口如尝玄玉之膏，云华之液，感悟到色淡、香幽、满口鲜雅。象征着你喝下了“苗乡春”香茗，似觉苗家姑娘的情感已滋润着你的心田。这是多美的感受。

再啜琼浆：这是品第二口茶了，二啜感到茶汤明绿，茶香更浓，滋味更醇感到舌根回甘了，满口生津，同时，“苗乡春”还含微量的锌元素，锌是生命的火花，你喝了身体健康长寿。

三品醍醐：在佛教典籍中用醍醐要形容最玄妙的“法味”，品了第三口茶时，我们所品到的不再是茶了，而是武陵苗疆的春天，在品人生的百味，在客人们三品茶后，已感受到苗家姑娘的真挚的感情。同时在品茶中，要收住心境。古人云：茶要静品，茶要细品，茶要用心去品，唐代诗人卢全在品了七道茶之后，写下了传颂千古的茶歌：五碗肌骨清，六碗通仙灵，七碗吃不得也，唯觉两腋习习清风生。

（收集单位：松桃苗族自治县茶叶产业发展办公室）

（三）梵净山茶艺

1. 背景（石韵山魂）

云带半遮天有界，山泉四溢水无声；净峰云渡十亿年，唯有一鸿无我，乾坤绿。

神奇巍峨的梵净山，像一位充满着阳刚之气的成熟男子，高高耸立在蓝天白云之下，豪情激荡；坚毅奇绝的蘑菇石屹立在梵净山之巅，数亿年，而岿然不动，铸造着石的传奇；风景如画的太平河，更像一位柔情似水的少女，在武夷群山间蜿蜒摇曳。山的豪情、石的坚毅、水的灵动，滋养了梵净山60多万亩原始森林以及产自这片净土的梵净翠峰。

我们的茶艺师身着土家族的民族服装，精美素雅的织锦背后，是土家民族对大山的依恋，对自然的热爱，茶如人生抑或人生如茶，朴实刚毅、豁达坦荡的土家儿女以着至真、至纯的心境来诠释茶的至善、至美。

2. 演绎内容（茶艺分8个步骤）

① **备具迎嘉宾**：石韵茶盘（摆放泡茶用具，选用梵净山所产的紫袍玉带石，格调古朴高雅，赋予茶人如山般静默、沉稳的心境）、玻璃杯、水盂、茶艺用品组、赏茶荷、茶巾。

② **冰心去凡尘**：茶是至清至洁、天晗地御的灵物，泡茶所用的器皿，也需至清至洁，在冲泡前将干净的玻璃杯再烫洗一遍，以示对茶的敬意，对嘉宾的敬意。

③ **佳茗展仙姿**：玉秀忠明梵净奇，翠峰高洁论心期。梵净翠峰产至贵州铜仁梵净山，它是我国独有的低纬度、高海拔、寡日照宜茶地区，采用明代永乐年间所产团龙贡茶制法。茶叶外形扁平似剑、挺直光滑、匀整秀丽；冲泡后芽叶成朵、兰香高爽、

滋味鲜纯，实乃茶中极品。

④ **碧波迎佳人：**冲泡梵净翠峰使用中投法，向杯中缓缓注水少许。当用茶匙轻轻拨茶入杯时，茶芽翠如碧峰，玉杯纤尘不染，香茶嫩芽飘然而下，悠悠茶情油然而生。

⑤ **甘露润莲心：**茶芽在水的沁润下慢慢舒展，此时用左手拖杯、右手扶杯，逆时针缓缓摇动，此为摇香。

⑥ **凤凰三点头：**高提水壶让水直泻而下，借手腕之力上下提拉，反复三次，亦为凤凰再三向嘉宾点头致意，杯中茶叶在水流的冲击下或上下浮沉或左右舞动，宛如春兰初绽，又似生命的精灵在舞蹈。

⑦ **佳人奉佳茗：**我们带着对茶的敬意，对友情的赤诚，敬您这杯茶，茶盏虽小却杯口连天，这杯茶融合了天地万物之精华，在经历了云卷云舒的翻覆之后，流霞注杯，尘绿拥怀，在茶香茶浓中将所有的烦恼与躁物融化，留下只是美好与满足。茶也是深沉的，愿触动情环勾起往事，过去、现在、未来都可在茶中显影，浓浓的情意也可尽在这一杯淡淡的茶中。

⑧ **慧心悟茶道：**观其型、闻其香、品其味，在欣赏完梵净翠峰妙曼的茶舞之后，再细闻梵净翠峰的幽香，清雅、至纯。山的灵韵、石的坚毅、云的悠然，都随着这一缕缕茶香萦绕在茶人心中，茶汤鲜爽纯厚，清啜一口许许咽下，顿觉满嘴生馨、满口生香，在隽永的茶味里，茶心、人心、道心相互交融。

茶艺表演到此结束 谢谢各位。

（供稿：铜仁职业技术学院）

（四）石阡苔茶茶艺

大众茶，平常心——石阡苔茶红茶冲泡茶艺

但凡有中国人落脚的地方，便有饮茶的习惯；凡国内主要茶区，便大都有石阡苔茶的种植。石阡作为世界茶树的原产地，石阡苔茶品种在漫长的历史长河中经长江流域和珠江流域向国内外传播。

石阡苔茶是原生于石阡境内的地方良种，苔粗、芽壮、节间长，苔壮明显，生长周期长。因此，1芽1叶或2叶比单芽的内涵营养物质更加丰富，滋味更加醇厚。且可量产，一来提高茶青的利用率增加茶农收入，二来使普通老百姓能花小钱、喝好茶。

今天，我为大家冲泡的即采用石阡苔茶1芽2叶精心加工而成的红茶。

① **赏茶：**当今，无论是物品的价值或是对人的评价，大都以金钱和效率衡量。越贵越有价值，越有钱越伟大，越快速越追捧。而此款红茶采用质优价低的1芽2叶为原料，经6~8h慢速精心加工而成，它可以走进每一位寻常百姓家，让更多人享用到不贵

的好茶。它是有价值的，它是伟大的。

② **用开水冲洗茶具：**最美的容颜是出水芙蓉，最美的心灵是纯净无瑕，让我们舍去繁荣、涤尽铅华，让心如玻璃茶具般晶莹剔透。

③ **第一次注水，温润茶叶：**用开水温润茶叶，使其舒展。一撮茶叶，看似举足轻重，一旦与热水交融，便释放出自己的一切，毫无保留的奉献。

④ **第二次注水，高冲水泡茶：**开水高冲入壶，茶叶在沸腾中经受历练，沉浮之间，如人生之经历风霜雨雪，可是，若没有此般境遇，又如何溢出满杯茶香。

⑤ **奉茶给客人：**您是勤劳的农民吗？您是每天面对电脑的上班族吗？您是辛勤的教师吗？忙碌了一天的您，请放下烦劳、放下日间繁杂琐事，让我为您奉上一杯不贵的好茶，静静地随我一起来品味。

⑥ **闻香气：**茶汤的香气纯净、含蓄，但是您会被它淡淡的仿佛永远不会散尽的幽香而深深吸引，不由得再一次用心悟茶香。

⑦ **品茶：**浮生如茶，苦与甜、浓与淡、涩与香，最为甘美的仍是一杯清饮红茶淡淡的滋味。此时，窗外空气清新，阳光点点，让我们伸手剪下一抹阳光，轻轻地放在心上，翻一本书、抿一口茶，读片片闲云，红茶在手、阳光满心，幸福、健康、长寿缓缓而来（图9–25）。

图 9–25 苔茶姑娘余海游在表演石阡苔茶茶艺（石阡县茶业协会提供）

（余海游）

二、茶　席

土家茶席《土家囍茶》

明代许次纾在《茶流考本》中说："茶不移本，植必生子"。古人结婚以茶为礼，取其"不移志"之意。古人认为，茶树只能以种子萌芽成株，而不能移植，故历代都将"茶"视为"至性不移"的象征。

婚茶是土家族传统文化中的一个重要的礼节，在土家族婚俗文化中，茶，亦成为一种重要的礼俗符号，蕴含丰富的文化内涵。而茶，在土家婚宴上被称为"合枕茶"，新人入洞房前，夫妇要共饮"合枕茶"。

良缘天定合卺酒，至性不移共枕茶，在喜庆的对联及双喜的背景衬托下，一场土家婚茶茶席得以盛装演绎。茶席选用的是红色盖碗，加上红蜡烛、红筷子、红油纸伞、红灯笼、等为配饰，又以红枣、花生、桂圆等为茶食，并在泡茶时泡入茶中，寓为“早生贵子”之意。土家婚俗中婚茶作为土家婚俗特有的婚姻表现形式，有着深厚的民族文化内涵。不仅寄予对新人的祝福还代表新土家族人对美好生活的向往之情。

作品：获贵州省品牌促进会组织的茶席比赛优秀奖；2016年获贵州省茶艺职业技能大赛团体赛优秀奖；铜仁市茶艺职业技能竞赛团体赛类一等奖。

（作者：陈萧、刘丽红、张德静、陈江艳、张浩）

一场落叶一场秋

① **作者：**陈江艳。

② **茶席主题：**《一场落叶一场秋》。

③ **选用茶叶：**梵净山古树红茶。

④ **选用器具：**陶具。

⑤ **其他物品：**白陶煮水器，竹制茶盘、茶匙、茶荷，祥云茶巾，银杏叶，银杏树枝，年轮树盘，蒲团，木炭。

⑥ **创新点：**千年银杏古树落叶神圣的黄、古树红茶最纯粹的红。

⑦ **创作理念：**村里有一个传说，秋来，当千年银杏树叶黄金雨的时候，可去树下祈祷，围着树转三圈，在树下许下心愿，自有神灵保护。常想，人生在世，到底求的是什么呢?

⑧ **泡茶方式：**坐泡。

⑨ **表达思想：**千年银杏古树，风起，叶舞。执手，泡一盏古树红茶，满地神圣的黄，映衬最纯粹的红，清风徐来，拂过耳边的发。

人世苍凉，起起伏伏，百转千回，繁华过尽，一身烟雨，终会淡入清风。雨落花开，万物自有灵性，人情冷暖，心间自有灵犀，神树虽已轮回千年，每一场叶落穿越了千年岁月，看，落地归根不过又是一场秋!

该茶席荣获2017“多彩贵州·黔茶飘香”茶艺大赛总决赛中，茶席设计赛“铜奖”。

铜仁土家族织锦（供图：温顺位）

第十章 铜仁茶俗

铜仁早在魏晋、南北朝时期，制茶工艺兴起，到隋唐时期茶事日渐兴旺，在明永乐年间，梵净山贡茶就享誉朝野。长期以来，各族人民爱茶、嗜茶、种茶、制茶，与茶结缘、因茶结亲、以茶结交，保存了原生态的民族茶食、茶饮、茶俗、茶事、茶礼等习俗，形成具有地方特色的侗族、土家族、苗族、仡佬族的茶文化。

第一节　铜仁土家族茶文化

一、土家族茶文化历史

（一）土家族由来

土家族自称“毕兹卡”，是土家语译音，“毕兹”有“本地”“本土”之意，“卡”表示“家”“族群”“团体”。早在2000多年前，土家族先民就在湘西及贵州一带繁衍生息，逐渐形成单一的民族，并和汉族及其他少数民族杂居生活。土家族有自己的语言，属于汉藏语系藏缅语族。绝大多数讲汉语，没有文字，通用汉文。秦、汉时期称为“南蛮”，三国、魏晋时期称为“五溪蛮”“武陵西溪蛮”“湘川蛮”，隋唐时期称为“南蛮”，宋称“夷”，明清时期称为“夷”或“土人”。土家族自称白虎之后，相传，土家族的祖先巴务相被推为五姓部落的酋领，称为廪君。后来廪君逝世，他的灵魂化为白虎升天。从此，土家族便以白虎为祖神，时时处处不忘敬奉，白虎神作为土家族的图腾神和家族保护神至今仍存留民间（图10–1）。铜仁市土家族主要分布在沿河、德江、印江、石阡、江口等县。主要从事农业，织绣艺术是土家族妇女的传统工艺，传统工艺还有雕刻、绘画、剪纸、蜡染等，土家族爱唱山歌，山歌有情歌、哭嫁歌、摆手歌、劳动歌、盘歌等。土家族种茶的历史由来已久，他们不仅喜欢喝茶、种茶、制茶，并形成具有土家特色的茶礼、茶俗，茶与土家人的日常生活和仪式节日息息相关，在土家人的眼中，茶不仅仅是茶，还是联通神性空间的重要器物，土家族人世世代代保留着古老的制茶技艺，遍布在土家人的各个村庄，蕴藏着很大的智慧。

图10–1　土家族图腾（印江县茶产业发展中心提供）

（二）土家族茶文化起源

土家族茶文化源远流长，据《印江茶业志》载，宋代佛教传入贵州在印江建西岩寺，寺院提倡僧人种茶、制茶，以茶供佛，土家族茶文化被人们重视，僧侣围坐品饮清茶，谈论佛经，客来敬茶，以茶酬谢施主。到明永乐十六年（1418年）梵净山钦定四大皇庵、四十八脚庵的护国寺、天庆寺等庙宇的僧人能静心学佛，都与饮用茶叶有关。当地还供奉有菩萨茶（阴茶），传说在菩萨背腹里的茶，吸天地之精华，又有菩萨神佑，能治百病（图10–2）。

图10–2 寺庙中菩萨后面装“阴茶”的地方（印江县茶产业发展中心提供）

明万历四十六年（1618年）梵净山承恩寺碑文述：山中修有上茶殿、下茶殿，也有“双旨承恩贡茶”记载。位于梵净山脚下的团龙村盛产绿茶，曾被思州土司当作上乘方物献于朝廷而声名远扬。随着时间的流逝，茶在土家人形成土家罐罐茶、熬熬茶等独具有土家特色的茶。土家族在立房造屋、添丁纳畜、走亲访友、节日祭祀、婚丧嫁娶等，茶都是必用之物，由茶演绎出的土家茶俗、茶礼、茶事。

（三）土家族茶文化的特征

1. 药茶文化

梵净山团龙村有一名叫柴洪的孝子，因其母口舌生疮，背上长了一个痈疮，心内如火焚，昼夜呻吟呼号，即上山采来红笼头菌，用嘴将其母背上的痈疮吸尽后，将菌捣细，敷于疮处，其母虽觉清爽，但口苦舌燥，心火难息，仍然呻吟不止。柴洪面向金顶跪拜，祈祷上苍，默求不已。其孝心打动了金顶上的弥勒佛祖，弥勒佛祖怜其孝道，授予其三粒茶种，植于土中，便茁壮成长。弥勒佛祖座下金甲战神授命还向柴洪传授了采茶的秘籍，即命妙龄少女于清明之前、雷雨之夜采摘“合闪茶”，将茶叶置于少女胸乳之中，取其纯洁至阴之气，用鲜茶叶生敷于疮，沸水浸泡给其母喝下，让其母亲面对金顶默念佛经百遍，其痈疮和心病可立即消失。柴洪依法炮制，其母喝下“合闪茶”后痈疮和心内诸病立即消除，成为采摘“合闪茶”和“雷公茶”的起源。此后千年间，土家族人不断发明和完善药茶配方，产生了“姜茶”和“蜂蜜茶”。土家族人患伤风感冒，把小块生姜洗净拍碎，放入茶罐内与茶叶一起煨，睡觉之前喝上半碗，次日就会大有好转，这叫作“姜茶”。“蜂蜜茶”是刚从罐内倒出的热茶中掺入两小匙蜂蜜，能润肺止咳，对上年纪的老人尤为有效。

2. 神茶文化

土家族人信仰鬼神，傩戏是其代表文化。土家族人将茶奉为神赐之物，经过菩萨洗礼被奉为神茶。据《印江茶业志》载：明正统三年（1438年），梵净山天池寺（即今护国禅寺）利用农历四月初八日赶庙会时，举办神会，宣传神茶治病。土家族人应召而来品神茶。寺庙将茶叶置于菩萨腹中，一日一腹，取之以小包装售给善男信女和游人。土家族茶农每年要向附近寺庙供奉新茶名“阴茶”。

3. 吃茶文化

印江团龙曾有一位土家老人，因寒潮受风凉，积食难消，吃药不解。无意间用土罐罐煨浓茶独饮，顿觉神清气爽；次日又饮，食欲恢复正常。这位老人惊讶不已，又煨一罐浓茶，放一枚小铜钱浸泡在里面，隔一夜，小铜钱竟然化掉了。《印江茶业志》载：明正统五年（1440年），印江县城旁大圣墩太和寺建成，举行开光落成仪式。思邛江长官司正长官张兴仁赠送太和寺一袋茶叶和一方挂匾，挂匾上书“南山太和”，茶叶袋上赠言：“叶舟载寡欲，禅座更清心”。民间礼物以赠送茶叶为上等礼品，民间亦称之为“送茶”，凡清洗食物称为“吃茶”。民间饮茶风盛，土家族人吃的是土家罐罐茶。土家罐罐茶以文火煨之，茗茶配土碗，雅中有俗，俗中有雅，香气横生，醒脑提神。细啜慢品罐罐茶，聊天、下棋，舌不干，口不渴。有歌云：罐罐茶，罐口衩，提神健脑俗中雅。

二、土家族特色茶文化

（一）土家罐罐茶

1. 土家罐罐茶历史

煨罐罐茶，在印江土家族山寨，走进土家吊脚楼，土家人在火坑里烧起柴火，烧一罐清香爽口的热茶款待客人，当地人称煨罐罐茶。土家人家灶前或屋中均砌有一个火坑，火坑里昼夜不离柴火，土家族人的取暖、做吃饭、会客等都在火坑旁进行，火坑里有一个煨茶土陶罐。土家族罐罐茶的产生应该源于宋代（图10-3）。

图10-3 印江县土家族煨罐罐茶
（印江县茶产业发展中心提供）

2. 土家罐罐茶制作

罐罐茶的制作，材料为陶罐、山泉水和粗茶、柴火。土家罐罐茶特点：用水量特别少，老年人喝罐罐茶，水只需平时喝水用的一杯水；茶特别苦；茶叶为粗茶；陶罐是烧制的器具，青色，八九厘米高的，底座直径只有四五厘米的锥体，熬出茶很香浓。

3. 土家罐罐茶制作工艺

罐罐茶，第一步是陶罐斟满井水，靠近燃着的火边，用文火将土茶罐中的水煨沸；

第二步是将茶叶放入罐内，盖好茶罐盖，用文火煨沸；第三步掺入少许冷水于罐中，待茶叶沉下去，用文火煨沸，退至冷却70℃左右；第四步茶叶沉底，将茶水倒入土碗里，随后又倒入罐里，回冲几次，再将茶重新倒入土碗里，此时的茶，色泽深黄，清香可口，回味甘甜。

图 10-4 印江县罐罐茶制作工具（印江县茶产业发展中心提供）

4. 土家罐罐茶制作工具

罐罐茶制作工具，一个火炉、一只茶罐、一撮粗茶叶、数只茶碗。茶罐上部有带嘴的圆口，罐底呈圆形，中间为罗汉肚形，有提耳（图10-4）。

5. 土家罐罐茶饮食方法及功效

土家族人饮用罐罐茶多在土火火炉子旁，煨成的罐罐茶蒸气缭绕，喝茶人有腾云驾雾之感。将茶罐里的茶熬的浓酽至极时饮用，一口口地呷着，特别费时间，老年人喝罐罐茶要用一个多小时。逢年过节，家家都有煨罐罐茶，借以聚亲会友。据《本草纲目》对茶的药用功能记载和著名保健学家胡季华等专家验证，罐罐茶含有茶多酚，有止渴解毒、利尿通肠、化积消食、提神醒脑之功能。现在罐罐茶成为一种特色饮食文化，喝罐罐茶成为土家族一道亮丽的风景线。

（二）土家嘎嘎茶

1. 土家嘎嘎茶历史

土家嘎嘎茶又称熬熬茶，起源在德江县民间传说：土家人每天早晚给祖先上香时，奠送熬茶三杯，早上敲磬三下，晚上敲磬四下，求祖先神灵保佑。传说在德江县楠杆上寨杨都江将军有约20棵祖传古茶树，长在一泉水旁的百年茶树，被一条巨龙飞过树顶而掀翻，一家人痛苦呻吟，扶正茶树，每天浇水加肥，树叶一天天变黄，于是请来傩戏班子“还愿”，傩艺师将茶叶、黄豆、糯米、花生、盐等食物放于茶树下求其保佑成活，几天后，树叶绿了，发出了光彩。人们也就架起锅、烧起火，将茶叶、黄豆、糯米、花生、盐等祭品煮吃，色、香、味俱佳，由此，熬熬茶在德江这块土地上得以流传（图10-5）。

图 10-5 德江县土家族熬熬茶（土家嘎嘎茶）（德江县茶叶产业发展办公室提供）

2. 土家嘎嘎茶配方

土家嘎嘎茶配方（4人份）：茶叶100g、稻米1000g、黄豆500g、花生米150g、核桃仁100g、芝麻仁50g、猪油200g、油渣50g、食盐和花椒适量，掺水人均两碗为宜。

3. 土家嘎嘎茶制作工艺

土家嘎嘎茶制作工艺：一是将猪油放锅中融化灼热，将稻米、黄豆、花生、核桃仁放入油锅中炒焦变黄，放入茶叶、芝麻和花椒再翻炒即加水1000~2000kg，将黄豆等煮至能压碎时改为文火熬，随即用木瓢将这些原料压碎成糊状，加入大量饮用井水，放切碎的油渣煮沸、放盐、调味，便可盛到碗中供客人品尝。

4. 土家嘎嘎茶制作工具

土家嘎嘎茶制作工具：柴灶1个、铁锅1口、大木瓢1个、铁锅铲1把、木柴燃料。

5. 土家嘎嘎茶的饮用

土家嘎嘎茶汤可以单独喝，也可以配上各式辅料喝。熬制的土家嘎嘎茶盛入饭碗，端上桌，客人入席饮用。桌上配彩色米花、米叶、米线、糍粑、米团粑、泡粑、花生、板栗、核桃、土豆、土鸡蛋等食品。土家嘎嘎茶不仅清香可口，既能充饥解渴，又能提神醒脑，更别有一番风味，是土家族喜爱的食品之一（图10-6）。

图10-6 德江县土家嘎嘎茶配食
（德江县茶叶产业发展办公室提供）

6. 土家嘎嘎茶重要事件

2006年12月22日，土家嘎嘎茶制作工艺（民间手工技艺）被列入德江县人民政府公布的第一批县级非物质文化遗产名录；2014年12月，德江土家嘎嘎茶被铜仁市人民政府列为市级非物质文化遗产名录；2015年1月，德江土家嘎嘎茶制作技艺被省政府公布为第四批省级非物质文化遗产代表性项目名录；2017年3月，德江县非遗中心组织土家嘎嘎茶参加“贵州大美黔菜比赛”荣获二等奖（图10-7）；2018年，获“土家嘎嘎茶”名牌商标。

图10-7 德江县土家嘎嘎茶竞赛现场
（德江县茶叶产业发展办公室提供）

（三）土家族三道茶

沿河土家族的“三道茶”别具一格，既能体验古老的饮茶乐趣，又有迷人的风雅趣味。头道茶为进门茶，称为“亲亲热热”，即用滚沸的开水冲泡一碗云雾茶，清淡素雅，意在热气腾腾待客；二道茶称为“甜甜蜜蜜”，即用米籽泡糖茶，其味苦甜，有的地方二道茶为油茶汤；三道茶为鸡蛋茶，称为“圆圆满满”，鸡蛋茶最初见于喜事之时，多用在嫁娶、生孩子、老人生日等喜宴之前，是专门迎奉长辈等尊贵客人的最高礼节，以鸡蛋代茶，意在良好的祝愿。

（四）土家擂茶

沿河县土家擂茶用大米、花生、芝麻、绿豆、食盐、茶叶、山苍子、生姜等为原料，用擂钵捣烂成糊状，冲开水和匀，加上炒米，清香可口。擂茶的制作十分简便，且因配料不同，分别具有解渴、清凉、消暑、充饥等效用。土家人热情，多以擂茶待客，分荤素两种。招待吃素的客人饮用，加花生、豇豆或黄豆、糯米、海带、地瓜粉条、粳米粉干、凉菜等；招待吃荤的客人饮用，则加炒好的肉丝或小肠、甜笋、香菇丝、煎豆腐、粉丝、香葱等配料。擂者坐下，双腿夹住一个陶制的擂钵，抓一把绿茶放入钵内，握一根长0.5m的擂棍，频频舂捣、旋转。边擂边不断地给擂钵内添些芝麻、花生仁、草药。待钵中的东西捣成碎泥，茶便擂好。用一把捞瓢筛滤擂过的茶，投入铜壶，加水煮沸，一时满堂飘香。品擂茶，其味格外浓郁、绵长……擂茶还有解毒的功效。

（五）土家盐茶汤

沿河新景流传着民谚：“姚溪沟边姚溪茶，困龙山下有酒家。客来不办包谷饭，请到家中喝盐茶。”土家盐茶汤制法很简单。用姚溪茶和榨子千年古茶，放在铁锅里炒黄。加上核桃仁、芝麻、盐巴，放在锅里和茶叶一起炒脆，用铁铲捣成细末，加入最好的泉水。用大火将水烧沸，用文火煨四五分钟，用茶碗或饭碗盛装，即是盐茶汤。盐茶汤煎得好，香鲜可口。喝盐茶汤，可消暑祛火，又可驱风寒，提胃口，助消化和提神。

三、土家族茶事

（一）土家族生活与茶

团龙茶有合闪还魂茶、童子长寿茶说法，土家族立房子开梁口、打棺材，初一开财门、请水，修桥梁、敬神都与茶有关。土家族茶的历史文化，民间制茶传承人、制茶人柴泽后说，“茶要好就是采第一次，谷雨左右采的，那个茶就好。揉三道、四道是指采这批茶叶拿来加工揉的次数。立房子上大梁的时候也要茶，要盐、茶、米、面。棺材也是喊立房子，立阴人的房子，也要开梁口”。制茶人柴泽初讲，“木匠师傅上梁的时候两头还要开梁口，开梁口的时候就会问主人家要富要贵，要是两样都要就跟主人家要细茶叶，在梁上拿锉子撬开，在里面放点茶盐，就叫开梁口。因为菩萨不吃荤的，就吃素的，就茶、酒进供。”制茶人柴宏武说，“观音菩萨就要敬三杯清茶，灶神菩萨、火神菩萨，都是要三杯清茶。”制茶人柴宏权讲述，贡茶，老茶叶有两种，就是现在喊的紫色茶，原来是喊红茶。茶融入土家族的生产生活，衍生出特有的茶文化。茶与饮食、交往、礼仪的结合，产生与此相关的礼俗；茶与文人创作结合，诞生了与茶关联的民歌、传说故事、文学作品，丰富了土家族生活。

（二）土家族特定用茶

1. 喜事用茶

土家族在喜事中离不开茶，建房立屋，宴请宾客，茶是首要物品，送礼要用茶，招待亲戚朋友要用茶。茶俗已成为土家族生活中的一种生存和交际的习惯。

2. 丧事用茶

制茶人柴泽讲，“传说人去世的时候，要到阎王殿去喝迷魂水。人马上要去世的时候，就把这个茶放在他的嘴里，到阎王殿上就不用喝那个迷魂水。”土家人“丧事尚歌谣”。打鼓踏歌，有“跳丧鼓”之习。人死后，要唱“孝歌”，打夜锣鼓，通宵达旦，要用茶水招待守夜的亲朋好友。若死老人，要在丧堂架木柴，烧大火，旁边煨一壶浓茶，让人们提神。孝子扶帐于柩前，匍匐而行，亲戚毕至墓所。安埋时，请土老师在坟中画八卦，洒雄黄酒，棺材入坑，孝子得先挖三锄泥，然后埋棺。在整个丧事操办中，茶不仅用于对亡者的祭祀，对前来吊唁的人也具有还以茶礼以表感谢之意，都再现了土家族厚重的茶俗文化。

3. 结婚用茶

土家族结婚以茶为上礼的习俗。土家结婚前，男方“赠茶”女方“接茶”作为初订婚姻的聘礼，叫作“受茶”。结婚时，公爹公婆要给新媳妇茶钱，即新媳妇进门后的第一天早晨得给公爹公婆各敬一杯茶，公爹公婆受下这杯茶后要回礼，这个礼便叫“茶钱”。

4. 祭祀用茶

土家族在敬神、敬祖先时，需要烧香燃纸的，有酒就要拿酒，无酒就要用茶。祭奉先祖的仪式很讲究，场面亦很宏伟，伴随着鞭炮、鸣乐和人们的吆喝声，长者用上好的茶叶泡上三碗茶极其恭敬肃穆地放置在供桌上，以表达后世子孙对祖先的孝敬之意。

四、土家族茶礼茶俗

（一）土家族茶礼

土家人喝茶，会随着季节的不同而变换自己的烹饮方式。天寒时节，喜欢围坐火塘，煨罐罐茶，也有用锅煮茶，俗称“溅（浓）茶”；天暖时节，又喜喝凉茶，常常会把煮好的茶带到田间地头，以喝凉茶解渴除困。喝茶时，第一碗先给年长的人或客人，俗称“敬茶”，依次进行，最后才是自己。

1. 迎客茶礼

客人到家，寒暄问候，洗涤壶盏，生火熬茶或冲沏茶水，向客人敬上一杯热乎乎的香茶，并说“请用茶”，客人点头致谢还礼，端杯细啜，即将喝完时，主人须及时斟茶，否则视为对客人的不敬。

2. 留客茶礼

客人要走，主人再次斟茶，请客人多坐一会，多喝一杯茶，若客人不怎么推谢，主人就要再次斟茶，若客人推谢严肃，主人立即停止向客人斟茶，表示主客都很满意。客人走时，尽量喝完杯内茶水，表示谢意，如若不喝完，则是对主人的接待不满或表示下次不再来做客。

3. 家庭茶礼

土家族人的家庭茶礼是以茶为礼、以茶为敬。新媳妇进门第一天早上必须给公公婆婆各敬一杯茶，公婆则回礼茶钱若干。有的公公迟迟未起床，新媳妇就把茶送到床前去，叫作喝“揪脑壳茶”。

4. 待客茶礼

土家族人家里多有火炕，客人进入火炕入座以后，主人一边寒暄，一边架火烧水。火旺了，连忙洗净茶罐，俗称“敬茶罐”，煨在火笼里烤干，再放进茶叶，边摇边烤，直到满屋子溢出茶香，盖上罐盖，煨烤片刻（俗称“发窝子”），再注满滚水，文火缓烤，茶汁均匀。主人将第一杯茶双手呈给客人，这叫“筛茶”，依次筛给火笼里其他长辈或乡邻陪饮。客人吃完饭以后，要说：“糟踏哒（感谢之意）！”主人便会说：“您落箸哟！请到火炕喝茶！”来到火笼里，茶又筛来。此茶俗印江县土家族亦叫“喝罐罐茶”，其味十分别致，饮后喉管里生出清甜甘苦的味道。

5. 阴贡茶礼

土家人供奉菩萨叫菩萨茶也名阴茶。每年以最好的茶叶向梵净山“四大皇庵”送上一两包，作为进献菩萨的礼物。寺庙将茶叶灌于菩萨的“腹内”，普通人不敢去取，怕冒犯菩萨，年久之后的陈茶可治病。阴贡茶礼主要体现在用茶敬奉祖先、灶神菩萨、火神菩萨等礼仪上。土家人视茶为圣物，认为山有山神，茶有茶神，禁忌将茶泼在地上，否则视为玷污茶神。抓茶叶必须洗手，名曰“净手”，这仍是对神灵的尊重，亦有防止污染的作用。

6. 施茶礼

土家族人心底宽厚，乐善好施，有的人家在三伏盛夏于门前的大路边放上一缸茶，让过路行人自由取用，这种习俗名为“施茶”。有的过往路人入户讨茶水，主人多慨然允饮。在印江各地流传“茶叶本是两头尖，知人待客茶上前；烧茶娘子本辛苦，儿孙后来做高官”的民谣。

（二）土家族婚嫁茶俗

1. 土家族婚嫁茶俗流程

土家族婚礼十分复杂，除“两姓代为联姻者，诸事从略者有之”外，“初联者”，则提亲、订书单、过礼、迎娶、回拜等“仪文毕备”，沿河土家族婚俗中，茶俗贯穿于全过程。

1）提　亲

又叫递茶，男方看上某家姑娘，便请女方熟识之人为媒。过去媒人只能由男子充当，故又称“月老”。媒人初次到女方家提亲，带上一点“手语”，即粮食等礼物，谓之“开口茶”。有的要投红柬不书名，以口致意。女方既不拒绝收礼，又不表态，是好的征兆，说明姑娘尚未落人户，女方家“明察暗访”，媒人即可往返于男女两方，进行撮合。一旦女方放话，媒人就可以直言不讳地说明来意，向女方介绍男方外貌、才华和家境，以争得女家羡慕。《哭媒人》有曰：“你到他家吃顿饭，说他家里有几万；你到他家喝杯酒，说他家里样样有；你到他家喝口汤，说他家里好田庄……”不过，女方家长不会轻易放口应允，要征求舅家及亲房老人的意见，要对男方适当了解。土家人有句俗话叫作“会选选子弟，不会选田地”。经过了解，女方不满意，就将礼物原封退回；反之，则收下“手信”，叫作“放话”。

2）递书子

又名讨茶庚。女家首肯之后，“媒乃自具名柬以投，谓之二媒”。“名柬”外书“初禀”，内写“璇闺淑女，系缨未许；冀听柯言，畅儿辱与”之类，末尾落媒人名。男方备足两段布料和少量茶食。浇铸两对大龙凤烛，特制一对拇指般粗的大香，谓之“烧大香”。订盟的书子，内写“命从媒一诺千金，谊结朱陈幸有缘。谨具清香盟一日，亲如秦晋永代延”之类的诗句。求婚青年与媒人同去女家。下书之日，举行“摆礼”。即将男方送来的礼物摆在堂屋的桌上，将木盒置于桌中，摆上衣服和礼品，焚香化纸，敬祭祖先。女婿本人不去，则由押礼先生代作揖，拜岳父母及其长辈。行礼完毕，燃放火炮，将此喜事告慰列位祖宗，告诉亲友们这门亲事已定。女方回赠给男方的礼品通常有衣服及姑娘亲手做的布鞋、袜垫，还有粑粑、谷物和钱，打发多少也要看家底而定。“烧香”后，女方要将男方送来的部分礼物分别送给近亲近戚，意在表明姑娘已许配人了。男青年正式取得姑爷资格，双方父母亦以“亲家”互称。

3）迎　亲

男方去女方迎亲，事先要按女方要求准备各种礼物和衣物。其中必不可少茶，叫茗提的盒子叫茶俗，还要准备彩礼。迎亲之日，正是女方花园酒之日。迎亲队伍叫作“轿夫”，少则数十人，多则上百人。轿夫沿途打锣开道，奏乐、唢呐手随行。出发时及到达女方家后要燃放鞭炮，热闹隆重。队伍到达女方家附近，派童男前送报书。女方接到报书，派人安排轿夫在邻居家休息。待祭祀完女方祖宗，请轿夫到女家用餐，用餐完毕，即返回驻地，除非亲戚，不得轻易在女家逗留，更不能到堂屋偷看新娘。书子中有厨书，厨书里要放仪式钱，通常是一元二角，表示“月月红”。否则要受到厨师的刁难，将“走子肉”整块送上，使轿夫无法下手；或者多加一道菜成为十碗（暗喻猪食），以取笑押礼或接亲的人。通常都会通过协调解决问题，再说，女方家也必须考虑送亲队伍可能遇到刁难。

4）送　亲

送亲客安置在邻居，有礼官作陪，为之倒茶装烟等。土家人安排送亲客吃饭叫三幺台，第一台是茶台，以茶为主配以麻饼、酥食等干果类；第二台叫酒台，以敬酒喝酒为主；第三台叫饭台，那自然就是吃饭。送亲讲究三代人与偕；饮食则讲究吃坨坨肉，即将一大块猪肉切成二十四小块，人均三坨；桌面讲究九大碗亦有十一碗。媒人格外尊贵，不论辈分高低，年龄大小，都被推坐上席。送亲客必须当天返回，不得留宿。

2. 各区县土家族婚嫁茶俗流程

1）江口土家人婚嫁茶俗

煮茶原材料的多样化。无论定亲还是接亲，都设有茶房，明确专人烹茶泡茶，出嫁的姑娘要向亲朋敬茶，茶水以绿茶泡制、炒茶和茶果煨制。花圆酒那天，则喝油茶，主要用包谷、花生、杏仁、猪油等混合烹煮而成，名为茶，实为粥。喝茶礼仪，茶水上来，先敬老再敬小，饮茶之人喝完茶，则要向敬茶的姑娘或新娘子施以茶钱或红包之礼。是定亲，则称为“认亲茶”，媒人逐一介绍，倘若喝了茶而没有施礼钱，主人就嚷嚷或以唱歌的形式表达不满，如“茶要烧来水要挑，白吃白喝哪个要”；若嫁到了夫家，则称为“改口茶”，是由新郎带着新娘依次介绍，表明新娘与夫家真正成为一家人。茶叶是嫁妆的必备物，姑娘出嫁，娘家都会备茶叶和其他生活用品作为陪嫁物，寓意到了婆家后兴旺发达有吃有喝。

2）“婚姻茶”和“新娘茶”

德江土家人的“婚姻茶”和“新娘茶”是婚嫁茶俗中的表现形式。“婚姻茶”是凡经男女双方同意或经媒妁牵线父母双方同意的婚姻，要由男方向女方送定亲茶，以茶叶两包（0.1kg）为定亲礼，其他物品为搭配礼，男方的礼品送到后，女方立即将男方送来茶叶熬煮后以茶水招待女方前来的家族和亲朋，若定亲茶无茶叶，女方家族则认为男方缺礼，甚至会导致婚姻的不存在。“新娘茶”是在结婚时，男方送到女方的聘礼中仍然不能缺少茶叶两包，在茶叶包装上写上“银茗”二字，德江县部分地区的土家族姑娘出嫁时要从娘家带米和茶叶到婆家，称为“头三天不吃婆家饭、不喝婆家茶”。新娘过门后，第一个早上要早早起床，拿出从娘家带来的茶叶、米，亲自下厨烧水熬茶和煮饭给婆家家人亲友吃，以表示新娘的贤惠与礼貌。

3）印江土家族婚俗

“赠茶”，取茶之忠贞不移之意寓爱情长久，白头到老。女方以“接茶”为礼品作为初订婚姻的聘礼，叫作“受茶”。茶，在土家婚宴上被称为“合枕茶”，新人入洞房前，夫妇要共饮“合枕茶”。土家族青年男女的婚姻大事，从订婚到结婚都逐步形成了一套礼俗，在这个礼俗中，茶充当着“媒人”的角色，俗称“茶媒”。如：问名，即通过媒人说合，两家的父母都有口信同意以后（都是由父母包办），由男方向女方去第一封书涵（书子），问女方的父母是否同意联姻。第一封书子去的礼物中必须有茶叶礼物。如女家同意就把所去的礼品收下，如不同意，就把书子和礼品打回男家。男方接到回书后，马上看个吉利的日子去第二封书子。第二封书子的礼品就要丰厚些，茶叶是必不可少的。纳彩：也就是装香。男方接到女家的回书以后，要向女家去订婚的彩礼，叫“装香”。装香的礼物非常隆重，其中也要有茶叶。讨庚请期：男方在准备迎亲结婚，必须向女方家请庚后才看喜庆日子。请庚时只带茶叶作为礼物。成婚时，公爹公婆要给新媳妇茶钱：即新媳妇进门后的第一天早晨得给公爹公婆各敬一杯茶，公爹公婆受下这杯茶后要回礼，这个礼便叫“茶钱”。

（三）土家族祭祀茶俗

江口县土家族祭祀茶俗有两种形式：一是祭神，二是祭祖。祭神包括祭大神、祭天地菩萨、祭灶神、祭雨神等，祭祖包括春社、七月半、除夕及对新逝长辈的祭祀。祭神时，有香烛纸，有酒与茶和其他供品，酒和茶会随着祭神程序的递进而不断添加。祭祖时，酒茶只酌一次，对新逝亲人却例外，祭祀程序稍显繁杂，而茶水的使用也会递加。

印江土家人举行丧葬仪式均需请阴阳先生为逝者超度亡灵，选定安葬期，择墓地，举行祭奠礼仪。按阴阳先生师传，分道教、佛教两种安葬的形式，并按照固有礼仪程序举行葬礼。在所有的葬礼过程中，阴阳先生都要用上好的茶叶泡上三碗茶，极其恭敬肃穆地放置在供桌上，并根据葬礼的不同环节进行更换，以表达后世子孙对祖先的孝敬之意。

第二节 铜仁苗族茶文化

一、苗族茶文化历史

（一）苗族茶历史

松桃茶叶，在唐代陆羽《茶经》“思州产茶”。《松桃厅志》史籍记载，松桃苗族吃“苦羹”有3000多年历史。“苦羹”实际上是松桃土家族的“擂茶”、苗族的“油茶汤”。

（二）苗族茶文化起源

苗族在长期的生产生活中，摸索到茶叶具有祛除寒瘴、伤湿、疫病的独特功效。“苦羹”是苗家饮食习惯，饮用方法原汁原味，食材为茶叶、黄豆、花生、板栗、百合、芝麻、炒米等。制作方法：放适量油在锅中，待锅内的油冒出青烟时，放入适量茶叶和花椒翻炒，待茶叶色转黄，发出焦糖香时，放上姜丝，即可倾水入锅煮沸，再徐徐掺入少许冷水，等水再次煮沸时，加入适量盐和大蒜、胡椒之类，用勺稍加拌动，随即将锅中茶汤连同作料一一倾入盛有油炸食品的碗中即成。松桃苗族烹茶的地方俗称“茶堂”，茶堂其实就是过去很多苗家的厨房，是烹茶和做饭共用的地方（图10–8）。茶堂一般是以房屋右间中柱为轴线，用条石在地面上砌筑一个方方正正的火塘，火塘上安放一个铁制的三角撑架，三角撑架下面燃烧柴火，用来撑铁锅煮茶做饭，主客围着火塘边品茶聊天。松桃苗族老人不爱吃“苦羹”茶，怕油腻，却爱喝罐罐茶。所谓罐罐茶，是先在茶堂的火塘里架上大火，一边烧开罐中的水，一边转动茶罐放于火上烤，等茶罐水沸再放入干老茶叶或茶树籽，用一根筷子边摇边煮，直到满屋子溢出茶香，才将罐罐茶倒入碗中品茗。煮出来的茶特别香，特别苦。松桃苗族敬茶必须双手奉，忌讳将茶泼在地上，否则即玷污茶神。煮茶时洗手，抓茶叶，这既是敬畏茶神，也是卫生的需要。从松桃苗族的饮茶习惯看出，松桃茶文化的起源早于秦汉，“苦羹”是“擂茶”的前身，松桃苗族的茶文化有3000多年历史。

图 10–8 松桃县苗族茶堂（松桃苗族自治县茶叶产业发展办公室提供）

（三）苗族茶文化的特征

苗族崇拜大自然，视茶叶为灵物，山有山神，茶有茶神，在长期的生活中，形成了独特的民族、地域茶文化。茶是苗族居家必备的物品，在种植茶叶上，无论是种茶、采摘茶叶，苗族人家都有自己的讲究。比如“阳坡茶叶能延寿，阴坡茶叶能做药”“春茶苦、秋茶涩，平常月份无人摘”，等等。最神秘最神圣的，则是用茶水敬神灵，茶水被视为是打通阴与阳、天与地、虚与实之间的中介物，通过茶水，今天活着的人在精神上与先祖进行了沟通。

二、苗族大碗茶文化

（一）苗族大碗茶历史

松桃厅府从清雍正十一年（1733年）建城池就出现卖大碗茶了。喝大碗茶的风尚，在松桃较为盛行，也随处可见，就是解渴，所以街道阴凉处，车船码头，半路凉亭，都屡见不鲜。大碗茶是松桃地方特色茶文化之一，不仅风靡于过去，现在依然较为盛行。大碗茶主要由茶摊叫卖，茶馆里不卖大碗茶。松桃的茶摊无固定地，街道哪里有树荫，哪里就有喝茶人。松桃的有热茶和凉茶，热茶是从茶壶里现倒入大碗，端给客人喝，凉茶是从木水桶里用木瓢瓜舀一瓢倒入大碗里，盖上纱等待客人自己端着喝。苗族大碗茶有近300年历史。

（二）苗族大碗茶制作工艺

松桃大碗茶采用“莓茶”，盘信三宝营八字坡森林里漫山遍野有生长。春天采摘，背回家中，用菜刀把藤蔓的“莓茶”小节砌好，用水煮杀青，太阳晒干，成为“莓茶”的成品。“莓茶”，俗称“三保营岩莓”，药学名称为“显齿蛇葡萄”，是原始森林中野生多年生藤本植物。在《救荒本草》《全国中草药汇编》等药典中有明确的记载。“莓茶”色绿起白霜，先苦后甜。具有生津止渴、甘喉润肺、护肝益血、降虚火、助消化、消炎解毒、降压减肥、润肤美容等功效。

制作工艺：水煮杀青，太阳烘（晒）干。

（三）苗族大碗茶的制茶工具

“莓茶”制作工具：竹篓、菜刀、土灶、竹簸箕。

三、苗族茶事

（一）喜　茶

松桃苗族喜事茶俗多姿多彩，令人目不暇接。苗族银饰仅插在发髻和包帕上的头饰就有几十种，与茶叶相关的银茶籽、银茶花等，表现家庭殷盛炫富心态。苗族人家来客也称为喜事，来客打茶，苗家人热情好客，不管是远村近邻，还是生人熟客，只要你踏入苗家的大门，主人便立即丢下手头活计，打油茶相敬。

苗寨，男女恋爱关系确定到论婚认亲中，认亲茶。每当举行认亲时，那些足智多谋的姑娘更显颖慧本色。在几十甚至上百的宾客前，姑娘准确记着男方客人们的吃茶顺序，茶盘里的大碗茶都规定放在一定位置，千万不能张冠李戴（图10–9）。

苗族儿女举行婚礼时，新娘进屋拜堂后，有喝新娘改口茶的习俗。新郎、新娘三拜五叩后，客人与宾主拥坐于堂屋，新郎、新娘端着茶盘，向长辈敬香茗，一边敬茶，一边还要启用正式的新称呼。男女双方尊长则要一边接口，一边祝福，把茶喝干，并将红包放于茶盘之上，一位敬完敬下位（图10–10）。

图 10–9 松桃县苗族喜事
（松桃苗族自治县茶叶产业发展办公室提供）

图 10–10 松桃县苗族婚俗“抹花猫”
（松桃苗族自治县茶叶产业发展办公室提供）

（二）丧　茶

茶为祭，可祭天、地、神、佛。松桃苗族茶与丧葬祭祀有“无茶不在丧”的观念，在祭祀礼仪中根深蒂固，家庭殷实，平民百姓，在祭祀中都离不开清香芬芳的茶叶。茶叶在松桃苗族人家历来都是吉祥之物，保佑死者的子孙“消灾祛病、人丁兴旺、洁净消毒”之意。茶叶与大米、玉米、碎瓦片混合在一起，成为具有“驱邪避鬼”的法器“茶叶米”，至今在松桃一直还流传使用。

（三）祭　茶

祭祀用茶在3000年前就兴起，茶叶作为祭品，尊天敬地或拜佛祭祖，以茶为礼要更虔诚。苗族供奉祖先，选最好的茶叶。过去用茶作祭有三种形式：一是在茶碗、茶盏中注以上好的茶叶汤，茶叶熬得很酽，泡得很浓，酡红的颜色，显示家庭生活滋润；二是不煮泡只放以干茶，表现一家人都比较廉洁；三是不放茶只置茶壶、茶盅做象征，表示全家人平平安安、和睦孝敬。上坟祭祀，流传“三茶六酒”“清茶四果”作为祭品的习俗。建房上梁祈福茶，盛行“建房上梁”抛高粱粑、洒祈福茶，以求吉利，祈求五谷丰登、六畜兴旺。祭茶神，祭祀以茶为主，则表达茶为苗族送来福音，受惠于茶的繁衍生存，与世无争的大无畏精神。松桃苗族茶事千奇百怪，象征着松桃苗族的茶文化纯实朴素的风俗和民情。

四、苗族茶礼茶俗

（一）苗族茶礼

梵净山周边地区，世为苗人所居，苗族文化底蕴深厚，而茶礼便是其中之一。苗族茶礼，无论贫富，大凡家有客至，以茶待客的礼仪是不可少。苗族人家待客的茶礼讲究热情大方，客人来了，要出门相迎，起身让座，递烟泡茶，以礼相待。待客用茶应做到：茶叶质量好、沏茶水质好、茶具洁净好、泡茶调制好、待客礼貌好。

江口苗家人种茶喝茶也拜茶，敬茶程序有长幼有别、男女有别、内外有别，烹茶完毕，要先敬长后敬幼，先敬男后敬女，先敬内后敬外。在烹茶材料上有绿茶也有药茶，苗家人世居深山，百草入药，百药入茶，常把药材熬制好后当茶喝。

印江苗族人家饭前小吃叫“吃茶食子”，别人结婚、做寿或是生了小娃整酒席，去贺喜叫“吃茶”，给人送礼送钱叫“茶礼”或者“茶礼钱”，新媳妇进门后的第一天早晨得给公公婆婆各敬一杯茶，公婆受下这杯茶后要回礼，叫“茶钱”。还有“施茶”，就是免费为过往行人提供茶水解渴。苗族人家还讲究“茶不欺客”茶礼，倒茶的时候，得依照一定的顺序，一杯一杯端给客人，而且倒茶也有讲究，“酒满茶半杯”，倒满则是对客人的不尊重。

（二）苗族婚嫁茶俗

苗家饮茶成俗，祭祀必备茶，喜事不离茶，待客先敬茶，世代相袭，形成了别具风情的苗家茶礼茶俗。苗家茶道，苗语“主吉”其风格古朴，带有明显的楚文化色彩，贯穿着浓郁的苗族风情，整个茶道包括“敬祖”“叙史”“献茶”三个部分，分别为吟、诵、唱的形式，表现口耳相传的苗族文化，把饮茶与苗族说唱艺术融为一体，形成了独具特色的茶文化。较为隆重的活动，茶道仪式须由“巴迪雄”主持。主家先用鼎装入井水或山泉水，架在“三脚”上以香檀木为柴烧开，再在陶瓷提罐内冲茶，置放于四方桌上，亲友宾朋们四方围坐，主家一人跪在蒲团上，以表示敬重之意，茶道即行开始。

头道为“敬祖”，巴迪雄焚香并烧上蜂蜡，在袅袅蜡烟中盘坐蒲团之上，敲响“信咚”，吟唱苗族古歌，众人肃然。古歌实是“苗经”，以记叙历史迁徙，怀念东方古时的家园和虔心敬请祖先之灵莅临与大家共享欢乐等内容。

主持人以三杯香茶洒地敬祖，遂进入二道“叙史”。主持者停下“信咚”，双手平置脚腿上，向众人诵说饮茶的“都通”（两句偶联成组的一种古体韵诗，语意精奥）。茶道的“都通”以赞美祖先勤劳、叙述茶史、介绍苗家饮茶礼俗或劝教做人的伦理道德等内容，“都通”朗朗上口，说腔抑扬钡挫，极富艺术感染力，内容也十分丰富。众人静穆而坐，聆听古老的“都通”，气氛静谧，大家既是在感受苗族文化的熏陶，又是在等候泡茶出味。经过了茶道的头道、二道，人们已在静肃的围中平气和神，心入境界。主持人诵毕“都通”，主家托出放着数套两两相加茶杯的茶盘，交给司茶姑娘，开始为众人倒茶敬茶，是第三道。司茶姑娘要能歌善讲，大方出众。身着盛装，佩戴叮当作响闪亮银饰的姑娘，倒好茶水，双手托盘，一人捧杯，先唱敬茶歌，从长辈或宾客开始逐一献茶。敬茶歌和敬酒歌有特定的内容又可根据敬茶对象来确定，被敬一方有歌亦不会示弱，必然以歌作答，大家拍手称“汝”（好），欢笑喝茶。

（三）苗族祭祀茶俗

松桃苗族以茶为祭祀的活动很多，有祭天、地、神、佛、鬼魂的敬拜风俗，以祈求祭祀的福佑，继承了许多古老的茶祭祀风俗习惯，茶祭祀内容丰富，异彩纷呈。用茶祭天地之神与祖先，将名贵茶叶献于奉桌上，请供奉者享受灵通之物。祭祀结束，由主祭人庄重地将茶水洒于大地，以告慰祭祀者，祈求平安喜乐吉祥。在腊月二十三祭灶神，初一、十五祭天、地，奉年过节祭祖先，祭品用茶恭恭敬敬地献上，为求保佑家族兴旺、风调雨顺，五谷丰登，全家内外平安。

江口苗族祭祀中茶和酒是不可或缺的要素，俗称“酒茶”，是祭坛或神龛上的祭品。在祭祀过程中，酒放五杯，茶放五杯，有时也用大碗。祭祀完毕，酒可以喝掉，茶水则倒入香火之中，以示神灵或先人饮之。

印江苗族人每到重大节日或先祖的生日，家家户户都要行祭祀之礼，备好一桌菜后行三道礼，第一道是酒，第二道是米饭，第三道是茶，每一道都要给先祖鞠躬行礼，请先祖好好享用，并请他保佑后辈子孙平平安安。

第三节　铜仁侗族茶文化

一、侗族茶文化历史

（一）侗族由来

侗族源于古百越族系，秦汉时由百越西瓯中的一支自长江支流沅水向西南迁徙于今贵州铜仁，主要集中在玉屏、江口等县，在先秦以前的文献中被称为“黔首”，侗族是从古代百越的一支发展而来。侗族主要从事农业，以种植水稻、茶叶等为主，种植水稻、茶叶已有悠久的历史，当时农业种植生产技术已达到相当高的水平。侗族人种茶、制茶、喝茶、品茶的传统由来已久，至今仍沿袭着煨罐茶、泡茶、姜茶、油茶等饮用之法，凡客人到家先以茶待之，边喝边聊。重大节日离不了煮油茶，茶为侗族待客的首要礼节。

（二）侗族茶文化起源

侗族人为何爱茶还得从远古说起，可追溯到黄帝之后，相传在铜仁境内侗族有13姓氏，其中：姚、吴、杨、肖、罗、饶、章7姓氏为黄帝之后，随着社会文明的进步和人类历史的变迁，黄帝后裔不断由中原向江南迁徙，将茶叶的种植、制作技术与饮茶习惯也带到了江南。自宋代开始，浙江、福建一带侗民陆续迁至江西和洞庭湖以西定居。明代开始，许多侗民应召或经商逆湘江、沅水西进陆续迁至武陵山和苗岭以东的清水江，舞阳河，都柳江一带广大地区定居，并成为这一带的原住民族，种茶和饮食习惯随着人口的迁移也带到了这一地区。因为这一带野生茶树多，气候、土壤、雨量非常适合生产茶叶，所以茶叶生产发展很快。首先是在寺庙四周、房前房后、田埂土边栽上园茶，为以自用，随着人口的发展，茶园连片种植，已有茶商介入收茶外运，再后来就发展成具有现代技术和规模的茶叶经济产业，许多侗民成为名副其实的茶农、茶商，凡侗族地区都是产茶重地，茶成为侗族人不可或缺重要物资，茶叶已经渗透到侗族人生产生活中各个方面，侗族茶文化也应运而生（图10-11）。

图10-11 玉屏县洪家湾村古茶树
（玉屏县农业农村局提供）

（三）侗族茶文化的特征

侗族茶文化内容丰富，特色鲜明，其中最具特色的是侗族茶礼，侗族茶礼分为邀茶、掺茶、奉茶、八分茶、续茶、品茶、敬茶等几步，每一步骤都很讲究，很有仪式感，内容也很丰富。

① **邀茶：**在喝茶时，要对年长的人和大家邀约一下，打个招呼，某某请喝茶、大家请用茶或是等长辈或年长的人邀请茶了，大家才开始喝茶。

② **掺茶：**煨茶或泡茶时，用右手在储茶罐里抓茶，把右手茶叶放在左手的手心窝里，手心朝右缓缓将茶叶抖进茶器，再煨或泡茶。

③ **奉茶：**递茶给客人，不能单手从上面抓住杯口递，也不能单手握杯递茶，要双手

递茶。即是右手握住杯沿下方，手指不能超过杯沿，左手五指平伸，托住茶杯底部，双手递茶，就是奉茶。

④ **八分茶：**给客人掺茶水，茶水只是茶杯容量的七八分，不能斟满。否则就是对客人不敬，“茶满欺人，酒满敬人”。

⑤ **续茶：**客人茶杯里的茶饮得差不多的时候，就要给客人的茶杯里添上水。要续煨，茶壶的茶水用完，要添水复煨，最多添三次水。

⑥ **品茶：**品茶要观看颜色，闻其气味、再用舌尖试之，又唇抿咽下，品尝茶水的清香与甘味。品茶聊天，交流茶艺和唱茶歌。喝茶忌像喝水一样，一口喝干，动作不雅，有损“茗”氛围。

⑦ **敬茶：**过年过节儿媳或孙媳清早要给老人煎一杯茶，不能用泡的，要用最小的茶罐煎出来的浓茶，因茶水较烫，给老人递茶时，不要直接递给老人，轻轻放在老人旁边的桌上，同时招呼老人：“老人家请喝茶”，老人等茶水温度降到适合时就喝（图10–12）。

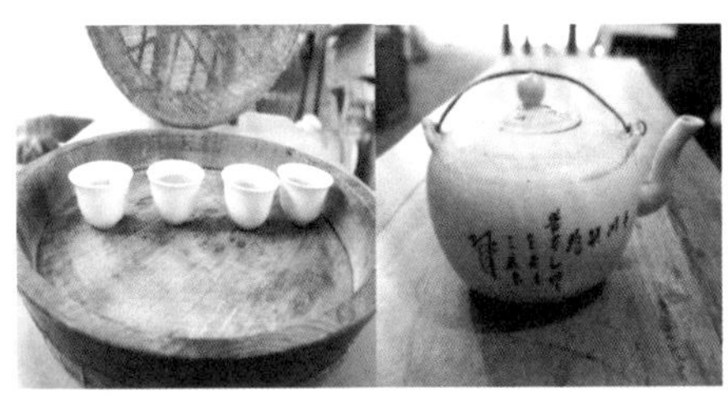

图 10–12 侗族茶礼中用的敬茶杯和老瓷茶壶（玉屏县农业农村局提供）

二、侗族油茶文化

侗族油茶也叫黑油茶，用陶沙罐煨煮而称“罐罐油茶”。侗家油茶苦凉回甘，清香可口，醒脑提神，有祛湿热、防感冒、治腹泻的作用，是侗家人日常生活的必需品，特别是妇女们时常聚在一起煮罐罐油茶，是招待客人的传统特色食品。2009年，侗家“罐罐油茶”制作技艺被列入贵州省第三批省级非物质文化遗产名录；2010年，铜仁市玉屏县出台《玉屏侗族自治县非物质文化遗产保护条例》，对罐罐油茶制作技艺进行立法保护（图10–13）。

图 10–13 侗族“罐罐油茶”（玉屏县农业农村局提供）

（一）侗族油茶原料

阴米（糯米淘净，浸泡2~3h，蒸熟拌茶油，使糯米饭呈散粒状，晾干成干糯米饭颗粒）、茶油、茶叶、生姜、大蒜、葱、炒黄豆、炒花生米及芝麻、糯米粑、灰碱粑、绵菜粑等。

（二）侗族油茶制作

炒阴米，舀适量猪油放入锅中，油温升高，把阴米倒入锅炒成白黄色的米花时舀出备用；分别将花生米、黄豆、芝麻等用茶油炒熟炒香备用。茶叶加工方法：茶叶，将采摘的老茶叶洗净，放锅里用水煮至变软，捞出晾凉盛入较大的盆、钵内密封盖严使其发酵5~7天，即可取出撒少许食盐晒干，放入土坛、土罐内密封存放。使用时，需要多少取多少。侗家人在秋收稻谷，将煮罐罐油茶要用的阴米、茶叶加工储存起来了，以备一年之用。煮罐罐油茶是在锅内放猪油，放入茶叶煎熬，边熬边用锅铲把茶叶插碎，茶叶煎熬出清香味，加入温水、食盐、生姜、大蒜等舀入陶罐内，再将陶沙罐置于火上，将其煮开即成香浓的油茶汤水。在煮油茶水，将糯米糍粑、灰碱粑、绵菜粑或洋芋、红苕等切成小条、小块在锅里煎、炸、煮熟均可（图10–14）。

图 10–14 侗家罐罐油茶制作技艺
（玉屏县农业农村局提供）

（三）侗族油茶食用

罐罐油茶，在碗里放入适量的炒米花、炒花生、炒黄豆和粑粑类食料，以及煮熟的嫩包谷、饭豆等，从陶砂罐里舀起沸腾的油茶水倒入碗里，加葱花、芝麻等佐料，美味可口，油而不腻，色、香、味俱全。侗家嫁女、娶媳妇的晚上都要煮油茶吃宵夜。

三、侗族茶事

（一）喜　茶

茶事分为接客茶、改口茶、敬茶、送客茶。接客茶就是客人来吃酒，把茶敬给客人。“改口茶”就是新娘入门的当天晚上，在内室客厅，新娘要给公婆敬茶，称为改口茶，就不能叫叔叔、孃孃，要改口叫爹、娘或爸、妈。

（二）寿　茶

寿茶，家里的老人办寿时敬的茶水，要60岁以上，才兴办寿。宾客坐上桌位，要喝茶，每一桌放一壶茶水，桌面上摆上生姜、柑橘、糖食、饼干、花生、瓜子、香烟，客人们会祝贺寿星长命百岁、寿比南山、身体康健、开心快乐之类的话。

（三）丧　茶

分为席茶、洗手茶、茶祭。“席茶”即老人过世的时候酒席上的用茶。“洗手茶”，寨邻亲朋送老人登山回到丧家的大门前，要先用茶水洗手，在大门前放上一杆秤，一条麻布口袋，一盆茶水，每个人依次在茶水里洗手，在秤杆上捏或搓一下，再用麻线口袋擦擦手，用于避邪。“茶祭”：在灵堂前，女儿、媳妇要给亡人献茶。

（四）祭　茶

侗族人很重视清明节。清明节过后采茶，清明节的茶叶是头茬茶，香净味醇、清翠、口感最好。清明茶为上等佳品，要祭给亡故的先人先尝，以示孝心。与清明节显示孝心的对应节日，就是中元节，俗称七月半还七月十三。七月半早上第一件事就是给祖先倒上敬茶，彰显着侗族的大孝至爱。

四、侗族茶礼茶俗

（一）侗族茶礼

玉屏侗族茶礼，红白喜事、祭佛祀道、接人待客、劳息饭后、聚众议事、闲聊白话，缺茶不可，非茶不敬，无茶不礼。

旧时的侗乡人民，平常百姓家子弟习文不过三年，称为“犁耙书”，其为人处世之礼、谋生传习之道皆于火炉坎上的口语相传，串门闹寨是晚间生活的重要活动。茶水就在这些活动中起着重要的纽带作用。沏茶、泡茶、煨茶、煮茶就成为“礼”客的体现。侗乡品茶交流中，茶食决定亲疏内外，解疑释虑，辩是明非的重要媒介。同时，贤媳孝女除了会做针织刺绣之外，还得学会茶食的制作：种茶、采茶、焙茶、炒茶、煨茶、煮茶、泡茶的技艺。端给公婆、长辈、宾客的茶水要香馨、味厚、色翠、汤醇，这是一个家庭和睦、少有所学、老有所尊、德有所修、家教厚重、家道中兴的表现。

江口侗族是茶的崇拜者，喝茶的礼数较多。进入冬季，侗家就总会围在火塘边，唱侗歌，跳侗舞，喝姜茶。姜茶是茶叶和生姜混煮泡，具有驻寒解渴的功效。侗家常以姜茶待客，表现出侗家人热情好客的火热激情。

（二）侗族婚嫁茶俗

江口侗族婚嫁茶俗分三个环节：一是选择材料，二是制茶过程，三是喝茶顺序。烹制油茶，用花生、杏仁、大米、包谷、猪肉等；制作茶水，用茶叶、茶果、生姜等。制作油茶，要将备齐的材料洗净后放锅里熬煮，直至成粥状；制作姜茶，要将生姜洗净去皮，然后与茶叶混煮。喝茶顺序，由将嫁姑娘或新婚妻子按长幼先后礼敬，受礼之人必须向姑娘或新娘子回礼，一般是红包，钱多钱少不论，都以四、六、十二偶数居多，称四季发财、六六大顺、月月红，以图吉利。

（三）侗族祭祀茶俗

祭茶是玉屏侗族祭祀茶俗表现形式，分为祭祀用茶和清明茶。祭茶范围很广，所有的祭祀活动都要用茶，称之为：倒敬茶。正月初一至初三早上起来第一件事情就是倒敬茶，倒敬茶的茶杯比普通的茶杯要小一半以上，神龛前大桌子中间摆上一排九杯。也有摆八杯的，摆八杯按八仙桌的四边摆上，一边摆两杯，四个方位加起来就是八杯。大门右边的六合门前边摆两杯，大门口的土地前面摆两杯。正月十五（上元节）也是倒敬茶。中元节也要倒敬茶。腊月二十三（小年），也是灶神节，也要给祖先倒敬茶。清明茶在祭茶中很有讲究，侗族人很重视清明节。清明节过后的第一道农活就是采茶，清明节的茶叶是头茬茶，香净味醇，是一年中最好的茗茶，要祭给亡故的先人先尝。以示孝心，告诉祖先，以后就要忙于生计，不能来看望他们了。中元节早上第一件事就是给祖先倒上敬茶。

丧茶是玉屏侗族祭祀茶俗，男性儿孙只敬酒不敬茶，女儿、媳妇敬茶不敬酒。给亡人祭茶时，要唱茶歌，由寨上老者代为泣唱，这种歌叫：喊祭。内容有多种，大体内容：

其一：此茶不是非凡茶，阳雀未叫先发芽。

秀女上山去采摘，带在花篮拿回家。

放在锅中炒几炒，倒在簸中揉几揉。

孝媳（女）亲手来奉献，盼望吾父（母）来尝茶。

其二：此茶原来叫山茗，生在青山叶又青。

孝媳（女）上山去采摘，拿回家中慢慢煨。

加上生姜与香糖，世人喝了还想尝。

孝媳（女）亲手来奉献，唯愿我父（母）降来尝。

其三：龙团三月雨，雀舌一枝春。

孝媳（女）三献上，吾父（母）降来临。三献茶毕

江口县侗族很敬重天地神灵和祖宗先人，而茶也成了重要祭品。在平常的茶饮之中，要先敬天地祖宗，再敬老人长辈。在神坛祭祀中，要摆杯茶，并随着祭祀程序的推进，增添茶水。

第四节　铜仁仡佬族茶文化

一、仡佬茶文化历史

（一）仡佬族茶历史

仡佬族发现石阡苔茶，创造石阡茶历史及文化，自土著濮人在当地发现了苔（追）

茶开始，到公元前53年，期间，是仡佬族使用茶、种茶、制茶的阶段，隋唐进入发展阶段，据相关文献资料记载：当时黔川滇就已经大量种茶、制茶和用茶。唐宋后种茶、制茶、饮茶，饮用茶从含嚼鲜叶到药用、食用、品饮、礼俗。明清时期青毛茶加工和罐罐茶，仡佬族沿袭使用。

（二）仡佬族茶文化起源

石阡仡佬从濮人到僚人，到现在的仡佬族，茶伴随着仡佬和土家族人繁衍生息几千年。茶在仡佬族民族发现之初的作用是驱瘟镇邪治病。从祭祀中发展成敬头人、敬长辈、敬客人，从“意饮”到“品尝”，发展成为一种“礼尚”行为的德行习俗文化，成为民族人与人之间相处的纽带之一，最终成为待客之道和息事宁人的“和叶德水”。人与人之间出现不和谐的，以茶聚服，捧手递茶，抱拳为和合，和好如初。

二、仡佬族茶文化

（一）仡佬族罐罐茶

石阡仡佬族茶文化的特征，是以罐罐茶为体现，客来敬茶，以茶为媒的沟通，达到和谐、忍让、宽容、善处、礼敬的目的。以茶敬客消除误会，和好如初，茶在仡佬族人中又称“六和茶”。总称为“六和”文化或“六德”文化。仡佬族的“六和”文化一直保持并传承到今天，石阡县坪山乡尧上仡佬族文化村，居住50户仡佬族，保留了“六和”文化。“六和”文化不仅寓意“六六大顺”，更蕴含着“父母和蔼、夫妻和鸣、家庭和顺、邻里和睦、环境和美、社会和谐”之意。“六和”成为仡佬族的行为规范和道德标准，是仡佬人的精神境界。

① **罐罐茶历史：** 据三国时魏人张揖在《广雅》中记载：“欲煮茗饮，先炙令赤色，捣末置瓷器中，以汤浇，复之，用葱、姜、橘子芼之。”记载中与罐罐茶喝法一般无二。罐罐茶在唐代成为石阡百姓家的饮茶方式。罐罐茶堪称中国饮茶习俗上的活化石，独特的地理环境与人文习俗，而得以保存千年不衰。

② **仡佬族罐罐茶制作：** 石阡罐罐茶制作工艺，选用本地产土茶罐，装满山泉水放在炭火边。水烧开用手抓一大把茶叶放入茶罐，待其翻滚，茶叶沉下去用烧火的木炭去除罐口沫子，用土碗分倒给客人饮用。第一碗茶先敬客人或老人。罐罐茶，汤色清正，浓香扑鼻，回味甘甜（图10–15）。

图 10–15 石阡县仡佬罐罐茶制作
（石阡县茶业协会提供）

③ **仡佬族罐罐茶制作工具：**木炭或柴火、火盆、火钳、土陶罐、山泉水、茶叶、茶碗。

④ **仡佬族罐罐茶功效：**罐罐茶水煨开，放入姜片，可去除因寒引起的感冒。

（二）茶泡汤

清明前夕，明前茶嫩绿鲜香，茶农采摘加工尚好茶品。茶农会邀请亲朋好友、贵客到府上吃“茶泡汤”，欣赏“茶祭祀”。茶农将最先采下来的茶青下热锅、煸、炒、焙、烘、抓、抖、搭、拓、拍、捺、摊、甩、磨、揉、压，全程表演给亲朋好友、贵客观看，杀猪宰羊，熏鸡煮鸭，请来法师做“茶祭祀”，以祈求一年四季平安健康、风调雨顺、五谷丰登（图10-16）。

图 10-16 石阡县仡佬族茶泡汤
（石阡县茶业协会提供）

（三）炒米茶和油茶

炒米茶和喝油茶。主要做法：一是做开汤。即在锅内放入茶子油或菜油，煎好后，放入生糯米翻炒至焦黄时加入茶叶炒，再倒入温水，加盐熬煮，最后滤汁入壶备用。二是发阴炒米，用滚沸茶油炸成米茶。三是炒配料，黄豆、花生、芝麻等。吃时是在碗内放入糯米花、油炸花生、油炒黄豆及葱花、青菜等物，注入开汤，即可饮用。

举办油茶会。油茶会分大、中、小三种，大则全寨或几寨联办，人数多达百人以上，小则一家，或三五人聚会。举办油茶会以茶联谊，有利于民族团结，以茶风推进世风，茶的作用在向精神生活领域里延伸。

三、仡佬族茶事

（一）婚　茶

图 10-17 石阡仡佬族新人结婚
（石阡县茶业协会提供）

明代许次纾在《茶流考本》中说：“茶不移本，植必生子。”是因茶树只能以种子萌芽成株，而不能移植，所以石阡自古以来都将“茶”视为“至性不移”的象征。因“茶性最洁”，可示爱情“冰清玉洁”；又因茶树多籽，可象征子孙“绵延繁盛”；还因茶树四季常青，又寓意爱情“永世常青”，并祝福新人“相敬如宾”“白头偕老”。茶在民间婚俗中占据了重要的位置。世代流传民间男女订婚，要以茶为礼，茶礼成了男女之间确立婚姻关系的重要形式（图10–17）。

（二）祭　茶

以茶为祭。人们常常把茶作为祭天、祭地、祭灶、祭神、祭仙、祭佛、祭祖的主要物品，也用作丧事的祭品之一。以茶作祭，须是“净茶”，净茶是每年采制的新茶；泡茶要洗手，茶具清洗干净；泡好的茶汤不准任何人先喝。祭祀仪式由当家人（男性）主持。祭祀仪式非常虔诚，茶是有灵性的，是祭拜神灵和祖先的最好礼物，他们喝了后就会把平安和幸运降给祭祀者和他的家人（图10–18）。

图 10–18　石阡仡佬族以茶祭祀
（石阡县茶业协会提供）

四、仡佬族茶礼茶俗

（一）仡佬族茶礼

石阡仡佬族的茶祭祀、三茶六酒、三幺台、十二月采茶调、茶灯舞、茶葫芦等茶礼、茶俗、茶歌舞。在仡佬族村寨，无论你去哪里做客，只要进门，就会被寒暄问候，邀请入座，主人便生火烹茶，冲沏茶水，敬上一杯香茶。讲究的主人会以左手托杯底，右拇指、食指和中指扶住茶杯，躬着身，微笑地说：“请用茶”。客人则双手接杯，道声谢谢，端杯细啜，一道茶后，再寒暄叙话，复斟复饮，饮毕不能将余泽倾倒，主人要待客人走后方可清理、洗涤茶具。

江口仡佬族每逢冬季，一家老小围坐在火塘边，煨一罐浓茶，老爱少，少敬老，其乐融融。客人到来，自然少不了一碗浓茶，算是见面的礼节。贤惠的人家，客人离开时还有茶叶相送，算是待客之礼。

（二）仡佬族婚嫁茶俗

石阡仡佬族世代流传民间男女订婚，要以茶为礼，茶礼成了男女之间确立婚姻关系的重要形式。男方向女方家求婚时聘礼中必须有茶，称“下茶”“定茶”，而女方一旦接受聘茶礼，称“受茶”“吃茶”，即成为合法婚姻。而女方家则不能再接受其他的聘茶礼，否则会被世人斥为“吃两家茶”，为世俗所不齿。娶亲时的三色礼是必须的，三色礼即茶、酒、肉，茶是排在首位；女方家举行出阁仪式，要用男方家送来的三色礼和衣物首饰等在堂前向祖宗祭拜；男方家在婚礼拜堂仪式中也必须有茶作祭品。

江口仡佬族聚居在官和的江溪村和双江的槐丰村，其婚嫁习俗中，茶礼是必不可少的要素。姑娘出嫁前，要哭嫁，哭爹哭娘，哭兄弟姐妹，也哭亲戚朋友，哭到谁，茶水就会由伴嫁的姑娘递到谁的手中，有的会回敬钱礼，有的会回敬伴哭。

（三）仡佬族祭祀茶俗

石阡仡佬族以茶为祭，常把茶作为祭天、祭地、祭灶、祭神、祭仙、祭佛、祭祖的主要物品，用作丧事的祭品之一。仡佬族以茶作祭，是“净茶”。每年采制的新茶，用竹篓秘放在隐蔽通风之处，泡茶之人要先洗手，把茶具清洗干净，泡好的茶汤不准任何人先喝。祭祀仪式通常都是由当家人（男性）主持。

江口仡佬族有圪蔸信仰习俗，因而在茶祭中除了用茶祭祀天地祖宗之外，对茶树也特别尊崇，并当作神灵加以祭拜。在平时的祭祀中，茶与酒都是重要祭品，与仡佬人的生活息息相关。

第五节　铜仁地域茶文化

地名是地域文化的载体，是一种特定文化的象征，一种牵动乡土情怀的称谓。地域茶文化，佐证了铜仁悠久茶文化历史。涉茶地名类别多，渊源久、体现了铜仁地域与茶的历史文化。

一、涉茶地名

（一）石阡县

茶叶巷（石阡县老城区）；酒茶树；茶园；上茶园；茶云林组（枫香乡新屯村）（1949年前和1958—1970年叫茶园乡）。

茶园村（青阳乡）；茶腊垱（龙塘镇大屯村）；茶园组（聚凤乡高源村）；上茶园组（普乐寨村）；下茶园组（本庄镇的茶溪村）；秦茶（五德镇地沟村白家岭组）；茶林湾（河坝镇金岩村烧寨组）；茶林（龙井乡克麻场村尧湾组）；舀茶罐组（汤山镇雷屯村）；茶叶佬（互厂沟村）；茶树湾组（白沙镇许家沟村）。

（二）思南县

茶罐屯（板桥镇后屯村）；茶园组（大河坝镇勤俭村）；小茶林水库（大坝场筑山村）；茶山组（宽坪乡张湾村）；茶林堡组（枫芸乡金星村）；老茶山（合朋溪镇合朋社区）；茶园组（鹦鹉溪镇沙溪坝村）；茶林村民组（瓮溪镇瓮溪社区马家山组）；茶叶树坡（瓮溪镇瓮溪社区古井组）；团堡山茶山（瓮溪镇司都坝村）；茶林（瓮溪镇山峰村杨柳冲组）；

茶园坪组（瓮溪镇竹山村）；茶山村（凉水井镇）；茶林湾（凉水井镇安山村）；老茶山（张家寨镇街联社区）。

（三）印江县

茶坪；上茶罗；下茶罗；小茶园；茶园坨（2个）；地茶坝；茶园榜；野茶坨；上茶溪；下茶溪；茶林峒；茶坨；茶林弯；上茶园；下茶园；茶树土；茶树沟；茶王树；贡茶观光园；茶木沟；茶罐岭；茶罐山；茶土；茶树坨、茶山（2个）；烂茶坪；烂茶顶；坪茶。

茶为名行政村：茶罗村村民委员会；茶元村村民委员会；地茶村村民委员会；茶园村村民委员会（2个）；茶山村村民委员会6个。

（四）其他县（区）

① **万山区：**茶店镇；上黄茶；中黄茶；平茶组（黄道乡锁溪村）；下黄茶（黄道乡长坳村）；茶树湾（黄道乡田坪村）；茶园组（大坪乡柴山村）。

② **碧江区：**茶坪；茶坪界；茶树井；茶叶沟；茶坳。

③ **德江县：**煎茶镇；茶窝坨；打茶溪；茶园。

④ **江口县：**茶寨；茶叶山；茶山；茶园岭。

⑤ **沿河县：**茶园头；茶园陀；大茶。

⑥ **松桃县：**茶子湾；茶洞山；茶厂。

⑦ **玉屏县：**墙茶；茶子山。

二、茶地名故事

（一）德江县煎茶镇

明郭子章《黔记》："自（思南府城）北门二十里至鹦鹉溪，三十里至板坪铺，三十里至煎茶溪铺。"相传在很久以前，这里山清水秀，长满了野生茶，开满了各种颜色的鲜花。有一年，一个小伙子逃荒走到这里，腿酸了，肚子饿了，天也黑了，看到风景挺好，就不往前走了。他找了块没野草的干地，趟了下来。第二天，他用干草搭了个棚当家。东来西往的人们，走累了，就坐在棚下歇歇，渴了就捧小溪里的水。好心的小伙子，就把溪水烧开了，凉在碗里，供过路的人饮用，不收钱，行人歇够了喝足了，愿啥时走就啥时走。过了些日子，小伙子受风寒，吃了不洁的食物病倒了，又泻又吐，躺在棚子里呻吟不止，眼看越来越厉害。过路行人见了又心疼又着急，可急半天这大山深处，挺远也没有个人家，上哪去找看病的呢？

好心感动了天和地，这天有一个姑娘轻盈地来到棚，她身穿绿衣裳，头戴两朵粉红的鲜花，圆圆的脸，水灵灵的眼，漂漂亮亮的。她向行人问了小伙子的病情，告诉行人们自己叫茶花。她让人们不要着急，小伙子的病她能治好。行人们只见她从衣裳上轻轻地取出生姜，又顺手摘下几片绿叶，放在手里：1、2、3……一共摘了12片，放在日头地儿里，晒干后，放在水锅里煮，渐渐地水变红，散发出一股清香，小伙子喝了，顿觉胸宽气爽，肚子也不那么难受了，行人们都为小伙子高兴。从这天起，她每天都是这时刻来，每天都是从身上摘下12片绿叶，给他煮着喝。小伙子的病情越来越好，姑娘的身体却越来越消瘦，过了12天，小伙子的病完全好了，姑娘的脸却变得焦黄，身体瘦成一把骨头。小伙子于心不忍，就问姑娘家住何方，离这多远，准备报答她。

姑娘说："你心眼好，我吃点苦是应该的。你旁边的野草丛是我的家。想我了，你就往东迈出12步，看见那棵顶着两朵花，没有叶的野茶，就找到我了"。

小伙子往东望了望，没有房子，没有棚，只有野草夹着鲜花，鲜花伴着野草。他纳闷地回过头想问个究竟，但姑娘早已不见了。

多好的姑娘啊！小伙子从此睁眼是她，闭眼是她，想她想得饭不爱吃，水不愿喝。等啊，等啊，姑娘一趟也不来了。于是按姑娘说的，往东迈了12步，寻找那姑娘，找到了一棵顶着两朵花，没有一片叶的野茶。那两朵花真像姑娘头上戴的那两朵，只是有点打蔫儿了，花下的土地干得裂了口，看不见这姑娘，他心里很难过。他想，这野茶一定是姑娘心爱之物，我一定把它救活，好报答这姑娘。打这儿，他像姑娘给他治病一样，每天给这棵野茶浇一次水。1天、2天、3天……过去了12天，这棵绿茶长满了绿油油的新叶，那叶子跟姑娘从身上摘下来得一模一样。那两朵花也渐渐舒展开来，娇艳欲滴了，更鲜更美了。小伙子虽然还没见着姑娘，但他觉得救活了野茶，对姑娘也有一点报答，心里十分高兴。

他往回走着、想着，想着、走着，一进草棚就惊喜地愣住了，这姑娘正蹲在锅台那儿，给他烧火做饭呢。锅里热气腾腾，棚里香喷喷。小伙子说："你家到底在哪呀？总也找不到你"。姑娘不愿意说破，撒谎说："这些日子，我总病着，到亲戚家住了些日子"。

俩人之间有叙不完的离别之情，逐渐地互相倾吐了爱慕之心，没过多久，他们就结为了夫妻，相依为命。他们在棚子周围种菜、种庄稼、很是勤劳，小日子过得倒也甜美。以后，他们又有了一双儿女，野地里滋长出的一片片野茶，很是旺盛。儿女们也学着父母的样子，每天起五更、睡半夜，到地里摘野茶叶，上锅煎茶，供过路的行人饮用。还在棚子门口挂上了一个木牌"煎茶铺"。人们不仅喜欢上这个铺子，而且更加喜爱这遍野生茶园了，从此"煎茶"这个地名就一代一代传下来。

（二）茶　园

今天的枫香乡新屯村（又名地古屯村）茶云村民组又叫茶园组，这个地方四面青山环绕，三面环水，溪流绕着一个小岛潺潺而下，小岛上居住21户人家，因这里的地理布局与地区首府铜仁相似。当年国民党某部旅长吴和清称该地为“小铜仁”并择此而居，据当地人吴家其、谭仁品两人介绍，因茶园这个地方过去漫山遍野都是茶园，像云一样，大片的茶园，而且全是大茶树，所以又叫“茶云林”。这个地方有个小集市，主要以大米和茶叶交易为主，毗邻村寨的农户都会将自己生产的大米和茶叶挑来集市上交易，外地人又习惯称这个地方叫“茶园”。1949年前，这里是石阡的一个小乡，就叫“茶园乡”，茶园乡赶集历史悠久，从明清时期开始就形成了以茶叶大米为主的农产品交易集市，据民国六年（1917年）《石阡县志》记载，茶园每逢戊子赶集，新中国成立前夕改为逢四、九赶集，每到赶场天，毗邻该地的大书背、坟坝、新光、土地坳、苗寨、老木林、长坳等地都纷纷挑着茶叶来这里以茶换粮或铁。茶市兴旺，整个小寨茶香氤氲，十分热闹。1949年新中国成立后将该茶区域一分为二，分别划归枫香乡和青阳乡管辖，1958年又将原区域恢复为“茶园乡”，但是集市已无法恢复，到1970年以后，再次将茶园乡一分为二，分别划给了青阳乡和枫香乡管辖至今。

（三）秦　茶

现在的石阡县五德镇地沟村中心组。相传秦朝时期，在佛顶山山脉的大森林里，居住着有户姓甘的百姓，常年以手工制茶为生，制出的茶叶用布袋装着挑到集市变卖换取食盐到山里为生。有一夏天该茶农和往常一样挑着茶叶进城变卖，因烈日当顶，直晒得大汗淋淋，布袋里发出阵阵奇特清香，一路上吸引了众多赶集的人，都想看看这奇特清香之物，一到集市，众人争相抢购。后来挑着去赶集买的茶供不应求，他就买了匹大白马来驮。当时一位地方官员买了他的茶叶去喝，因香味独特，就当成地方特产送给上司，上司喝后赞不绝口，一层层当作挚宝送到了秦始皇那里，皇上喝后成瘾，再喝其他茶均无味，从此点名只喝此茶。并派大队人马，便一层层查到佛顶山来，远看丛林间炊烟缭绕处有一户人家，一匹白马嘶鸣，被马叫声惊动的茶农赶紧出门观望，眼看一行穿戴整齐人骑马蜂拥而来，茶农看后慌神，以为是来捉拿他，纵身一跃跳上白马便向深山逃去，领队的急忙大喊：伙计别跑，我们是来打探你是不是制茶的？茶农一听“制茶”二字，便勒紧缰绳停住脚步。领队赶上去忙告诉他，你制的茶味道极好，皇上品后非常喜欢。茶农听后大吃一惊，官兵们要求茶农带他们上山去看看，站在山顶之上云雾缭绕，赏心悦目，有一览众山小之感，立即返程。将寻找之事上奏皇上，皇上听后非常高兴，便下旨定界管理，今后为皇上专用。钦差领旨后又日夜兼程赶到此山，划定界限，就将此地命名为秦茶，由此而得名“秦茶”。

（四）五德镇天子岭、马槽凼、死马坳、仙人洞、茶叶湾、茶子坳、云头山等地名贡茶

相传，在佛顶山的大森林里，居住有户百姓，常年以自制之茶用布袋挑到集市换取食盐到山里变卖为生。该茶农和往常一样挑着茶叶进城变卖，因奇特清香，一到集市，很多人都争相抢购，当地官员将此茶进贡给乾隆皇帝，乾隆皇上喝后感觉极妙，从此点名只喝此茶。并派一队人马来到佛顶山，下旨划专区进行管理，今后为皇上专用。钦差领旨后又日夜兼程赶到此山，找工匠用青石打成高50cm、宽20cm，准备在石条上刻："皇帝专用"等字，但转念想皇上是九五之尊，如把他刻来放在地上，会大不敬，在当时管皇上叫天子，大家商议后就刻"天子岭"为界（至今人们叫此地名为"天子岭"）。

久而久之，"天子岭"茶农便成了当地的富户。一伙蓄谋已久的土匪兴师动众来到深山茶农处，先让一两人假意去和茶农谈买卖他的土地，茶农不愿，土匪便露出本性，说这资源我们得不到，其他人也休想，便砍茶树、烧房子，顿时一片混乱，茶农眼见安居无望，保命要紧，吩咐妻子背上小孩去牵马，自己拿上梭镖，急忙用布袋采些被砍倒的茶树种子，以便备下逃后的生存资源。土匪砍完茶树、烧完房子发现茶农一家要逃跑，就追杀过来，茶农携妻子骑上马拼命往山下跑，到山腰古井柏树林处马跪地不起，此地以此叫作马朝凼，眼看土匪追杀而来，茶农赶紧叫马儿、马儿你赶紧起来，我们宁愿被你驮着跌死，也不愿被土匪杀死，马便立即站地而起向一阵风顺着小路急驰而去，到一山坳倒地而死，该山坳至今被称为死马坳，幸运的是茶农一家跌入刺蓬中只受了些刮伤，不时土匪们又追了上来，茶农只得挥动梭镖与土匪抵抗，打斗声惊扰了不远处在仙人洞大石上下棋的两位神仙，便腾云过来查看，见一人护着一对母子跟一伙人搏杀，危在旦夕，仙人便口吐祥云，将茶农一家三口托起，土匪见一家三口被一朵云慢慢托起，想打又打不着，一急之下，将手中梭镖投向茶农，没刺中茶农却将茶农腰中的布袋划拨，茶种子便随着托起茶农一家人飘移的云朵洒在这一片山中，云朵飘到山顶游入云中不见了。后来人们对长有茶树的地方叫茶叶湾，长有茶树的这一岭叫茶子坳，对茶农一家消失的山顶叫云头山，每当气候晴久或雨落久时（俗称信天）云头山上会白云滚滚气候会巨变，传说是被累死的白马在咆哮找他的主人。

当地百姓为纪念茶农洒下的种子，每年正月初三起都会自发组织起来表演茶灯来纪念，活动至正月二十一前看黄道吉日在云头山上交灯（烧灯），一是感恩先人们留下的财富，二是祈求新一年风调雨顺、平安祥和。

天子岭、马槽凼、死马坳、仙人洞、茶叶湾、茶子坳、云头山的地名至今还在。

三、茶地名历史

（一）煎　茶

煎茶镇位于德江县南部与复兴乡、合兴乡、平原乡、楠杆乡、龙泉乡和堰塘乡接壤，距贵州省省城350km，距德江县县城20km。全镇辖8个行政村，1个社区，总户数10360户，总人口41145人，其中非农业人口3098人，少数民族人口17840人。总面积196km^2，耕地面积2254.4hm^2，明郭子章《黔记》“自（思南府城）北门二十至鹦鹉溪，三十里至板坪铺，三十里至煎茶溪”因驻地内有溪水流经，用溪水泡茶，味美可口，故名。

（二）茶　店

茶店自古是茶叶贸易兴盛的交易集散地，是连接湘西、黔中的古驿道。1938年，设立茶店区，管辖3个乡镇：茶店、大坪、牛场坡。茶店周围种植茶树。1992年，茶店撤区设立茶店镇，隶属于原铜仁市，2011年10月22日前，茶店镇属原县级铜仁市；2011年10月22日，茶店镇属地级铜仁市新设立的万山区。2012年，撤镇设立茶店街道，隶属万山区管辖。2013年6月，贵州省政府批准同意撤销万山区茶店镇设置茶店街道。以原茶店镇地域为茶店街道行政区域，街道办事处驻茶店社区，管辖为：开天村、茶店村、梅花村、尤鱼铺村、垢溪村、老屋场村、茶店社区居委会，常住人口18119人。

（三）石阡茶叶巷

石阡茶叶巷位于石阡县城古城，西门口与长征路的交界处，现在步行街至泉都大桥，在唐宋时期开始就逐渐成为石阡县城的交易集散地，古时石阡茶农、茶商交易场所，清嘉庆年间年茶叶交易量达100多吨，民国时期年交易量80多吨，新中国成立后是石阡县城茶叶的主要集散地，20世界90年代城镇规划，县城茶叶交易集散地转移到茶叶巷的长征路。从古至今，石阡茶从这里走向了全国各地，承载了石阡茶叶几千年来的集散、交易与兴衰，茶叶巷的故事却一直在延续，它正激励着新一代的石阡人，为茶叶强县的复苏而努力（图10–19）。

图10–19　石阡茶叶巷（石阡县茶业协会提供）

（四）茶　寨

位于江口县德旺乡，1949年，江口县设茶寨为乡级行政机构即茶寨乡。1958年，命名为“茶寨公社”，与德旺乡、隶属闵孝区管辖，乡镇府设在茶寨街上。1996年，机构改革，拆区并乡后，茶寨乡并入德旺乡。茶寨设为村级机构，即现在的茶寨村。茶寨原名朱家垌。据记载，朱元璋登基后，大封同姓王，大赐国姓朱，朱姓迅速地向全国发展，朱氏天毓公（居于籍江西省南昌府丰城县圳坎上），迁居湖南辰溪麻田，生育二子，其二子朱启福，于明永乐二年（1404年）因瑶民作乱，迁贵州铜仁柞桑坪定居，其长孙，朱大成移居现朱家垌，当时茶寨仅有朱大成一户住于朱家垌，由于房屋建于小山垌上，户主姓朱，将地名取为朱家垌。

茶寨地处锦江河上游，武陵山脉南麓坝溪河、西麓凯土河两支河流汇集于德旺乡岩门后，流经茶寨、闵孝、江口，在江口县城再与武陵山脉东麓河流太平河汇集流向铜仁。进入湖南辰溪，汇入沅江。

朱家垌位于锦江河上游，河流水流量较大，水路运输极为方便，距下域原提溪司军民蛮夷长官司12km，顺水而下，可达常德、南京、上海，茶马古道从朱家垌经过，从王家寨上坡至白竹坳，直达现在印江县洋溪镇、到达思南塘头。清光绪二十三年，为利于物资运输，"下八府参将"肖明仕对该路扩建（现在白竹坳仍有石碑记载）。新中国成立前夕，贺龙大军进入贵州，军用物资是此道向西部运输。蒋介石在重庆期间，部分物资从铜仁用船运至闵孝，经人力运至乌江，用船运到重庆。朱家垌作为茶马古道沿线，各类出行人必经此地，做生意的商人进出非常多，商贸发达。

朱大成迁居朱家垌，发现很多野生茶树，具有商业头脑的朱大成知道茶叶是农产品，自己掌握茶叶加工技术，朱大成和他的子孙后代在朱家垌大量种植茶树，加工茶叶产品销售，经过几十年的发展，在清朝初期，朱家垌方圆1.5km种植茶树。茶树有茶籽果，在塘坊建了两个茶籽榨油坊，用于加工茶籽油；每年茶寨可产茶叶5000kg、茶籽油1000kg，经茶马古道运往印江、思南销售，木船运至铜仁、湖南销售。在塘坊两个码头，每个码头均有几个店铺，用于物资临时存贮。

图10-20 茶马古道及石碑（江口县茶叶局提供）

茶寨起名于清道光七年（1827年），清道光七年，现石阡一带因匪患猖獗，为确保当地群众平安，朝廷派兵前去除匪，当时，生于印江土家族苗族县洋溪镇蒋家坝格优寨，年仅21岁的肖明仕与好友圆叉和尚报名参加清匪，肖明仕与圆叉和尚身强力壮，精通武义，在清匪过程中立下了汗马功劳，铜仁府任命为"下八府参将"。时任铜仁知府敬文，亲自下访肖明仕，因不知肖明仕家具体住址，只好一路问路前行，在提溪司时，问到一老人，老人告诉他，一直沿河道往上走，在朱家坰时，沿着那条茶马古道上坡，翻过山坡即到。因当时沿线人烟稀少，知府敬文怕走错路，便问农夫，朱家坰这地方有什么特别的标志没？农夫便告诉他，在河边有一个小寨子，寨子周围方圆1.5km全是茶树的地方就是朱家坰了。当知府敬文一行人马到过朱家坰时，看到眼前村寨四周全是茶树，非常高兴，说："这地方好，这地方以后叫'茶寨'，这样别人更容易找到这个地方，看到有很多茶树就知道自己到达茶寨了"（图10–20）。

（五）茶园岭

因茶而得名，位于江口县德旺乡堰溪村，分上茶园岭和下茶园岭，上茶园岭与下茶园岭相距500m左右。

据《姜氏族》谱记载，姜万贵从顺溪坪章坝移居铜仁德旺天堂坝，坝梅寺兴隆，茶叶好销，在先锋前面的两个小山岭上集中种植茶树，生产的茶叶产品专供坝梅寺高僧和前来参禅悟道、拜福求神的香客食用，因茶种充足，且该地土质、气候适合茶树生长，经过十几年的发展，两个小山岭上全是茶树。后来人们就叫茶园岭，在上段海拔较高，且光照相对较好，生产的茶叶产品品质好。为识别茶叶，分为上茶园岭和下茶园岭，上茶园岭产的茶叶品质好，下茶园岭产的茶要稍逊一筹。清乾隆二十九年（1690年），姜万贵之子姜正明移居茶园岭，管理茶园。据姜家口述，姜万贵之弟姜和尚（坝梅寺当和尚）告知，上茶园岭产的茶叶品质极佳，清乾隆中期开始，坝梅寺每年通过铜仁府向京城户部供应数旦茶叶产品。直至清咸丰年间，红号军作乱，坝寺庙被烧毁后，才停止向朝廷贡茶（图10–21）。

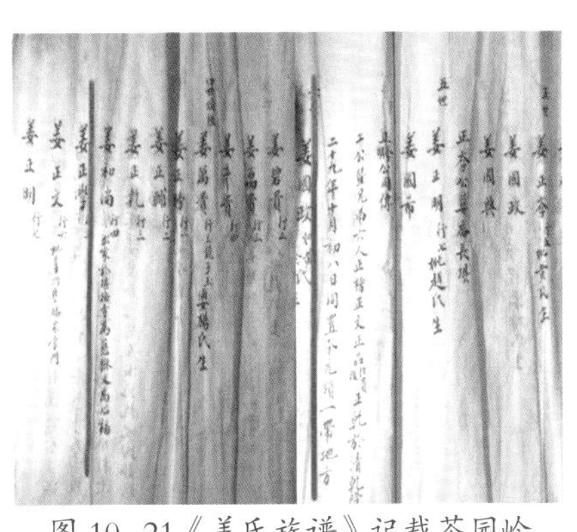

图10–21《姜氏族谱》记载茶园岭（江口县茶叶局提供）

（六）茶罐屯

位于思南县城南43km的板桥镇郝家湾景区的后屯村内，板桥自古就是屯军之地，明嘉靖《思南府志》称今板桥乡为板桥屯。1989年后在板桥屯风出土两大面东汉铜釜和一个铜洗，1990年出土唐代刻有"无和赤足"四个字，重达295g的一只手链和一枚玉璧。今仍存有军民分界线的宋代摩崖。茶罐屯位于板桥屯平坝中心，是一座独立的小

图10–22 茶罐屯，原图出自汪育江著的《思南三古文化》（思南县茶桑局提供）

山头、圆形、陡壁、平顶，形如茶罐，因而得名，高于地面100余米，顶部300余平方米，块石垒砌屯墙，设一卡门。沿山脚羊肠小道之字而上，柔肠寸断卡门进入屯内，古屯应为当时屯军的观察哨所（图10-22）。

（七）姚溪村（茶园大队）

姚溪村，是沿河土家族自治县新景镇辖区内的一个行政村，有回龙坝、塘池坝、冬秋元、上沟、下沟、水田坝、三岔口、红花岭、下寨、瓦泽头、购银坨11个村民组，397户1785人。耕地面积396.9hm^2。1958年前称姚溪，人民公社时期称茶园大队，1980年更为姚溪村。姚溪村位于国家级麻阳河黑叶猴自然保护区内，古茶树分布多。乌江、洪渡河环抱姚溪，三面临水一面依山、山水交融，青山叠翠，云雾缭绕、土壤肥沃。独特的生态小气候环境和经多年进化后极具适应性的地方群体种，造就姚溪贡茶入口甘爽，香气馥郁，栗香、熟糖香兼备，经久耐泡，余香悠长的显著特点，备受消费者青睐，盛名远播。《明实录》《清实录》和民国《沿河县志》对姚溪贡茶有详细记载，声名远播。姚溪村民陈文甫老人口述，姚溪陈氏旺族子弟陈法会，少年勤勉，饱读诗书，学富五车，壮年精占卜术，善判阴阳，为人正直，乐善好施，德高望重，后人景仰。

绍圣元年中秋夜，陈公夜观天象，西方天狗食月，灾星陨落京城，不时，京城阴风猎猎，火势滔天，大火弥漫全城，城中军民激战多时不灭，陈公急请桃木剑，口令咒语，向京城猛喷数口黄酒，酒雨倾盆，城火即灭。此等异事，此般神法，徽宗帝大为惊诧，着人速查此事，钦差奉诏，历时数月，凭酒味而寻至姚溪，方知乃陈公所为，帝召陈公进京面圣，陈公略备土茶、蜂蜜数斤觐见，龙颜大悦："卿未卜先知，善断阴阳，以酒化雨，扑灭邪火，乃吾大宋之奇才也。令尔为兵马大元帅，统领三军，为国效力"，陈公跪叩："草民乃一介书生，略知岐黄，不谙兵马，难当此任，忽误皇家大事，恳请吾皇恩准草民返乡祭主，颐养天年。"帝曰："如此，朕赐尔为都督元帅，专司阴事，封地方圆十里，安居乐业，荫佑子孙，赏宝剑一把，黄金万两，'卿所贡土茶，杵直玉润，沁香如兰，神韵高远，超乎蒙顶'。回乡后，年年需备土茶若干上贡，不得有误。陈公领命打马回乡，途经蛮王洞京塘坝，马渴力竭，长跪不起，陈公性急，左挥剑右舞鞭，剑起处，汩汩泉水如银练般溅飞而出，长流不断，鞭落处，莽莽山岗变平地，正所谓："鞭打山川挥就良田万顷惠千家，剑指大地刺成圣水千载泽万民。"后人敬称此泉为"圣水"，亦称"剑泉"。用此泉水泡冲姚溪茶，韵味无穷，人间仙品。陈公回姚溪后，令族人广植茶树，精心管护，圈定清流水古井边的两丛茶树为皇茶，清明时节，少女沐浴更衣，焚香叩拜后，精采嫩芽尖尖，土法加工，皮纸包封后，上贡朝廷，此茶为贡品一直沿袭至清朝。广为流传的"茶尖向上，献给皇上"谚语也源于此。

族人为铭记陈公，彰显功德，啟佑后人，先后为其修建祠堂寺庙，祠堂现已改为村完小，寺庙尚存。当地陈氏一族亦称“颖川堂”，至今还供奉“陈公都督元帅之位”，敬若神灵。

（八）野茶坨

野茶坨是沿河自治县黄土镇简家村的一个组名，因当地森林植被茂密，野生茶树多，用野生茶树制作“茶饼”由当地田氏祖先上贡，所产茶叶品质超群，知名度高，备受消费者青睐而得名。旧版《沿河县志》中记载“姚溪茶、野茶坨茶昔皆为贡品”。当地历来是沿河制茶的核心区域，至今还传承古茶制作工艺。

（九）茶园村

沿河县后坪乡茶园村，茶园村辖5个村民组，有大车厂、梅子坳、板庄界、彭家塘、坳耳场、瓦厂坝6个自然村寨。国家级传统村落，成于明代，历史悠久，属于历代聚集居住的血缘村落，是一个历史文化丰富、传统风貌保存完整的村落。当地的传统生活方式得到很好的传承，尤其是土家族建筑艺术保留完整，具有极高的研究、游览价值。茶园村于2013年8月26日被住房和城乡建设部、文化部、财政部认定公布列入第二批中国传统村落。为了有效地对茶园村的物质文化与非物质文化进行保护，促进茶园村的发展，编制规划，从科学的角度对茶园传统村落实施保护与发展。

（十）小茶园

小茶园位于沿河县塘坝镇龙桥村，原名三窝溪。因当时该地有三个山间小溪会聚于此，故名三窝溪。三窝溪的东面有一悬崖，叫黄岩，黄岩上面古树成林，林中油茶树较多，勤劳的当地人为了上黄岩采摘油茶，人工开凿、修建了一千步石梯。黄岩上面地势平坦、土壤肥沃，清朝以来有居民相继搬迁到此居住。由于该地生长许多野生油茶树和古茶树，所以村民们在上面培育起了茶树林，至今仍然保留。因其面积较小，所以更名小茶园。

沿河思州茶城（供图：沿河县茶产业中心）

第十一章 铜仁茶馆

铜仁市茶馆在新中国成立前有19家，改革开放后有35家；茶馆业是喜好性、悠闲性行业，是宣传茶品牌、茶产品、茶文化、地方经济、地方旅游的窗口，是品茶、论茶、商务洽谈的场所。

第一节　铜仁茶馆历史

一、铜仁1949年前茶馆

明清至民国年间，铜仁水运较为发达，乌江是“川盐入黔”的主要通道，也是“川盐济湘”“川盐济楚”的重要渠道，乌江岸边的码头集镇大批茶馆应运而生，茶馆不仅是喝茶的地方，也是做生意、讲道理、断是非、“说和”的场所，且船运货物信息靠茶馆传递。1949年前，铜仁茶馆集中沿河县、思南县沿乌江一线，供过往商贾的商人品饮，茶馆成为人们休闲、社交活动的场所，在集镇茶馆兴旺，茶馆得到繁荣，成为当地一大特色。在思南县城、塘头、许家坝、鹦鹉溪，沿河县城、淇滩、洪渡、黑獭堡、思渠等，石阡县城，松桃寨英有茶馆经营活动。

铜仁茶馆是以业主姓氏或姓名或经营地点地名而命名，新中国成立前出名的有思南陈家（陈尚文）茶馆、蔡家（蔡至德）茶馆、胡家（胡定邦）茶馆、张家（张二哥）茶馆、李家（李廷高）茶馆、田家茶馆、黄家茶馆等，沿河的舒家茶馆、彭家茶馆、田家茶馆、肖家茶馆等，石阡温泉茶馆、丁字口茶馆，松桃松江楼茶馆等。

城区的茶馆是以自家堂屋或临江的厢房为经营场所，中间木料做的茶凳（又名钱凳）上泡着几壶土茶，四周茶客把泡好的茶水倒在土碗里，坐着木椅或竹藤椅围着慢慢品尝，一家茶馆可以容纳20人左右；铜仁茶馆有专门说书称之为“说怀书”。茶馆有的“茶博士”（泡茶服务生或茶艺师）泡茶，顾客一进来，茶博士手提着茶壶，将壶嘴对准客人，示意请客人吩咐，斟茶有“凤凰三点头”和“高壶旋空”冲泡两种，茶盅冲满七分水，斟完后，再将茶壶嘴对准自己，否则就是对茶客不礼貌。茶叶品种、规格也较单一，大多只有一两种普通茶叶，客人进店坐下，店主或茶博士为客人冲泡一杯茶即可，有的还有一碟葵花籽。茶博士肩上搭一白巾，招呼顾客。

茶馆是饮茶解渴之处，也是社交场合，生意人爱在茶馆里洽谈生意，纨绔子弟们更是饱食终日，在茶馆里谈古论今，自命风雅，借茶馆消磨岁月。县城茶馆每天天亮就开始营业，来喝茶的客人大多是赶集的老年人、过路的小商贩歇脚或附近住旅店的客人等，以茶会友，摆龙门阵是他们的重头戏，谈论的话题很多，有当前市场上猪娃、耕牛的行情，粮价（大米、豆子、包谷等）、桐油、盐巴、茶叶的涨跌，也有谈论张三的儿子与李四的媳妇的风流情事等；有的摆龙门阵同时还约几个人一起抠樊、打点点牌等；有的经营者为招揽茶客还请起民间老艺人拉起二胡、唱着花灯为茶客助兴，艺人们自然会得到主人一壶免费的茶作为奖赏，悠扬婉转的二胡声、吆喝声、鼓掌声在茶馆里不时会响起，直到太阳快要落下西边轿子顶山，茶客和艺人们才各自渐渐散去，老人们的光阴就这样一天天在茶水间被慢慢冲淡。茶馆除了喝茶，同时收购和出售产自本地的尖山坪、大旗山等地的茶叶，有的茶馆还经营茶具等。

集镇茶馆是乡场上的人家，平时以务农为主，也没有闲钱上茶馆，故这里的茶馆，在赶场天营业，当街的铺面不大，两张大桌子连在一起，桌子四周大板凳相围。四山八岭的农民，担着沉重的农产品上街，摆在街边卖了之后，已是腰酸腿软，街道又逼窄，也没一个空闲地方可供歇脚，进茶馆就是最佳选择之地。

二、铜仁 1949—1980 年茶馆

此期间有关铜仁茶馆的记录很少，根据有限的记载只有思南、沿河、石阡县城有少数几家在经营。

三、铜仁 1980 年后茶馆

随着改革开放后社会经济发展，人们生产生活水平不断提高，铜仁茶馆业也得到了很大发展，茶馆的数量、规模、装修布置、茶品等都得到了快速发展。随着人们消费水平、方式等的变化，茶馆经营为了满足娱乐需求，茶馆应有的清静休闲气氛受到一定的影响。随着茶产业的快速发展及社会风气改变，茶消费群体也快速扩大，铜仁茶馆经营把满足饮茶休闲作为主要需求服务（图11-1）。

图 11-1 安化客栈（思南县茶桑局提供）

第二节　1949 年前的铜仁茶馆缩影

据史料记载，中国最早的茶馆起源于四川。随后转入乌江流域及武陵山区，不管是茶楼、茶房、茶馆、茶铺、茶社、茶室、茶庄、茶园，乃至是幺店子；不论名号的土洋或雅俗，都是可以接待茶客喝茶或是“讨”碗茶喝的地方。

既然是喝茶，自有喝茶的习俗，坐茶馆自有坐茶馆的“规矩”，西南地区茶馆里也有自己的“茶言物语”。茶客入内坐定，就可以“喊茶”了。如是店家、服务员还未来得及接待茶客，尽可以自声呼唤。茶具多用的是茶杯，而“盖碗茶”茶具少见了。茶叶叫作“叶子”，茶碗（杯）中茶叶多称作“饱”，反之则为“啬”。低端的茶铺大方些，你可以要求茶馆老板多添点“叶子”。饮茶叫作“吃茶”或“喝茶”，老人们习惯用前语。开水第一次冲进茶碗时叫“发叶子”，再次向茶碗内冲水则叫“掺茶”。第一次冲茶多有呼唤“发叶子”，这实际上是提醒幺师（跑堂掺水的服务人员），开水要鲜，滚烫些。“一道”（一开）、“二道”（二开）是吃茶之常用语。“道”是指开水冲泡茶叶的次数；“开”即指掺水时揭开茶盖，这两个词通用。如“才喝一道”，即才掺水一次，一般是指时间较短，刚刚落座饮茶。品茶之人最忌别人来喝其二道茶。因此时碗中茶汤的色、香、味正佳，故有“头道水，二道茶”之说；每道茶至多只能饮一半，茶碗中所剩之茶水称为“茶母子”。某人“连茶母子都喝了”，就是数落此人“牛饮”。

乌江流域还有喝“加班茶”之说，即是指饮用别人喝过的茶汤。旧时，过路穷人、匆忙力人，常常乘茶客刚刚或正要离开，幺师还未来得及收拾茶具之时，向茶客、茶铺讨口茶喝，就被称为喝“加班茶”。

铜仁市1949年前茶馆统计详见表11-1。

表11-1　铜仁市1949年前的茶馆

序号	茶馆名称	成立时间 / 年	地址	业主
1	温泉茶馆	1920	石阡	
2	丁字口茶馆		石阡	
3	松江楼	1879	松桃	
4	梵净园	1840	松桃	
5	观江楼		松桃	
6	唐家茶馆		思南	
7	陈家茶馆		思南	
8	蔡家茶馆		思南	蔡至德
9	胡家茶馆		思南	胡定邦
10	张家茶馆		思南	张二哥
11	李家茶馆		思南	李廷高
12	田家茶馆		思南	
13	黄家茶馆		思南	
14	舒家茶馆		沿河	舒元章

续表

序号	茶馆名称	成立时间 / 年	地址	业主
15	彭家茶馆		沿河	彭芝英
16	田家茶馆		沿河	田永福
17	肖家茶馆		沿河	肖简言
18	张家茶馆		沿河	张加禄
19	谭家茶馆		沿河	谭帮福

一、松桃寨英松江楼

清光绪五年（1879年），“裕国通商”在黔北仁怀“荣太和烧坊”富绅石荣霄的倡议下，在松桃县寨英商埠贸易达到鼎盛时期，修建了“松江楼”。“裕国通商”松江楼位于寨英何家坝子西门街巷子口三街交接处，系“何和顺”三大号之一，占地面积270m²，面阔三间13.3m，进深20m，三进两天井，木结构桶子屋，四周有封火砖墙，主体建筑包括大门、第一天井、左右厢房、正厅、第二天井、左右过厅、后厅等部分。“松江楼”重檐翘角，富丽堂皇，专为品茶尝点、喝酒吃饮，实行饭酒茶兼营商业场所，寨英一度商业兴旺，经济繁荣，曾经一度赛过松桃县城的辉煌历史。不仅寨英当地的八大商号家家卖茶，还吸引松桃县城八大商号在寨英收茶卖茶，被当时称为“小南京”和“梵净山茶城”殊荣。“松江楼”翰林书香，风雨历程，淳朴大自然本色（图11–2）。

图 11–2 松桃寨英松江楼（松桃苗族自治县茶叶产业发展办公室提供）

二、松桃寨英松江楼梵净园

清道光二十年（1840年），松桃县城在原迎恩、永宁、化三、河润4个门的基础上，在小河对岸增修子城，新添修文、观澜、绥来、太平4个门，城内街巷达到23条，城区面积为1.2km²，在县衙门口大街，松桃县城八大商号之一的明双和开设“梵净园”茶楼。“梵净园”茶楼为三层三进两四合院，木质结构楼房，临街三层楼木结构凉台，面阔五间共20m，进深40m，四周有封火砖墙，窗户、屋檐雕刻花鸟。“梵净园”茶楼属于“清水茶馆”，只喝茶，不打牌，不唱戏，有住宿和饭菜一条龙供应。“梵净园”佛光普照，茶禅一味古雅之趣，别有洞天。

三、观江楼

“观江楼”也是清道光所建，老板是松桃八大商号周明顺富绅。“观江楼”位于县城东门桥头，两面临街，背面临江，占地面积1260m²，房屋为木质结构，壁雕、窗饰、木刻、家具、茶具、服饰和茶艺于一体的艺术结构，集松桃苗族茶人传承苗族茶文化的经典杰作，一座苗疆民族特色的茶文化历史悠久松桃味道。“观江楼”，茶馆的名字别致文雅。“观江楼”颇具诗情画意，可以观江望水，仿佛水光碧波具有思亲的感悟。

四、温泉茶馆

石阡温泉茶馆坐落于石阡县城南温泉，1920年温泉改建时，在温泉旁边建两间房开设茶馆，经营面积80m²，主要以大碗茶（土陶碗）为主。茶馆延续到1992年。丁字口茶馆位于茶叶巷100多米处，由贵阳人周渭波创建，周渭波曾是国民党某部连长，其妻张福秀在石阡做茶叶生意，两人一个喜欢喝茶，一个做茶叶生意，以茶为媒，喜结良缘。那时，石阡老街上的人们吃饭后，去茶馆一边喝茶，一边听人说书，是石阡人民最为丰盛的精神食粮和视听盛宴（图11–3）。

图11–3 石阡县温泉茶馆
（石阡县茶业协会提供）

第三节　现当代铜仁茶馆缩影

一、铜仁市1980年以来茶馆业的发展

据统计，1980年12月至2018年12月，铜仁市有一定规模茶馆36家，主要分布在石阡、印江、沿河、松桃、思南、德江、碧江、万山、江口等区县，详见表11–2。

表11–2　1980年以来铜仁市茶馆

序号	茶馆名称	成立时间	地址	经营面积 / m²	星级
1	府文庙鸿云茶庄	1995.3	石阡	300	
2	慕诗客茶馆	2010.8	石阡	280	
3	海月茶艺馆	2010.3	石阡	280	
4	净心源茶馆	2012.9	石阡	300	
5	不晚茶坊	2014.12	石阡	320	

续表

序号	茶馆名称	成立时间	地址	经营面积 / m^2	星级
6	石阡苔茶体验馆	2015.12	石阡	400	
7	楼上楼茶馆	2012.12	石阡	300	
8	温泉苔茶体验馆	2017.5	石阡	400	
9	好香居		松桃	200	
10	梵净山茶庄		松桃	400	三星
11	松江书院		松桃	300	
12	福茗轩		松桃	300	
13	百川肆		松桃	300	
14	德江县傩戏茶行	2015.5	德江	200	
15	德江如一居茶馆	2016.12	德江	200	
16	德江县春蕾茶馆	2017.12	德江	200	
17	净园春茶楼	2013	江口	300	
18	铜仁川主宫茶馆		碧江区	300	
19	古城记忆茶馆		碧江区	230	
20	三江茶楼		碧江区	300	
21	淡园茶楼		碧江区	1200	三星
22	六道门茶馆		碧江区	800	五星
23	华祥苑茗茶		碧江区	300	
24	胖洞草堂		思南	300	
25	安化客栈		思南	200	
26	以思之茗茶馆		思南	300	
27	山国饮艺文化馆		思南	300	
28	观音阁茶馆		思南	300	
29	净团茶楼		印江	300	
30	梵净山翠峰茶品鉴馆		印江	300	
31	印江古镇茶城茶楼		印江	400	
32	马家庄		沿河	300	
33	沿河土家族自治县真品堂茶楼		沿河	300	
34	鸿渐思州茶馆		沿河	300	
35	江上茶叶		沿河	300	
36	江云茗院	2018	万山	1200	

二、铜仁市代表性茶馆

（一）古城记忆茶馆

古城记忆茶馆全称铜仁市碧江区古城记忆茶文化展示中心（图11-4），成立于2012年6月，位于铜仁市中南门古城大观楼内，经营面积230m²，有雅致单间6个，普通单间3个，敞开式茶席位5个；茶馆专业从事六大茶类产品的销售及本地茶产品、茶文化的推广，产品有：梵净山绿茶、红茶、黑茶等。“用一方净水，泡一壶好茶，留一腔情怀，忆一座小城”为茶馆经营理念，茶馆以“诚信经营，宾至如归”的服务理念接纳四方游客，得到了各方顾客的好评，同时茶馆也是铜仁文人墨客常聚之地。2017年11月，《江城1943》影片曾经在此取景拍摄，为铜仁古城增添了一道靓丽的名片。

图 11-4 古城记忆茶馆
（碧江区茶叶站提供）

（二）六道门茶馆

铜仁市六道门茶馆于2015年创建，坐落于铜仁市碧江区中南门古城，经营面积800m²，是铜仁市唯一的五星级茶馆，曾接待过茶界泰斗于观亭老先生等专业人士。茶馆大力推广铜仁梵净山茶，发展“六道门”自有品牌；始终以为客户提供最好的产品、良好的专业支持、健全的服务为宗旨，六道门茶馆现已成为铜仁古城茶文化的一个坐标（图11-5）。

图 11-5 六道门茶馆
（碧江区茶叶站提供）

（三）梵净山茶庄

梵净山茶庄建立于2009年，位于松桃县城金阳广场，业主是梵净山茶业有限公司，是一家集茶叶基地、加工、茶叶品牌销售的茶馆。“梵净山茶庄”与其他同类茶馆有所不同，茶庄经营理念为“开拓式体验生活馆”，形成了松桃茶礼、茶俗、茶艺、茶器、茶水、茶道、茶事的茶文化氛围。

梵净山茶庄是贵州省评选的第一批三星级茶馆。茶馆面积400m²，内装修精心设计，布局合理。内设茶展示、茶艺表演、接待厅、品茗室多间包房等，给人一种“普净七香、自在随心”松桃茶韵魅力。茶庄围绕当地民族茶礼仪、茶叶养生方法及艺术、茶叶的清廉修正方法和诀窍，将松桃的茶馆文化进行整体展现和恢复；坚持“原产地、原叶料、原地加工”的原则，在馆内将自制茶品通过茶庄设计的茶艺进场冲泡、展示，挖掘松桃茶文化，吸引更多人了解茶、爱上茶、走进茶文化，助力推动松桃传统茶文化复兴和当地茶馆事业的发展。

“梵净山茶庄”成为松桃茶馆形象代表，厅堂一景一物有着浓浓的松桃茶情缘的典雅“气息”。其延伸的茶艺培训、心茶之旅、书法绘画、鉴赏茶器、斗茶雅颂等，服从于茶最大的文化本身，拉近高大上的茶文化与普通大众的距离，可谓重新找回松桃茶馆前世今生（图11-6）。

图 11-6 梵净山茶庄（松桃苗族自治县茶叶产业发展办公室提供）

（四）淡园茶楼

淡园茶楼由黄秋野女士于2007年创建，位于贵州铜仁中南门古文化街区，是一家具有浓厚的历史底蕴的古典茶楼。茶楼房屋建于清光绪二年，茶楼面积1200m^2。2013年，被贵州省商务厅评为第一届“三星级茶楼”。茶楼除饮茶外还打造了自己的淡园茶品牌——淡园金萱乌龙茶、淡园茯砖、淡园沱茶等，茶楼传授唐宋茶道及茶礼仪；成为多部影视作品的拍摄地，韩国影星贾禹玄主演的《花坞》《催命符》《春困》《察院山之恋》等都在这里取景（图11-7）。

图 11-7 淡园茶楼（淡园提供）

（五）江云茗院

江云茗院位于贵州省铜仁市万山区风筝基地，面积1200m^2，由四栋小楼围合成庭院，包括茶饮包房8间，茶民宿11间，茶培训室1间，茶展厅1间。江云茗院将中国传统茶文化与现代生活理念相结合，并融合禅茶、茶修理念，形成集新式茶饮、茶培训、茶雅集、民宿于一体的茶空间，是贵州茶文化荟萃地之一，也是一方宁静、自在的品茗、聚友、养心之所（图11-8）。

图 11-8 江云茗院（姜娟提供）

铜仁古茶公园（供图：沿河县茶产业发展办公室）

第十二章 铜仁茶旅

第一节　铜仁茶旅概述

铜仁市地处黔湘渝三省结合部、武陵山区腹地，是贵州向东开放的门户和桥头堡，自古就有“黔中各郡邑，独美于铜仁”的美誉。境内神奇美丽的梵净山是武陵山脉主峰，是地球同纬度保存最完好的绿色宝库，是联合国认定列入的中国第53处世界遗产、世界第13处自然遗产名录、中国佛教五大名山之一、中国著名的弥勒菩萨道场、中国十大避暑名山、国家5A级旅游景区。梵净山茶与梵净山民族文化、佛教文化、生态文化、红色文化有机融合，形成了“修身养性，健康和谐”的梵净山茶文化，建成了思南张家寨、松桃正大、石阡龙塘、印江新寨、江口骆象等茶旅一体化高标准茶叶园区，形成了印江、松桃、江口环梵净山“茶旅一体化”的旅游观光茶区，沿河、德江、思南乌江特色茶区，石阡苔茶茶区特色茶产业示范带。在首届“中华生态文明茶乡”“中华生态文明茶园”评选活动中，铜仁市荣获首届“中华生态文明茶乡”称号，梵净山生态茶园荣获首届“中华生态文明茶园”称号，印江县被授予“中国名茶之乡”称号，石阡县被授予“中国苔茶之乡”称号，沿河县被授予“中国古茶树之乡”称号，思南县获得“全国最美茶乡之旅特色路线”称号。

第二节　铜仁茶旅资源

一、生态茶旅资源

（一）印江县湄坨现代生态茶产业示范园区

湄坨现代生态茶产业示范园区位于印江县中南部，西接思南县、德江县，北依本县朗溪镇，东临江口县，南抵石阡县。园区现有茶园1866.6hm^2。在园区建设拜佛楼景区、国茶园景区、休闲田园景区，形成了国茶园“度假—生态茶叶休闲体验区—农家乐乡村旅游中心—湄坨水库垂钓园”生态文化旅游带。2016年，湄坨茶叶示范园区被评为4A级景区。

（二）印江县新寨生态茶叶示范园区

图12-1 新寨生态茶叶示范园区茶园（印江县茶产业发展中心提供）

新寨生态茶叶示范园区位于印江县西部，西接思南县、德江县，北依本县杉树乡，东临板溪镇、郎溪镇和罗场乡，南抵杨柳乡，东南紧靠江口县。园区有生态茶园2133.3hm²，园区分为三大功能区，即生态茶叶生产功能区、生态茶叶加工交易物流功能区和休闲农业旅游功能区，在上槽肖家、新寨、后坝、团山、凯望（凯望温泉）、阳坡（严寅亮故居）、大云村等建设农家乐乡村旅游景点中建成状元茶景区；建设“严寅亮故居—生态茶叶休闲体验区—农家乐乡村旅游中心—新寨垂钓园—凯望温泉”休闲生态文化旅游带。2016年被评为4A级景区（图12-1）。

（三）石阡县知青茶场养生基地生态旅游度假区

石阡知青农场养生基地生态旅游度假区建于2016年，位于贵州省石阡县白沙镇铁矿山村，项目建设投资：21876万元，占地178.66hm²，夏天最高温度不超过20℃，年平均气温16.5℃左右，被人们誉为触手抚摸白云，呼吸便是氧吧的宜居、宜养和益旅之理想所在的避暑山庄。园区涵盖高源、高坪、新山3个知青茶场和羊角山面积3333.33hm²优质、高产、生态示范茶园，以新山茶场（铁矿山村）为核心，以“知青文化”为魂，依托铁矿山村得天独厚的生态环境，集知青客栈、知青食堂、知青文化馆、知青大舞台、茶园观光、溶洞探险、丛林穿越、亲子游乐园、七彩滑道、五彩飞越、团队拓展、轮胎乐园、休闲垂钓、森林康养、会议、篝火、烧烤等，是养生、度假、休闲娱乐之地，适宜接待嘉宾、家人小聚、朋友游玩和团队集训（图12-2）。

图12-2 石阡知青农场养生基地生态旅游度假区游乐场（石阡县茶业协会提供）

（四）石阡县龙塘龙井万亩苔茶园生态观光景区

龙塘龙井万亩苔茶园生态观光景区，距县城15km，处于县城至红军跳崖遗址之间，形成“古城【万寿宫—古街—府文庙—红、二六军团指挥部（天主教堂）、古温泉】—龙塘镇万亩苔茶园区—百名红军跳崖遗址和古城—仙人街—温泉”等精品线路，是石阡县政府举全县之力打造的生态、高效、优质茶生态观光示范景区，是贵州省政府批准成立的100个省级现代高效农业示范园区之一，为国家级3A级风景区。景区总面积53km²，有观光示范茶园1396hm²。示范景区与老乌沟林场数万公顷森林融为一体，具有“天然氧吧”之称；景区内有步道及观光长廊，观光梯步、台阶，景观树数株，观光亭台5座，自采体验茶园200hm²，有供游人兴趣体验茶叶加工厂7座，配套有游客接待中心和集散地，仡佬特色农家小吃10余家，农家小院供客人居住等。园区被誉为“贵州最美茶乡”，是集“红色文化、历史文化、生态旅游、茶园观光、茶叶加工、茶叶技术培训、品茶、休闲、农家乐”为一体的一条精品旅游线路（图12-3）。

图 12-3 石阡龙塘龙井万亩苔茶园生态观光景区一角（石阡县茶业协会提供）

（五）松桃县普觉茶叶园区景区

普觉茶叶园区景区位于松桃县西南部的普觉镇，是铜仁市集中连片茶园面积最大的茶叶园区。2014年，获批贵州省现代高效农业示范园区；2015年，铜仁市旅游发展委员会、农业委员会、扶贫办评定为3A级农业景区；2017年，升级为4A级农业景区。景区主要景点有茶海风光、茶海观景楼、观景台、陆羽文化广场、茶文化博物馆、茶文化展示厅、品茶及茶艺表演、采茶体验区、传统手工茶体验、七香园（桃香园、粟香园、桂香园、樱香园、竹香园、杏香园、梨香园）、观光步道、观光湖泊、素质拓展训练中心，配套建设有生态停车场、观光车道、游览栈道、太阳能路灯、观光旅游指示牌、生态餐厅、游客服务中心等服务设施（图12-4）。

图 12-4 松桃县普觉茶叶园区景区（松桃苗族自治县茶叶产业发展办公室提供）

（六）松桃县大路茶叶园区

大路茶叶园区景区位于松桃苗族自治县西北部大路镇。2015年，获批贵州省现代高效农业示范园区；2017年，评定为3A级农业景区。景区主要以茶海风光、采茶体验及传统手工茶体验为主，结合茶灯展演、乡村旅游、大路河漂流等旅游形式，与乌罗（潜龙洞）、桃花源景区连成特色旅游线路，配套建设有生态停车场、观光车道等服务设施（图12-5）。

图 12-5 松桃县大路茶海风光（松桃苗族自治县茶叶产业发展办公室提供）

（七）江口县怒溪骆象生态茶体验公园

怒溪骆象生态茶体验公园位于江口县东北部，距江口县城14km，云舍湿地公园6km，梵净山景区11km。公园内建成高标准生态茶园2553.33hm^2，园区内有茶叶企业12家，合作社11家，茶叶加工厂11个，碾茶加生产线10条，配套建设茶青交易市场1个，观光亭1个，单轨运输3条；建成产业观光路5.1km，四级标准硬化公路7条，总长度达61km；有猴子沟、姚家坪、骆象3个水库；乡村旅游农家乐225家；形成以茶园为核心，果林园、花园、田园等产业基地，民族村寨、山水奇观、健康养生、观光体验为一体现代茶旅公园，为贵州首个生态茶体验公园（图12-6）。

图12-6 江口县怒溪骆象生态茶体验公园（江口县茶叶局提供）

（八）思南县“凉山茶海”——思南县茶叶公园

思南县茶叶公园即张家寨现代生态茶示范园区，是2013年贵州省政府批复“100个省级现代高效农业示范园区”之一，是明清时期出产贡茶——思南晏茶的地方，涉及张家寨和鹦鹉溪镇19个村，区域面积50km^2，距思南县城15km，紧靠杭瑞、酉剑高速公路温泉站，沙（沟）长（坝）旅游公路横贯园区，区位和交通优势明显。公园规划建设“两环三区八寨八景”：“两环”指思南县茶叶公园的两大交通环线，分别是山地自行车趣味越野环线和野外露营地生态茶海环游路线，两环贯穿连接规划区内的茶海、森林、花山、果岭、湖泊、村寨等景观，是游客漫游赏趣的重要载体，是公园实现全域旅游、健康旅游的核心承载物。“三区”指游客接待综合服务区、观景避暑区、东风湖休闲度假区，涵盖农业观光、田园文化、生态休闲、养生度假、乡村娱乐、运动健身体验。“八寨”指八个村寨，燕子阡茶韵休闲村、大城坨养鸽专业村、冉家坝莲藕荷花村、竹园竹林生态村、龙洞茶海美食村、简家寨垂钓渔人村、林家寨花果满园村、马鞍坨运动健身村。“八景”指凉山茶海八景，箐林翠峰、茶海晨曦、荷塘鱼影、云雾凉山、湖光山色、环游花路、营地夜色、茶韵八寨（图12-7）。

图12-7 思南县茶叶公园步行栈道（杨昌朴提供）

公园获得贵州省“3A级旅游示范园区”“国家级出口食品农产品（茶叶）质量安全示范区”“全国创先创业基地名录”等荣誉称号。

张家寨茶旅一体化景区：“凉山茶海—思南石林——白鹭湖——九天温泉”，被中国茶叶流通协会评为首批十条2016年度全国茶乡之旅特色路线。

（九）德江县合兴生态茶叶旅游景区

合兴生态茶叶旅游景区涵盖合兴镇朝阳、龙溪、鸟坪、中寨、板坪、茶园、合朋、东元9个村和大兴1个社区，景区面积24km²，按照“一带一城三园四区”的规划，突出主导产业，加强辅助产业，实现园区农旅一体化发展。景区以茶产业和茶叶乡村旅游互补发展，示范带动全县生态茶产业发展；以鸟坪村千亩蔬菜大棚、百亩立体水产养殖区和朝阳村扶阳古城集产业与观光旅游为一体的主要轴线，带动茶叶园区内群众增收。景区自2013年接待游客；2017年，德江茶叶产业示范园区被铜仁市旅游发展委员会、铜仁市农业委员会、铜仁市扶贫开发办公室评定为铜仁市2017年现代高效农业示范园区3A级景区（图12-8）。

图12-8 德江县合兴生态茶叶旅游景区
（德江县茶叶产业发展办公室提供）

（十）德江县龙泉乡观音湖休闲农业园区

龙泉乡观音湖休闲农业园区位于龙泉乡牧羊岭村与良家坝村交界处，距乡政府8km，距德江县城17km，交通便利，生态优美，规划建设面积292hm²，核心示范园区面积58.67hm²。园区形状似一个龙头，寓意着观音湖的水源远流长并带动农业产业蓬勃发展。园区功能是打造德江“城市生态农业公园”，建成一个天然氧吧、观音滩水库的“净化器”以及现代高效农业生态示范带动区。园区规划为4个部分：第一部分是有机茶果园，面积58.67hm²，拟建游客接待中心和8km环湖观光道；第二部分是精品水果涵养园，

图12-9 德江县龙泉乡观音湖休闲农业园区生态茶园
（德江县茶叶产业发展办公室提供）

面积133hm^2，带动周边400余户1500人增收致富；第三部分是历史文化和自然观光园，面积13hm^2，有龙泉坪长官司遗址、仙山原生态风景、土家风情水寨；第四部分是湿地自然保护区，面积86.67hm^2，主要就是对观音滩水库，即县城“水缸”的保护。园区按照“园区景区化，茶旅一体化”的发展理念，建设“湖中有岛，岛上有果，果下有茶，茶果结合”的休闲农业示范园区，打造一流的“城市生态农业公园”（图12-9）。

（十一）沿河县谯家黔东革命根据地茶旅一体化旅游景区

谯家红色黔东革命根据地茶旅一体化旅游景区，是贵州省现代高效农业示范园区之一，距沿河县城38km。东南部与印江自治县交界，西南部与德江县接壤，北部与板场镇接界，东北部与中界镇、晓景乡毗邻。园区面积163.43km^2，区内有黔东特区革命根据地。1934年5月，由贺龙、夏曦、关向应等率领的红三军（红二军团缩编）从彭水县城西渡乌江，向黔东北区进军。同年，在沿河县铅厂坝张家祠堂，建立了新的苏维埃革命政权——黔东特区革命委员会，又称“联席县政府”。根据地以沿河为中心，创建了17个区72个乡的苏维埃政权，是中国共产党在贵州高原上建立的第一个红色革命政权，是红二方面军的发祥地，是红二、六军团会师地，是全国八大革命根据地之一，现存红色遗址40多处，有国家级文物保护单位4处。园区有万亩茶园、万亩草场、万亩核桃、国营林场森林风光以及黑岩门“雄起石”等景点。所盛产的“沿河富硒茶”内含物丰富、品质超群，早在1993年就荣获中国保食品精品金奖，深受消费者青睐。“谯家泡核”皮薄果脆，营养丰富，是沿河的知名品牌。该景区可品名茶、赏精果，还可接受红色文化教育，领略自然风光，是避暑、休闲观光、旅游的度假胜地（图12-10）。

图12-10 沿河县谯家镇茶叶基地
（沿河县茶产业发展办公室提供）

（十二）沿河自治县塘坝生态茶园旅游景区

塘坝茶叶园区位于沿河北部乌江西岸，核心区塘坝镇距沿河县城135km，靠近重庆市彭水县朗溪镇。境内森林植被茂密，生态环境好。区内有2000hm^{2}茶园，2万株古茶树，更有全国罕见的人工栽培古茶园，以及千年古茶公园、皇城遗址、金竹梯田、民国时后坪县县衙旧址、葫芦湾传统民俗村落、沿河最高山峰困龙山森林风光等景点。区内有“千年古茶”“金竹贡米”“野生香菌”名优特色产品。景区可游览乌江山峡、百里画廊风光，体验祭祀土王、拜祖先、祭祀茶神等活动，看浮雕和镂空雕木、石雕、银饰、挑花刺绣、竹编、藤编等工艺，跳摆手舞、肉莲花、傩堂戏土家舞，唱山歌、哭嫁歌、打闹歌、乌江号子等土家歌曲，感受土家风情文化、土家美食，参观千年古茶树、古茶园，体验茶叶采摘、加工，品尝罐罐茶、油茶汤等，是名茶品鉴、避暑休闲、旅游度假、婚纱摄影、采摘娱乐、农业科普的旅游胜地（图12–11）。

图 12–11 沿河县塘坝镇古茶公园（沿河县茶产业发展办公室提供）

二、景区茶旅资源

（一）梵净山茶旅资源

梵净山以其保存完好的原始森林植被和珍稀动物，被列为“国家级自然保护区”“联合国教科文组织国际人与生物圈保护区网”。在梵净山区域内至今仍有13333.33hm^2野生茶树零星分布，江口县是最古老的茶区和茶树原产地。梵天净土，古有承恩皇寺，僧人居士，广种茶园，开轩煮茶，钟情品茗，被誉为“茶殿”，居上者为“上茶殿”，居下者为“下茶殿”。茶香四溢，名扬千里，禅名远播。茶苑青青，吸日月华光之气，遂成珍品；禅院森森，汇乾坤万源之流，而成绝佳。山下护国禅寺、龙泉禅寺，禅茶贡茶历史悠久，正所谓“佛禅一家”“佛心禅语”“禅茶一味”，饮甘露而享自然，品佳茗而悟真谛（图12–12）。

图 12–12 梵净山区域内的野生茶树（江口县茶叶局提供）

环梵净山脚的太平、闵孝、德旺、双江、怒溪等乡镇，有人工茶园5000余公顷，是户外运动、休闲体验之地，素有喝茶、品茶、种茶、制茶传统的侗族、土家族，居住在梵净山脚的寨沙、云舍，用煨罐茶、煮油茶接待客人。太平抹茶特色小镇，包含了茶和茶文化相关的制茶、卖茶、喝茶、玩茶、茶体验、茶文化展示、茶艺表演、茶文化交流、茶物流设施等众多元素，形成了具有独具特色的梵净山茶历史考察、茶科学研究和茶旅深度融合的旅游胜地。

（二）石阡县尧上旅游景区

景区距县城37km，坐落在神奇美丽的佛顶山脚下，是佛顶山旅游区的旅游景点之一，南接镇远舞阳河，西接遵义大乌江，是一个依山傍水、竹木掩映的秀丽村庄，原始生态植被保存完好。全村面积3.8km²，现居住着50户仡佬族人家，有“仡佬第一村”之称。佛顶山上有遍布在山间密林中野生茶树，周边区域是石阡苔茶保护区域，茶园环绕，是茶树溯源爱好者探秘寻茶的理想旅游目的地（图12-13）。

图 12-13 石阡尧上旅游景区游客火爆场面（石阡县茶业协会提供）

（三）石阡县五德桃园景区

五德镇桃园景区位于石阡县境东南部，距县城35km。地处连接古思州、石阡府及乌江水系与沅江水系的驿道之上。既是古时石阡府、镇远府、思南府、铜仁府、松桃府设置“五府厅”的治所之地，也是石阡历史上闻名遐迩的古老茶乡、苔茶发源地，更是石阡当今的桃源胜境、水果之乡，亦是人们参悟茶道、探秘长寿、体悟人生境界的绝佳圣地。位于五德镇中心的五德桃园景区是3A级旅游景区，是全省100个省级现代高效农业园区之一。五德镇自古以盛产茶、产好茶而闻名。所产茶叶叶肉肥厚、栗香持久、汤色明亮、味醇甘爽。曾是明清时期石阡的“贡茶”主产区之一，“茶乡古镇·桃源五德”日益成为石阡的新地标。

（四）印江县紫薇镇团龙民族文化村

紫薇镇团龙民族文化村位于梵净山国家级自然保护区内，距离护国寺7km，紫薇镇政府8km，印江县城42km，江口县德望乡高速出口20km，交通便利，是西上梵净山的必经之地。全村有10个村民组，242户879人，土地面积17.6km²，现有耕地面积69.83hm²，茶园70hm²。村内有古树名木较多，森林覆盖率高达92%以上，有“天然氧吧、避暑天堂”之美誉。景区内有茶园26.66hm²，茶叶加工厂1个，加工作坊8家，可谓“家家有茶树，人人会制茶”，景区有贡茶旅游文化馆，有茶王树景观1处，还有长寿谷景区。

（五）印江县状元茶景区

状元茶景区距印江县城5km，离杭瑞高速印江匝道口1.5km，304省道穿景区而过。景区内有万亩茶园和千亩状元湖，有清代大书法家严寅亮和传奇人物曹状元的故里，有状元文化馆景点。景区生态环境良好，夏季凉爽，为休闲避暑胜地。景区内客栈云上居为全国康养基地，基地集度假养生、农耕体验、农家美食、茶文化推介、休闲观光体验、特色农业种植、特色花卉苗木展示为一体，是现代茶产业乡村旅游综合示范景区。

（六）松桃县正大茶叶园区景区

正大茶叶园区景区位于松桃县正大镇境内，其万亩茶海风光与中国苗王城景区（4A级景区）连成一线、融入一体，是著名的苗茶之乡。2013年，被评为贵州省首批100个省级现代高效农业示范园区，是松桃县代表性的茶旅游景区；2015年，被评定为5A级农业景区。景区主要景点有茶海观景亭、茶圣陆羽雕像、烽火台、茶海风光观景楼、采茶体验区、传统手工茶体验、茶文化展示厅、品茶及茶艺表演、茶文化风情长廊、观光步道。配套建设有苗王城景区大门、生态停车场、游览观光车、观光车道、游览步道、游客服务中心等服务设施（图12-14）。

图12-14 松桃正大茶叶苗王城园区一号门（松桃苗族自治县茶叶产业发展办公室提供）

三、茶文化旅游资源

（一）石阡县古城茶叶历史文化遗迹

石阡县是贵州省首批命名的八大历史名城之一，石阡县城万寿宫、古茶巷、古温泉和城郊枫香乡新城村茶园乡遗址，是石阡茶叶历史发展的缩影，珍藏着许多石阡各个时期茶叶发展的历史故事。

石阡古茶叶巷，位于石阡县城古城墙外，巷子宽不足2m，长不过40m，是石阡历史上主要的茶叶交易市场。在民国时期龙尧夫开办的精制茶加工厂紧靠茶叶巷，依托茶叶巷收购毛茶进行精制加工和销售，灯火通明，昼夜加工，十分热闹繁忙。茶叶巷是伴随着茶叶交易而兴起的，距今有三四百年历史。新中国成立前，每逢赶场天，来自本县地印、尧寨，坪山等地的茶农、茶叶贩子，以及毗邻的思南、岑巩、镇远等地的茶商都会云集于此，人们在此以茶易盐，以茶换钱……巷子两边吊脚楼传出的阵阵茶香和人声鼎沸恍若回荡耳畔。

石阡万寿宫是清乾隆三十六年（1771年）茶商左成宪捐资修建，至今保存完好，是国家级文物保护单位，是石阡县城的标志性古建筑，占地面积3800m^2，有山门、戏楼、前殿和正殿，整个建筑气势恢宏，是古代石阡人民智慧的结晶，对于研究地域文化，茶叶历史等有极高的价值。

石阡古温泉位于城南，是石阡县城居民沐浴休闲和品大碗茶的最佳场所。今天古温泉经改造扩建完全找不到当年的景象，但是古迹遗址仍在，喝茶休闲的古长廊变得更加宽敞，更加气派，可容纳更多的人一起品茶聊天，现有两家茶馆不仅能让游客品尝到石阡的历史名茶，体验石阡的历史茶香，更能体验到石阡现代茶中的极品和古城茶魂。

（二）石阡县五德镇新华村苔茶产业街

五德镇新华村以生产优质石阡苔茶而闻名，是石阡“苔茶发源地”和“最美茶乡”之一，通过打造“产村景一体、山水田融合、文卫教配套”，建成了宜居宜业宜游，集茶叶生产、加工、销售、品评、展览于一体的苔茶产业街。每个月农历逢二、逢七的日子，苔茶产业街赶场，四处的乡邻百姓就会汇聚到这里交易茶叶、山货等商品。产业街是20世纪50年代石阡出口红茶加工厂所在地，有连片的石阡苔茶古茶树；有传统石阡苔茶体验中心，游客可以体验石阡茶叶的传统加工，在师傅的指导下现场炒制；有古民居、民族风情小吃一条街；有石阡茶叶文化展览馆。与石阡尧上民族文化村，中坝佛顶山温泉小镇同为一条旅游线，是石阡成熟的民俗风情、茶文化、温泉文化精品旅游线路。

（三）江口县抹茶小镇

江口县抹茶小镇地处武陵山脉主峰地段——国家级自然保护区梵净山腹地江口县太平镇，距江口县城11km，梵净山山门5km。境内山清水秀，气候宜人，居住着汉、土家、苗、侗、仡佬、布依等民族，少数民族人口占总人口73.1%。四周旅游资源得天独厚，有梵净山、亚木沟、云舍3个国家4A级旅游景区，以及寨沙侗寨1个国家3A级景点，是远近闻名的生态休闲度假旅游胜地。2017年，创建示范抹茶小镇，江口县委、县政府利用梵净山、亚木沟、云舍历史文化名村的区位优势和资源优势，建设高规格、高标准的抹茶小镇，以抹茶小镇“小而精、小而美、小而富、小而特”和“旅游景观型”发展定位，按照“一镇两区三地”（“一镇”：抹茶小镇；“两区”：旅游服务区、休闲度假区；“三地”：游客集散地、幸福移民地、生态宜居地）思路，抓住“镇村联动”发展契机，以“8个1”“8+X”项目为重点，投入25亿元建设了集酒店、商贸、娱乐、餐饮等为一体的旅游小镇，建设梵净云庄大酒店、民俗风情广场、农贸市场、湿地公园、观光步道、天王广场、移民安置、污水管网等28个公共配套服务工程，投入3亿元，对如意大道、莲花大道两旁进行美化绿化，实施了旅游观光步道、湿地公园、太平河污水管网等建设工程，创建“健康养生和生态休闲旅游目的地”品牌。2018年，贵州梵净山首届国际抹茶文化节在抹茶小镇举办，来自日本、韩国、美国等国家和国内茶界领导、专家、企业等600余人齐聚抹茶小镇，分享全球首届抹茶文化节盛会。在这里游客可品尝到纯正的抹茶，吃到香醇的抹茶蛋糕、抹茶拿铁、抹茶冰激凌等美食，了解抹茶起源、发展历程，体验抹茶系列食品的生产加工。2018年，小镇旅游从业人员达1.2万人，集镇建成面积由2012年的0.4km^2增加到2017年的1.2km^2，被评为全国卫生乡镇、全国重点镇、全省示范小城镇、全省100个旅游景区、全省首批森林特色小镇、省级生态乡镇、全市十大名镇。

（四）印江县邛江古镇

印江县邛江古镇位于印江主城区北部，倚靠在美女峰山脚，毗邻印江城市农业公园、欢乐岛。古镇由印江中南置业投资有限公司建设，占地面积为3.13hm^2，规划总建筑面积约4.9万m^2，由20栋仿古多层建筑组成，街区全长约750m，属于美女峰景区中的重要组成部分。2015年，该古镇被列入省100个重点建设旅游景区之一，是印江首个按照国家4A级标准打造的商旅街区。古镇内有印江茶叶企业20余家商铺、茶馆1家形成了具有印江民族特色的茶商文化城。

（五）中南门古城

中南门古城位于铜仁市城区中山路两侧（含双江路部分），中南门福音堂一带，锦江河岸边，西临环西路，北接新中国成立路，是铜仁乃至全省仅存的一片最为完整的明清历史文化街区，迄今500多年历史。中南门古城民居占地面积36685m^2，建筑面积25544m^2，保存明清建筑103栋，保存完好的四合大院35个、古巷道11个、码头1个、天井81个、石库门63个、太平水缸32个，保存完好的封火墙上嵌有以示各家界址的姓氏墙砖，如徐姓墙、郭姓墙、杨姓墙、禹姓墙和左姓墙等。高耸的封火墙上镶嵌着精美的石库式大门，门框、门楣上镌刻着八卦、花草、动物等吉祥图，雕饰精致细腻；房屋由正屋、两厢及石库大门上回廊组成走马转角楼，形成三合天井，天井内有垂瓜柱、美人靠、太平缸等，隔扇门窗格心造型各异。

古城区300余栋古建筑中，均系明清时期建筑。明风清韵的铜仁古城区，群体庞大，布局井然有序。从南到北沿着中山路辟13条小巷，从东到西设置6条小巷。锦江沿古城向东而去，古城民居背靠东山，上面古树参天，风景绝异，钟鼓时鸣，历来为佛教旅游胜地。中南门原是铜仁著名的码头，是繁华商业街。据史料记载，中南门古城民居依靠水运之便，曾一度商贾云集，是全省大多数县的土特产和省外常德、汉口等地工业品的集散地和销售市场。古城民居大多已有四五百年的历史，有的虽经维修，但房屋的梁架都是明清时期留下的，大部分民居保存完好，整体格调基本上没变，保持了原来的风貌。据悉，古城民居建筑不仅数量众多，布局合理，且种类齐全，有望楼、宗祠、民居、店铺、寺观、古城墙、古井等。

古城区古建筑中颇具特色的，是以血缘关系和宗族而居所形成的建筑群组。规模较大的有徐家巷、陈家巷、万家巷、张家巷、飞山庙、福音堂、天主教堂等建筑群。建筑群依山傍水、青砖灰瓦、鳞次栉比、前后相连、左右相通、合纵连横、曲折多变，既珠联璧合，又独立成章，既有做生意的临街店铺，又有居家的深宅大院，给人一种院内有院，门里套门的迷宫式感觉。

房屋内道路建设及排水系统设计科学合理，显示了古代民居建设规划设计技术的高超水平。古城民居的古建筑从明代到清代直至近代各个时期都有，比较系统、全面地展示出古代建筑的发展轨迹。青砖灰瓦的建筑群体，朴实素雅，高峻的马头墙仰天昂起，既可防风，又可防火，整个平面功能明确，构架合理、选料精良、采光良好、地方特色显著，可视为黔东民居之典型。铜仁古城民居是一处不可多得的古文化遗产，1985年，与东山一起被列为省级重点文物保护区；2007年，又被列为国家重点文物保护区。它犹如一幅看不够、道不尽的展示古代近代中国西南建筑风格的长幅画卷，为研究古代建筑史提供了十分宝贵的实物资料。古城内有古朴原始茶楼10多家，是铜仁喝茶、品茶、谈茶、买茶的主要区域，是铜仁茶文化的展示区。

（六）江口县寨沙侗寨

寨沙侗寨为梵净山山脚的侗族村寨，位于梵净山山脚的太平河畔，距县城26km，是江口县侗族聚居的一个自然村寨。村寨前有太平河流过，河畔有古树参天，村寨后绿树青山。经过横跨太平河的风雨桥进入侗寨景观大门，宛如进入古朴原始的江南小镇，隐于绿树浓荫之中的侗家天地，如幻影般展现在游客眼前。沿着青石板路曲折徜徉，百步之余，豁然开朗，一个圆形的广场如孔雀开屏，广场一角矗立着一座侗寨的标志性建筑——鼓楼。到了夜晚，鼓楼上流光溢彩，村寨内的红灯笼亮起来，煞是漂亮。有美丽的自然风光和浓郁的侗家民族风情，特别是侗家民居建筑所独显的民族韵味，使之成为梵净山下令人称奇的亮丽风景。

“六月六”是侗族人民的重要节日。每逢此日清晨，他们就会抬着祭品到寨子旁边的深山祭祀天地，高声呼喊，俗称“喊山”，以求消灾避难，而后回寨庆贺，共进晚餐，高唱山歌，尽情舞蹈。寨沙侗寨作为梵净山下的少数民族村寨，已纳入梵净山旅游文化发展的范围，它与梵净山美丽的自然风光交融，正在民族文化的深厚土壤中透射出它独特的诱人魅力。

（七）江口县云舍土家民俗文化村

云舍土家族民俗文化村距江口县城5km，是江口县太平土家族苗族乡的一个行政村。全村以杨姓土家族为主，是贵州省批准的第一个土家族民俗文化村，有“中国土家第一村”之称。

云舍人是省溪杨氏土司的后裔，长达700年的土司制度，孕育了云舍灿烂的土家民俗文化和生态文化。桶子屋是云舍最具特色的土家族古建筑，其结构一般由正屋、偏屋、木楼和朝门组成，四面封墙，又叫封火桶子。云舍桶子屋建筑整体呈正方形，北高南低，上方为正屋，分中堂和左右厢房，下方为楼子。有的四围相连，中间空出，形成四角天井。桶子屋多为砖木结构，院子和阶檐用青石板铺就，四围是青石为脚的砖砌高墙，侧视呈梯状，皆有飞檐。阶檐和石墩皆有精美浮雕，楼栏窗棂，多有镂空木雕、山川草木、虫鱼鸟兽，无不栩栩如生。在建筑绘画和建筑雕刻中，常以白虎为题材，是云舍土家族人的图腾崇拜。

神龙潭又称云舍泉，俗名龙塘、犀牛塘，为下降泉，泉眼极低，为一暗河出口。泉水从寨中穿过注入太平河，其间称龙潭河，全长0.8km，被称为世界上最短的河。神龙潭有两奇：一是深不可测，村里过去曾有30多名青年人，各拿一箩筐绳索，将其连接成长绳，绳头绑一大石沉入潭中，欲测其深度，但未见其底；二是能预报天气，久晴，此泉涨潮，不几日便会下雨；久雨，此泉落潮，不几天便转为晴天。神龙潭水流量大，水质优良，甘甜可口，自古以来就是云舍村土家人生活饮用和农田灌溉的生命之源。

土法造纸是云舍村的主要经济收入之一，这一宝贵的传统工艺伴随着云舍村走过了数百年历史，形成了云舍底蕴深厚的造纸文化。云舍村山高岭险，竹林茂盛，村中神龙潭、村前太平河，流水欢歌，终年不竭。云舍先民看中这一方风水宝地，搬迁至此，造纸谋生，造纸工艺也代代相传。由于云舍历史悠久，文化底蕴深厚，与云舍人生活习俗相关的语言故事颇多，由此演化而来的歇后语更是丰富多彩。例如，“云舍人玩龙灯——闷龙（呆子、傻子）”“云舍人数车筒——累硌硌地来”等，成为反映云舍土家族生活习俗的重要内容；是一部土家文化的史书，也是一座旅游资源极为丰富的宝库。随着贵州东线旅游业的快速发展，云舍作为中国土家第一村的价值正在日益显现。

第三节 铜仁茶旅路线

一、石阡县茶旅游精品路线

（一）红色文化茶旅路线

茶旅线路：石阡县城茶叶巷→万寿宫、禹王宫、文庙等古建筑群→红二、六军团指挥部旧址（天主教堂）→万亩苔茶示范园区→仙人街→县城古温泉。

亮点：龙塘万亩苔茶示范园区是石阡县茶旅一体化产业园区，有规模较大的精品茶园，龙塘镇远近闻名的长寿村神仙庙村，民俗文化氛围浓厚。困牛山百名红军集体跳崖遗址是红六军团十八师五十二团为掩护红军主力突围，一百多名红军在川岩坝困牛山集体跳崖，在龙塘厚重的文化史上，谱写了悲壮、辉伟的一章，是石阡县爱国主义教育基地。龙塘镇素有“文化之乡”的美称，历史悠久，人杰地灵，茶文化氛围厚重、茶旅配套设施较为完善，并有川岩坝花灯剧可供游客观赏。

（二）知青农场寻情之旅

茶旅线路：石阡县城→白沙镇铁矿山村知青农场→邱石冥故居→羊角山省级苔茶示范园区。

亮点：铁矿山村知青农场回顾历史与新农村建设相结合的知青文化红色旅游基地，是重温知青岁月、回顾历史的好去处，是宣传推介石阡红色文化、历史风情、特色旅游的一扇窗口。著名画家邱石冥先生故居坐落在集镇中央，故居展示邱石冥先生作品真迹及早年生活的物品和影像。羊角山省级苔茶示范园区是石阡县重点打造的高海拔茶产业园区，是石阡县最大面积的标准化茶园基地，有上千亩黄金芽茶基地，满山遍野披上金黄的衣裳，形成独特的农旅景观，园区内常年云雾袅绕，茶旅设施完备，尤其是冬季雪景，银装素裹，绵延无恒，是夏季避暑冬季赏雪的好景点。高坪高原茶场有悠久的历史，保存了早期茶叶生产的痕迹。园区有浓厚的神秘色彩喀斯特溶洞——风神洞和石阡县最大的水库黑山沟水库等景观。在农历腊月，还可免费体验当地侗族、彝族独具特色的“刨汤宴”。

（三）石阡县茶文化特色旅游路线

茶旅路线：石阡县城温泉群风景名胜区（城南温泉）→五德镇新华村→坪山乡尧上仡佬族文化村（佛顶山国家级自然保护区）→坪山乡坪贯村（坪山贡茶）→中坝温泉小镇→石阡县城茶叶巷→万寿宫、禹王宫、文庙等古建筑群→红二、六军团指挥部旧址（天主教堂）。

亮点：石阡城南温泉，又称“石阡温泉”，位于县城南端龙川河东岸温泉，始建于明万历三十四年，现有露天泳池、桑拿、小池、大池等洗浴设施，以及宾馆等服务设施，是城市休闲最佳地，五德镇新华村是石阡苔茶发源地，有大片的古茶树，新华村苔茶产业街可领略别具一格的山民乡场风俗；坪山乡尧上仡佬族文化村是世界濒危民族聚居点，坐落在贵州省级自然保护区佛顶山下，有省级非物质文化遗产“仡佬敬雀节”“六和三角宴”“傩戏”“薅草锣鼓”等仡佬传统习俗，还可领略原始植被保存完好的佛顶山自然风光；坪山乡坪贯村是历史上知名的坪山贡茶产地。清乾隆年间，石阡坪山乡坪贯村生产的茶叶作为贡品，每年都要向皇室纳贡。坪贯村优良的生态环境和传统的土法炒制茶叶，使坪贯贡茶品质极佳；中坝温泉小镇是以温泉疗养、温泉保养、温泉修养的温泉“三养”为核心，集观光旅游、度假养生、医疗保健、休闲娱乐、文化体验、运动康体、养老服务等功能为一体的世界级温泉小镇，是游客到石阡旅游休闲的必去之处；石阡茶叶巷位于石阡县城古城墙外，如今青石板仍在、茶叶巷仍在，可追忆往昔茶叶交易的历史记忆；万寿宫、禹王宫、文庙、天主教堂等人文景观可领略石阡发展历史、人文风貌。整个旅游路线上可体验石阡绿豆粉、神仙豆腐、茶香糯米鸡、黄水粑、苔茶全茶宴等石阡饮食文化（图12-15）。

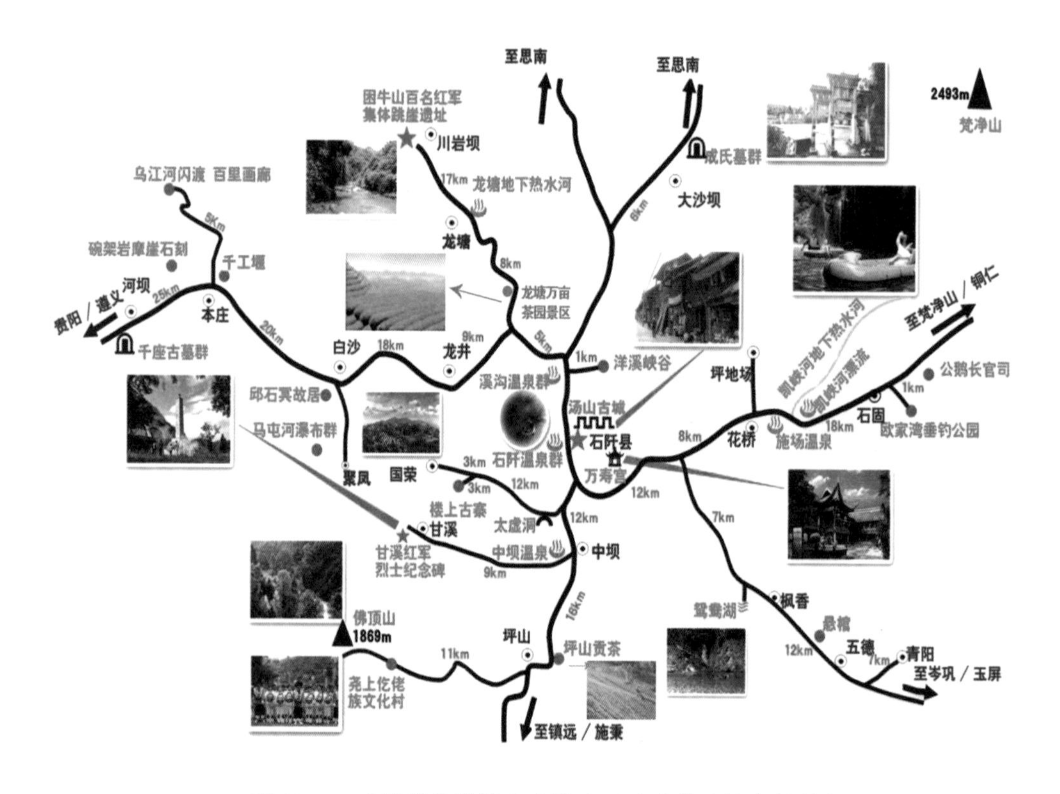

图 12-15 石阡茶旅游精品路线（石阡县茶业协会提供）

二、沿河县茶旅路线

（一）乌江山峡大江峡谷及茶文化之旅

茶旅路线一：沿河县城（乌江茶城）→黎芝峡→银童峡→土坨峡→龚滩古镇→王坨峡→洪渡古镇→塘坝古茶文化体验园→后坪乡千年古茶树。

亮点：游览乌江山峡、百里画廊风光，体验洪渡古镇土家风情文化、土家美食；参观千年古茶树、古茶园，体验茶叶采摘、加工；品尝土家罐罐茶、油茶汤等。

茶旅路线二：沿河县城（乌江茶城）→黑獭→黎芝峡（在思渠乘车）→洪渡坪景区（乌江山峡精品景区）→品土家古茶。

亮点：游览乌江山峡、百里画廊风光，体验土家民俗文化，品土家美食、土家古茶。

（二）麻阳河黑叶猴原生态体验旅游

茶旅路线：沿河县城（乌江茶城）→千年乌杨树→黎芝峡（在思渠乘车）→朱家洞→凉桥石牌景区→麻阳河黑叶猴国家级自然保护区→黄土茶园（品茶购茶）→新景茶区。

亮点：游麻阳河黑叶猴国家级自然保护区，看黑叶猴、游龙清潭、石牌、国画石、朱家洞、凉桥景点，赏黄土镇至新景镇至客田镇茶叶产业带，品新景边山农场柑橘、姚溪贡茶。

（三）黔东特区红色文化之旅

茶旅路线：沿河县城（乌江茶城）→沙坨电站→淇滩古镇→黔东特区革命委员会第四区旧址→黔东特区苏维埃大会会址→黔东特区革命委员会旧址→谯家茶场（体验采摘、炒茶等）。

亮点：参观沙坨水电站，体验淇滩古镇土家风情文化、土家美食；参观黔东特区苏维埃大会会址，接受红色文化教育；体验茶叶采摘、加工，领略自然风光，品尝富硒茶、谯家泡核等。

（四）旅游精品环线之旅

茶旅路线一：重庆→酉阳龚滩古镇→麻阳河→乌江山峡→县城（思州茶城）→沙坨水电站、淇滩古镇→谯家茶场（体验）→梵净山（印江上，江口下）→九龙洞→凤凰→张家界。

茶旅路线二：张家界→凤凰→九龙洞→梵净山（江口上、印江下）→谯家茶场→黔东特区革命根据地→淇滩古镇→沿河县城（思州茶城）→乌江山峡→麻阳河→遵义。

茶旅路线三：沿河县城（中国古茶之乡、中国茗茶之乡）→乌江山峡→麻阳河→龚滩古镇→洪渡古镇（品购千年古茶）→武隆→重庆。

三、松桃县茶旅精品路线

① **边城苗族文化体验休闲娱乐茶旅线：**大兴（南长城）→正大茶叶园区→苗王城→欧百川故里→苗人古城（松桃县城）。

② **梵净山原生态养生休闲茶旅线：**苗人古城（松桃县城）→普觉茶叶园区→寨英古镇→桃花源。

③ **梵净山金顶徙步生态科考探险旅游线：**苗人古城（松桃县城）→大路茶叶园区→乌罗（潜龙洞）→桃花源。

④ **苗王城乡村茶旅精品线：**苗人古城（松桃县城）→响水洞苗族文化村→欧百川故里→大湾苗寨→正大茶叶园区→苗王城。

⑤ **松桃茶旅自驾游路线：**正大茶叶园区茶旅→苗人古城（松桃县城）→响水洞苗族文化村→黔东草海→欧百川故里→大湾苗寨→正大茶叶园区→苗王城。

⑥ **普觉茶叶园区茶旅一日游精品线：**苗人古城（松桃县城）→普觉茶叶园区→寨英古镇→桃花源。

⑦ **大路茶叶园区茶旅一日游精品线：**苗人古城（松桃县城）→大路茶叶园区→乌罗（潜龙洞）→桃花源。

四、印江县茶旅路线

1. 一日游线路

① **路线一：**印江县城→状元茶景区（云上居）→观音沟湿地公园→中坝峡谷→大圣墩景区→书法广场→博物馆→文昌阁→严氏宗祠→摩崖石刻→天下奇观→欢乐岛→印江古镇。

② **路线二：**印江县城→石漠化公园→蔡氏古法造纸体验区→官寨茶园→紫薇小镇（紫薇王）→团龙景区→护国寺（梵净山西大门）→棉絮岭（万米睡佛）→步道漫游区→金顶（蘑菇石）→江口县。

③ **路线三：**印江县城→书法摩崖→天下奇观→梵净天池度假村（湄坨国茶园、环湖自行车道、情人岛、鸳鸯桥）→梵净云天度假村（洋溪万亩茶园）。

2. 两日游线路（文化体验+茶园观光）

① **第一天：**印江县城→朗溪古镇→合水蔡伦古法造纸博物馆（造纸DIY制作体验）→紫薇镇（紫薇王、团龙景区）（团龙景区住宿）；

② **第二天：**团龙景区→护国寺（梵净山西大门）→棉絮岭（万米睡佛）→步道漫游区→金顶（蘑菇石）→印江县城。

五、江口县梵净山茶旅休闲路线

茶旅路线：云舍土家民俗文化村→太平镇抹茶小镇→怒溪骆象茶叶公园→亚木沟风景区→寨沙侗寨→梵净山。

六、思南县茶旅路线

茶乡之旅特色路线：张家寨茶旅一体化景区→思南石林→白鹭湖→九天温泉。

铜仁锦江彩虹（摄影：冯伯坚）

第十三章 铜仁茶机构及科研成果

第一节　铜仁茶叶机构

一、市级机构

铜仁市生态茶产业发展工作领导小组办公室：2008年成立铜仁地区生态茶产业发展领导小组办公室，为铜仁地区农业局所属财政全额预算管理的副县级事业单位，核定事业编制17名，内设综合科、生产科、技术科、市场管理科4个科室。2011年，铜仁撤地建市，铜仁地区生态茶产业发展领导小组办公室更名为铜仁市生态茶产业发展领导小组办公室。2012年，机构改革，铜仁市生态茶产业发展领导小组办公室与铜仁市农业产业化发展办公室合并，组建成立铜仁市农业产业化办公室，为铜仁市农业委员会所属财政全额预算管理的副县级事业单位，内设综合科、农产品加工科、龙头企业管理科、茶产业发展科、蔬果业发展科5个科室。

二、县（区）级机构

（一）石阡县茶叶管理局

2007年12月，根据石机编办《关于建立石阡县生态茶产业发展领导小组办公室的通知》，将原石阡县茶叶生产办公室临时机构批准为常设机构，成立石阡县生态茶产业发展领导小组办公室，为石阡县农业局所属副科级事业单位，核定事业编制18名。

图 13-1 石阡县茶叶管理局
（石阡县茶业协会提供）

2011年2月，石机编办通知组建石阡县茶叶管理局，茶叶管理局为石阡县农牧科技局所属正科级事业单位，核定事业编制38名。

2011年6月，石机编办通知机构编制方案，核定事业编制38名。设局长1名，副局长2名，内设机构股级职数6名。

2012年2月，石机编办通知机构编制方案，核定事业编制42名。设局长1名，副局长2名，内设机构股级职数6名。

2015年3月，石机编办通知核定事业编制36名。其中管理人员9名，专业技术人员25名，工勤人员2名（图13-1）。

（二）印江土家族苗族自治县茶产业发展中心

1999年，成立印江县茶叶产业发展办公室。

2007年9月，铜仁地区编办根据相关文件，撤销印江县茶叶产业发展办公室，批准组建印江县农业局直属具有独立法人、财政全额预算管理的正科级事业单位——印江土家族苗族自治县茶业管理局（图13–2），核定事业编制15名，内设办公室、项目规划指导股、茶叶生产技术指导股、市场品牌建设股、财务股。

2011年10月，印江县人民政府出台《印江土家族苗族自治县农牧科技局主要职责内设机构和人员编制规定》文件，保留印江县茶业管理局，为印江县农牧科技局所属正科级事业单位，核定事业编制37名。财政全额预算管理，内设办公室、项目规划指导股、茶叶生产技术指导股、市场品牌建设股、财务股。

图 13–2 印江县茶业管理局
（印江县茶产业发展中心提供）

2015年，印江土家族苗族自治县机构编制委员会《关于茶业管理局更名为茶产业发展中心的通知》，撤销印江县茶业管理局，组建印江县茶产业发展中心，为印江土家族苗族自治县政府正科级议事机构，核定编制37人。

（三）松桃苗族自治县茶叶产业发展办公室

2008年9月，根据《松桃苗族自治县机构编制委员会办公室关于成立松桃苗族自治县茶叶产业发展办公室的通知》，成立松桃苗族自治县茶叶产业发展办公室，内设综合股、业务股、开发股，为农业局所属副科级事业单位，县级财政全额预算管理，核定事业编制20人。

2011年松桃苗族自治县政府机构改革，根据《松桃苗族自治县人民政府办公室关于印发松桃苗族自治县农牧科技局主要职责内设机构和人员编制规定的通知》，保留松桃苗族自治县茶叶产业发展办公室，为松桃苗族自治县农牧科技局所属的副科级事业单位，事业编制20人，财政全额预算管理。

（四）沿河土家族自治县生态茶产业发展办公室

2008年7月，根据地区编委办《关于建立沿河土家族自治县生态茶产业发展领导小组办公室的批复》、沿河土家族自治县机构编制委员会办公室《关于组建沿河土家族自治县生态茶产业发展领导小组办公室的通知》，同意建立沿河土家族自治县生态茶产业发展领导小组办公室，为沿河土家族自治县农业局所属副科级事业单位，财政全额预算管理，人员编制18名。

图 13-3 沿河土家族自治县生态茶产业发展办公室（沿河土家族苗族自治县生态茶产业发展领导小组办公室提供）

2015年3月，沿河土家族自治县人民政府办公室《关于印发沿河土家族自治县农牧科技局主要职责内设机构和人员编制规定的通知》文件，将沿河土家族自治县生态茶产业发展领导小组办公室为沿河土家族自治县农牧科技局所属副科级事业单位，财政全额预算管理，内设办公室、生产科、营销科，事业编制23名（图13-3）。

（五）德江县茶叶产业发展办公室

2008年，经铜仁地区批复和德江县编办批复文件精神，成立德江县茶叶产业发展办公室，为农业局所属副科级事业单位，内设综合股、业务股、开发股室。

（六）思南县茶桑局

2008年3月思南县委常委会议和2008年8月思南县编委会议研究，决定将“思南县蚕业管理局”更名为“思南县茶桑局”，为正科级事业机构，归口思南县农业局管理，内设办公室、财务室、生产股、经营股共4个股室，核定事业编制50名；下设基层站编制15名；下设基层站股长级职数5名（图13-4）。

图 13-4 思南县茶桑局（思南县茶桑局提供）

（七）江口县茶叶局

2012年7月，江口县委、县政府研究并报上级政府批准，成立江口县茶叶局（正科级），财政全额预算管理，核定事业编制12名，内设办公室、项目营销股、技术股、财务股室。

（八）碧江区茶叶站

1990年，成立铜仁地区茶叶公司；2011年铜仁撤地设市，铜仁地区茶叶公司同时更名为碧江区茶叶站。为铜仁市碧江区农牧科技局所属股级事业单位。事业编制6名，其中股级领导职数1名，高级岗1人，中级岗2人，初级岗2人，财政全额预算管理。

第二节　铜仁茶叶科研教育机构

一、铜仁茶叶科研机构

（一）铜仁科学院茶叶研究所

2017年1月，成立铜仁科学院茶叶研究所，所属铜仁科学院内设财政全额拨款事业单位，研究所现有员工2人。

（二）梵净山古茶树研究中心

2015年由铜仁市农业委员会成立，中心设在铜仁市沿河县塘坝镇楠木村，以古茶树产品研发、资源保护、品种培育为研究方向。研究中心主任为温顺位，副主任为罗静，研究成员8人。

（三）梵净山茶产品（标准参数）研发中心

2018年由铜仁市茶叶行业协会与铜仁职业学院联合建设，旨在为开发梵净山新产品，做强做大梵净山茶品牌，发挥各自优势，开展“学校、行业”深度融合、“梵净山”茶叶标准制定参数研究，共建“梵净山茶产品研发中心”，共同研发“梵净山”茶叶新产品、培养茶产业实用人才、探索产学研人才培养模式，更好为产业服务。

（四）石阡苔茶工程技术研究中心

石阡苔茶工程研究中心，是经铜仁市、石阡县科技局批准由石阡县茶业协会牵头，依托贵州祥华生态茶业有限公司为依托的县级茶叶专业研究平台。

（五）贵州省石阡苔茶文化研究中心

贵州省石阡苔茶文化研究中心，为中共石阡县委常委扩大会议批准成立的股级事业单位，石阡县茶叶管理局内设机构，事业编制2名。

二、铜仁茶叶教育机构

（一）铜仁学院

铜仁学院是国家“十三五”产教融合发展工程项目建设高校、黄炎培职业教育奖“优秀学校奖”获奖高校、教育部科学工作能力提升计划建设院校、贵州省“十三五”硕士学位授予立项建设单位、贵州省首批向应用型转型发展试点高校和全国民族团结进步教育基地，2006年升格为全日制本科院校；2010年通过学士学位授予单位评估；2013年通过本科教学工作合格评估；2015年整体搬迁至川硐教育园区，实现了“一校一址”办学目标，开启了学校转型跨越发展的崭新篇章。

学校占地50hm^2，建筑面积35万m^2，实验实训中心7.4万m^2，教学科研仪器设备总值8300余万元。馆藏纸质图书105.4万册，电子图书300万册。学校现有10个二级学院，2个特色学院——乌江学院和写作研究院，1个研究生院，1个国学院，1个继续教育学院。学校有33个本科招生专业，涵盖教育学、工学、理学、文学、管理学、艺术学、农学等学科门类；现有全日制在校生8867人，联合培养全日制研究生194人。学校现有教职工996人，学校明确"高水平应用型大学"办学定位和"依托梵净·服务发展"的办学理念；坚持国际化办学战略，积极开展国际交流合作；建立集学术研究、人才培养、政策咨询为一体的老挝国别研究机构，即"老挝研究中心"。

围绕铜仁主导茶产业，铜仁学院开展茶文化培训，开展涉茶技术研究，为铜仁茶产业发展做出一定的技术支撑。2014年以来，铜仁学院结合地方茶产业发展实际，加强学生素质教育和技能培训，学校经管院和国际学院先后在旅游专业、酒店管理专业和英语旅游专业课程设置中开设了茶文化课，开设茶礼、盖碗冲泡方法、宋代抹茶体验课，花道体验课，六大茶类概论、六大茶类品鉴、玻璃杯和盖碗冲泡方法的实操、茶会等课程；继续教育学院面向全市茶企、茶馆以及社会喜茶人员开办了茶文化培训班。学校为传承和弘扬中华优秀传统文化，培养了大批社会懂茶爱茶人士，为助力铜仁茶产业发展作出了积极的贡献（图13-5）。

图 13-5 铜仁学院（铜仁学院提供）

（二）铜仁职业技术学院

铜仁职业技术学院是2002年6月经贵州省人民政府批准成立的全日制普通高等职业学院，国家骨干高职院校、国家民委与贵州省人民政府"省部共建"高校。学院内设有农学院、药学院、医学院、护理学院、工学院、经济与管理学院、信息工程学院、人文学院、国际教育学院、继续教育学院以及铜仁市中等职业学校、铜仁市技工学校、铜仁工业学校等13个二级办学分院（校），开设有43个高职专业，其中国家级重点、骨干专业10个、省级重点和骨干专业6个、省级重点专业群3个。

为满足企业对高素质技能型人才的需求，学校开设有茶树栽培与茶叶加工专业，有专职教师9人，其中教授1人，副教授7人，硕士7人；拥有茶树种质资源科技示范园、茶艺技能实训室、茶叶感官审评实训室、茶叶加工实训室、茶叶农残及重金属检测实训室，实训基地面积达3275m²，满足100名学生开展实践教学；专业是国家示范（骨干）校重点建设专业，现有省级精品课程1门，院级精品课程4门；公开出版茶叶专业教材3部，编制茶叶专业校本教材8部；有国家茶叶产业综合试验站，国家级技能大师工作室1个，省级技能大师工作室1个。专业课程教学内容与贵州大学的专本衔接课程结合，学生可顺利通过专本衔接考试，取得本科学历证书。学校为铜仁的市、县、乡茶行业行政职能部门、中职学校、茶厂（场）、茶叶经营企业、茶馆茶楼等企事业单位，培养了实用型的专业人才（图13-6）。

图 13-6 铜仁职业技术学院（铜仁职业技术学院提供）

（三）铜仁幼儿师范高等专科学校

铜仁幼儿师范高等专科学校是贵州省人民政府与铜仁市人民政府共建的全日制普通高等专科学校，贵州省优质高职院校立项建设单位。

学校前身是1919年成立的思南师范讲习所，后历经调整与演进，于2012年经贵州省人民政府批准并报教育部备案，升格为铜仁幼儿师范高等专科学校。学校占地1000余亩；设有6个二级学院，开设16个高职专科专业。其中：国家级骨干专业（学前教育），省级骨干专业（学前教育、小学教育、美术教育），省级重点专业群（学前教育）省级开放实训基地（互联网+学前教育、艺术教育），省级精品在线开放课程（幼儿教师礼仪），有校内实训基地76个，校外实训基地128个。有教职工600余人，在校生1.2万余人。

图 13-7 铜仁幼儿师范高等专科学校
（铜仁幼儿师范高等专科学校提供）

2015年以来，围绕铜仁茶产业发展，学校充分发挥自身优势，组成茶文化教学团队，建立茶艺实训室，面向旅游学校和国际教育学院的旅游管理和酒店管理专业开设了茶文化课程。同时学校向全校开设茶艺选修课程，先后对1500多名学生进行茶知识和技能进行培训，开展留学生茶文化交流体验课程，将茶文化融进国际学生素质教育课程，促进中外文化交流（图13-7）。

（四）贵州工程职业学院德江学院

2017年，贵州工程职业学院德江学院二级学院交通工程学院的高速铁路客运乘务专业开设“茶艺”课程，采用茶艺理论与实践的教学方式。理论课堂重在讲解茶的起源与传播、中国茶文化与茶道艺术发展的基本内容以及茶与健康。实践课堂认识茶艺道具，掌握操作流程。课外开展茶艺实践比赛，包括识别茶叶种类、茶叶冲泡等项目，旨在提升学生运用茶艺与乘客进行沟通的能力，为高速铁路客运乘务专业学生的就业提供新的契机，将茶文化教育与贵州工程职业学院的文化教育相结合，设立为综合型机构，负责全校茶文化教育的日常运作，实施茶文化教育（图13-8）。

图 13-8 贵州工程职业学院德江学院
（贵州工程职业学院德江学院提供）

（五）石阡县中等职业技术学校

石阡县中等职业学校的前身是石阡县农业职业高级中学，创办于1984年，1998年被列为省级七所骨干职业学校之一，是教育部认定的“国家职业技术项目学校”；2003年，贵州省教育厅批准为第一批13所合格中等职业学校。2007年，石阡县中等职业学校结合县情，开办了茶叶生产与加工技术专业，开设“茶叶加工技术”“茶树栽培技术”“茶文化与茶艺”“茶叶市场营销学”等专业课程（图13-9）。

图 13-9 石阡县中等职业技术学校
（石阡县中等职业技术学校提供）

（六）印江县中等职业技术学校

印江县中等职业技术学校创办于1986年10月，前身为印江师范、印江县小学教师进修学校、印江县中等职业技术学校、印江县民族职业技术学校，2008年更名为印江自治县中等职业学校，是一所集中等职业教育、茶树种植、茶树加工技能培训、教师培训、成人电大教育为一体的综合性人才培养、培训学校（图13-10）。

图 13-10 印江县中等职业技术学校
（印江县茶产业发展中心提供）

（七）思南县中等职业学校

思南县中等职业学校成立于1991年，是一所集职业教育与培训、成人教育为一体的综合性学校，2008年被认定为“省级重点中等职业学校”，2009年被认定为“国家级重点中等职业学校”，2013年被认定为“贵州省省级示范职业学校”，是贵州省“五一劳动奖状”获得单位，全国德育教育先进集体。学校专业特色突出，2009年，开设茶叶栽培管理与加工专业，探索“职校+茶叶+农户”产教结合模式，招收学生500人，为茶产业助推脱贫攻坚培养了一大批技能型人才（图13-11）。

图13-11 思南县中等职业学校（思南县中等职业学校提供）

（八）江口县中等职业技术学校

江口县中等职业技术学校位于江口县城回龙路，是江口县人民政府管辖的一所中等职业教育和培训为一体的技能与文化并重的中等职业学校，占地60亩，建筑面积16000m^2。学校办学模式灵活，专业设置以市场为导向来开设专业，以满足社会人才的需要。2009年9月学校开设了茶叶加工专业，招收学生25名，学校为办好茶叶专业派出3名教师到湄潭、凤岗茶厂跟班学习3个月，培养茶产业人才；2010年同江口电大站开办了茶叶生产与加工专业“一村一大”大专班62人，同时学校利用贵州省扶贫办和铜仁市就业局定点培训机构的资质，开展茶产业从业人员培训，培训茶业人员1000余人次，为江口县茶产业发展作出了应用的贡献（图13-12）。

图13-12 江口县中等职业技术学校（江口县中等职业技术学校提供）

第三节 铜仁茶叶培训机构

一、石阡苔茶体验馆茶艺培训中心

石阡苔茶体验馆茶艺培训中心是集品茗、培训、茶文化推广一体的现代茶文化机构，成立于2015年12月，有师资11人（图13-13）。

图 13-13 石阡苔茶体验馆茶艺培训中心培训的少儿茶艺人员
（石阡县茶业协会提供）

二、以思之茗茶艺有限公司茶艺培训中心

以思之茗茶艺有限公司茶艺培训中心位于思南县江岸名都，2018年4月成立，培训中心田慧为国家高级茶艺师，从事茶艺工作多年，中国国际茶文化研究会常务理事。2018年9月参加铜仁市首届中国农民丰收节之铜仁“梵净山杯”手工制茶及茶艺技能大赛茶艺大赛荣获二等奖。

第四节　铜仁茶叶行业组织

一、铜仁市茶叶行业协会

铜仁市茶叶行业协会成立于2012年12月，是经铜仁市人民政府、铜仁市民政局批准成立的社团组织，协会团体会员48个，个人会员264人。会员由从事茶产业的单位或个人组成，聚集了铜仁市从事茶叶的种植、加工、流通、管理、科研、院校等茶叶专家、茶人及茶叶企业。内设综合办公室、文化市场部、产品研发部、会员部、财务后勤部5个工作部门；协会下设7个分会：石阡分会、印江分会、思南分会、德江分会、江口分会、松桃分会、沿河分会。协会拥有“梵净山”茶、“梵净山翠峰”茶两个公共品牌。铜仁市茶叶行业协会2014年被贵州省知识产权局确定为贵州省知识产权试点单位。

图 13-14 石阡县茶业协会
（石阡县茶业协会提供）

二、石阡县茶业协会

石阡县茶业协会成立于2010年10月，协会有团体会员36个，会员288名；协会工作人员11人，其中管理人员5人，茶艺师、评茶师、茶叶加工、市场策划等专业技术人员

8人；内设综合办公室、文化市场部、产品研发加工部、会员部、财务后勤部5个工作部门（图13-14）。

三、石阡县苔茶商会

石阡苔茶商会于2012年9月15日成立筹备委员会，由石阡县和鑫茶业有限公司等7家公司发起。商会于2013年3月7日正式成立，在县工商业联会的组织领导下召开会员大会，商会成员32人，选举产生了会长1人、常务副会长1人、副会长4人、秘书长1人。

四、印江土家族苗族自治县梵净山茶业协会

印江土家族苗族自治县梵净山茶业协会成立于2005年，协会在2018年进行了优化重组有会员80人（家），会员企业占全县茶叶生产企业的46%，茶叶基地规模18万亩，占全县茶叶种植面积的80%。协会会员现有茶叶加工设备设施2000余台（套），加工能力20000余吨（图13-15）。

图13-15 印江县茶产业发展中心（印江县茶产业发展中心提供）

五、铜仁市茶叶行业协会松桃分会

2013年5月，经铜仁市民间组织管理局批准，成立铜仁市茶叶行业协会松桃分会。2013年5月，召开铜仁市茶叶行业协会松桃分会成立大会，大会举行了挂牌仪式（图13-16）。

图13-16 松桃苗族自治县茶叶产业发展办公室（松桃苗族自治县茶叶产业发展办公室提供）

六、松桃苗族自治县茶产业商会

根据松桃苗族自治县工商业联合会《关于同意成立松桃苗族自治县茶产业商会的批复》文件批复，2014年6月，成立松桃苗族自治县茶产业商会，主管部门为松桃苗族自治县工商业联合会；商会的宗旨是“团结、交流、协作、服务”。

2017年8月，举行松桃苗族自治县茶产业商会第一次会员大会暨成立大会，选举产生第一届会长、常务副会长、副会长、名誉会长、秘书长和理事。

七、铜仁市茶叶行业协会沿河分会

铜仁市茶叶行业协会沿河分会成立于2013年1月，协会会员205名（图13-17）。

图13-17 铜仁市茶叶行业协会沿河分会成立大会
（沿河县茶产业发展办公室提供）

八、沿河思州古茶文化研究会

沿河思州古茶文化研究会成立于2016年10月，有会员84名（图13-18）。

图13-18 沿河思州古茶文化研究会成立
（沿河县茶产业发展办公室提供）

九、铜仁市茶叶行业协会德江分会

铜仁市茶叶行业协会德江分会成立于2013年2月，有会员272人，其中：茶叶企业11个，茶叶专业合社18个，茶农216人，行政管理人员27人。分会会长1人、常务副会长1人、分会副会长17人、分会秘书长1人、副秘书长13人、常务理事11人、理事19人、监事1人。

十、铜仁市茶叶行业协会思南分会

铜仁市茶叶行业协会思南分会成立于2013年1月，协会设秘书处、技术服务部、技能鉴定部、市场管理部、财务部共5个服务机构；协会办公场所设在思南县茶桑局。

十一、铜仁市茶叶行业协会江口县分会

铜仁市茶叶行业协会江口分会成立于2013年1月，由江口县茶企业、茶楼、茶叶专业合作社村级组织、茶农茶叶大户、茶叶爱好者等自愿组成的行业性、非营利性社会团体，有会员189名。

十二、江口县茶叶商会

江口县茶叶行业商会成立于2017年5月，由江口县茶企业、合作社及部分茶叶种植大户等共同发起，经江口县民政局核准注册登记的非营利性专业性民间团体。商会现有会员企业62家。

第五节　铜仁茶叶科研

一、科研项目

据统计，铜仁市2007—2018年期间，获批国家级、省级、市级各类科技课题和项目11项，具体如下：

① 2007年，印江县人民政府申报《无公害绿茶基地建设及配套加工》项目，国家科技部批准立项，科技富民强县专项资金资助213万元。

② 2010年，贵州省印江银辉茶叶有限责任公司申报《梵净山生态茶园技术推广及示范茶园建设》项目，国家科技部批准立项，国家星火计划项目资金资助40万元。

③ 2012年，铜仁市农业产业化办公室申报《铜仁市野生茶树、古茶树种质资源研究与保护利用》项目，贵州省科学技术厅批准立项，获得省科技厅科技攻关项目资金资助22万元。

④ 石阡县龙塘镇丁长屯村茶叶农民专业合作社，申报《石阡苔茶有机生产技术集成与示范》项目，贵州省科学技术厅批准立项，获得省星火计划项目资金资助15万元。

⑤ 印江县科技局申报《有机茶的开发及产业化建设》项目，国家科技部批准立项，项目资金资助199万元。

⑥ 贵州祥华生态农业发展有限责任公司申报《石阡生态苔茶产业化经营示范》项目，贵州省科学技术厅批准立项，农业科技成果推广引导资金资助15万元。

⑦ 2015年，铜仁学院、铜仁市茶叶行业协会、沿河千年古茶有限公司等单位参与申报《梵净山特有茶树种质资源深入挖掘、保护及新品种选育研究》项目，贵州省科学技术厅批准立项，贵州省科技厅科研经费资助30万元。

⑧ 2015年，江口县鑫繁茶叶专业合作社，申报《茶园中耕管理机械化技术示范应用推广》项目，贵州省科学技术厅批准立项，贵州省科技厅科技特派员项目资金资助10万元。

⑨ 2017年，石阡县大沙坝乡茶叶生产农民专业合作社，申报《石阡苔茶品种工艺白茶加工技术》项目，贵州省科学技术厅批准立项，获贵州省科技厅科技创新券20万元。

⑩ 石阡县龙塘镇神仙庙村茶叶产业农民专业合作社，申报《石阡苔茶品种工夫红茶加工工艺技术》项目，贵州省科学技术厅批准立项，获贵州省科技厅科技创新券15万元。

⑪ 2018年，松桃县人民政府，申报《贵州松桃苗茶农旅一体化农业科技示范园区》项目，贵州省科学技术厅批准立项，贵州省级农业科技园区项目资金资助100万元。

二、科研成果

截至2018年，铜仁市荣获贵州省农业丰收奖，铜仁市科技进步奖、市科技成果转化奖，铜仁市哲学社会科学奖，中共铜仁市委重大决策问题研究课题奖等各类奖项10余项，具体如下：

① 1990年，由铜仁地区农业局主持《铜仁地区6万亩茶叶优质丰产综合配套技术》推广项目，荣获贵州省农业丰收计划贰等奖（图13-19）。

② 2011年，由铜仁市生态茶产业发展工作领导小组办公室温顺位同志主持，黄丽、何灵芝、叶其安、张宗武、冯景玺等同志参与，申报《黔东北幼龄茶园以间促管技术推广》项目，荣获贵州省农业丰收计划壹等奖（图13-20）。

③ 2012年，由铜仁市生态茶产业发展工作领导小组办公室温顺位主持，易燕、何晓明、黄朝军等同志参与，申报《黔花生四号高产栽培示范推广》项目，荣获贵州省农业丰收计划叁等奖（图13-21）。

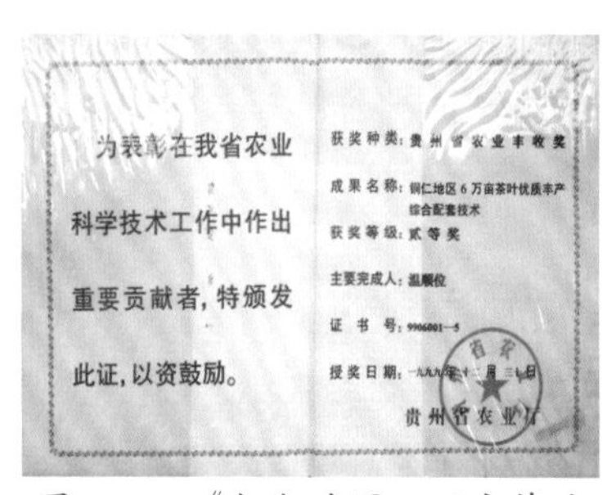
为表彰在我省农业科学技术工作中作出重要贡献者，特颁发此证，以资鼓励。

获奖种类：贵州省农业丰收奖

成果名称：铜仁地区6万亩茶叶优质丰产综合配套技术

获奖等级：贰等奖

主要完成人：温顺位

贵州省农业厅

图13-19《铜仁地区6万亩茶叶优质丰产综合配套技术》荣获贵州省农业丰收计划贰等奖的证书（温顺位提供）

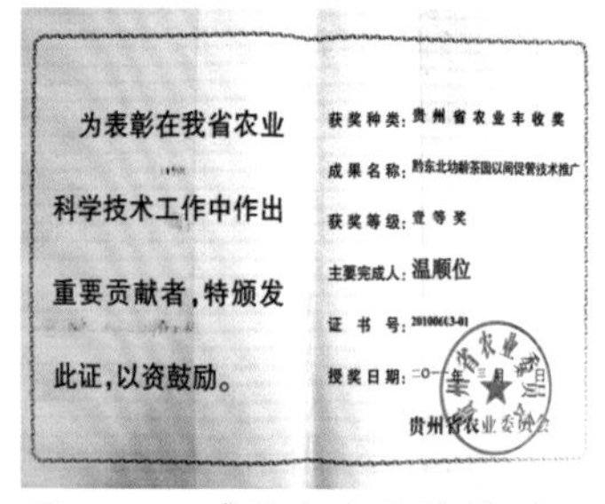
为表彰在我省农业科学技术工作中作出重要贡献者，特颁发此证，以资鼓励。

获奖种类：贵州省农业丰收奖

成果名称：黔东北幼龄茶园以间促管技术推广

获奖等级：壹等奖

主要完成人：温顺位

贵州省农业委员会

图13-20《黔东北幼龄茶园以间促管技术推广》荣获贵州省农业丰收计划壹等奖的证书（徐代刚提供）

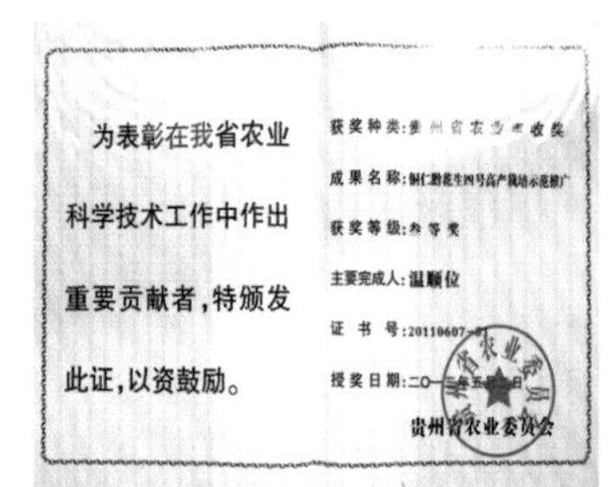
为表彰在我省农业科学技术工作中作出重要贡献者，特颁发此证，以资鼓励。

获奖种类：贵州省农业丰收奖

成果名称：铜仁黔花生四号高产栽培示范推广

获奖等级：叁等奖

主要完成人：温顺位

贵州省农业委员会

图13-21《黔花生四号高产栽培示范推广》荣获贵州省农业丰收计划叁等奖的证书（徐代刚提供）

④ 2013年，由铜仁市生态茶产业发展工作领导小组办公室温顺位同志主持，徐代刚、刘学、张黎飞、田景涛、何灵芝、肖楚、陈永前、陈玲、孟爱莉、黄朝军、杨琴、陈学芝、杨华、麻三妹等同志参与研究，中共铜仁市委重大决策问题研究课题《整合"梵净山"品牌资源，做大铜仁茶产业研究》，经中共铜仁市委研究决定，评为2013年度中共铜仁市委重大决策问题研究课题优秀课题（图13-22）。

⑤ 2013年，由铜仁市生态茶产业发展工作领导小组办公室温顺位同志主持，陈永前、幸玫、黄丽、黄亚琴、张翊晟、徐代刚等同志参与申报，《铜仁市茶树无性系快速繁育扦插技术研究》项目，荣获铜仁市科学技术进步奖二等奖（图13-23）。

⑥ 2013年，由铜仁市农业产业化发展办公室吴仲珍同志主持，黄平、温顺位、沈永文、吴超等同志参与的《冷溶绿茶粉提取技术研究》项目，荣获铜仁市科学技术进步奖三等奖（图13-24）。

2013年度中共铜仁市委重大决策问题研究课题

优秀课题证书

课题名称：整合“梵净山”品牌资源，做大铜仁茶产业研究

课题主持人：温顺位

经中共铜仁市委研究决定，评为2013年度中共铜仁市委重大决策问题研究优秀课题。

特发此证

二〇一四年六月五日

图 13-22《整合“梵净山”品牌资源，做大铜仁茶产业研究》被评为2013年度中共铜仁市委重大决策问题研究课题优秀课题的证书（温顺位提供）

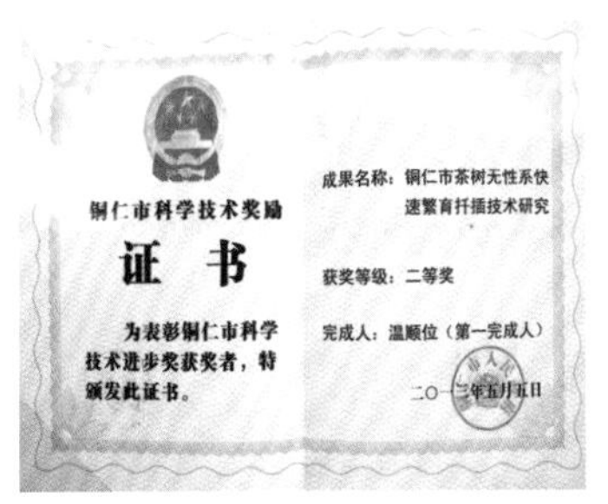

铜仁市科学技术奖励

证 书

为表彰铜仁市科学技术进步奖获奖者，特颁发此证书。

成果名称：铜仁市茶树无性系快速繁育扦插技术研究

获奖等级：二等奖

完成人：温顺位（第一完成人）

图 13-23《铜仁地区茶树无性系繁育技术研究》荣获铜仁市科学技术进步奖二等奖的证书（温顺位提供）

铜仁市科学技术奖励

证 书

为表彰铜仁市科学技术进步奖获奖者，特颁发此证书。

成果名称：冷溶绿茶粉提取技术研究

获奖等级：三等奖

完成人：温顺位（第三完成人）

图 13-24《冷溶绿茶粉提取技术研究》荣获铜仁市科学技术进步奖三等奖的证书（徐代刚提供）

⑦ 2013年，由铜仁市茶叶行业协会温顺位同志主持，徐代刚、刘学等同志参与，申报《整合“梵净山”品牌资源 做大铜仁茶产业研究》项目，荣获铜仁市人民政府第二次哲学社会科学奖论文、调研报告类一等奖（图13-25）。

⑧ 2014年，由铜仁市农业产业化发展办公室温顺位同志主持，申报《铜仁地区茶树无性系繁育技术推广》项目，荣获铜仁市科学技术进步奖二等奖（图13-26）。

⑨ 2014年，由铜仁市茶叶行业协会温顺位同志主持，徐代刚、何灵芝、肖楚、杨胜和、张羽刚、杨友平、段长流、杨晓林、沈世海、刘学、杨琴、杨旭、吕开鑫、张宗武、李小立、蒙天海、张丽芬、安琴华、田波等同志参与，申报《无公害茶生产综合配套技术推广》项目，荣获贵州省农业丰收奖一等奖（图13-27）。

荣誉证书

温顺位 同志：

你们的《整合“梵净山”品牌资源 做大铜仁茶产业研究》（联名），在铜仁市第二次（总第七次）哲学社会科学评奖活动中，获论文、调研报告类一等奖。

特此鼓励。

图 13-25《整合“梵净山”品牌资源 做大铜仁茶产业研究》哲学社会科学的获奖证书（徐代刚提供）

铜仁市科学技术奖励

证 书

为表彰铜仁市科学技术进步奖获奖者，特颁发此证书。

成果名称：铜仁市茶树无性系快速繁育扦插技术研究

获奖等级：二等奖

完成人：温顺位（第一完成人）

图 13-26《铜仁市茶树无性系快速繁育扦插技术研究》科技项目的获奖证书（徐代刚提供）

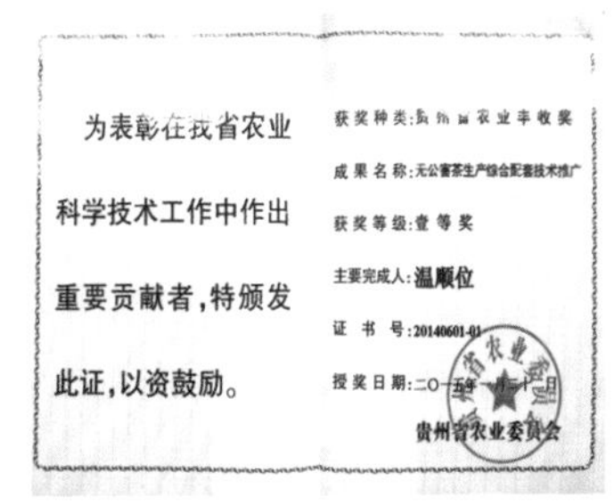

为表彰在我省农业科学技术工作中作出重要贡献者，特颁发此证，以资鼓励。

获奖种类：贵州省农业丰收奖

成果名称：无公害茶生产综合配套技术推广

获奖等级：壹等奖

主要完成人：温顺位

证书号：20140601-01

贵州省农业委员会

图 13-27《无公害茶生产综合配套技术推广》科技项目的获奖证书（徐代刚提供）

⑩ 2015年，由铜仁市茶叶行业协会温顺位同志主持，刘学、刘正荣、周斌、李小立、杨琴、沈世海、王慧敏、黄朝军、杨华等同志参与，申报《铜仁市安吉白茶良种综合配套技术应用推广》项目，荣获铜仁市科学技术成果转化奖二等奖（图13-28）。

⑪ 2015年，由铜仁市茶叶行业协会温顺位同志主持，徐代刚、刘学、胡达力、何灵芝、曾良、张观胤、王飞、任郑、袁果等同志参与，申报《名优茶清洁化机械加工生产技术推广》项目，荣获铜仁市科学技术成果转化奖二等奖（图13-29）。

⑫ 2016年，由铜仁市茶叶行业协会温顺位同志主持，徐代刚、刘学、帅永华、李明旺、沈世海、张明生、蒙天海、黄亚琴等同志参与，申报《梵净山茶品牌综合标准体系建立研究》项目，荣获铜仁市科学技术进步奖一等奖（图13-30）。

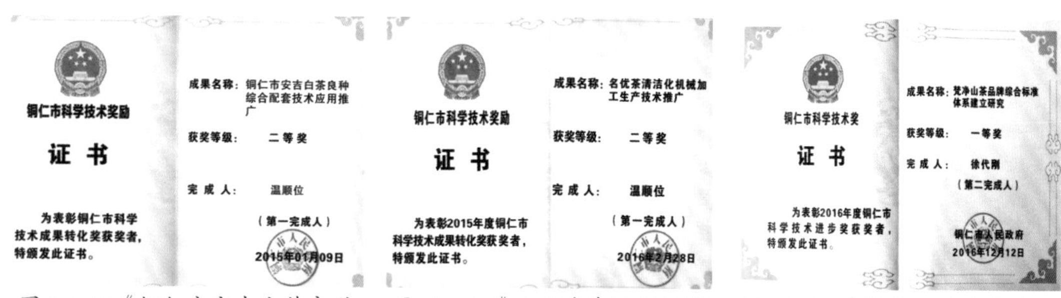

图13-28《铜仁市安吉白茶良种综合配套技术应用推广》科技项目的获奖证书（徐代刚提供）

图13-29《名优茶清洁化机械加工生产技术推广》科技项目的获奖证书（徐代刚提供）

图13-30《梵净山茶品牌综合标准体系建立研究》科技项目的获奖证书（徐代刚提供）

⑬ 2016年，由铜仁学院陈仕学同志主持，姚元勇、罗海荣、卢忠英等同志参与，申报《梵净山3种茶叶茶多糖的含量分析比较》项目，荣获铜仁市科学技术进步奖三等奖。

⑭ 2016年，由石阡县农业产业化办公室冯明江主持，黄雪、陈绍军、刘正荣、董伯禄、雷远军、杨秀东、兰光丰、杨晓林、段长流等同志参与，申报《石阡苔茶标准化生产应用》项目，荣获铜仁市科学技术成果转化奖二等奖。

三、科技论文

截至2018年12月，关于铜仁市茶产业发展发表在国家级、省级刊物发表论文66篇，详见表13-1。

表13-1　铜仁市茶产业代表性论文

序号	发表时间/年	论文作者	论文名称	刊登刊物名称及期数
1	1997	饶登学、邱后胜	《加大茶叶开发力度促进石阡民族经济发展》	《中国茶叶》1997年第12期
2	1997	饶登学	《依托科技 重振名茶雄风》	《贵州茶叶》1997年第4期
3	1999	温顺位	《武陵剑兰茶》	《中国茶叶》1999年第5期
4	2000	温顺位	《修剪机的机剪机采试验效果观察》	《茶叶机械杂志》2000年第3期
5	2007	杨胜全	《铜仁地区优势特色产业发展研究——沿河茶产业发展思考与对策》	《乌江论丛》2007年第3期
6	2009	田景涛、罗静	《铜仁地区生态茶产业建设人才培养战略初探》	《贵州茶叶》2009年第9期
7	2011	温顺位	《铜仁地区茶树雪冻灾害后的护理措施》	《中国茶叶》2011年第3期

续表

序号	发表时间/年	论文作者	论文名称	刊登刊物名称及期数
8	2011	温顺位	《茶树凝冻雪冻灾害后恢复生产技术要点》	《贵州茶叶》2011年第1期
9	2011	李明旺	《印江县无公害茶生产的土壤管理与施肥措施》	《中国茶叶》2011年第2期
10	2011	魏厚达	《科学技术促进印江茶产业发展》	《中国茶叶》2011年第10期
11	2011	冯景玺、张德静	《茶叶科技创新与茶产业可持续发展的分析》	《北京农业》2016年第1期
12	2011	何军	《沿河古茶树不同投叶量与不同杀青温度对品质的影响》	《贵州茶叶》2011年第1期
13	2011	何军	《幼龄茶园中不同作物间作效应分析》	《贵州茶叶》2011年第4期
14	2011	蒙天海	《快速发展的思南茶业》	《吉林农业》2011年第5期
15	2012	温顺位	《不同密度对黔花生4号产量及性状的影响》	《湖北农业科学》2012年第6期
16	2012	罗静	《铜仁茶栽种源流考述》	《安徽农业科学》2012年第16期
17	2012	温顺位	《铜仁市茶叶品牌整合方案探讨》	《中国茶叶》2012年第8期
18	2012	罗静、田景涛、郝翻	《茶叶生产加工技术专业人才培养模式的改革与实践——以铜仁职业技术学院为例》	《安徽农业科学》2012年第4期
19	2012	蒙天海	《思南县茶产业探讨》	《现代农业科技》2012年第16期
20	2012	张明生、陈丽娜、余正文	《15%茚虫威乳油对茶毛虫防治效果初报》	《农业灾害研究》2012年第03期
21	2013	徐代刚	《梵净山茶文化旅游发展探讨》	《农技服务》2013年第6期
22	2013	侯彦双、龙婷、张岳伦等	《贵州松桃翠芽茶的加工工艺》	《北京农业》2013年第3期
23	2013	肖楚	《梵净山茶文化旅游发展战略探讨》	《中国茶叶》2013年第12期
24	2014	温顺位、徐代刚、刘学	《铜仁市古茶树和野生茶树资源调查与保护利用》	《贵州农业科学》2014年第7期
25	2014	孟爱丽、温顺位、徐代刚等	《野生、古茶品质研究》	《广东茶业》2014年第4期
26	2014	邱涛涛、毛世红、张黎飞等	《高职茶叶加工专业校外课程实习模式实践研究——以铜仁职业技术学院为例》	《中国园艺文摘》2014年第5期
27	2014	陈永前	《铜仁市生态茶产业发展现状及对策》	《现代园艺》2014年第2期
28	2014	田景涛、温顺位、陈玲	《贵州省铜仁市有机茶发展战略研究》	《北京农业》2014年第7期
29	2014	毛世红、邱涛涛、田景涛等	《铜仁茶产业机械化发展策略初探》	《福建茶叶》2014年第6期
30	2015	刘丽红	《印江梵净山团龙贡茶文化》	《中国茶叶》2015年2期

续表

序号	发表时间/年	论文作者	论文名称	刊登刊物名称及期数
31	2015	沈世海、陈丽丹	《绿茶加工技术研究现状浅述》	《贵州茶叶》2015年第2期
32	2015	田景涛、周恒、郝翻	《铜仁市幼龄茶园不同间作模式研究》	《黑龙江农业科学》2015年第8期
33	2015	段小凤、王晓庆、李品武等	《冷驯化对茶尺蠖抗寒性生理指标的影响》	《应用昆虫学报》2015年第11期
34	2015	何军	《兰香大翠大白茶的加工工艺》	《农业科技与信息》2015年第2期
35	2015	何军	《不同投叶量及杀青温度对梵净山沿河古茶综合品质的影响》	《湖南农业科学》2015年第3期
36	2015	张宗武	《山区茶苗地膜栽培配套技术》	《现代农业科技》2015年第21期
37	2015	梁尧、叶其安	《茶叶加工过程中存在的问题及对策》	《北京农业》2015年第3期
38	2015	张泽庆	《思南幼龄茶园抚育管理技术》	《北京农业》2015年第20期
39	2015	李小立	《良种茶苗繁育技术》	《农业灾害研究》2015年第12期
40	2015	陈丽娜	《茶叶的种植和加工技术》	《农家科技》2015年第10期
41	2016	徐代刚、温顺位、刘学	《梵净山野生茶与常规茶品质比较研究》	《茶业通报》2016年第1期
42	2016	刘学、温顺位、徐代刚	梵净山卷曲形绿茶加工技术	《茶业通报》2016年第1期
43	2016	刘学、温顺位、徐代刚等	浅析铜仁市茶产业发展的问题及建议	《茶业通报》2016年第2期
44	2016	徐代刚、温顺位、刘学	铜仁市茶园管理机械化发展思考	《茶业通报》2016年第3期
45	2016	陈玲、田景涛、徐代华等	《施肥对不同茶树品种儿茶素含量的影响》	《农业工程》2016年第11期
46	2016	雷宇、李海军、刘正荣等	《石阡苔茶生产技术集成与示范》	《科技经济导刊》2016年第1期
47	2016	刘正荣、饶登祥、杨红	《石阡扁形茶连续化加工工艺研究	《科技经济导刊》2016年 第1期
48	2016	刘正荣、饶登祥、杨红	《石阡苔茶无心土苗床扦插繁育技术》	《科技经济导刊》2016年 第1期
49	2016	蒙天海	《“七化”助推思南茶产业快速发展》	《中国茶叶》2016年第11期
50	2017	刘学、温顺位、徐代刚	《沿河县古茶树红茶氨基酸组分分析》	《茶业通报》2017年第2期
51	2017	冉小蓉	《打造“茶旅一体化”助推精准扶贫》	《农技服务》2017年第2期
52	2017	刘丽红、陈林凤	《贵州茶叶质量安全追溯体系建设思考》	《贵州茶叶》2017年第2期
53	2017	黄亚琴	《沿河县花香型古茶树红茶加工工艺》	《中国茶叶》2017年第7期

续表

序号	发表时间/年	论文作者	论文名称	刊登刊物名称及期数
54	2017	李小立	《茶树病虫害绿色防控技术》	《农业与技术》2017年第10期
55	2017	侯连臻	《江口县茶树适宜种植海拔及区域初探》	《农业与技术》2017年第10期
56	2018	田景涛、陈玲、徐代华等	《贵州铜仁茶园土壤钙、镁、硫含量调查分析》	《黑龙江农业科学》2018年 第2期
57	2018	段小凤、徐小茜、田景涛等	《松桃县灰茶尺蠖发生动态研究》	《南方农机》2018年第3期
58	2018	姜星	《石阡苔茶主要病虫害绿色防控技术》	《植物医生》2018年3期
69	2018	陈玲、田景涛、侯彦双等	《贵州铜仁茶区茶园土壤主要养分调查分析》	《江苏农业科学》2018年第6期
60	2018	陈玲、田景涛、侯彦双等	《贵州铜仁茶园土壤硼、铁、铜含量调查分析》	《江西农业》2018年第8期
61	2013	陈仕学、代 鸣鲁道旺 、陈美航 、赵成刚	《梵净山3种茶叶茶多糖的含量比较分析研究》	《安徽农学通报》Anhui Agri. Sci. Bull. 2013，19（20）
62	2014	陈仕学、王 岚、代鸣、王一帆、杨芳	《超声波辅助提取石阡苔茶多糖工艺的优化研究》	《湖北农业科学》2014年第53卷第15期
63	2014	陈仕学、周曾艳、田艺、罗承琼	《微波辅助提取石阡苔茶多糖的工艺优化及稳定性研究研究》	《食品工业》2014年第35卷第10期
64	2015	陈仕学、杨 芳、陈美航	《石阡苔茶多糖的提取工艺及稳定性研究》	《广东农业科学 》2015 年第 5 期
65	2015	陈仕学 、罗承琼 、卢忠英	《开展微波辅助提取茶叶蛋白质的工艺及其性质研究》	《湖北农业科学》第 54 卷第 18 期
66	2015	陈仕学 、王一帆 、姚元勇 、鲁道旺	《响应面法优化茶渣水不溶性膳食纤维的提取及性能研究》	《食品工业科技》2015 年第 10 期
67	2018	肖楚	《梵净山茶文化》	《中国茶叶》2018年第11期

四、图书著作

① 2009年，印江县地方志编委会肖忠民主编《印江茶业志》专著，由中国方志出版社出版发行。

② 2013年，由田景涛、温顺位、潘俊青、邱涛涛、张黎飞、郝翻、侯彦双等人共同编写的《无公害茶树栽培技术》教材，由中国农业出版社出版发行。

③ 2013年，由毛世红、邱涛涛、代小红、曾良等人共同编写的《茶艺》，由中国农业出版社出版发行。

④ 2013年，由铜仁职业技术学院邱涛涛、毛世红、潘科、田景涛、张黎飞、侯彦

双、徐代华等人编写的《现代茶叶机械使用及维护技术》，由中国农业出版社出版发行。

⑤ 2015年，由温顺位主编，李庆军、帅永华、徐代刚、刘学作为副主编编写的《梵净山茶品牌综合标准体系》专著，由中国标准出版社出版发行（图13-31）。

⑥ 2015年，由石阡县茶叶管理局、石阡县文学艺术联合会牵头主编的《石阡苔茶文集》，由北京团结出版社出版发行（图13-32）。

⑦ 2016年，由铜仁职业技术学院张景春、涂登宏、田景涛、田青、罗松乔等人编写的《梵净山茶文化概论》，由中央广播电视大学出版社出版发行。

图 13-31《梵净山茶品牌综合标准体系》封面（徐代刚提供）

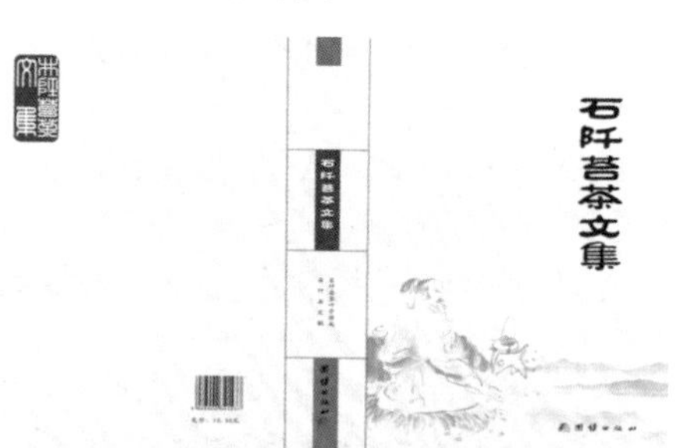

图 13-32《石阡苔茶文集》封面（石阡县茶业协会提供）

五、专　利

据不完全统计2008—2018年期间，全市茶叶企业、科研院所、行业组织等获得发明专利、实用新型专利49件，详见表13-2。

表13-2　铜仁市茶产业代表性专利

序号	申请单位	申请号 / 专利号	发明人	专利名称	申请日 / 授权日	专利类型	专利状态
1	贵州梓华生态茶业有限公司	201410416462.1	刘正荣、饶登学、饶登祥、饶煜	石阡苔茶品种工夫红茶制作工艺	2014-08-22	发明专利	授权
2	贵州芊指岭生态茶业有限公司	201410585994.8	田洪玉、梁成艾	一种野生苔茶的手工扁茶工艺	2014-10-28	发明专利	授权
3	贵州铜仁和泰茶业有限公司	201510353414.7	丁一琳	一种岩茶的加工方法及其做青工序使用的做青机	2015-06-24	发明专利	授权
4	贵州铜仁和泰茶业有限公司	201210186940.5	沈文永、吴超、吴仲珍等	一种杜仲叶袋泡茶及其制作方法	2012-06-08	发明专利	授权
5	贵州铜仁和泰茶业有限公司	201310552630.5	黄平、黄莉等	雨茶的加工方法	2016-11-09	发明专利	授权
6	贵州铜仁和泰茶业有限公司	201110446826.7	黄莉、沈文永、吴超、陈转红等	一种刺梨叶袋泡茶及其制备方法	2011-12-28	发明专利	授权

续表

序号	申请单位	申请号 / 专利号	发明人	专利名称	申请日 / 授权日	专利类型	专利状态
7	贵州铜仁和泰茶业有限公司	201310641501.3	黄平、黄莉等	一种速溶茉莉花茶的制备方法	2016-12-03	发明专利	授权
8	贵州铜仁和泰茶业有限公司	201310644157.3	黄平、黄莉等	一种速溶普洱茶的制备方法	2016-12-03	发明专利	授权
9	贵州铜仁和泰茶业有限公司	201310641568.7	黄平、黄莉等	一种速溶红茶的制备方法	2016-12-03	发明专利	授权
10	贵州铜仁和泰茶业有限公司	201310673949.3	黄平、黄莉等	一种速溶绿茶的制备方法	2016-12-11	发明专利	授权
11	江口县铜江生物科技有限公司	201510357681.1	姚琼、李寿波、唐新国	一种绿茶的加工方法	2015-06-25	发明专利	授权
12	贵州江口净园春茶业有限公司	201320382878.7	郑晓锋	一种茶叶摊凉装置	2016-12-25	实用新型专利	授权
13	贵州江口净园春茶业有限公司	201520564008.0	郑晓锋	一种带有梳理功茶叶物料输送板	2015-12-2	实用新型专利	授权
14	贵州江口净园春茶业有限公司	201520563776.4	郑晓锋	一种能自动震动的茶叶物料盛装装置	2015-12-2	实用新型专利	授权
15	贵州江口净园春茶业有限公司	201520563928.0	郑晓锋	一种茶叶做形机入口的梳理刷	2016-1-6	实用新型专利	授权
16	贵州江口净园春茶业有限公司	201520563542.X	郑晓锋	一种茶叶做形挤压设备	2016-1-6	实用新型专利	授权
17	贵州江口净园春茶业有限公司	201520563796.1	郑晓锋	一种茶叶做形设备	2016-1-6	实用新型专利	授权
18	贵州江口净园春茶业有限公司	201520563827.3	郑晓锋	一种茶叶物料斗用的弹簧伸缩装置	2016-3-30	实用新型专利	授权
19	贵州江口净园春茶业有限公司	201520563755.2	郑晓锋	一种茶叶盛装物料斗	2016-3-30	实用新型专利	授权
20	贵州江口净园春茶业有限公司	201520563675.4	郑晓锋	一种茶叶做形一体化设备	2016-3-30	实用新型专利	授权
21	贵州江口净园春茶业有限公司	201520563477.0	郑晓锋	一种安装于茶叶做形机入口的传送装置	2016-3-30	实用新型专利	授权
22	贵州江口净园春茶业有限公司	201520563970.2	郑晓锋	一种带有钢丝刷的茶叶做形设备	2016-5-4	实用新型专利	授权
23	贵州铜仁和泰茶业有限公司	201120055606.7	梁毅	饮品机的送料装置	2011-03-04	实用新型专利	授权

续表

序号	申请单位	申请号 / 专利号	发明人	专利名称	申请日 / 授权日	专利类型	专利状态
24	贵州铜仁和泰茶业有限公司	201320649293.7	黄平、黄莉等	茶饮机料盒用送料转轴	2016-10-21	实用新型专利	授权
25	贵州梵锦茶业有限公司	201820158577.9	姜巍	一种茶叶炒制装置	2018-01-31	实用新型专利	授权
26	贵州梵锦茶业有限公司	201820158585.3	姜巍	一种风力抛散式茶叶散离装置	2018-01-31	实用新型专利	授权
27	贵州梵锦茶业有限公司	201820158576.4	姜巍	一种红茶高效分级发酵装置	2018-01-31	实用新型专利	授权
28	贵州梵锦茶业有限公司	201820158581.5	姜巍	一种茶叶高效发酵装置	2018-01-31	实用新型专利	授权
29	贵州梵锦茶业有限公司	201820158582.X	姜巍	一种茶叶发酵装置	2018-01-31	实用新型专利	授权
30	贵州梵锦茶业有限公司	201820158578.3	姜巍	一种立体茶叶提取装置	2018-01-31	实用新型专利	授权
31	贵州梵锦茶业有限公司	201820158596.1	姜巍	一种茶叶提取发酵罐	2018-01-31	实用新型专利	授权
32	贵州梵锦茶业有限公司	201820158583.4	姜巍	一种茶多酚浓缩提取装置	2018-01-31	实用新型专利	授权
33	贵州梵锦茶业有限公司	201820158584.9	姜巍	一种茶叶精油提取设备	2018-01-31	实用新型专利	授权
34	贵州百福源生态农业发展有限公司	201520788793.8	杨彪、卢猛、白彩文	一种带有称量的萎凋装置	2015-10-12	实用新型专利	授权
35	贵州百福源生态农业发展有限公司	201520822713.6	杨彪、卢猛、白彩文	一种基于雨水发电的茶叶烘干装置	2015-10-12	实用新型专利	授权
36	贵州百福源生态农业发展有限公司	201520822703.2	杨彪、卢猛、白彩文	一种基于雨水动能发电的茶叶烘干装置	2015-10-12	实用新型专利	授权
37	贵州百福源生态农业发展有限公司	201520821670.X	杨彪、卢猛、白彩文	一种基于弯道的茶叶烘干装置	2015-10-12	实用新型专利	授权
38	贵州百福源生态农业发展有限公司	201520822931.X	杨彪、卢猛、白彩文	一种基于太阳能发电的茶叶烘干装置	2015-10-12	实用新型专利	授权
39	贵州百福源生态农业发展有限公司	201520822702.8	杨彪、卢猛、白彩文	一种基于太阳能的茶叶揉捻机供电装置	2015-10-12	实用新型专利	授权
40	贵州百福源生态农业发展有限公司	201520830917.4	杨彪、卢猛、白彩文	一种基于雨水动能发电的茶叶揉捻机供电装置	2015-10-12	实用新型专利	授权

续表

序号	申请单位	申请号/专利号	发明人	专利名称	申请日/授权日	专利类型	专利状态
41	贵州百福源生态农业发展有限公司	201520830917.4	杨彪、卢猛、白彩文	一种萎凋床翻松架	2015-10-12	实用新型专利	有权
42	贵州百福源生态农业发展有限公司	201520830917.4	杨彪、卢猛、白彩文	一种萎凋自动控制装置	2015-10-12	实用新型专利	授权
43	贵州百福源生态农业发展有限公司	201520830917.4	杨彪、卢猛、白彩文	一种红茶粉碎装置	2015-10-12	实用新型专利	授权
44	贵州百福源生态农业发展有限公司	201520830917.4	杨彪、卢猛、白彩文	一种带有可转动萎凋床的萎凋装置	2015-10-12	实用新型专利	授权
45	石阡县夷州贡茶有限责任公司	ZL 2015 2 C563480.2	王飞	一种红茶发酵室	2016-3-30	实用新型专	授权
46	石阡县夷州贡茶有限责任公司	ZL 2015 2 0563508.2	王飞	一种绿茶挤压成型设备	2016-3-0	实用新型专	授权
47	石阡县夷州贡茶有限责任公司	ZL 2015 2 0563707.3	王飞	一种萎调床热风燃烧室	2016-3-30	实用新型专	授权
48	石阡县夷州贡茶有限责任公司	ZL 2015 2 0563836.2	王飞	一种萎调热风供给装置	2016-3-30	实用新型专	授权
49	贵州祥华生态茶业有限公司	ZL 2017 2 1670467.2	饶登学、饶登祥、马秀玲、席龙燕	一种茶叶揉捻设备	2019-7-9	实用新型专	授权

第六节　铜仁茶叶标准

为实现梵净山茶全程清洁化标准化生产，提高梵净山茶质量和产量，增强梵净山茶产品市场竞争力。2011—2014年，由铜仁市茶叶行业协会牵头开展梵净山茶标准体系研究，制定《梵净山茶品牌综合标准体系》。2015—2018年，在铜仁市开展《梵净山茶品牌综合标准体系》的推广应用，实现梵净山茶标准化、规范化、规模化、品牌化、产业化发展。

一、铜仁茶叶标准体系

2011年，由温顺位主编，铜仁市茶叶行业协会牵头，铜仁市质量技术监督检测所、铜仁职业技术学院、铜仁市植保站、铜仁市土肥站等单位参与制订《铜仁市茶叶标准技术规程》，建立了涵盖茶树育苗、茶园规划、茶叶种植、管理、采摘、加工、检测、包装、销售、冲泡品饮等从“茶园”到“茶杯”各个环节的标准化体系，于2012年1月1日由铜仁市质量技术监督局发布实施，填补了铜仁市茶叶标准化生产技术的空白。2014—2015年，根据贵州省人民政府、贵州省农业委员会关于做好全省十大产业地方标准制修订工作要求，结合市场需求的变化和茶叶机械设备的更新，为了适应企业生产和市场需求，铜仁市茶叶行业协会牵头组织铜仁市质量技术监督检测所、贵州松桃梵净山茶叶有限公司等10余家单位对《铜仁市茶叶标准技术规程》进行了修订，制订了42个地方标准构成的《梵净山茶品牌综合标准体系》，详见表13-3，其中《梵净山针形绿茶加工技术规程》等8项标准由市级地方标准上升为省级地方标准，于2015年2月15日由贵州省质量技术监督局、贵州省农业委员会发布实施，2018年12月，修订了标准体系中的30个标准，修订后的《梵净山茶品牌综合标准体系》完整性、科学性、合理性、实用性、指导性更强，形成了铜仁市科学、合理、统一的梵净山茶公共品牌综合标准体系，使梵净山茶的生产、加工、经营、品饮等环节有标准可依、有规范可循，详见表13-3。

表13-3　制订发布《梵净山茶品牌综合标准体系》

类别	标准名称	标准编号
综合标准	梵净山 茶综合标准	DB5206/T02—2018
基础标准	① 梵净山 茶叶全程清洁化技术规程	DB5206/T03—2018
	② 梵净山 茶叶产品质量安全追溯操作规程	DB5206/T04—2018
种植技术标准	① 梵净山 无公害茶叶产地环境条件	DB5206/T05—2018
	② 梵净山 有机茶叶产地环境条件	DB5206/T06—2018
	③ 梵净山 茶树无性系良种短穗扦插繁育技术规程	DB5206/T07—2018
	④ 梵净山 无公害茶叶栽培技术规程	DB5206/T08—2018
	⑤ 梵净山 有机茶叶栽培技术规程	DB5206/T09—2018
	⑥ 梵净山 标准茶园建设技术规程	DB5206/T10—2018
	⑦ 梵净山 低产茶园改造技术规程	DB5206/T11—2018
	⑧ 梵净山 茶叶机械化采摘技术规程	DB5206/T12—2018
	⑨ 梵净山 无公害茶园土壤管理及肥料使用技术规程	DB5206/T13—2018
	⑩ 梵净山 无公害茶园农药使用技术规程	DB5206/T14—2018
加工技术标准	① 梵净山 茶叶鲜叶分级标准	DB5206/T15—2018
	② 梵净山 茶叶加工场所基本条件	DB5206/T16—2018
	③ 梵净山 无公害茶叶加工技术规程	DB5206/T17—2018
	④ 梵净山 茶叶初精制加工技术规程	DB5206/T18—2018

续表

类别	标准名称	标准编号
加工技术标准	⑤ 梵净山 梵净山绿茶加工技术规程	DB5206/T19—2018
	⑥ 梵净山 针形绿茶加工技术规程	DB52/T 1007—2015
	⑦ 梵净山 扁形绿茶加工技术规程	DB5206/T20—2018
	⑧ 梵净山 卷曲形绿茶加工技术规程	DB52/T 1009—2015
	⑨ 梵净山 直条形毛峰绿茶加工技术规程	DB5206/T21—2018
	⑩ 梵净山 颗粒形绿茶加工技术规程	DB52/T 1011—2015
	⑪ 梵净山 红茶加工技术规程	DB52/T 1016—2015
	⑫ 梵净山 红碎茶加工技术规程	DB5206/T22—2018
	⑬ 地理标志产品 石阡苔茶加工技术规程	DB52/T 1014—2015
产品标准	① 梵净山 针形绿茶	DB52/T 1006—2015
	② 梵净山 卷曲形绿茶	DB52/T 1008—2015
	③ 梵净山 颗粒形绿茶	DB52/T 1010—2015
	④ 梵净山 红茶	DB52/T 1012—2015
	⑤ 梵净山 绿茶	DB52/T 470—2011
	⑥ 地理标志产品 梵净山翠峰茶	DB52/T 469—2011
	⑦ 地理标志产品 石阡苔茶	DB52/T 532—2015
检验方法标准	① 梵净山 无公害茶叶企业检验、标志、包装、运输及贮存标准	DB5206/T23—2018
	② 梵净山 名优绿茶审评规范	DB5206/T24—2018
	③ 梵净山 名优红茶审评规范	DB5206/T25—2018
销售服务管理标准	① 梵净山 茶青市场建设与交易管理规范	DB5206/T26—2018
	② 梵净山 茶叶销售管理指南	DB5206/T27—2018
	③ 梵净山 茶叶冲泡品饮指南	DB5206/T28—2018
	④ 梵净山 茶楼茶馆业服务规范	DB5206/T29—2018
	⑤ 梵净山 茶楼茶馆分级标准	DB5206/T30—2018
	⑥ 梵净山 茶公用品牌使用管理规范	DB5206/T31—2018

2015年,《梵净山茶品牌综合标准体系》在铜仁市7个茶叶主产县推广实施，推动了梵净山茶标准化、规范化、规模化、品牌化、产业化发展，促进了铜仁市生态茶产业发展转型升级。

二、铜仁梵净山茶综合标准体系宣贯推广应用

（一）梵净山茶标准宣贯

2015—2018年，贵州省茶叶研究所、贵州省质量技术监督局、铜仁市茶叶行业协会、铜仁市质量技术监督局、铜仁市农产品质量检测中心等单位专家，采取举办现场培训班、发放标准实物样、发放标准文本及技术手册、制作种植及加工教学视频等多种形式，在铜仁市7个茶叶主产县开展梵净山茶标准宣贯培训，举办培训72期，培训人数5500余人次，贯标企业460余家，发放资料6500余份，开展梵净山茶品牌标准宣贯，提高了梵净山茶标准化加工技术，促进了梵净山茶标准化、清洁化、品牌化、规模化发展（图13-33、图13-34）。

图 13-33 梵净山茶品牌标准宣贯培训会
（徐代刚提供）

图 13-34 梵净山茶品牌综合标准宣贯培训会
（徐代刚提供）

（二）梵净山茶标准化示范区

2015—2018年，铜仁市7个茶叶主产县建设梵净山茶标准化示范区5.82万hm^2。2015—2018年期间，经组织农业、统计等部门专家现场测产：梵净山茶标准化示范区茶园平均每亩茶青产量311.6kg、生产干茶69.25kg，与非示范区相比，示范区茶园每亩茶青产量平均增加79.25kg，干茶产量增加17.61kg，茶青产量和干茶产量分别增长30.48%、34.1%，示范区茶园每亩平均产值6030.12元，比非示范区茶园平均每亩增加产值1533.58元（图13-35）。

图 13-35 梵净山茶标准化示范区茶园基地（徐代刚提供）

（三）梵净山茶标准化生产加工

2015—2018年，梵净山茶标准宣贯企业引进茶叶清洁化生产加工机械2000余台（套），改建、扩建清洁化、标准化厂房6.5万m^2（图13-36），生产梵净山茶8275.4t，梵净山茶产品经农业部茶叶质量检测中心、贵州省农产品质量检测中心检测：抽检茶

叶产品品质良好，无农残和重金属超标，水浸出物含量为41%~58%，茶多酚含量为8.7%~23.5%，氨基酸含量为3.1%~10.6%，总灰分含量≤6.5%，粗纤维含量5.2%~9.0%，各项指标均符合国家标准及梵净山茶地方标准，产品质量检测合格率为100%。

（四）梵净山茶品牌知名度和影响力提升

通过开展梵净山茶品牌标准宣贯及推广应用，梵净山茶品牌知名度和影响力进一步提高，2015年，梵净山茶被国家工商总局认定为“中国驰名商标”；2016年，梵净山茶被农业部批准为“国家农产品地理标志保护产品”，在第八届“中绿杯”中国名优绿茶评比活动中“梵净山茶”获授“推荐绿茶公共品牌”荣誉称号（图13–37）；2018年，在中国茶叶区域公用品牌价值评估中，梵净山茶品牌排名全国第31位，品牌价值19.86亿元，与2014年梵净山茶品牌标准推广实施前相比，梵净山茶品牌排名上升30位、品牌价值增加14.83亿元。

图 13–36 梵净山茶标准化、清洁化生产加工（徐代刚提供）

图 13–37 在第八届“中绿杯”中国名优绿茶评比活动中“梵净山茶”获授“推荐绿茶公共品牌”荣誉称号（徐代刚提供）

喜获丰收（摄影：李庆红）

第十四章 铜仁茶产业助推脱贫攻坚

第一节 铜仁茶产业助推脱贫攻坚概述

产业扶贫是提升深度贫困地区自我发展能力的根本举措。茶产业发展既能促进农民增收，又能加快脱贫致富步伐，有利于加强生态保护、推动绿色发展，是守住发展和生态两条底线的战略选择。茶产业是铜仁市发挥自然资源优势，实现“绿水青山”为“金山银山”，贫困地区脱贫攻坚的重要产业之一。

2007年，铜仁地委、行署出台《关于加快生态茶产业发展的意见》以来，铜仁市各级各部门认真履职，全力抓好各项政策措施落实，整合资源、合力推动，铜仁市茶产业实现了从规模数量增长型向质量效益型的转型发展，茶产业凸显了铜仁市现代山地特色高效农业后发赶超的优势产业、具有较强市场竞争力的支柱产业和引领农民脱贫增收的富民产业，在促进全市产业扶贫、助推全市脱贫攻坚、实现同步小康进程中发挥了重要作用。

一、石阡县茶产业助推脱贫攻坚成效

石阡县把茶产业作为脱贫攻坚的主导产业，围绕“优基地、稳规模、扩市场、兴质量、创品牌、保干净”的发展思路，以农业增效、农民增收、农村增绿为出发点和落脚点，着力将茶产业打造成乡村振兴的特色产业、转型升级的康养产业，切实有效推进茶产业快速健康发展。“石阡苔茶”获得“贵州三大名茶”“中国驰名商标”和“国家地理标志保护产品”等20多项荣誉称号，茶产业成为助推脱贫攻坚的长效产业。2018年，石阡县涉茶人员18.9万人，涉茶贫困户年人均增收2445元，覆盖带动贫困人口增收，脱贫成效明显。

二、印江县茶产业助推脱贫攻坚成效

印江县利用武陵山脉主峰、国家级自然保护区梵净山资源，适宜茶树生长的自然环境，把发展投向既可得经济效益，又可获得生态效益、景观效益的茶产业，茶产业使农民收入大幅增加，走出了一条特色产业富民之路。全县把实现人均一亩茶园作为茶产业发展目标，坚持“系统化推进，规模化建设、组织化生产、有效化投入、绿色化发展、市场化营销”的原则，从“规模、管理、品牌、利益、联结”五个方面着手，引领农民发展茶产业。全县开展脱贫攻坚五年来，茶产业发展迅速，覆盖全县17个乡镇，183个村，1098个村民组，茶产业成为全县农户增收致富的主导产业。2018年，全县涉茶农业人口人均可支配收入9638元，比全县农业人口人均可支配收入8875元多增收763元，全县涉茶贫困户脱贫人数0.481万人，涉茶贫困户人均增收2850元。

三、松桃县茶产业助推脱贫攻坚成效

松桃县是贵州省茶产业发展重点县、全国茶叶科技示范基地县、中国名茶之乡、全国重点产茶县百强县，茶产业对促进全县经济社会发展和带动农村居民就业发挥了重要作用。全县脱贫攻坚战期间，以创建国家农业绿色发展先行区为契机，把茶产业列为重要的生态产业、经济产业和扶贫产业，推进茶产业一二三产业融合发展，通过一二三产业带动贫困户增收，二三产业增收带动农户及贫困户的能力增强。统筹推进新老茶区产业发展，推进标准化茶园建设，利用基地资源促进全县茶叶加工业发展，茶叶加工带动基地建设，着力配套冷链物流建设，大力拓展县内、县外和出口销售市场，利用“互联网+”“苗家购”“茶叶淘宝村”等电商平台销售，促进茶产业一二三产业融合发展。截至2018年，全县茶园面积1.53万hm^2，茶叶企业、合作社52家，茶产业带动16.88万人增收，其中带动贫困人口1.48万人脱贫。

四、沿河县茶产业助推脱贫攻坚成效

沿河县为农业大县，茶产业是主导产业和扶贫产业之一，茶产业涉及生产、加工、销售等环节，产业链条长，对调整产业结构、解决社会就业、维持社会稳定、助推脱贫攻坚意义重大。截至2018年底，沿河茶叶面积1.34万hm^2，涉及全县20个乡镇，184个村，1281个村民组，2.8136万农户4.58万人，投产茶园面积10000hm^2，实现茶叶产量1.32万t，产值15.2亿元，带动贫困户脱贫1.28万户3.24万人，贫困户实现年均收入6800元。

五、德江县茶产业助推脱贫攻坚成效

茶产业是德江县“五大扶贫产业”之一，全县以“一带两合作”有效补充（即：老园区带动新园区发展、长短产业相结合、种植管护相融合），以“六化”为主要途径（产业规模化、合作社公司化、产品效益品牌化、种管产销储一体化、产业链条延伸化、群众利益覆盖全员化），建立以点带面，多点辐射的产业辐射，将茶产业促进脱贫攻坚效益辐射到贫困村，为先富带动后富提供实践样板。茶产业涉及14个乡镇，157个行政村，涉茶人数11.05万人。截至2018年底，全县实现茶叶产量1.3万t，产值12.9亿元，带动贫困户1.39万人，涉茶贫困户年人均增收2421元。

六、思南县茶产业助推脱贫攻坚成效

2008年以来，思南县大力实施“以茶名县、以茶富县”发展战略，全县规划张家寨、大坝场和香坝三大茶区，实施扩规模、稳质量、强龙头、求创新、助脱贫的措施。截至2018年底，在张家寨镇、鹦鹉溪镇、宽坪乡、许家坝镇、香坝镇、长坝镇、合朋溪镇、枫芸乡、青杠坡镇、思林乡、大河坝镇、亭子坝镇、大坝场镇、孙家坝镇、凉水井镇、关中坝办事处、塘头镇、邵家桥镇、瓮溪镇、天桥乡20个乡镇种植茶园1.25万hm^2，打造成为“全国重点产茶县”，成功创建国家级出口茶叶质量安全示范区，全县公共品牌“思南晏茶”为国家地理证明商标。

2014—2018年期间，思南以脱贫攻坚为统领，将生态茶发展为全县主导产业之一。全县茶产业带动农户人口数从10万人增加到了16万人，带动贫困人口数从2.8万人增加到4.4万人，覆盖的农村人口数占全县农业人口数的16.66%，带动贫困人口占全县贫困人口的25%，茶产业效益从2014年的2.7亿元增加到7.5亿元。全县茶产业带动茶区农户户均增收5000元以上，人均增收1500元以上，到2018年人均增收达到了2700多元。

七、江口县茶产业发展助推脱贫攻坚成效

江口县从2007年大力发展生态茶产业以来，在县委、县政府高度重视及各级各部门的大力支持下，茶产业快速发展。江口县建成生态茶叶基地1.05万hm^2，建成万亩茶叶乡镇5个，万亩茶叶示范区4个，发展茶叶企业101个，茶叶专业合作社89个，培育省级产业化龙头企业3家，省级扶贫龙头企业6家，建设茶叶加工厂41家。2017年，江口县坚持把茶产业作为助力脱贫攻坚的主导产业之一，江口县人民政府出台了《江口县生态茶产业发展助推脱贫攻坚三年行动方案（2017年秋至2020年）》《江口县2017年精准实施产业扶贫实施方案的通知》，采取“政府引导、整合资源、集中连片、规模发展”的总体发展思路，通过“龙头企业+农民合作社+农户”的生产经营模式，以农民增收、企业增效为出发点和落脚点，引领茶产业全产业链发展，促进江口县茶产业转型升级，江口县茶叶企业参与“千企帮千村”活动，通过辐射带动、土地流转、吸纳就业、入股分红、合作发展、技术培训、定点帮扶、包户帮扶、爱心帮扶等多种帮扶模式，直接带动46个贫困村、4114户精准扶贫户、1.3万人就业创业，实现人均增收4300元。

第二节　铜仁茶产业助推脱贫攻坚模式

一、辐射带动

辐射带动是指茶叶企业带动周边合作社及农户发展茶产业，合作社及农户按照企业要求，通过按标生产，茶青由企业统一按高于市场价收购加工销售，企业与合作社及农

户互赢互惠，建成较为紧密的利益共同体。

石阡县采取“龙头企业+村集体经济组织（专业合作社）+农户”的带动模式，实行“五统一分”经营模式（统一规划、统一土地入股、统一整地、统一定植、统一技术管理）、分区经营（基地联结龙头企业），整合项目资金、信贷资金投资建设茶叶基地；按照“622”比例进行分红，即公司占20%、村集体经济组织（合作社）占20%、农户占60%；鼓励茶农、种茶大户、企业采取先建、先管后补的方式，按标准种植茶园，一次性按投资公司投入标准补助，3年管护成园，仍按投资公司的投入标准进行奖励。村集体经济组织（合作社）占20%股份分红部分按照“6211”利益分配机制进行再分配。

印江县采取“龙头企业+区域中心茶企业+小微茶企业（合作社、家庭农场）+农户”的模式，龙头企业统一配置的资金，茶园统一管理、茶叶统一加工、统一产品收购、统一市场销售。成立贵州印江宏源农业综合开发有限责任公司，为集团股份制企业，政府资金配置给集团企业，资金由龙头企业申请，按实际需求投放区域中心企业，区域中心企业投放给小微企业（合作社、家庭农场）。茶叶产品由集团公司按订单分配给区域中心企业，区域中心企业分配给小微企业（合作社、家庭农场）。企业生产加工，收购农户茶青，做到茶青能采尽采，促进小微企业（合作社、家庭农场）茶农茶园管护积极性，实现龙头企业与区域中心企业、小微企业（合作社、家庭农场）农户互赢互惠，带动农户增收致富。

松桃县采取“龙头企业+合作社+农户”经营模式，茶叶龙头企业在自有茶叶基地聘用大量贫困劳动力管护茶园、采摘茶青支付工资，通过带动周边合作社及农户发展茶叶基地，按照企业质量标准，订单交售茶青给茶叶企业，收购单价略高于同期市场价，企业与合作社、农户互赢互惠，形成较为紧密的利益共同体，实现合作社有稳定效益和带动农户增收。

沿河县采取“企业+农户+基地”发展模式，农户将自建茶园茶青采摘按市场价格出售给茶叶加工企业，农户按照企业要求进行茶园管护、施肥，农户按标施肥、按标采摘。农户每亩茶园收入在4000~6000元，是种植其他传统粮食作物的3倍左右，每户农户种植茶园0.4~10hm^2，农户年茶青收入2万元左右，种植规模大的农户年茶青收入十多万元，种植茶园的农户成为第一批脱贫的贫困户。

德江县采取“公司+合作社+农户”模式，茶叶企业对贫困农户的茶青实行以不低于市场价保护价收购。茶青收益按企业30%（其中企业按5%的比例提取给村集体扶持贫困户），合作农户70%的比例分配，贫困农户每年每亩茶园增收6000元以上。

思南县采取“精制加工企业+初加工企业+村集体经济组织+农户”的经营模式，围绕三大茶区、产业融合区、核心基地等引进、培育龙头企业，辐射带动周边乡村。引进英国太古公司在思南成立詹姆斯芬利茶业公司，引进联合利华公司在思南成立茶润天下茶业公司，加工出口精制茶叶，通过大量收购当地茶企加工的半成品，解决当地茶企的茶叶销售，带动茶区企业不断提高茶叶下树率，提升产品质量，增加效益；以园区为载体，开展招商引资和东西部协作，促进茶叶企业集聚，鼓励企业扩大加工规模，建立高标准示范基地，为周边乡村提供茶叶生产技术服务，提供茶青产销合作，激发茶产业发展动力；以村集体经济组织为平台，争取产业扶贫资金、项目和政策，引导农户土地流转或土地入股连片发展茶产业。

江口县采取“龙头企业+联盟企业+合作社+农户”经营模式，采取“精扶贷”利益联结方式。以贵州铜仁贵茶茶叶股份有限公司与贵州江口鑫繁生态茶业有限公司、贵州江口净园春茶业有限公司等18家联盟企业签订合同，负责对生产的合格产品保护价收购。联盟企业负责收购合格茶青，合作社负责农户、社员茶青收购，农户或社员负责做好基地建设和管理，以鼓励周边贫困农户以“精扶贷”资金入股企业，由茶叶企业统一生产管理，经营利润按贫困农户60%、龙头企业30%、村集体经济组织10%的比例分红，建立“优势互补、平等互利、合作发展”的利益连接机制，实现企业与农户“双赢”。

二、吸纳就业带动

石阡县建档立卡贫困户，通过土地流转、就近务工和入股分红等方式，多渠道增加茶农收入。抓技能培训拓展就业岗位。开展茶叶种植、茶园管护、茶叶加工、销售等技能培训，提升茶产业从业人员技能，提高就业率。形成“培训促转移、转移就业促增收”的扶贫新模式，实现一人就业脱贫一家的目标。

印江县采取雇佣农户到茶园和茶叶企业务工获取劳动报酬，月工资4000元左右。带动6.8万人从事茶青采摘和茶园管理；带动2000人从事茶叶初精加工；带动200人从事茶园机械化管理和采摘；带动1500人从事茶叶营销；带动部分残疾人、退伍军人、返乡农民工等从事茶园基地建设和新办茶叶企业。

松桃县采取租赁贫困户土地，又返聘适合岗位务工就业，贫困户获得稳定的土地租金和工资收入。对有劳动力贫困户种植茶园，由企业向贫困户无偿提供茶苗、肥料和技术，签订茶青收购合同，带动贫困户就地就近就业增收。对没有土地又没有劳动技能的贫困户，企业提供长期稳定的田间管护、茶青采摘等就业岗位，实现就业增收。

沿河县采取流转农户土地，吸纳农户到企业茶叶基地、茶叶加工厂就业，全县茶叶企业在茶叶生产、加工、销售等环节创建1000多个长期就业岗位，茶园管护、茶叶采摘等环节每年带动农户季节性用工达10万人以上，有管理能力和技术贫困户可到企业就业，年经济收入5万~10万元，季节性就业的贫困户年经济收入5000~12000元。企业吸纳周边贫困户就业，贫困户通过土地流转、就业劳务收入实现稳定脱贫。

德江县采取“公司+基地+贫困户”的经营模式，按照“土地流转贫困农户优先”的原则，贫困农民工安排到企业就业，培训上岗，确保失地贫困农户有稳定收入来源。贫困农户季节性临时工参与茶园种植、田间管理、茶青采摘等，日工资不低于80元，茶区贫困农户实现稳定脱贫。

思南县采取优先安排贫困户就业，参与田间管理、茶青采摘，参与茶叶加工和销售，参与旅游接待或餐饮服务，有效促进了农民就近就业，既增加了收入，又照顾了家庭。茶园田间管理和茶青采摘等劳动强度不大、技术含量不高，为年龄较大的老人提供了就业机会，为中小学学生假期提供了社会实践机会。

江口县采取吸纳农户务工的方式，企业聘请农民为企业合同制员工，从事生产管理、行政管理、产品加工、市场销售等工作，带动农户增收。

三、入股分红带动

入股分红是指合作社或农户将茶园、资金等入股到企业，参与企业经营，按保底分红，分享入股企业带来的红利。

石阡县采取工程建设和先建后补的方式，即“公司+村级集体经济组织（专业合作社）+农户”的经营模式，实行统一建设，集中管护3年，3年后茶园和茶园中套种的绿化苗木、蔬菜、中药材按照6∶2∶2的比例分红。其中企业占20%、村级集体经济组织（专业合作社）占20%、农户占60%。村级集体经济组织（专业合作社）占20%分红，部分可按照“6211”利益分配机制进行再分配，即60%贫困户分红，20%村集体经济组织，10%管理报酬，10%村级公益事业和贫困农户盈余分红。

印江县采取“合作社+农户”的带动方式，农户以土地或茶园入股，合作社提供技术指导和茶青高于市场价收购，合作社把茶叶产品销售产生利润，按照8299模式分红，即利润82%分红给入股农户，利润9%用于项目区贫困户救济补助或奖励，利润9%用于合作社办公和管理人员奖励；如兰香茶叶专业合作社，2017年、2018年，带动新坪、卷子、撕栗、新寨村集体经济分红24.6万元，辐射带动农户800多户。

松桃县采取“合作社+农户”的带动方式，农户将土地入股到合作社，参与合作社经营，除保障土地流转、参与劳务收益外，合作社产生收益还可分享入股合作社社员红利。2017年，在7个乡镇9个村试点村集体成员（贫困户）集中入股茶叶企业入股分红，安排了229万元财政项目资金，折股量化集中入股11家茶叶企业、合作社经营分红，签订入股经营协议书，入股贫困户458户1800人。分红比例按入股资金的10%分红，连续3年分红，每年贫困户获得稳定的收益。

沿河县以“企业+合作社+农户”的带动方式，利用“精扶贷”贷款，以贫困户的名义在银行贷款，每位贫困户户头限额贷款5万元，企业需要发展资金与县扶贫办、银行机构、贫困户签订协议，每月支付贫困户7.2%的分红资金，每户贫困户年入股分红3600元，贷款到期的企业偿还本金。全县“精扶贷”资金的茶叶企业有贵州韵茗春茶业有限公司、沿河县懿兴生态茶业有限公司等12家，全县企业“精扶贷”资金3000万元，入股贫困户600户，年贫困户入股分红资金216万元。

德江县采取“企业+村集体经济+贫困户”带动方式，贫困村以中央财政扶贫专项资金入股茶叶企业，按照投资比例分红给村集体经济，再由村集体经济分发到贫困户。

思南县采取“农投公司+村集体经济+合作社+农户”的带动模式，采取土地入股分红，土地流转租金两种方式。大坝场镇在12个村推行“农投公司+村集体经济+合作社+农户”参股模式，村集体经济组织、专业合作社按4100元/亩分期向农投公司申请贷款入股，农户以土地流转费（耕地300元/亩、荒地200元/亩）按20年期限折价入股。茶园投产盈利，原始资金（含折算）打捆为总投资实行入股分红。资金折股量化分红，思南县创新财政项目资金使用机制，项目资金注入村集体、折股量化到农户、集中入股到企业，强化利益联结；既解决企业资金不足，又保障农民获得茶叶有增值收益，实现村级集体经济不断壮大、农民稳定增收、企业持续发展“三赢”目标。2016—2017年，实施农村一二三产业融合发展项目，项目资金580万元折股量化资金到村集体、合作社等企业，年度按入股金额的5%作为村入股红利，村委从中提取20%作为村级集体经济积累，80%分配给农户；2018年，全县推行利润二次分红方式，即村集体经济组织发展的茶产业产生利润，可对参与茶园建设、管护和茶青采摘的农户，以其劳务量等为依据，从利润中提取一定比例奖励性分红，优先贫困户务工，提高分红比例；思南县人民政府通过财政扶贫专项资金项目支持茶产业，从实施项目当年起，每年将提取项目总资金的5%~8%用于项目实施村贫困户分红。

江口县采取“村集体经济+合作社+农户”带动模式，采取“6211”利益联结方式（收益部分60%用于贫困户分红和村级公益事业，20%用于村集体发展滚动资金、10%用于参与集体经济管理的村干部工资、10%用于村干部奖励），出台相应的配套、补助政策，建立信息互用、资源互用、优势互补、利益共享的“致富联合体”，使贫困户实现增收300元/户。

四、合作发展

合作发展是指围绕茶产业发展和农户需求，茶农组建茶叶合作社，将分散的农户组织起来，增强产业的社会化服务水平，提高对接市场，抵御风险的能力，实现小农户与大市场的有效对接，实现茶农收入的持续稳定增长。

石阡县统筹规划宜茶土地资源，打破区域限制集中规划、打破权属分割集中流转土地、打破农民自建方式集中监管、打破增收瓶颈集中利益联结的“四个集中”建设机制，扩大产业整体建设规模。帮助建档立卡贫困户通过土地流转、就近务工和入股分红等方式，多渠道增加贫困户收入。按照“市场牵龙头、龙头带基地、基地连农户”的发展模式，扶持一批规模茶叶加工企业和专业经济合作组织，采取“公司+基地+农户”的经营模式，将家庭作坊式粗放加工向现代企业精细加工转变，建立企业与茶农合作共赢的发展机制，实行“分片管护、分片采摘，集中收购、集中加工，统一品牌、统一出售”，实现劳动力分配的最优化和经济效益的最大化。

印江县采取种植大户组建茶叶专业合作社，茶叶专业合作社组建茶叶企业，茶叶企业发展为县、市、省级农业龙头企业，省、市、县级农业龙头企业组建销售集团公司。销售集团公司以绿色产业发展基金为载体，实行企业优化重组，实现茶叶企业规模化、标准化、品牌化发展。销售集团公司作为龙头企业连接带动区域中心企业，区域中心企业连接带动专业合作社、村集体经济组织、小微企业、茶农。龙头企业负责资金筹措、品牌打造、标准制订、茶叶精加工及市场拓展；中心企业负责茶青收购及茶叶初加工、茶园管护指导；专业合作社、村集体经济组织、小微企业负责流转散户茶园、茶园管护和茶青交付，吸纳农户参与发展，实现3个100%，即：龙头企业100%收购中心企业茶叶产品，中心企业100%收购大户茶青，茶园管护率达100%。

松桃县采取组建茶叶合作社，培育省、市、县农业产业化经营龙头企业，在生产经营自有茶园的基地上，与周边茶农采取分季节采摘散户茶园，即散户茶农采摘春季茶青销售给企业，由企业采摘夏季、秋季茶青，企业负责茶园全年的管护，茶农实现“零成本管护茶园、原料纯收入收益”的利益模式。企业将分散的农户组织起来，增强产业的社会化服务水平，提高对接市场，抵御风险的能力，实现小农户与大市场的有效对接，实现茶农收入的持续稳定增收。

沿河县采取“公司+合作社+基地+农户”的经营带动模式，茶叶企业土地与农户签订流转合同，促农增收。全面推行股份合作制：合作社建立股份，农户用土地、捐赠茶苗折资入股和现金购买股份，实行按股分红。即将捐赠茶苗折资量化到建档立卡贫困户，入股专业合作社，全镇100hm^{2}种植410万株茶苗折资114.8万元，每户受捐茶苗1076株，折资3013元/户，持股一份；农户用土地入股，每公顷按30年流转，折资为股金3000元，持股一份；现金购买股份3000元/股，根据资金需求，逐年增资扩股，按股分红。财政资金支持村集体经济发展，实行7∶3收益分红，即收益的70%为村集体经济收益，30%为合作社的收益。村集体经济收益采取6∶3∶1的方式进行分配，即，收益的60%平均量化到建档立卡贫困户，收益的30%用于村级公益性岗位支出（公益性岗位对象为建档立卡贫困户，解决贫困户就业），10%作为村集体经济积累。

德江县采取“公司+合作社+基地+贫困农户”的经营模式，集中流转闲置土地，按照“‘三社’融合促‘三变’”发展思路，合作发展新建茶园；茶叶企业全资投入、合作社负责按照企业技术要求对新建茶园进行督促管理、农户以土地入股，三年后茶园投产，每年茶青收入利润按“721”比例分红，即：农户70%、企业20%、专业合作社10%。采取“高薪土地流转”带动建档立卡贫困户，集中流转闲置土地，每年田按7500元/hm^2、土按4500元/hm^{2}支付给农户。茶园管护及茶青采摘所需劳动力时，优先满足土地流转农户，解决土地流转农户就业，增加农户收入。

思南县采取引进企业与村集体经济组织合作，大户与村集体经济组织合作，盘活村级土地资源，促进茶产业持续健康发展。2018年全县引进47个企业与村集体组织合作发展，建立利益联结机制，壮大村集体经济，带动农民增收。张家寨镇双安村引进浙江茶商，成立思南毅诚农业科技有限公司，与思南县双安种养集体经济组织、专业合作社合作建设茶叶基地900亩，合作社争取扶贫贷款320万元投入企业发展，企业除按合同每年支付农户土地租金，按分红方式支付给村合作社。其中：前三年分红30元/亩，第四至第六年每年分红50元/亩，第七年后年分红100元/亩。

江口县采取龙头企业带动种茶户，形成产、加、销一条龙的利益共同体。种茶户向加工企业提供产品原料，解决茶农原料销售，增加农户收入；合作生产，加工企业与生产企业、茶农合作加工，加工企业负责销售，产品销售后按比例分成。

第三节　铜仁茶产业助推脱贫攻坚措施

一、组织措施

铜仁市委、市政府、市直机关部门及7个茶叶重点县，县委、县政府、茶叶主管部门等单位，制定出台茶产业发展组织措施，铜仁市成立了茶产业发展工作领导小组，由市委、市政府分管领导任组长，市直机关部门领导为成员，领导小组下设办公室在农业主管部门。铜仁市成立茶产业发展工作专班，负责抓茶产业发展相关工作，铜仁市7个茶叶主产县出台了系列组织措施，保障了全市茶产业发展和脱贫攻坚工作。

石阡县以人大常委会主任和人民政府分管副县长主抓茶产业发展，成立茶产业发展专班，整合财力、物力及人力，建立“县、乡镇（街道）、村民组（村集体经济）”三级管理体系，各级建立工作领导小组，责任分工，上下联动，同步推进茶产业发展。

印江县委、县政府17名副县级领导，每人联系1~3个村茶产业发展，推行“1+1+1+1”（即县级部门1人+乡镇站所1人，负责联系1家企业，负责1片茶区）技术服务模式，各乡镇实行定时间、定人员、定地点、定面积、定培训任务、定示范点的“六定”责任制，推进全县茶产业发展。

松桃县成立县级茶叶产业发展工作专班，由县人大常委会主任兼任专班班长，牵头抓茶叶产业发展；农业部门组建茶叶产业扶贫工作专班，负责茶叶产业扶贫工作，由党组成员、副局长任专班班长，茶叶产业发展办公室主任任副班长，协同推进全县茶产业发展。

沿河县成立茶产业发展领导小组，由县委、县人大、县政府、县政协主要领导任组长，县四家班子分管联系领导任副组长，县直相关部门负责人、种茶乡镇主要领导为成员，推进茶产业发展。

德江县成立县级茶产业领导小组、茶叶专班，负责茶产业领导工作，统筹生态茶产业建设，由县人大主任担任班长，县人大副主任主抓，分管副县长具体抓，由县脱贫攻坚指挥中心统一调度，形成统计上报和督查机制；成立德江县乡茶产业发展管理机构，乡镇成立以书记为组长的茶产业领导小组、县种茶乡镇设茶叶产业发展办公室，由乡长或书记亲自分管，协同推进茶产业发展。

思南县成立以县人大常委会主任为组长的生态茶产业领导小组，组建生态茶产业专班，成立了思南县茶叶协会，统筹协调茶叶发展各方面工作，引领全县茶产业健康发展。

江口县成立由县委书记为组长的茶产业发展工作领导小组，全面统筹协调茶产业发展；成立茶产业发展专班，县人大主任为班长，协助县茶叶领导小组各项具体工作，成立县生态茶产业发展督查领导小组，常态化对各乡镇、相关部门茶产业工作进行督促检查，组建江口县茶叶行业商会等自我管理服务行业体系，共同推进茶产业发展建设。

二、政策措施

2007—2011年，铜仁市每年设立茶产业发展专项资金，扶持新植茶园建设、茶叶苗圃建设、茶叶品牌打造、茶叶加工、茶叶质量安全等方面。全市7个茶叶主产县出台政策措施，有力地促进茶产业快速发展。

2008年以来，石阡县出台《石阡县关于加快茶叶产业发展的意见》《石阡县茶产业发展三年行动计划》《石阡县生态茶产业助推脱贫攻坚行动方案》等扶持政策，每年制定《石阡县生态茶产业建设年度实施意见》，对基地建设、加工销售、品牌营销、茶文化建设等方面制定一系列扶持政策。

印江县制定茶产业发展的政策措施，新建茶园4000元/亩补助标准，实施主体按标准土地开挖、施肥、定植，验收合格补助2000元/亩，第二年、第三年幼龄茶园管护按1000元/亩标准补助，对申报并获得SC认证的企业补助2万元，获得有机茶园认证的企业奖励2万元，获得省级以上著名商标的企业补助2万元，获得中国驰名商标的企业补助10万元。加大政策性保险范围，把全县茶叶基地纳入保险范围，按照8∶2（由政府负责80%保费、企业或茶农负责20%保费）的比例缴纳政策措施。

松桃县出台茶产业发展的政策措施，对老茶园及荒芜茶园改造、新建茶叶基地、标准化厂房建设、清洁化加工设备、茶园保险等明确具体扶持标准和扶持方式，茶叶企业用电统一按农业生产用电价格执行。

沿河县出台茶产业发展的政策措施，新建1亩茶园由县政府整合涉农项目资金无偿补助500元，用于购买茶苗；新建茶园3.3亩以上的个人可予以贷款贴息，贴息时间三年；新建机械化高标准示范茶园可享受每亩300元资金补助；新建茶园5亩以上的种茶大户、50亩以上的个体和企业，可给予贷款担保；加工企业获得SC、ISO认证和国家农产品进出口检验检疫卫生许可等认证，分别奖励企业2万元；加工企业年生产优质茶达300t，产值3000万元以上，每吨给予300元奖励；生产茶叶达200t，产值2000万元以上，每吨给予250元奖励；生产达100t，产值1000万元以上，每吨给予200元奖励。

德江县出台茶产业发展的政策措施，重点支持茶园建设（采购茶苗、整地、肥料、茶园管理、配套设施等）和茶叶加工方等方面。

思南县出台茶产业发展的政策措施，实行先建后补，争取扶贫再贷款发展新植茶园，由县财政提供贷款风险补偿，对贷款主体的贷款期内的利息、担保费、农业保险费分别给予80%的补贴。

江口县出台支持茶产业发展的政策措施，整合部门项目资金，用于茶园肥料、茶苗、加工、贷款贴息、茶园整地、茶园保险、技术培训、担保、产品营销、茶文化等建设补助，新建或补植茶园无偿提供茶苗和100kg/亩有机肥，土地开垦费补助300元/亩，茶园管理按800元/亩贷款本金、5%利息标准，全额贷款贴3年，投产茶园每年按1000元/亩的标准发放低利率（4.35%）管护贷款贴息。

三、技术措施

铜仁市高度重视茶产业技术培训、人才引进和人才培养工作，2008—2009年，在铜仁市委党校组织举办了10余期茶产业技术培训班，参训人数1万余人；2010—2018年，市级茶叶主管部举办各类茶产业技术培训50余次，累计培训人数3万余人。

石阡县依托贵州大学、贵州省农业科学院等科研机构，进行茶产业关键技术攻关和成果转化，引进新技术、新品种示范推广。

印江县整合涉农项目培训资金，开展茶叶种植、茶园管理、生产加工技术培训，提高茶农的生产技能，聘请茶叶辅导员技术指导；在印江县职业学校，建立印江茶产业发展人才培育中心，采取全日制教学的方式系统化培养茶产业人才。

沿河县成立县级生态茶产业发展技术指导专班，由茶叶主管部门茶叶专家、技术干部为主要成员开展技术服务，开展与西南大学、中国茶叶研究所技术合作，为全县茶产业发展提供技术支撑；

德江县成立县级茶叶专班技术服务小组，由茶叶主管部门和技术人员组成专家组开展技术服务，指导全县茶叶生产工作。

思南县采取驻村帮扶或联系乡镇服务的形式，做到全县茶叶技术服务全覆盖，与贵州省茶叶研究所合作，推进茶叶科技成果转化和先进适用技术推广应用，提高全县茶叶科技水平。

江口县加强与教学和科研机构合作，引进新技术、新品种、新工艺，推广集成技术、清洁化加工技术、绿色防控技术，在江口县职业学校增设茶叶专业教学，系统化培养茶叶生产适用人才，整合扶贫办、农业农村局、人社局、工贸局等部门培训资金，广泛开展茶叶生产加工技术培训，为全县茶产业发展提供技术保障。

第四节　铜仁茶产业助推脱贫攻坚效益

茶产业是一项关联度大、产业链长、带动力强的优势产业、健康产业、文化产业、绿色产业、富民产业、朝阳产业，是集生态、休闲、健康养生、旅游、文化传承功能等融合发展产业，其经济、社会和生态效益显著。

一、经济效益

据统计，2018年铜仁市茶叶产量9.23万t、茶叶产值达91.17亿元，茶产业发展涉及全市115个乡镇、1232个村，带动33.6万户117.6万人从事茶产业。全市125个贫困乡镇中有71个产茶乡镇，产茶贫困乡镇现有茶园面积73万亩，产茶贫困乡镇贫困人口涉茶人数17.9万人，占全市贫困总人口数58.32万人的30.69%，全市产茶贫困乡镇涉茶人年均收入3821元，助推脱贫攻坚效果明显。

2018年，石阡县茶叶总产量达2.4万t，茶叶综合产值23.76亿，亩均产值8000余元，涉茶人员18.8万人，涉茶贫困户年人均增收2455元。

2018年，印江县茶叶产量1.74万t，茶叶产值17.08亿元，涉茶农业人口人均可支配收入9638元，贫困户人均增收2850元。

2018年，松桃县涉茶人数16.88万人，涉茶农村居民人均可支配收入9928元，涉茶贫困户人数1.32万人，人均增收2160元，涉茶贫困户脱贫人数0.48万人，占全县脱贫贫困人口2.55万人的18.8%。

2018年，沿河县茶叶总产量1.32万t，茶叶总产值15.2亿元，涉茶农户1.58万户4.58万人，其中贫困户1.28万户，年均增收2957元/人，3.24万人脱贫。

2018年，德江县全县茶产业带动贫困村190个，贫困户28165户、94071人，实现茶产业脱贫4404户14505人。

思南县全县总人口68.55万人，其中贫困乡镇发展茶园1.2万hm^2，涉茶人员15.99万人，其中涉茶贫困户5500余户2.06万人，人均增收2700元。

江口县茶产业带动4114户，精准扶贫户1.3万人实现就业，通过投工投劳、土地租金等方式实现人均增收4300元。

二、社会效益

铜仁市茶产业发展吸纳农民务工，其务工工资收入人均达2900元以上；2018年，全市涉茶从业人员33.6万户117.6万人，农民从事茶产业务工人均收入2885.2元。

2014—2018年，石阡县茶产业累计惠及贫困户16996户67144人，户均增收1257元。茶产业成为石阡脱贫攻坚的重点产业，改变了农村无产业、农民无事业的局面，有效解决了农村剩余劳动力的就业问题。

2018年，印江县茶产业解决16.88万人就业，农民从事茶产业务工人均收入达3553.2元；茶叶营销解决就业岗位1231个，人均年收入3.1万元；茶区肥料、茶叶产品运输解决就业岗位300个。

松桃县把茶产业列入贫困户易地扶贫搬迁安置点后续配套就业产业，全县茶产业季节性从业人员达49590人，其中贫困人口季节性从业人员10910人，提供稳定就业岗位1635个，茶产业营销、茶艺茶文化等产业链岗位649个。

沿河县茶产业每年解决固定就业岗位5000余个，每年转移农村剩余劳动力季节性用工20000人次。

德江县茶产业提供就业岗位12000余个，带动贫困人口1.6万人。

思南县茶产业提供就业岗位10000余个，带动涉茶贫困户5500余户2.06万人。

江口县茶产业解决20万个农村剩余劳动力就业，建成的1个大型加工企业、40个中小型加工厂，解决就业岗位约4000个以上。

三、生态效益

茶产业属于绿色产业，种植茶叶可以有效保持土壤持续的生产能力，茶树根系发达，成片的茶园能有效地涵养水源，防止水土流失；生态茶园能够美化环境，茶树能吸收二氧化碳放出氧气，按照当前国际碳汇交易核算，排放1t二氧化碳需要人民币30元，一亩茶园一年能够吸收24t二氧化碳，全市10.93万hm^2茶园，按此计算，每年产生碳汇交易资源10亿元以上。茶园有效防止农业面源污染，改善生态环境，减少水土流失，降低土壤污染，提高森林覆盖率，全市茶产业提高森林覆盖率2.3个百分点，生态效益凸显。

铜仁仁义之城（摄影：伍卫东）

第十五章 铜仁茶产业发展政策

第一节　铜仁市级政策

一、中共铜仁地委、铜仁地区行署《关于加快生态茶产业发展的意见》

为贯彻落实中共贵州省委、贵州省人民政府《关于加快茶产业发展的意见》精神，2007年11月中共铜仁地委、铜仁地区行署印发了《关于加快生态茶产业发展的意见》文件，主要文件精神如下。

（一）深刻认识加快全区生态茶产业发展的重要性

1. 加快生态茶产业建设对全区经济社会协调发展具有重要意义

茶产业是铜仁地区传统优势产业，是发展空间大、市场前景好、竞争能力较强的产业；是关联度大、带动力强的产业。大力发展生态茶产业，有利于加快“强农稳区、兴工富区、旅游活区”的进程；有利于促进一二三产业的协调发展；有利于保护生态环境，促进生态文明建设；有利于增加农民收入和地方财政增长，对促进全区经济社会又好又快发展具有十分重要的意义。

2. 加快生态茶产业发展具有良好的基础和条件

铜仁地区茶叶生产历史悠久，早在千年前就有栽茶种茶的习惯。铜仁地区是世界上少有的寡日照地区，平均海拔高度、年均气温、日照时数、空气湿度、年降雨量、土壤酸碱度等自然条件，都适宜茶树生长，有利于生产无公害、绿色食品茶和有机茶。茶叶水浸出物、氨基酸、茶多酚的平均含量均高于国家标准，具有香高馥郁、鲜爽醇厚的独特品质。目前，国际、国内市场对无公害、绿色食品茶和有机茶的需求量逐年递增，发展生态茶产业市场前景广阔。经过多年的努力，铜仁地区已形成了以“梵净翠峰”“泉都碧龙茶”“武陵春富硒茶”等为代表的茶叶品牌，现有茶园面积10万余亩。全区现有宜茶面积120多万亩，土地资源丰富。全区茶园面积扩展、原材料利用、加工升值等方面的潜力巨大，完全有条件把生态茶产业建成覆盖全区、带动农民增收致富的一大优势支柱产业。

3. 正视问题，迎难而上，切实把生态茶产业作为发展农业农村经济的支柱产业来抓

全区茶产业发展主要面临以下问题：部分地方认识不足、重视不够、发展缓慢；管理体制不顺，政策扶持措施不多、资金投入不足；专业技术人才匮乏，生产加工科技含量不高，产品附加值低，龙头企业带动力不强；地方品牌多而杂，宣传与推介力度不够，市场开拓不力；茶园布局分散，管理粗放，生产水平低，效益不明显。这些问题严重地影响了全区生态茶产业的发展，必须引起高度重视，采取有力措施加以解决。各级各有关部门一定要从战略和全局的高度，增强发展生态茶产业的紧迫感和责任感，把生态茶产业作为调整农业结构、发展农村经济、增加农民收入、推进社会主义新农村建设的重要任务来抓，作为实现经济社会与生态建设协调发展的重大任务来落实，努力把生态茶产业培育成全区重要的优势支柱产业。

（二）发展思路及目标任务

1. 加快全区生态茶产业发展的思路

以科学发展观为统领，立足生态优势和产业基础，以市场为导向，以发展高品质绿茶为方向，以体制创新为动力，依靠科技进步，培育壮大、引进一批茶叶龙头企业，打造出在国内外市场有较大影响和较强市场竞争力的铜茶品牌；以农户为主体，以推广无性系良种为突破口，加快茶园基地规模化、标准化和专业化建设进程；加强市场营销体系建设，积极发展茶叶中介组织，提高生态茶产业发展的组织化程度，提高行业整体竞争力和经济效益。

2. 加快全区生态茶产业发展的目标任务

“十一五”期间，全区茶园面积达到30万亩，新增20万亩无公害无性系良种茶园，实现年产值9亿元以上（出口创汇4000万美元），茶叶综合收入12亿元以上。从2008—2010年，全区每年新建茶园5万亩以上，实现无公害茶叶认证面积占茶园总面积的60%，其中绿色食品茶和有机茶认证占茶园总面积的30%。

“十二五”期间，全区茶园面积达到60万亩，新增30万亩无公害无性系良种茶园，实现年产值18亿元以上（出口创汇6000万美元以上），茶叶综合收入23亿元以上。2011—2015年全区每年新建茶园6万亩以上，实现无公害茶叶认证面积占茶园总面积的80%，其中绿色食品茶和有机茶认证占茶园总面积的40%以上。

“十三五”期间，全区茶园面积达到100万亩以上，实现年产值30亿元以上，2016—2020年全区每年新建茶园8万亩以上，实现无公害茶叶认证面积占茶园总面积的100%，其中绿色食品茶和有机茶认证占茶园总面积的50%以上，使全区成为国内绿茶，特别是名优茶和珠茶等原料、生产、加工的重要基地及珠茶出口中心，建成全国绿色食品茶、有机茶生产基地。

（三）科学规划，合理布局，切实加快生态茶产业基地建设

1. 科学规划，优化区域布局

根据土壤气候和地形地貌等特点，围绕梵净山、佛顶山和乌江“两山一江”，在全区规划三个生态茶产业带，即以印江、江口、松桃、玉屏、铜仁、万山等县为主的梵净山

生态茶叶产业带，以沿河、德江、思南等县为主的乌江流域富硒茶产业带，以石阡县为主的佛顶山名优绿茶产业带。生态茶产业要按照这三个产业带的规划布局，坚持“谁建设、谁所有、谁受益”的原则，以区域规模化、茶园园林化、种植规范化、茶树良种化、排灌系统化为目标，重点采取“政府引导、部门示范、企业带动、农户为主、社会参与”的发展模式，加快无性系标准化茶园建设，同时鼓励社会力量积极兴办茶园，大力培育种茶大户。要在石阡、印江、松桃、沿河、思南、德江、江口、铜仁、玉屏9个县（市）选择100个重点乡（镇）集中连片建设高标准的茶叶基地，使每个乡（镇）茶园面积均达到4000亩以上，在有条件的村以茶叶为主导产业实施“整村推进”，培育形成一批规模化、标准化、专业化程度较高的茶叶专业村，着力培育一批万亩茶园乡（镇）和千亩茶园村。要重点选择基础条件较好的乡（镇）或区域，建立高标准的有机茶示范基地。规划区域外，凡有宜茶条件的县、乡（镇）都要依据自身条件，组织动员群众大力发展茶叶生产。要重点开发25°以下的宜茶非耕地荒山荒坡用于茶园建设，同时要引导和鼓励群众在适宜的责任地种茶以及在责任地周围发展“四边”茶。对衰老低产茶园改造要以改种换植为主，对于因管理不善或采摘不合理所引起的未老先衰茶园，也可采用重修剪或台刈的办法更新树冠，复壮树势。要结合旅游景点布局，建设一批旅游观光茶园。

2. 夯实基础，着力抓好茶苗基地建设

茶产业发展，要重点抓好茶苗繁育，着力解决新垦茶园建设的茶苗供应，走自繁自育自用的路子；要加快良种繁育体系建设，优化品种结构，不断提升茶叶品质。为确保茶苗质量，从2007—2010年全区每年建苗圃2500亩以上，年提供茶苗3亿株以上，满足6万亩以上新垦茶园用苗需求。全区要建设一个100亩以上的养穗母本园，为茶苗基地建设提供优质穗条。

（四）扶持龙头企业，加强市场建设，着力打造铜仁茶叶品牌

1. 扶优扶强茶叶龙头企业

龙头企业是推进生态茶产业发展的关键。目前全区茶叶龙头企业的规模不大、品牌不响、带动作用不强。要按照“扶优、扶强、扶大”的原则，培育壮大一批起点高、关联度大、带动力强的茶叶龙头企业，为龙头企业营造良好的氛围，创造宽松的环境，构建有利于发展的平台。各相关部门要从资金、信贷、用地、税收等方面给予积极支持。引导龙头企业形成茶叶企业联合体，鼓励条件成熟的企业组建茶叶集团，形成合力开展规模生产、品牌打造、信贷融资、科研开发、网络营销等工作。全区要集中力量培育和扶持有条件的茶叶企业成为国家级、省级和地级龙头企业。

2. 培育茶叶市场，强化市场营销

建立和完善以茶叶批发市场为主，专卖店、专卖柜等为辅的营销网络，采取灵活多样的经营方式，努力扩大铜仁地区茶叶的市场占有份额。在铜仁市建设武陵山区茶叶批发中心市场，实现与全省、全国茶叶市场的有效对接，为茶叶企业搭建销售平台；在印江、石阡、松桃、沿河各建设一个茶叶产地批发市场，充分发挥市场对产业发展的带动作用；鼓励和引导在主要产茶区建设茶青交易市场，促进茶青向加工能力强的企业集中。保护外商在铜仁地区从事茶叶经营活动的合法权益，构建自由公平的交易环境。由政府引导、企业参与，统一策划制定铜仁茶叶打造方案，大力宣传全区深厚的茶文化、优良的茶叶品质和发展生态茶产业的优势，通过举办茶文化节、茶产品展销会等茶事活动，着力推介全区茶资源；充分利用报刊、网络、电视等媒体，宣传全区茶产品，不断提高全区茶叶的知名度。

3. 开拓创新，调整优化产品结构

推动全区茶产业优化升级，必须在调整产品结构、延伸茶叶产业链、提高茶产品附加值上下工夫。要引导企业以市场为导向，坚持春、夏、秋茶加工并举，高、中、低档茶并重的原则，提高茶叶资源综合利用效益，实现从注重春季名优茶开发向注重春、夏、秋茶均衡开发转变；要推广机械化采摘，提高劳动生产率，改变茶叶下树率低的状况，提高单产效益，实现从大众绿茶手工采摘向机械化采摘转变；要优化产品结构，在抓好名优绿茶、珠茶生产的同时，支持企业开发茶粉、茶饮料、茶食品、茶保健品及医疗、化工等多元化茶叶产品，抓好茶叶精深加工，实现茶叶从初加工向精深加工转变。

4. 整合资源，实施茶叶品牌战略

按照“抓基地、树品牌、创市场、拓旅游”的思路，引导和支持企业抓品牌创品牌。选择有基础、有影响力的茶叶品牌，采取多种形式加大宣传推介力度，培育出知名度高、影响力大、市场竞争力强的茶叶品牌；引导企业组建茶叶产销联合体，围绕梵净山、佛顶山和乌江“两山一江”，统一技术标准、统一包装，集中力量，合力打造梵净山、佛顶山和乌江茶叶品牌；要加强品牌管理和原产地保护，对使用区域性品牌逐步实行市场准入，打击不正当竞争，杜绝假冒伪劣产品，引导一般茶叶品牌向名优品牌集中，不断增强全区茶产品的市场竞争力。

（五）发展茶叶中介组织，提高茶产业组织化程度

1. 发展茶叶中介组织

引导和鼓励龙头企业、生产和营销大户等牵头成立茶叶商会、茶叶专业合作社等各类中介组织，发挥它们在市场准入、信息咨询、技术推广、经营行为规范、价格协调、

纠纷调解、行业维权等方面的作用，提高茶叶生产、流通的组织化程度，切实维护和保障茶农和茶叶企业的合法权益。培育农村茶产业经纪人队伍，促进茶叶流通。

2. 完善利益联结机制

引导企业、协会、茶农形成利益共同体，实行产、加、销一体化的产业化经营，走“企业带协会，协会带农户”的发展模式。支持茶叶企业按照“利益共享、风险共担、互助协作、联动发展”的原则，通过预付定金、赊销茶苗和肥料等方式，配套建设茶叶原料基地，发展订单生产，提高合同履约率。

（六）加快质量标准体系建设，确保茶叶产品质量安全

1. 建立健全茶叶种植和生产质量技术标准

要按照农业农村部颁发的无公害食品（茶叶）、绿色食品（茶叶）、有机茶标准等质量标准体系，建立市场准入制度。依托中国茶科所、贵州科学院等科研院所，加快建立健全的从生产源头到加工、包装、销售的茶叶生产技术质量标准体系。采取多种渠道加大对茶农、企业、营销商的宣传、培训力度，普及标准化知识，强化茶叶从业人员的标准化意识和安全意识。

2. 加强质量监测，大力推行茶叶无公害生产和管理

整合现有监测资源，建立健全对茶叶质量的感官评审和农药残留、重金属、有害微生物的理化检验等质量监测体系，对茶叶基地和生产企业进行监控和不定期抽检，逐步实现生产、加工、贮运、销售全过程质量控制。严禁使用国家明令禁止在茶园中使用的农药、化肥，杜绝各类禁用农业投入品进入茶园。重点推广沼液、沼渣在茶叶生产上的综合利用等无公害生产技术，从源头上把好茶叶质量安全关。充分利用全区生态植被良好，环境无污染，具有良好的技术力量和群众基础等优势，大力发展无公害茶园，提升全区茶叶产品质量。鼓励和支持茶叶企业、协会申报绿色食品茶、有机茶的产品认证。

（七）加强人才培养和科技创新工作，为生态茶产业建设提供科技支撑

1. 努力造就一批科技兴茶队伍

全区各级党委、政府和有关部门要把茶叶技术队伍建设列为茶叶产业发展的重要工作，着力培养一批懂技术、善管理的复合型茶叶技术人才。要做好现有专业技术人才的培训提高工作，抽调有发展潜力、技术过硬的技术能手，充实茶叶技术人才队伍；鼓励未就业的大中专毕业生到茶叶主产县和重点茶叶企业就业，有针对性实施好“一村一名大学生”工程，促进茶产业发展；鼓励专业技术人员通过技术开发、技术转让、项目引进、科技咨询、定期服务及兼职等方式参与茶产业发展；积极引进茶叶高级管理人才和

高级技术人才，着重引进和培养企业管理、市场开拓和茶叶深加工人才，为茶产业发展提供技术支撑。要建立茶叶管理和技术推广人员学习培训制度，有计划地组织全区茶叶专业技术人员到科研院所进行茶叶生产、加工等技术培训，特别是要加大对无公害茶、绿色食品茶、有机茶生产和管理知识培训。铜仁职业技术学院要调整专业设置，在重点产茶区招收农村青年进行培训，培育一批稳定的专业人才队伍；农办、扶贫办、农业局、劳动和社会保障局、乡企局等有培训任务和项目的单位，要重点向茶产业加工技能培训倾斜，不断提高全区茶叶管理和技术推广人员的科技水平。

2. 切实加强生态茶产业科研工作

要积极与科研院所开展合作，在品种选育、良种繁育、配方施肥、高产栽培、精深加工、贮藏保质等方面开展科技攻关；要积极组织向上申报科研课题，开展茶产业科研开发；要做好茶叶精深加工项目的可行性研究，力争在“十一五”期末建成年产250t茶多酚生产线。引导鼓励龙头企业在发展过程中组建自己的科研机构，使企业逐步成为科技创新的主体。

（八）切实加强领导，推进铜仁地区生态茶产业快速健康发展

1. 加大资金支持力度

2007年地级财政安排260万元用于苗圃建设的补贴和新品种引试。从2008年起，地区财政每年安排预算资金1000万元，作为生态茶产业发展专项资金，用于对茶叶加工企业生产发展、技术改造等贷款进行贴息，对达到一定规模的无性系良种繁育基地建设进行补贴，对连片开发、品种符合规划、质量符合标准的茶叶基地建设给予扶持，对茶叶市场体系建设、茶叶产品展示展销推介活动等给予补助，对茶机具购置和茶叶新技术引进、培训、推广、新产品开发等进行投入，对获得无公害农产品、绿色食品和有机食品认证的给予奖励。按照“渠道不乱、用途不变、统筹安排、各记其功”的原则，捆绑、整合涉农资金用于发展生态茶产业。各县（市）财政每年必须安排生态茶产业发展专项资金，有关部门要合力推进茶产业发展，把耕地占补平衡、土地治理、长治工程、旅游开发、荒山造林、退耕还林、扶贫开发、社会主义新农村建设等项目与发展生态茶产业有机地结合起来，共同实施。

2. 大力招商引资，拓宽投入渠道

要进一步加大招商引资力度，争取更多的外来企业和人才参与全区生态茶产业建设，提升产业化水平。要引进一批实力强、技术新、产品有竞争力的企业来铜仁地区发展茶产业；继续鼓励外商、本地龙头企业及能人，承包、租赁现有茶园和参与新垦茶园建设。在“依法、自愿、有偿”的原则下，搞好土地经营权流转，实现宜茶非耕地向企业和种

茶能手集中，发展规模茶园。

3. 理顺管理体制，建立组织协调机构

为加强对生态茶产业的领导，地、县（市）成立由政府主要领导任组长，人大、政府、政协分管领导任副组长，相关单位为成员的生态茶产业领导小组，负责研究制定生态茶产业发展的总体规划、年度计划和推进生态茶产业发展的具体政策措施，协调需要解决的重大问题。茶叶生产县，农业局内部要设置专管茶叶的机构，负责茶叶品种区划的确定，名优茶园的设计和建设，茶叶新科技的引进、试验、示范和推广，茶叶技术人员的管理、培训、聘任和调配，加强对茶叶品牌的打造、质量标准的申报和行政执法管理。产茶乡（镇）农业技术推广站要加挂茶业管理站的牌子，具体负责本乡（镇）生态茶产业发展工作。

4. 加强部门配合，齐心协力推进生态茶产业的发展

各相关部门要切实履行职责，主动为加快铜仁地区生态茶产业发展服务。农业部门要具体搞好生态茶产业发展规划、技术引进、培训推广和行业管理；发改部门要将发展生态茶产业纳入经济社会发展规划，积极向上争取项目支持；国土部门要将耕地占补平衡与生态茶产业建设相结合；农办、扶贫办要把农业综合开发项目和扶贫项目资金向生态茶产业倾斜；财政部门要确保预算资金和各种专项资金的全额及时到位；经贸、商务、招商等部门要大力推介铜仁生态茶产业的发展优势，做好外企外资引进工作，加快茶叶生产与加工技术等科技水平的提升，支持茶叶企业技改和参与国际市场竞争；林业部门要把茶园建设作为退耕还林和荒山造林的重要内容，统一规划、统一安排部署；乡企部门要积极争取中小型企业技改资金、贷款贴息等政策，支持生态茶产业发展；工商、税务、卫生、质监等部门要做好企业申报、QS认证、商标注册、出口退税、茶叶标准化体系建设、茶叶市场建设和加工环节的管理，坚决打击假冒伪劣茶叶产品，保护消费者和茶叶企业的合法权益，尽快建设茶叶质量卫生监管体系，确保茶叶产品质量安全；科技部门要支持生态茶产业发展的科技进步，对关键环节、重要领域的科技攻关给予扶持；水利部门要将长治工程、水土保持、“三小”工程建设与茶产业发展相结合；交通运输部门要把通乡、通村公路与茶区配套建设相衔接；旅游部门要结合旅游景点布局，建设一批旅游观光茶园，积极开发生态茶园旅游；文化部门要深入挖掘和整理传统茶文化，加大宣传力度，努力提高全区茶业的知名度，营造社会各界喜茶、爱茶、关心茶业、参与茶业发展的良好氛围；供电部门要支持茶区和茶叶企业供电项目建设；金融机构特别是农行、农发行、农村信用联社等金融机构要为茶产业发展提供信贷支持，增加企业贷款和农民小额信贷的投放额度。

5. 加强督促检查，确保各项措施落到实处

全区各级党委、政府要把生态茶产业发展作为一把手工程列入当地农业农村工作的重要议事日程，放在与烤烟、生态畜牧业同等位置给予高度重视，作为社会主义新农村建设的重要任务，增加农民收入、加快农业结构调整、促进农业产业化经营的重要抓手，采取切实有效措施抓好各项工作落实。为确保各项目标任务顺利实现，地委、行署将把生态茶产业发展作为农业农村经济发展考核的重要内容，定期或不定期地组织督促检查，确保各项任务的顺利实现。地区生态茶产业领导小组办公室要制定生态茶产业具体考核办法，每年要对各县（市）茶产业发展进展情况进行督促检查，为地委、行署兑现奖惩提供翔实依据。各县（市）要根据本《意见》抓紧编制本县（市）生态茶产业发展规划，制定促进生态茶产业发展的具体措施和配套办法，建立健全考核机制，努力把各项政策措施落到实处。

二、《铜仁市生态茶产业提升三年行动计划》

为贯彻落实贵州省人民政府办公厅《关于印发贵州省茶产业提升三年行动计划（2014—2016年）的通知》文件精神，铜仁市人民政府制定《铜仁市生态茶产业提升三年行动计划》。

（一）发展目标

到2016年，全市建成茶园面积180万亩以上，其中投产茶园100万亩以上，培育加工企业500家以上，茶叶年产量6万t，茶产业综合产值超过100亿元，农民人均茶叶收入达到1000元。打造1个全国知名品牌，不断提升铜仁茶产业在全省茶叶产业中的比重、影响力和话语权，把铜仁建设成为全国绿色、有机、安全、健康茶叶生产基地。

2014年，新植茶园16.5万亩；全市投产茶园面积65万亩，产量突破4万t，综合产值超过50亿元。

2015年，新植茶园18.1万亩；全市投产茶园面积83万亩，产量突破5万t，综合产值超过70亿元。

2016年，新植茶园19.5万亩；全市投产茶园面积100万亩，产量突破6万t，综合产值超过100亿元。

（二）行动内容

1. 品牌建设

继续推进全市茶叶品牌整合，集中精力打造两个品牌，一是全市公共品牌“梵净山茶”，二是地方特色品牌“石阡苔茶”。

2. 支持品牌建设

以“梵净山”茶、“石阡苔茶”品牌为依托，大力实施“基地品牌化、企业品牌化、产品品牌化”三位一体品牌战略；加快梵净山茶申报地理标志保护产品和驰名商标；加大财政扶持“梵净山”茶、“石阡苔茶”品牌建设力度；鼓励支持和引导龙头企业通过兼并重组、市场融资、连锁加盟等方式组建茶叶生产、加工、销售集团，增强茶产业市场竞争力。

3. 完善品牌管理

制定完善“梵净山”茶公共品牌运营管理规则，发挥地方政府和行业协会的作用，协同管理梵净山茶公共品牌；逐步建立“梵净山”茶、“石阡苔茶”的防伪标识和质量信息可追溯体系；加快推进区域品牌地理标志、原产地域产品的保护和诚信体系的建设。支持行业组织及第三方服务机构承担品牌运营维护、行业自律、信息发布、文化创意、质量安全检测等工作。

4. 加大品牌宣传

围绕“梵净山”茶公共品牌和“石阡苔茶”特色品牌，实施多元化、多层次、多角度的宣传推广。在市属媒体开辟专栏、专题节目，长期宣传推广；在高速公路沿线、主要茶区、旅游景区、重要宾馆和餐饮企业等区域，建成宣传推广“梵净山”茶品牌的重要窗口；在“梵天净土桃园铜仁”“武陵之都仁义之城”等形象宣传片及旅游宣传片中植入“梵净山”茶元素；在中央、省级等主流媒体策划推出“梵净山”茶等专题节目；利用门户网站、微平台等网络媒体宣传推广“梵净山”茶品牌；积极参加国内外的茶叶展销会和综合展会，到主要目标市场投放广告宣传。

5. 融入品牌文化

依托铜仁独特的文化、旅游资源，深度挖掘茶叶品牌的文化内涵，重点注入禅茶、贡茶、名人等文化基因；深入分析铜仁茶叶内含物药理与人生健康养生之间关系，为铜仁茶叶品牌注入科学养生的基因；积极探索将梵净山土家族、苗族等少数民族一些制茶、喝茶等文化融入品牌文化中。

（三）市场拓展

健全茶产业市场运行机制，细分目标市场，加大招商引资力度，拓宽营销渠道网络，提升市场占有率。

1. 细分目标市场

认真研究目标市场，对主要目标市场和主要目标客户群体进行细分，不断优化自身产品结构，提升市场竞争力。

2. 加大招商引资

以茶叶园区为平台，以项目建设为抓手，优化招商引资环境，全面推进以商招商、茶事活动招商，借助全国知名茶商加速推广。

3. 建立销售渠道

采取以奖代补方式，引导和支持茶叶龙头企业建立完善销售渠道。力争到2016年，在重点目标市场（北京、上海、广州、深圳、重庆等特大城市）开设梵净山茶叶旗舰店10家、在百万人口以上大城市开设“梵净山”茶叶专卖店80家。鼓励支持茶叶龙头企业进入吴裕泰、张一元、天福等国内重要茶叶销售渠道，到大型超市开设茶叶专柜；到全国大型茶叶批发市场建立批发网点，设立集中销售区域。支持品牌企业、经销商开设茶吧，创新茶叶营销体验模式。加快建设铜仁“梵净山”茶城，茶青交易市场与区域茶叶批发市场；新建专卖（营）店、茶馆（楼）等营销网点500个。嫁接20个旅游景区、20家三星级以上酒店、300家特色餐饮店等渠道，推进茶叶营销。

4. 推进电商覆盖

力争到2016年，在淘宝、天猫、京东等国内电商主流平台营销铜仁茶叶，进一步强化淘宝·铜仁馆建设，本地茶企开店率达80%以上。构建快进快出的物流体系、积极开展淘宝村试点、加强线下体验馆的建设和电商人才的培养引进，建设茶叶电子商务创业园和孵化平台，支持引导大中专毕业生创业。引导茶企在适宜网上营销或展示的产品包装上，突出梵净山茶特色和元素，树立梵净山茶整体形象。通过质量追溯体系、二维码、物联网以及监控数据，强化网上营销茶产品质量安全监管。支持龙头企业常年在各大电商开展品牌宣传月、宣传周活动，通过促销、折扣、团购等方式，形成电商市场宣传的浓厚氛围。

5. 改善交易环境

支持梵净山茶交易市场建设，加大冷链物流基础设施建设，实现物流渠道共享，降低物流成本。实施线上、线下联动，实现茶叶网购在全国配送的高速便捷。

（四）加工升级

以清洁化、标准化和规模化为发展方向，加快推进茶叶初制、精制分工进程，形成“初制标准化、精制规模化、拼配数据化”格局。通过三年努力，着力培育1~2家茶叶集团公司、7家茶叶总公司，重点扶持30家有发展潜力的茶叶加工企业。

1. 加快发展初制加工

全市新建小型初制加工企业150家，建成小型清洁化生产线200条，使小型初制加工企业达到500家以上；新建中型及以上初制加工企业60家，建成中型及以上清洁化生产线120条，使中型及以上初制加工企业达到100家，生产线200条以上。加大对初制加工企业新技术运用、厂房建设、设备更新的扶持力度，提升初制加工企业产能、技术和装备水平。全市初制加工能力满足100万亩基地茶青资源有效利用的需求，实现初制年加工产值40亿元以上。

2. 大力推进精制加工

着力培育一批茶叶产品精制加工龙头企业，实现大规模、大批量、多品类拼配，提高产品标准化、规模化和协作化水平。建立完善"跨区域、跨季节、跨品种"茶叶拼配技术体系和产品标准体系。鼓励支持茶叶精制加工企业落户工业园区、农业园区，加强质量检测、冷链物流等配套能力建设，力争实现年精制加工能力1万t、产值10亿元以上。

3. 着力延伸产业链

立足资源禀赋、产业基础和市场需求，形成以绿茶为主、名优茶和大宗茶并举、春夏秋茶并重的产品结构。大力发展茶叶精深加工以及茶叶衍生品开发，延伸产业链、拓宽产业幅，促进茶叶资源综合利用。到2016年，全市夏秋茶青资源利用率达到80%，新增茶饮料、茶食品、茶保健品、茶日化品等生产企业5家以上，茶叶精深加工产值突破1亿元。

4. 推进茶叶加工标准化

建立龙头企业引领、多元参与、分工协作的茶叶产销联盟、技术联盟，整合产品资源及市场资源，集中资源、集群加工、集约营销，实现规模化和标准化。加大对梵净山茶叶技术标准体系的宣传推广和实施，激励引导龙头企业参与茶叶标准的修订完善，进一步提升我市在全省乃至全国茶叶技术领域的话语权。引导茶叶生产企业积极开展QS、质量管理体系（ISO9000）和HACCP（危害分析关键控制点）认证，建立企业标准体系，创建标准化良好行为3A或4A级活动，规范茶叶加工环节，提升茶叶加工品质。

（五）基地提升

围绕茶园提质增效，以标准园创建为抓手，促进幼龄茶园早投产，加强投产茶园管护，建成全国一流的无公害、绿色、有机茶叶基地。积极创造条件，争取创建国家级茶叶出口基地。将茶叶园区建设与旅游资源有机结合，建设成为"四在农家·美丽乡村"的典范以及旅游休闲度假的重要目的地。

1. 提高茶园集中度

按照区域化、集约化、规模化和以农户为主体的要求，推进茶园向优势区域集聚，连点成线、连线成片，重点打造50个1万亩以上的茶叶核心乡镇、60个5000亩以上茶叶专业村。

2. 提升茶园生产能力

加大对幼龄茶园的管理投入，完善茶区水、电、路等基础设施，推广茶园平衡施肥，病虫害绿色防控，机械化管护与采摘。按照标准化茶园建设要求，建成优质高效茶叶标准示范园10万亩，建成出口茶、有机茶、特色茶、茶资源综合开发利用等专用基地10万亩，建成立体生态示范茶园10万亩，建设梵净山茶叶品牌核心基地10万亩；着力打造建设休闲旅游观光茶旅融合园区10个。把茶园建设成为农民持续稳定增收的重要渠道。

3. 创新茶园经营管理模式

鼓励企业与合作社合作，形成以茶叶加工企业为龙头、合作社为依托、农户建园为主体的茶叶产业化经营模式。引导品牌企业与集中产区、规模茶场、茶叶合作社合作建设专属茶园、种植庄园。推广茶园线上线下的认购模式，让更多的网民成为茶园“合伙人”。支持农户流转茶园，建成茶园15亩以上的茶叶专业大户、家庭农场2万户。创建茶叶示范社50家，推动茶叶合作社成为茶园标准化生产、科技推广、质量安全控制的重要主体。支持以企业为主体，建设全资茶叶生产基地。

（六）质量保障

以保障茶叶产业可持续健康发展、打造茶叶品牌和提升市场占有率为核心，着力强化茶叶标准化建设和产品质量可追溯等环节，建立最严厉的质量安全监管制度，实现茶叶国际、国内质量安全检测合格率100%，努力打造“梵净山茶是最安全的茶”。

1. 完善茶叶标准体系

以茶园标准化，采摘加工机械化、自动化清洁化为方向，以地域特色为依托，以企业为主体，开展“梵净山茶”公共品牌，“石阡苔茶”地方特色品牌的标准体系制（修）订完善。无公害茶园产地认定逐步实现全覆盖，茶叶加工全面实现清洁化生产；鼓励支持企业通过QS、ISO、HACCP等质量管理体系认证，严格按照标准种植、施肥、用药、采摘、加工、储运等，全面提升茶叶质量安全水平。

2. 开展病虫害绿色防控

茶区全面禁止销售、施用高毒高残留农药、水溶性农药，全面施用低毒低残留农药、脂溶性农药。严格农药销售登记备案制度。在茶园面积5000亩以上的乡镇全面实行茶叶农药肥料专柜（专营店）销售。在规模化、标准化的示范茶区内，禁止间套种可能因施用农药危及茶叶农残的作物。加强生产记录管理，严格执行安全间隔期规定。积极探索建立茶叶绿色防控专业服务队（合作社），支持以购买服务的方式负责区域内茶叶绿色防控工作。结合标准化示范基地建设，建立50万亩绿色防控示范基地，广泛使用黄板蓝板、杀虫灯和植物源农药等新技术。实行病虫害联防联控茶园100万亩。

3. 建立茶叶质量安全监测体系

加快推进市内检测机构能力建设，推进与有资质并已具备相应检测能力的省内外检测机构合作，建立与高效、便捷通过欧盟认证和出口国认可的茶叶质量安全第三方检测机构合作机制，满足茶叶企业开拓国内外市场检测需要。建立市县监测、企业自检、乡镇速测相衔接的茶叶质量安全监测网络体系，逐步推行茶叶检测合格上市制度。在最美茶乡、茶叶核心基地划定核心保护区域，禁止对环境有污染企业（项目）进入。

4. 融入省级茶叶质量安全云服务平台

积极融入全省茶叶质量云服务安全网的创建；建立政府监管、行业自律、企业追溯、消费者查询的茶叶质量安全可追溯系统。通过许可、授权等形式，优先支持在最美茶乡、茶叶类省级园区、企业专属茶叶基地、出口基地，茶叶类市级以上龙头企业，先期进入质量安全可追溯的云服务平台，确保茶叶产品质量安全的公信度和核心竞争力。

（七）科技创新

以强化科技支撑和人才培养为重点，建设完善科技支撑服务平台，引进和培养茶叶科技服务与经营管理人才，加速科技成果转化，开展关键技术研究与攻关，整体提升铜仁茶产业科技水平。

1. 调整优化品种结构

加大优良品种推广力度，选育和推广一批茶树良种。适应开发规模化、标准化和多元化产品需要，实现茶区劳动力资源季节性均衡配置。根据不同区域茶叶品质特征、品牌定位、产品类型和发展方向，加大适制乌龙茶、红茶等优良茶树品种引进、选育、试验、示范和推广力度，建设完善一批品比园、母本园，为未来茶树品种调整提供技术储备。加强对地方品种资源保护与开发，特别是对古茶树、野生茶的发掘和保护，真正选育一批具有自主知识产权的、品质优良、具有地方品质特色的茶叶品种。

2. 加强人才队伍建设

加快建立茶叶专业人才培育机制，鼓励职业院校加强师资队伍建设，优化学科设置，扩大茶叶专业招生规模。每年培养茶叶种植、加工、质量审评、市场营销（电子商务）、茶艺茶文化等专业人才200人。深化产教融合、校企合作，鼓励创办各类民间茶叶培训机构、茶艺馆。在茶叶主产县、省级重点园区、市级以上重点龙头企业、交易市场及茶馆，建立教学实践基地。鼓励支持校企、校地合作办学。大力实施全产业链生产实用技术培训，每年培训茶企、合作社、家庭农场、专业大户等相关人员1万人次。

3. 促进农技推广和科技成果转化

建立完善农科教、产学研一体化服务机制，加快推进科技成果转化。深化与省内外茶叶科学研究所在良种引进培育、技术成果转化应用和示范推广、共建科研基地、人才教育培训等方面合作。建立邀请茶叶专家定期到茶区、茶企开展指导与服务工作机制。全力推广茶园平衡施肥技术和茶叶专用复合肥，在连片万亩茶园的乡镇全面推广茶园管护机械化综合配套技术。

4. 加强科技支撑服务平台建设和重大项目攻关

加强与省内外科研院所合作，依托贵州大学、省茶叶研究所、省山地农业机械所等，对全市茶树品种区域布局，出口茶、大宗茶标准化生产，夏秋茶资源综合利用，茶叶精深加工与产品开发，重大病虫害绿色防控技术研究等关键共性技术进行研究与攻关。鼓励支持茶叶省级以上重点龙头企业、茶叶类农业园区建设产品研发中心，使企业、园区成为产品创新主体和重要平台。支持龙头企业建立博士后流动工作站。

（八）金融服务

深化与金融机构的合作，创新金融产品与融资模式，吸引各类资本进入茶产业。

1. 建立有效沟通机制

定期召开银企、银政及政企对接会，搭建金融机构、投资担保机构与茶行业主管部门、茶区、茶企之间交换信息的重要平台。

2. 扶持重点对象

金融机构优先扶持市级以上龙头企业、种植大户以及公共品牌打造；加大对设备技术更新、产品升级、基地标准化建设、营销渠道建设支持。

3. 建立投融资平台

发挥市级和各产茶县担保平台以及财政专项资金杠杆效用，建立完善“担保—贷款—贴息”支持茶产业发展资金使用机制。依托茶叶主产县政策性担保公司，建立以茶叶为主的担保机构。

4. 创新金融产品

以财政资金为导向，企业出资，金融机构贷款支持，重点在茶叶主产县组建企业互助基金会或合作社，着力解决小型茶叶企业贷款难问题。推动茶园林权、土地经营使用权、存货、厂房与机器设备、股权等茶产业资源要素的市场化、金融化。推动建立茶叶保险财政补偿保费机制，提高茶叶生产的抗风险能力。

（九）文化宣传

依托铜仁丰富多彩的茶文化资源，鼓励和支持茶文化创意创作、开展不同层次的茶文化普及活动。

1. 茶文化研究与茶文化遗产保护

支持文化机构、民间力量、企业，挖掘整理铜仁具有地方特色的茶文化，编撰出版一批茶文化书籍。加强古茶树群、野生茶等茶文化遗产保护等。支持茶叶行业组织发展壮大，成为茶产业宣传推介、行业自律和茶文化传播的主体力量。

2. 创作茶文化文艺作品

鼓励支持文艺组织、文化企业、文艺家开展茶文化文艺创作，出版发行一批茶文化题材的音乐（歌曲）、曲艺、散文、小说、影视作品等。重点扶持1部富有铜仁地域特色的茶文化散文集，1部反映铜仁茶历史茶文化或现代茶业发展的长篇小说，1~2部宣传以铜仁独特的地域茶文化烙印为题材的影视片（电影、微电影、电视连续剧）。

3. 建设茶文化传播与媒体平台

鼓励支持铜仁广播电视台开办“茶文化综艺节目”。创办茶文化杂志，在门户网站开设梵净山茶专栏等。

4. 促进茶旅一体化

在铜仁旅游景区（景点），以茶园、茶馆、茶街为载体，开辟茶文化展示窗口；规划建设一批特色鲜明的茶文化旅游景点、主题公园和主题酒店。结合旅游景区和茶叶重点区域，打造1~2台茶文化主题大型歌舞演出，打造1个具有铜仁地方特色和旅游吸引力的茶文化节；支持打造带有评书、曲艺表演、小话剧、茶艺表演等文化传播功能的文化茶馆5家。

5. 普及茶文化

以喝茶健康为主题，推动茶文化进机关、进学校、进企业、进社区。将茶文化活动作为中小学劳动课的内容之一，引导形成全社会饮茶、爱茶、关心茶的良好氛围。

三、《铜仁市生态茶产业发展助推脱贫攻坚三年行动实施方案》（2018—2019年）

为贯彻落实全省深度贫困地区脱贫攻坚推进大会精神，铜仁市人民政府制定了《铜仁市生态茶产业发展助推脱贫攻坚三年行动实施方案》。

（一）总体要求

按照市委、市政府提出“坚持生态优先、推动绿色发展，坚守发展和生态两条底线，着力念好山字经、做好水文章、打好生态牌，奋力创建绿色发展先行示范区”的发展思路，深入贯彻五大发展新理念，大力实施茶产业发展“六大工程”，推动茶产业提档升级，实现茶农脱贫增收。

基本原则如下：

① **市场主导，政府推动：** 发挥市场在资源配置中的决定性作用，大力培育市场主体；强化政府在制定和实施茶产业发展战略、规划、政策、标准、激励机制以及提供公共服务等方面的职责，推动资金、技术、人才等要素资源向茶产业集中。

② **龙头带动，品牌引领：** 集中人力、物力和财力，扶持和鼓励大企业、大集团，通过以点带面，促进专业化分工、产业集群，加快市场拓展，全面提升“梵净山茶”品牌知名度和影响力。

③ **调整结构，转型升级：** 积极适应市场需求，在坚持以绿茶为主同时，加大调整产品结构，丰富产品种类，发展红茶、乌龙茶、黑茶、白茶和抹茶等茶叶精深加工产品，提高茶叶资源综合利用率和效益。

④ **提质增效，惠及大众：** 加强茶园管护，优化茶树品种，提升加工技术，提高茶叶质量，在助推茶产业提质增效的同时，完善茶产业发展利益联结机制，让更多茶农分享到茶产业发展带来的红利。

（二）发展目标

1. 总体目标

力争通过三年努力，新建茶叶基地71万亩，到2019年全市茶叶基地面积达到240万亩；新增投产茶园40万亩，投产茶园面积达到142万亩；实现产量9.82万t，产值91.72亿元，茶叶综合产值达到200亿元，带动3.1万户贫困户12.5万贫困人口脱贫致富。基本实现“茶区生态环境美、生产技术水平高、产品质量信誉好、市场销售渠道畅、茶叶品牌名气响、茶旅文化氛围浓”的发展目标，将铜仁打造成为中国一流优质茶叶生产基地和最受欢迎的茶旅文化体验中心。

2. 年度目标

1）2017年发展目标

① 全市新建茶叶基地20万亩，全市茶叶基地面积达到189万亩；新增茶叶“三品”认定面积25.4万亩（其中：新增无公害茶园基地面积20万亩，新增绿色食品茶基地面积2.5万亩，新增有机茶叶基地2.9万亩），新增产品认证登记10个。

② 全市实现茶叶总产量7.8万t、茶叶总产值79亿元；新增茶叶加工企业、茶叶专业合作社74家；新增茶叶精深加工企业7家，新增规模以上茶叶企业7个，新增市级以上茶叶龙头企业20个。

③ 市级组团参加茶事活动4次，省外品茗活动2次，各县（区）代表梵净山茶参加省外推广活动各1次。全市打造茶叶淘宝村7个，新增网店10个，新增梵净山茶专卖店10个；力争实现梵净山茶销售量为7.2万t，实现梵净山茶销售额为75亿元。

④ 带动0.9万户贫困户3.64万人实现脱贫。

2）2018年发展目标

① 全市新建茶叶基地25万亩；全市茶叶基地面积达到214万亩。新增茶叶“三品”认定面积46.3万亩（其中：新增无公害茶园基地面积41万亩，新增绿色食品茶基地面积2.6万亩，新增有机茶叶基地2.7万亩），产品认证登记7个。

② 全市实现茶叶总产量8.69万t、茶叶总产值84.93亿元；全市新增茶叶加工企业、茶叶专业合作社76家；新增茶叶精深加工企业7家，新增规模以上茶叶企业7家，新增市级以上茶叶龙头企业20个。

③ 市级组团参加茶事活动5次，省外品茗活动2次，各县（区）代表梵净山茶参加省外推广活动各一次。全市打造茶叶淘宝村10个，新增网店11个，新增梵净山茶专卖店12个；力争实现梵净山茶销售量为8.2万t；实现梵净山茶销售额为82亿元。

④ 带动1万户贫困户4.03万人实现脱贫。

3）2019年发展目标

① 全市新建茶叶基地26万亩；全市茶叶基地面积达到240万亩；新增茶叶“三品”认定面积56.3万亩（其中：新增无公害茶园基地面积50.9万亩，新增绿色食品茶基地面积2.8万亩，新增有机茶叶基地2.6万亩），产品认证登记7个。

② 全市实现茶叶总产量9.82万t，茶叶总产值91.72亿元；全市新增茶叶加工企业、茶叶专业合作社88家；新增茶叶精深加工企业7家；新增规模以上茶叶企业11家；新增市级以上茶叶龙头企业22个。

③ 市级组团参加茶事活动5次，省外品茗活动3次，各县（区）代表梵净山茶参加省外推广活动各一次。全市打造茶叶淘宝村13个，新增网店15个，新增梵净山茶专卖15个；力争实现梵净山茶销售量为9.2万t；实现梵净山茶销售额为86亿元。

④ 带动1.2万户贫困户4.83万人实现脱贫。

（三）重点工程

1. 大力实施茶园提质增效工程

① 调整优化品种结构，打造高效茶园基地： 坚持以茶树品种的适应性、适制性和市场需求为导向，加快调整优化和布局一批国家级、省级优良茶树品种，加大对本地特色优势品种石阡苔茶、沿河古茶等开发利用和保护。全市每年完成优良茶树品种新建、改建面积20万亩以上，打造一批高效益茶园示范基地。

② 加强茶园肥培管理，打造高产茶园基地： 积极引导和支持茶区增施有机肥，积极推广有机肥替代化肥行动，实现化肥零增长，大力支持实施测土配方施肥，提升土壤有

机肥力，提高茶园单产水平，全市每年集成推广茶园增肥示范区10万亩，打造一批高产茶园示范基地。

③ **加大“三品”认证力度，打造优质茶园基地：** 以无公害茶园建设为底线，全面推进茶叶绿色发展，打造有机茶叶生产示范区。全市“三品”茶叶产品产地认定实现全覆盖，其中：无公害茶园222万亩，绿色食品茶园面积8万亩，有机茶园面积10万亩；同时对全市无公害茶叶、绿色食品茶叶、有机茶叶产品的原料基地、认证数量、生产企业、销售网店等信息进行普查登记，编制铜仁市无公害、绿色及有机茶叶产品名录，着力推向市场，让广大消费者知情和认可。

④ **加大资源整合力度，打造专业化专属茶园基地：** 引导和支持茶农将零星分散种植和管理不善的茶园向企业、专业合作社流转，建设成为企业、专业合作社专业化茶园基地；推动一批国际国内知名企业、茶叶出口企业来铜建设专属茶园基地；推动茶园线上线下认购模式应用，让更多的网民成为茶园“合伙人”“庄园主”，激活茶园基地资源。

2. 大力实施加工升级工程

① **加大梵净山茶标准体系推广力度，强化标准化生产：** 加大“梵净山茶”品牌综合标准宣贯培训力度，全市每年开展茶叶技术培训20次以上，培训人次1000人次以上。加快“梵净山茶”品牌授权，推动茶叶企业树立全程标准化生产理念，促进全市茶叶企业“按标生产、按标上市、按标流通”，全市每年增加梵净山茶公共品牌授权使用企业100家，带动全市茶叶标准化生产。

② **推动茶叶企业初精加工分离，推进产业集聚化发展：** 引导支持茶叶企业向茶叶主产县、核心乡镇、茶叶园区集聚，推动初精制分离，按照初制企业就近茶园加工，精制企业落户园区做数据化拼配，冷链物流企业配套服务的专业化分工，逐步形成“初制标准化、精制规模化、拼配数据化、冷链物流专业化”的格局，推动各要素优势互补，降低生产成本，产生聚集效应。加快抹茶生产线建设力度，全市重点新建和扶持238家初制加工企业、21家精深加工企业，支持社会资金投资建设冷链物流企业。

③ **强化先进技术、设备应用和质量体系建设，提升产品市场竞争力：** 大力支持茶叶企业与高校科研院所开展深度合作，推动科研成果共享运用；引导和支持茶叶企业应用新技术、新科技、新装备，改进加工工艺，提高加工水平、产品品质，降低生产成本；支持以梵净山茶品牌授权使用企业为主体，加大对标生产的检查力度，督促企业按标生产；积极支持茶叶加工企业采用电、太阳能、液化气等清洁能源作为燃料。引导和支持茶叶企业开展SC认证、ISO9000质量管理体系和HACCP（危害分析关键控制点）认证，

建立企业标准体系，提升茶叶加工品质。全市每年新增SC、ISO9000、HACCP等认证企业42家以上。

3. 大力实施质量安全保障工程

① 运用绿色防控新理念，打造“欧标”茶园基地：充分发挥铜仁生态优势，建设茶中有林、林中有茶的立体生态茶园，利用生物多样性，构筑一道病虫害防治的天然屏障。每个重点产茶县划定1个以上核心保护区，全市三年建设50个1000亩以上的立体生态茶园示范点，推广茶园绿色防控集成技术示范面积50万亩，全面禁止茶叶禁用农药进入茶园，切实发挥茶叶用农药专营店（专柜）的作用，从源头强化对茶园投入品的监管。全市集中打造“欧标茶”生产示范基地5万亩，辐射带动50万亩茶园基地。

② 构建质量安全监管体系，推进茶叶质量安全检查常态化：构建一个统一协调、职责明确、分工协作、多级联动的茶叶质量安全监管体系，强化生产企业质量安全主体责任，建立市、县两级茶叶质量安全专项抽检常态机制和茶叶质量安全预警机制，加强对茶园投入品、生产加工环节和产品包装储存流通全过程监督检查；同时加快推进市内检测机构能力建设，推进与有检测资质的省内外检测机构合作，构筑一道茶叶质量安全防线，确保从茶园到茶杯上的安全。

③ 利用“互联网+茶业”，建设茶叶质量安全可追溯体系：积极参与和支持“贵州茶云”和“贵州茶叶质量安全云服务平台”等茶产业大数据平台建设，加大对加入“贵州省茶叶质量安全云服务平台”等茶产业大数据平台的企业、园区的支持力度，依托贵州省茶叶质量安全云服务平台，重点抓好茶产品生产过程记录、生产投入品的台账记录、记录信息登记上网、产品终端网上查询等环节，实现大数据平台管理，真正实现从茶园到茶杯的全程质量安全可追溯。同时，积极推动数据互联互通共享，利用气象部门提供的天气预报警报数据，建立茶叶灾害风险防御机制；利用社会信用数据，建设茶业信用体系。

4. 大力实施渠道建设工程

1）明确产品目标市场，构建市场营销渠道

按照三个层面（市内、市外、国外）构建销售渠道，按照六大市场（省内市场、华东市场、华南市场、西北市场、华北市场、出口市场）明确目标市场。

① 市内市场：优化茶叶批发交易市场布局，加快推进梵净山茶城建设，加快冷链物流等基础设施建设，提升市内市场服务功能；支持茶叶进景区，全市3A级以上景区建立茶叶营销窗口；支持茶水一体化销售，用好“梵山净水泡茶好水”名片，建立茶水一体化营销点50个；支持茶叶全面进入酒店宾馆、特色餐饮、茶楼茶馆、高速公路服务

站等渠道；支持在市内开展具有标志性和影响力的一些茶事活动，进一步巩固提升本地市场。

② **市外市场：**积极主动融入全省茶叶渠道建设大格局中，突出梵净山茶区域品牌特征。继续支持巩固和扩大北京、上海、广州、深圳等特大城市市场份额；支持到目标市场新建梵净山茶专卖营销窗口37个以上；支持每年参加和举办茶博会、茶叶经销商大会等宣传推介活动；支持龙头企业（集团）整合产品进入吴裕泰、张一元、天福、沃尔玛、家乐福等国内重要茶叶销售渠道；推动茶、酒、水联姻，支持省外重点目标市场建立茶、酒、水一体化营销示范店10个。

③ **出口市场：**努力把铜仁打造成为中国茶叶出口优质原料基地，支持已经取得出口资质的企业和有出口渠道的企业集团进一步做大出口市场，鼓励支持有条件的企业、企业集团、行业组织等利用“一带一路”发展机遇，积极对接国际市场，搭建出口通道；全市每年茶叶出口市场实现30%增长速度。

2）加快产销环节分离，推动产业分工协作

加大政府支持力度，快速引导产销分离，加快成立专业化营销团队和企业，探索支持组建“梵净山茶”专业化销售联盟；加大推广线下体验和线上电商相结合的营销策略，构建茶叶生产端、流通服务端、销售体验端之间新的利益联结分配机制，初步实现生产专业化、流通服务专业化、销售体验专业化的茶产业发展新格局。

3）构筑招商引资平台，注入产业发展新动能

以茶叶园区为平台，通过引资金、引技术、引人才、引销售网络、引创意开发等，加大对国际国内知名企业的引进力度，全力做好招商引资企业入驻铜仁的服务工作；建设茶叶电子商务创业园和孵化平台，支持引导返乡农民工、大中专毕业生创业。全市每年完成招商引资企业10家以上，为茶产业发展不断注入新动能。

5. 大力实施品牌宣传工程

1）加强品牌建设，重点突出公共品牌特征

全市集中打造“梵净山茶”公共品牌，支持发展“石阡苔茶”“梵净山翠峰茶”等区域特色品牌。积极融入全省以“贵州绿茶”为引领“省级公共品牌+核心区域品牌+企业品牌”的贵州茶品牌体系，重点突出梵净山茶核心区域品牌；大力构建梵净山茶公共品牌体系，做大做强梵净山茶品牌。通过搭建一个综合平台（即梵净山茶城），创建一个茶节（即梵净山茶文化节），制作一部宣传片，来提高“梵净山茶”品牌知名度、美誉度和影响力；同时，积极引导支持铜仁企业使用“贵州绿茶”全省公共品牌，支持有条件的企业和企业集团发展壮大一批企业品牌。

2）强化品牌宣传推介，提升品牌宣传叠加效应

加大梵净山茶品牌在中央媒体、目标市场、重点区域的广告宣传力度，多形式组织举办参加目标市场的品茗推介、茶叶博览会、茶叶招商等茶事活动；积极开展以茶为媒不同层次的茶文化“六进”活动（进机关、学校、企业、军营、社区、乡村）；梵净山茶品牌宣传要形成“统一宣传设计、统一元素标识、统一宣传内容、统一装修设计”，实现不同层面、不同形式的宣传形成统一的视觉效果、视觉冲击，提升品牌宣传的叠加效应。

3）拓宽茶产业价值链，助推一二三产业融合发展

积极引导茶产业转型升级，将茶园基地资源、本地茶文化资源和旅游资源有机融合，打造集观光购物、休闲品茶、修身养性于一体且突出地方文化特色精品茶旅田园综合体，助推一二三产业融合发展，提高茶园综合效益。按照“茶园变公园、茶区变景区、茶山变金山”的发展模式，以梵净山茶文化节大型活动为引领，全市各重点产茶县打造1个以上茶旅融合示范区、1条以上茶旅精品旅游路线、1个以上茶文化系列主题活动为载体，将铜仁打造成为全国最具特色的茶文化旅游体验中心。

6. 大力实施改革创新工程

1）深入推进“民心党建 + 三社融合促三变 + 春晖社”改革

引导茶农茶园通过入股等方式，向龙头企业、合作社、家庭农场等聚集，让茶园资源变资产，让茶农变股东。全市每个产茶重点县至少打造一个相对集中面积在2000亩以上的示范点，通过示范带动，让更多的茶农分享改革红利。

2）加大支持“第三方”购买服务改革

支持全市七个重点产茶县成立专业服务公司（协会），七个重点产茶县人民政府通过购买服务的方式支持专业服务公司（协会）从事技术培训、推广、新产品研发等带有公共性质的服务；加快推进茶产业发展关键环节的专业化分工，推动发展茶叶采摘、除草、施肥、用药等工作由专业化服务公司（协会）组织实施，提高茶产业劳动生产率。

3）积极探索壮大贫困村集体经济改革

通过把各级扶持茶产业发展资金，可折股量化为村集体和贫困农户的股金入股经营主体，获取股份权益，让村集体和贫困农户获得更多的发展红利。全市重点产茶县要积极支持开展茶叶保险制度建设，探索茶叶气象指数保险、产品价格指数保险等茶叶保险新模式。

（四）保障措施

1. 组织保障

成立铜仁市生态茶产业发展助推脱贫攻坚三年行动领导小组。由市委、市人大、市政府主要领导任组长，市委副书记任常务副组长，市人大、市政府、市政协分管联系领导任副组长，相关部门负责人为成员，主要负责协调解决行动中的重大问题。

2. 资金保障

铜仁市生态茶产业发展助推脱贫攻坚三年行动累计投入资金32亿元，其中：争取省级财政资金0.6亿元，市级财政资金投入1.5亿元，县级整合项目资金投入10.93亿元，争取脱贫攻坚子基金6.35亿元，社会资金投入12.61亿元。在每年的市级预算茶产业发展专项资金5000万元中，安排500万元，用于“梵净山茶”公共品牌打造、茶产业宣传推介、茶园“三品”认证补助及考核奖励补助资金等。各产茶重点县每年要预算2000万元以上的县级财政资金，用于支持茶产业发展助推脱贫攻坚三年行动。

3. 技术保障

成立铜仁市生态茶产业发展助推脱贫攻坚三年行动领导小组茶叶专班，由市级茶叶行政主管部门专家任组长，市直相关部门及县级茶叶主管部门茶叶专家、技术干部为成员，开展技术指导、技术服务工作，解决产业发展中存在的技术问题，推动产业发展，促进农民增收。

4. 强化督查

铜仁市委、铜仁市政府把茶产业发展纳入目标绩效考核内容，增加考核权重，实行单独考核，两办督查室对茶产业发展的关键环节、重点工作、重点项目不定期开展督查工作，对推进有力、成效显著的单位和个人给予表彰奖励，对执行不力、工作任务完成较差的单位和责任人将严肃进行问责。

第二节　铜仁县级政策

一、石阡县茶产业发展政策

石阡县委、县政府出台《关于加快重点产业发展的决定》等文件；文件摘要详见表15-1。

表15-1　石阡县茶产业发展扶持政策

序号	时间	发文单位	标题	政策摘要
1	2010年	县委办 县政府办	关于2010—2011年生态茶产业建设的安排意见	① **茶树育苗**：茶树育苗合格苗予以全部收购，单价0.12元/株 ② **新植茶园建设**：每公顷补助2250元的专用复合肥和无偿供应5.4万株茶苗 ③ **茶园管护**：每公顷补助1950元的专用复合肥 ④ **加工机具**：购买加工机具给予20%的补助
2	2011年	县委办 县政府办	关于2011年冬至2012年冬生态茶产业建设安排意见	① **新植茶园**：每公顷补助750kg茶叶专用肥和5.4万株茶苗。集中连片6.67hm^{2}以上的，每公顷补助6000元 ② **茶园管护**：每公顷补助3000元的茶叶专用肥；茶叶专业村、示范园和县级示范点每公顷补助5700元的茶叶专用肥
3	2012年	县委办 县政府办	关于2011年冬至2012年冬生态茶产业建设安排意见	① **新植茶园**：每公顷补助2250元的茶叶专用肥和5.4万株茶苗。新种植开垦集中连片6.6hm^{2}以上，每公顷补助土地整治费1500元 ② **茶园管护**：每公顷补助3000元的茶叶专用肥
4	2013年	县委办 县政府办	石阡县2013—2014年度生态茶产业建设实施意见的通知	① **石阡苔茶母本园**：每公顷补助茶叶专用肥3000kg，生物农药费1500元 ② **新建茶园**：每公顷补助1500kg的茶叶专用肥和5.4万~7.5万株茶苗，黑塑料膜覆盖栽植，每公顷补助6000元 ③ **茶园管护**：每公顷补助1500kg的茶叶专用肥 ④ **茶叶加工厂**：厂房占地面积300m^{2}以上，每平方米补助50元；年独自加工干茶5t以上的茶叶加工厂，给予1万元补助；年独自加工干茶10t以上的加工厂，给予3万元补助
5	2014年	县委办 县政府办	石阡县2014—2015年度生态茶产业建设实施意见的通知	① **新建茶园**：每公顷1500kg茶叶专用肥、82.5kg黑膜、5.4万~7.5万株的茶苗补助。黑膜覆盖栽植，每公顷补助6000元土地整治费 ② **销售门店**：在地级以上城市，新增销售门店，使用石阡苔茶门头，销售石阡苔茶，每个当年补助1.5万元；在省级城市或省外地级以上城市新开设石阡苔茶专卖店或石阡苔茶加盟店，有石阡苔茶统一字样的门头，销售石阡苔茶，补助5000元
6	2015年	县委办 县政府办	石阡县2015—2016年度生态茶产业建设实施意见	① **新建茶园**：每公顷按照底肥1500kg、地膜150kg、茶苗5.4万~7.5万株无偿供应。补助建设主体整地费每公顷6000元 ② **茶园管护**：每公顷补助1500kg茶叶专用肥

续表

序号	时间	发文单位	标题	政策摘要
7	2017年	县委办 县政府办	石阡县2016—2017年度生态茶产业建设实施意见	①**新植茶园：**每公顷肥料1500kg、地膜150kg、茶苗5.4万~7.5万株无偿供应。补助建设主体整地费，每公顷6000元 ②**茶园管护：**每公顷补助1500kg茶叶专用肥
8	2017年	县政府办	石阡县生态茶产助推脱贫攻坚行动方案	①**新植茶园：**每公顷无偿提供4.5万株茶苗，整地移栽劳务费9000元/hm^2补助 ②**茶园管护：**每年每公顷补助1.5万元，连续补助3年。按3000元/hm^2标准一次性补助管护费 ③**厂房建设：**新投入资金100万元以上的，可按国家财政贴息相关政策给予补助；2017年后按照食品生产安全标准，建筑占地面积在600m^2以上，按每平方米补助100元；在龙塘、羊角山重点园区和国荣精准扶贫园区，按照公园式、标准化的示范加工厂投资改扩建或新建茶叶加工厂，改扩建总建筑占地面积1500m^2以上，新建规模在2000m^2以上，年加工能力20万kg，连续2年产量10万kg以上的，改扩建企业补助150万元，新建企业补助200万元；年用电量4万度以上，电费达到或超过3万元的加工企业，每年由政府奖励3万元和减免当年的电费
9	2019年	县委办 县政府办	石阡县2019年生态茶产业助推脱贫攻坚实施方案	政策扶持按照《石阡县生态茶产业助推脱贫攻坚行动方案》文件执行

二、印江县茶产业发展政策

印江县县委、县人民政府出台《关于进一步促进茶产业发展的意见》等文件，文件摘要详见表15-2。

表15-2　印江县茶产业发展扶持政策

序号	时间	发文单位	标题	政策摘要
1	2009年	县委县政府	关于2009年生态茶产业发展的工作意见	新建茶园，每公顷补助开挖费2700元，无偿提供茶苗6万株，有机肥1500kg。茶苗转运费12元/万株，肥料转运费60元/t。乡镇组织实施补助费按定植面积180元/hm^2的标准补助

续表

序号	时间	发文单位	标题	政策摘要
2	2010年	县委 县政府	关于2010年生态茶产业发展的工作意见	① **茶园建设**：新建标准化茶园，每公顷补助9000元；新建常规茶园每公顷补助4500元 ② **茶园管护**：第一年集中管护3次，每次每公顷补750元；第二年集中管护3次，每次每公顷补750元 ③ **基础设施**：企业基地13.3hm^{2}以上的，在茶区内修机耕道，每千米补助3000元；集中连片33.3hm^{2}以上的茶园，配套建设公路、水池等基础设施 ④ **加工厂**：新建加工厂房（年加工能力50t以上，生产车间360m^{2}以上）按200元/m^{2}给予补助 ⑤ **茶机补贴**：购置补贴名录内的茶叶机械，给予50%的购机补贴 ⑥ **贴息补贴**：企业贷款购进10万元以上机械设备扩大加工能力，给予2年贴息
3	2010年	县委 县政府	关于2011年生态茶产业发展的工作意见	① **茶园建设**：新建标准化茶园，补助苗款90%，农户自筹10%；每公顷补助3450元肥料。用田、土种植茶园，给予2年粮食补贴，其中，田年补助6000元/hm^2，土年补助3000元/hm^2 ② **茶园管护**：每公顷补助4500元，分2年6次补完，其中，第一年管护3次，每次每公顷补助750元；第二年集中管护3次，每次每公顷补助750元 ③ **基础设施**：企业自办基地13.3hm^{2}以上的，在其茶区内修机耕道，每千米补助3000元；集中连片33.3hm^{2}以上的茶园，配套建设公路、水池等基础设施 ④ **加工厂**：新建加工厂房（生产车间面积200m^{2}以上的）按200元/m^{2}给予补助 ⑤ **茶机补贴**：购置补贴名录内的茶叶生产机械，给予50%的购机补贴 ⑥ **贷款贴息**：企业贷款购进10万元以上的机械设备扩大加工能力的，给予2年贴息
4	2011年	县委 县政府	关于2012年度生态茶产业发展工作意见	① **茶园建设**：新建标准化茶园，补助苗款的90%，农户自筹10%，每公顷补助3450元的肥料。用田、土种植茶园，给予2年粮食补贴，其中，田年补助6000元/hm^2，土年补助3000元/hm^2 ② **茶园管护**：每公顷补助4500元，分2年6次补完，其中：第一年管护3次，每次每公顷补助750元，第二年管护3次，每次每公顷补助750元 ③ **基础设施**：企业或大户自办基地13.3hm^{2}以上，在其茶区内修机耕道，每千米补助3000元；集中连片33.3hm^{2}以上的茶园，配套建设公路、水池等基础设施 ④ **加工厂**：新建加工厂房（生产车间面积200m^{2}以上的）按200元/m^{2}给予补助 ⑤ **茶机补贴**：购置补贴名录内的茶叶生产机械，给予50%的购机补贴 ⑥ **贷款贴息**：企业贷款购进10万元以上机械设备扩大加工能力，给予2年贴息

续表

序号	时间	发文单位	标题	政策摘要
5	2012年	县委 县政府	关于2013年度生态茶产业发展工作意见	① **茶园建设**：新建标准化茶园，财政补助苗款的90%，农户自筹10%，每公顷补助3450元的肥料。用田、土种植茶园，给予2年粮食补贴，其中，田年补助6000元/hm^2，土年补助3000元/hm^2 ② **茶园管护**：每公顷补助4500元，分2年6次补完，其中，第一年管护3次，每次每公顷补助750元；第二年管护3次，每次每公顷补助750元 ③ **产品参评**：参加“中茶杯”“中绿杯”等国家级茶叶评比和国家级茶博会名优茶评比、世界绿茶博览会名优茶评比并获奖的企业，金奖或特等奖每个奖补助5000元，一等奖或银奖每个奖补助2000元 ④ **标准化、认证**：获得QS认证的企业补助2万元；获得无公害认证的企业，按认证茶园面积每公顷补助2250元；获得有机茶认证的企业，按认证茶园面积每公顷补助750元；荣获省级以上著名商标的企业补助2万元；荣获中国驰名商标的企业补助10万元；年内荣获ISO9001等国际质量认证的企业每个认证补助2万元
6	2014年	县委 县政府	关于2014年度生态茶产业发展工作意见	① **茶园建设**：新建标准化茶园按照相关文件执行 ② **营销窗口**：在县外临街门面或茶城开设“梵净山翠峰茶”专卖店面积50m^2以上，补助标准：一线城市20万元、二线城市10万元、市级以上中心城市5万元，连续补助2年 ③ **参评参展**：参加“中茶杯”“中绿杯”等国家级茶叶评比和国家级茶博会名优茶评比、世界绿茶博览会名优茶评比并获奖的企业，金奖或特等奖每个奖补助5000元，一等奖或银奖每个奖补助2000元 ④ **认证补助**：获得QS认证的企业补助2万元；获得无公害认证企业，按认证茶园面积每公顷补助2250元；获得有机茶认证企业，按认证茶园面积每公顷补助750元；荣获省级以上著名商标企业补助2万元；荣获中国驰名商标的企业补助10万元；年内荣获ISO9001等国际质量认证企业每个认证补助2万元
7	2014年	县委 县政府	关于2015年度生态茶产业发展工作意见	① **茶园建设**：新建茶园每公顷补助3450元的肥料；用田、土种植茶园，给予2年粮食补贴，其中，田补助6000元/hm^2/年，土补助3000元/hm^2/年。新植茶园前2年补助2250元/hm^2/年 ② **营销窗口**：地级市以上中心城市临街门面或茶城开设“梵净山翠峰茶”专卖店面积50m^2以上的，补助标准：一线城市20万元、二线城市10万元、市级以上中心城市5万元，连续补助2年 ③ **参评参展**：参加“中茶杯”“中绿杯”等国家级茶叶评比和国家级茶博会名优茶评比、世界绿茶博览会名优茶评比并获奖的企业，金奖或特等奖每个奖补助5000元，一等奖或银奖每个奖补助2000元 ④ **认证补助**：获得QS认证的企业补助2万元；获得无公害认证企业，由企业自行申报，根据获得认证的茶园面积，每公顷2250元补助，由县茶业局统一组织申报，根据获得认证的茶园面积按每公顷450元补助；获得有机茶认证的企业，认证的茶园面积每公顷750元补助；荣获贵州省著名商标或贵州省名牌产品的企业补助2万元；年内荣获中国驰名商标或中国名牌产品的企业补助10万元

续表

序号	时间	发文单位	标题	政策摘要
8	2016年	县委 县政府	关于2016年度生态茶产业发展的实施意见	① **茶园建设**：县政府无偿提供茶苗，用田、土种植的茶园，县政府给予粮食补贴和管护费，其中用田种植的每公顷补助16500元、用土种植的每公顷补助1.05万元，补助期限5年，分3次兑现，用田种植的第一年兑现400元，第三年兑现300元，第五年兑现400元，用土种植的第一年兑现200元，第三年兑现300元，第五年兑现200元 ② **加工电费**：加工大宗茶，从5—10月，用电量在1万～3万度的每度补助0.5元，在3万度以上的全额补助 ③ **营销窗口**：地级市以上中心城市临街门面或茶城开设“梵净山翠峰茶”专卖店面积$50m^2$以上补助标准为：一线城市20万元、二线城市10万元、市级以上中心城市5万元，连续补助两年 ④ **参评参展**：参加“中茶杯”“中绿杯”等国家级茶叶评比和国家级茶博会名优茶评比、世界绿茶博览会名优茶评比并获奖的企业，金奖或特等奖每个奖补助5000元，一等奖或银奖每个奖补助2000元 ⑤ **认证补助**：获得QS认证的企业补助2万元；由县农牧科技局统一组织申报获得认证茶园面积的企业每公顷补助450元；获得有机茶园认证的企业，奖励2万元，认证茶园面积每公顷补助750元；荣获省级以上著名商标的企业补助2万元；荣获中国驰名商标的企业补助10万元

三、沿河县茶产业发展政策

沿河县县委、县政府出台《关于加快生态茶产业发展的意见》等文件，文件摘要详见表15-3。

表15-3　沿河县茶产业发展扶持政策

序号	时间	发文单位	标题	政策摘要
1	2007年	县委 县政府	关于加快生态茶产业发展的意见	实施“林下套茶”的可享受退耕还林补助2.25万元/hm^2；新建$1hm^2$茶园无偿补助7500元，用于购买茶苗；新建茶园$3.33hm^2$以上的个人，给予以贷款贴息，贴息时间1年；新建机械化高标准示范茶园可享受每公顷4500元资金补助；建园$0.33hm^2$以上的种茶大户、$3.33hm^2$以上的个体和企业，可给予贷款担保
2	2008年	县委 县政府	沿河土家族自治县2007—2008年度新建2万hm^2生态茶园实施办法	① **新建茶园**：参照相关文件执行。 ② **苗圃建设**：每繁育$1hm^2$无性系茶苗苗圃补贴3万元，其中地区补贴1.5万元，县财政补贴1.5万元

续表

序号	时间	发文单位	标题	政策摘要
3	2008年	县委 县政府	沿河土家族自治县2009年度新建生态茶园实施办法	① **茶园建设**：实施“林下种茶”享受退耕还林补助2.25万元/hm^2； 新建1hm^2茶园无偿补助7500元，用于购买茶苗；新建茶园3.33hm^2以上的个人，给予以贷款贴息，贴息时间3年；新建机械化高标准示范茶园可享受每公顷4500元资金补助；建园0.33hm^2以上的种茶大户、3.33hm^2以上的个体和企业，可给予贷款担保 ② **认证补助**：获得QS、ISO认证和国家农产品进出口检验检疫卫生许可等认证，分别奖励企业2万元；获得国家级、省级龙头企业称号，分别奖励10万元、5万元 ③ **品牌建设**：参加全国、全省茶事活动获奖，分别给予3万元、1万元奖励；获得国家驰名商标、中国名牌产品的，分别给予10万元、5万元奖励
4	2009年	县委 县政府	关于印发沿河土家族自治县2010年度新建生态茶园实施办法的通知	① **茶园建设**：参照相关文件执行 ② **茶叶加工**：获QS、ISO认证和国家农产品进出口检验检疫卫生许可等认证，分别奖励企业2万元；获得国家级、省级龙头企业称号，分别奖励10万元、5万元 ③ **品牌建设**：参加全国、全省茶事活动获奖的，分别给予3万元、1万元的奖励；获得国家驰名商标、中国名牌产品，分别给予10万元、5万元的奖励
5	2010年	县政府	关于切实抓好全县2011年新建生态茶园建设的意见	① **茶园建设**：参照相关文件执行 ② **认证补助**：企业获QS、ISO认证和国家农产品进出口检验检疫卫生许可等认证，分别奖励企业2万元；企业获得国家级、省级龙头企业称号，分别奖励10万元、5万元 ③ **品牌建设**：参加全国、全省茶事活动获奖，分别给予3万元、1万元的奖励；获得国家驰名商标、中国名牌产品，分别给予10万元、5万元的奖励 ④ **人才建设**：公开招考茶叶辅导员50名，每年列入县财政预算100万元，连续3年
6	2011年	县政府	关于切实抓好2012年全县新建生态茶园建设的意见	① **茶园建设**：参照相关文件执行 ② **认证补助**：获得QS、ISO认证和国家农产品进出口检验检疫卫生许可等认证，分别奖励企业2万元；企业获得国家级、省级龙头企业称号，分别奖励10万元、5万元 ③ **品牌建设**：参加全国、全省茶事活动获奖，分别给予3万元、1万元的奖励；获得国家驰名商标、中国名牌产品，分别给予10万元、5万元的奖励
7	2012年	县政府	关于切实抓好2012—2013年度全县生态茶园建设的意见	① **茶园建设**：在县农村信用合作联社、农行、农发行、邮储银行等金融机构积极组织资金用于茶产业发展，县政府将组织资金给予贷款贴息，贴息期3年 ② **认证补助**：获得QS、ISO认证和国家农产品进出口检验检疫卫生许可等认证，分别奖励企业2万元；企业获得国家级、省级龙头企业称号，分别奖励10万元、5万元 ③ **品牌建设**：参加全国、全省茶事活动获奖的，分别给予3万元、1万元的奖励；获得国家驰名商标、中国名牌产品，分别给予10万元、5万元奖励

续表

序号	时间	发文单位	标题	政策摘要
8	2013年	县政府	关于印发2013年秋至2014年春新建生态茶园建设实施方案的通知	① **茶园建设：** 新建茶园无偿补助茶苗；新建立体生态、母本茶园及机械化高标准示范茶园的每公顷享受4500元补助；实施“林下套茶”享受退耕还林补助2.25万元/hm^2；龙头企业、专业合作社可以享受贷款贴息政策，贴息期3年 ② **茶叶加工：** 种茶农户、专业合作社、家庭农场、茶叶加工能手新建茶叶加工厂，县政府将按小微企业3个15万元进行政策扶持 ③ **苗圃建设：** 本地育苗的实行优先采购，价格0.13元/株以内保护价采购，县农牧科技局与茶商签订订单育苗合同 ④ **认证补助：** 获得QS、ISO认证和国家农产品进出口检验检疫卫生许可等认证，分别奖励企业2万元；企业获得国家级、省级龙头企业称号，分别奖励10万元、5万元 ⑤ **品牌建设：** 参加全国、全省茶事活动获奖，分别给予3万元、1万元的奖励；获得国家驰名商标、中国名牌产品的，分别给予10万元、5万元的奖励
9	2014年	县政府	关于印发《沿河土家族自治县2014年秋至2015年春新建生态茶园建设实施方案》的通知	① **茶园建设：** 参照相关文件执行 ② **茶叶加工：** 种茶农户、专业合作社、家庭农场、茶叶加工能手新建茶叶加工厂，县政府将按小微企业3个15万元政策扶持；凡引进投资1000万~2000万元的茶叶加工企业，奖励乡镇2万~3万元。兴办小型加工厂、家庭作坊的分别奖励5万元、2万元；茶叶加工企业年生产优质茶叶300t、产值3000万元以上，每吨给予300元奖励；产量200t、产值2000万元以上，每吨给予250元奖励；产量100t，产值1000万元以上，每吨给予200元奖励 ③ **认证补助：** 获得QS、ISO、HACCP认证和国家农产品进出口检验检疫卫生许可等认证，分别奖励企业2万元；企业获得国家级、省级龙头企业称号，分别奖励10万元、5万元
10	2015年	县政府	关于印发《沿河土家族自治县2015年秋至2016年春新建生态茶园建设实施方案》的通知	① **茶园建设：** 参照相关文件执行 ② **茶叶加工：** 种茶农户、专业合作社、家庭农场、茶叶加工能手新建茶叶加工厂，县政府将按小微企业3个15万元政策扶持；引进投资1000万~2000万元的茶叶加工企业，奖励乡镇2万~3万元。兴办小型加工厂、家庭作坊的分别奖励5万元、2万元；茶叶加工企业年生产优质茶叶300t，产值3000万元以上，每吨给予300元奖励；产量200t，产值2000万元以上，每吨给予250元奖励；产量100t，产值1000万元以上，每吨给予200元奖励 ③ **认证补助：** 获得QS、ISO、HACCP认证和国家农产品进出口检验检疫卫生许可等认证，分别奖励企业2万元；企业获得国家级、省级龙头企业称号，分别奖励10万元、5万元

续表

序号	时间	发文单位	标题	政策摘要
11	2017年	县委 县政府	沿河土家族自治县2017年脱贫攻坚生态茶产业建设实施方案	①**认证补助**：获有机茶园认证（面积$33.3hm^2$以上）的企业每个补贴5万元；获得有机转换认证的每个企业补贴2万元；获得无公害产品认证的每个企业补贴5000元。获得SC认证、出口认证的加工企业（合作社）每个补贴2万元、5万元。获得国家级、省级龙头企业称号，分别奖励10万元、5万元。获得“地理保护标志产品”认证的奖励5万元 ②**茶园保险**：新建茶园基地纳入地方特色农业保险 ③**茶叶加工**：兴办小型加工厂、家庭作坊的分别奖励5万元、2万元；春夏秋3季茶叶加工电费达1万元以上的，按所用电费全额给予补贴。企业年生产优质茶叶300t以上的，每吨给予300元奖励；产量200t以上的，每吨给予250元奖励；产量100t以上的，每吨给予200元奖励 ④**营销窗口**：在省外设立销售专店的每家补贴5万元，在省内设立销售专卖店每家奖补3万元，企业在县内开设茶庄（茶楼）并投入资金100万元以上的每家补助10万元。在北京马连道开店的补助10万元 ⑤**品牌建设**：在高速公路、城市集聚区，企业制作户外永久性广告牌1个补贴1万元；企业在省级以上媒体、网络上宣传1年以上一次性补贴资金2万元；企业主编茶歌、茶舞、茶戏、茶小品、茶微电影等在市级以上媒体宣传20次以上或转载10万次以上的一次性补贴2万元 ⑥**参评参展**：参加全国、全省茶事活动获金奖的，分别给予3万元、1万元的奖励；获得国家驰名商标、中国名牌产品、贵州名牌产品，分别给予奖励10万元、5万元、3万元。参加全国、各省茶事活动获金奖的，分别给予3万元、1万元的奖励 ⑦**产品销售**：茶叶企业年销售额3000万元以上的，政府给予奖励5万元；年销售额5000万元以上的政府给予奖励10万元
12	2017年	县政府	关于印发沿河土家族自治县2016年秋至2017年春新建生态茶园建设实施方案的通知	①**土地开垦**：新建茶园的农户、家庭农场、专业合作社、企业每公顷补助整地费1500元；新建立体生态、母本茶园及机械化高标准示范茶园的每公顷享受6000元整地补助 ②**茶园建设**：新建茶园由政府购买茶苗给予无偿补助；对农户、家庭农场、专业合作社、龙头企业项目资金贷款贴息 ③**茶叶加工**：种茶农户、专业合作社、家庭农场、茶叶加工能手新建茶叶加工厂，县政府将按小微企业3个15万元政策扶持；引进投资1000万~2000万元的茶叶加工企业，奖励乡镇2万~3万元。兴办小型加工厂、家庭作坊的分别奖励5万元、2万元；茶叶企业年生产优质茶叶300t，产值3000万元以上，每吨给予300元奖励；产量200t，产值2000万元以上，每吨给予250元奖励；产量100t，产值1000万元以上，每吨给予200元奖励 ④**认证补助**：获得QS、ISO、HACCP认证和国家农产品进出口检验检疫卫生许可等认证，分别奖励企业2万元；企业获得国家级、省级龙头企业称号，分别奖励10万元、5万元 ⑤**产品销售**：茶叶企业年销售额3000万元以上的，财政给予全额返税奖励。年销售额5000万元以上的除返税奖励以上，政府给予奖励10万元

续表

序号	时间	发文单位	标题	政策摘要
13	2017	县政府	关于印发沿河土家族自治县2017年茶叶种植保险试点工作实施方案的通知	**茶园保险：** 保险时间为1年，在保险期间内，由于火灾、暴雨、暴风、洪水、泥石流、旱灾、冰雹、霜冻、暴雪、雨凇、有害生物侵害等原因直接造成保险苗木死亡的，人保财险沿河支公司按照合同约定负责赔偿。每公顷保险费900元，保额1.5万元，保费来源为全县一二三产业融合发展项目补贴资金，每公顷补贴保费900元
14	2018年	县政府	关于印发沿河土家族自治县2018年脱贫攻坚“夏秋攻势”产业发展方案的通知	① **茶园建设：** 自行新建茶园基地的招商引资企业、本地企业、合作社、大户，由政府无偿提供茶苗补助 ② **土地开垦：** 新建茶园可享受整地补助资金500元

四、思南县茶产业发展政策

思南县委、县政府根据中共贵州省委、贵州省人民政府《关于加快茶叶产业发展的意见》、中共铜仁地委、铜仁地区行署《关于加快生态茶产业发展的意见》等文件精神，制定出台了《关于加快生态茶产业发展的意见》等扶持政策，文件摘要详见表15-4。

表15-4 思南县茶产业发展扶持政策

序号	时间	发文单位	标题	政策摘要
1	2008年	县委 县政府	关于加快生态茶产业发展的意见	① **茶树育苗：** 2007—2010年4年内，集中育苗0.67hm²以上、每公顷合格苗180万株以上的苗圃，除地区补助外，县里每公顷另按1.8万元补助 ② **招商引资：** 引进落户1个茶叶企业自建茶园基地66.67hm²以上，奖励乡镇15万元，有功人员3万元；引进落户1个茶叶企业自建茶园基地200hm²以上，奖励乡镇50万元、有功人员7.5万元；凡引进落户并建成一个年加工能力2000t或400t以上茶叶加工企业的，奖励乡镇2万元、有功人员5000元。凡在规划的生态茶产业带内引进加工企业，其用地和建设予以优惠，在办理国有土地出让手续时，县级出让金部分5年内全额奖励给企业用于扩大再生产；在办理集体土地使用手续时，县级以下收取的行政性规费由县政府代缴。企业厂房建设必须符合环境保护、水土保持和城乡总体规划的要求并完备手续，其县级（含县级）以下行政性收费由县政府代缴 ③ **认证补助：** 获得QS、ISO认证和国有农产品进出口检验检疫卫生许可等认证，奖励1万元；茶叶加工企业获得国家级、省级龙头企业称号的，分别奖励10万元、2万元。参加全国、全省茶事活动获金、银奖，分别给予2万元、1万元奖励。获得国家驰名商标和中国名牌产品，分别给予3万元、2万元的奖励

续表

序号	时间	发文单位	标题	政策摘要
2	2009年	县政府办	关于印发思南县2009年茶产业工作实施方案的通知	① **茶树育苗：** 集中育苗3.33hm^{2}以上，履行育苗购销合同、合格苗225万株/hm^{2}以上每公顷补助1.5万元 ② **新建茶园：** 集中连片种植33.33hm^{2}以上的城镇居民、个体工商户和机关干部职工予以贷款贴息3年（2250kg/hm^2），无偿提供无性系茶苗5.25万株/hm^2，专用肥2250kg/hm^2；集中连片种植2hm^{2}以上，不分大户和基本农户，无偿提供茶苗，专用肥1500kg/hm^2、整地费4500元/hm^2
3	2010年	县政府办	关于印发思南县2010年茶产业工作实施方案的通知	① **茶树育苗：** 繁育苗圃合格茶苗225万株/hm^2，补助1.5万元 ② **茶园建设：** 补助整地费4500元/hm^2，底肥1500kg/hm^2、茶苗5.25万株/hm^2，13.33hm^{2}以上的大户建设有机茶园，肥料可折人民币补助 ③ **茶叶加工厂：** 茶叶加工厂房200m^{2}以上，安装加工设备5台（套）以上，补助5万元；厂房面积150m^{2}以上、安装机械设备5台（套）左右，补助3万元 ④ **茶青市场：** 茶青交易市场占地1000m^{2}以上，建筑面积达500m^2，补助资金10万元
4	2011年	县政府办	关于印发思南县2012年生态茶产业工作实施方案的通知	① **新建茶园：** 补助整地费4500元/hm^2，底肥1500kg/hm^2，茶苗5.25万株/hm^2；重建茶园整地费1500元/hm^2，补植用茶苗据实提供 ② **茶叶加工厂：** 茶叶加工厂房300m^{2}以上，安装加工设备5台（套）以上，补助5万元；厂房面积200m^{2}以上、安装机械设备5台（套）左右，补助3万元 ③ **认证补助：** 获QS认证补助3万元 ④ **茶青市场：** 茶青交易市场占地1000m^{2}以上，建筑面积500m^2、交易平台面积150m^2、附属设施面积40m^2，补助资金10万元
5	2012年	县政府办	关于印发思南县2013年度茶产业建设实施方案的通知	① **茶树育苗：** 苗圃合格茶苗225万株/hm^2，补助1.5万元，最高不超过150万元 ② **新建茶园：** 补助整地费4500元/hm^2，底肥1500kg/hm^2，白茶基地及机械化茶园茶苗6.75万株/hm^2，其他标准化茶园茶苗5.25万株/hm^2 ③ **茶叶加工厂房：** 茶叶加工厂房500m^{2}以上，安装加工设备5台（套）以上，补助5万元；厂房面积200m^{2}以上、安装机械设备5台（套）左右，补助3万元 ④ **认证补助：** 获QS认证补助3万元 ⑤ **茶青市场：** 茶青市场占地1000m^{2}以上，建筑面积500m^2，平台面积150m^2，附属设施面积40m^2，补助资金10万元

续表

序号	时间	发文单位	标题	政策摘要
6	2013年	县政府办	关于印发思南县2014年度茶产业建设实施方案的通知	①**茶叶加工厂**：新建和改扩建茶叶加工厂企业，投资规模100万元以上，其贷款和自筹资金均按省财政厅的规定给予专项资金贴息 ②**认证补助**：获国家食品安全（QS）认证，奖励3万元；获有机茶园认证面积33.33~66.67hm^2奖励45万元，面积66.67hm^2以上奖励75万元 ③**茶艺表演**：组建4人及以上茶艺表演队的企业给予5000元补助 ④**茶事活动**：参加省级以上茶博会获得三等奖以上的奖励1万元。政府组织企业参加省内外各种茶博会，每次给予2000元补助
7	2014年	县政府办	关于印发思南县2015年度茶产业建设实施方案的通知	①**认证补助**：获国家食品安全（QS、ISO、HACCPA）认证奖励2万元；获得有机茶园认证面积33.33~66.67hm^2奖励30万元，面积66.67hm^2以上奖励45万元 ②**茶叶加工厂**：新建和改扩建茶叶加工厂企业，投资规模达100万元以上，其贷款和自筹资金均按省财政厅的规定给予专项资金贴息 ③**品牌建设**：参加“中茶杯”“中绿杯”和国际名茶评比活动，获得最高奖的一次性奖励企业1万元，获得省著名商标、省名牌产品的一次性奖励1万元，获得国家驰名商标、中国名牌产品、销售收入2000万元、税收100万元的一次性奖励企业100万元
8	2015年	县政府办	关于印发思南县2016年度茶产业建设实施方案	①**茶园建设**：按每公顷施有机肥1500kg，每吨有机肥按1500元计；利用巩固退耕地、荒地、荒漠地、残次林地建设茶园，按每公顷4500元补助，凡是未开挖的土地建设茶园不予补助新植茶园土地整理费 ②**茶叶加工厂**：企业使用贷款资金新建及改扩建加工厂及新增机具的贷款贴息
9	2018年	县政府办	关于印发思南县2018年茶产业建设实施方案的通知	**新植茶园**：经营推行“县农投公司+村级集体经济组织”模式，新建茶园按6.15万元/hm^2，第一年新植茶园按3万元/hm^2（土地流转4500元、土地开挖6000元、茶苗采购1.05万元/hm^2、茶园清杂及定植6000元/hm^2、肥料2550元/hm^2、保水汁450元/hm^2），第二年茶园管护1.65万元/hm^2（土地流转4500元、茶苗补植1500元/hm^2、茶园管理工资6000元/hm^2、茶肥4500元/hm^2），第三年茶园管护按1.5万元/hm^2（土地流转4500元、茶园管理工资6000元/hm^2、茶肥4500元/hm^2）
10	2018年	县政府办	关于2018年使用扶贫再贷款发展茶产业提供担保事项的批复	2018年使用扶贫再贷款发展茶产业，县惠农担保公司为贷款主体提供担保事项；县农投公司按1∶10注入风险补偿金；县财政为其贷款主体提供前三年贷款利息、担保费、农业保险费的80%

五、德江县茶产业发展政策

德江县政府制定《关于2009年度生态茶产业发展优惠政策的通知》等文件，文件摘要详见表15-5。

表15-5　德江县茶产业发展扶持政策

序号	时间	发文单位	标题	政策摘要
1	2008年	县政府	关于印发生态茶产业发展优惠政策的通知	①**茶园建设**：人工整地每公顷补助2250元，机械整地每公顷补助5250元；土地流转补助：集中连片$3.33hm^2$、$10hm^2$、$33.33hm^2$、$66.67hm^2$以上的每公顷补助450元、750元、1800、2100元。新建茶园苗款农户每公顷自筹600元，其余由县政府补助 ②**茶树育苗**：集中育苗$0.67hm^2$以上每公顷补助3万元（地、县各1.5万元） ③**基础设施**：自建水池每立方米250元；作业道、步道每千米1万元 ④**茶园管护**：$33.33hm^2$以下的每公顷750元，$33.33hm^2$以上的每公顷1500元。肥料补助每公顷750kg、磷肥750kg复合肥 ⑤**茶叶加工厂**：企业固定资产投入1000万元以上、年产值3000万元以上、年税收100万元以上，每年给予1000万元以内的流动资金贷款贴息补助
2	2009年	县政府	关于印发德江县2009年度生态茶产业发展优惠政策的通知	①**茶园建设**：土地流转补助：独资连片建园$6.67hm^2$、$16.67hm^2$、$33.33hm^2$、$66.67hm^2$以上的，每公顷补助450元、750元、1800元、2100元。人工整地每公顷2250元，机械整地每公顷5250元。2009年新植茶园茶苗款由政府承担。机关干部职工从事茶叶产业发展规模达到$6.67hm^2$以上的可以留职带薪3年 ②**认证补助**：获得有机茶、QS认证的基地每公顷补助450元 ③**茶园管护**：每公顷1500kg有机复合肥。管理费补助：连片建园$33.33hm^2$以下每公顷750元、$33.3hm^2$以上每公顷1500元补助 ④**茶叶加工厂**：加工厂用地出让金超过1万元的，由县财政补助。固定资产投入500万元以上的每年给予500万元以内的流动资金贷款贴息（月息5厘）。厂房面积$1000m^2$以上及机械设备20套以上的补助50万元
3	2010年	县政府办	关于切实抓好2010年度生态茶产业工作的通知	①**茶园建设**：连片建园$13.33hm^2$以上的，每公顷补助750元。人工整地每公顷补助7500元，机械整地每公顷补助4800元（含开沟） ②**茶园管护**：每公顷补助750kg茶叶有机复合肥作追肥。管理费补助实行考核制，每公顷补助900元 ③**认证补助**：获得有机茶认证，每公顷补助1500元 ④**茶叶加工厂**：加工厂用地年加工量500t以下的按$0.67hm^2$内如实补助、500t以上的按$1.3hm^2$内如实补助，最高每公顷不得超过13.5万元。加工厂高压电（高压电线及变压器）材料及安装费用由财政补助 ⑤**茶青市场**：茶青交易市场每个补助15万元

续表

序号	时间	发文单位	标题	政策摘要
4	2011年	县政府	关于印发德江县2012年度生态茶产业发展优惠政策的通知	①**茶园建设**：整地每公顷补助2250元。流转土地13.3hm^{2}以上的一次性补助流转费750元。新建茶园苗款由政府承担 ②**茶园管理**：每公顷补助900元。每公顷补助茶叶有机复合肥750kg ③**认证补助**：自建基地20hm^{2}以上，获得有机认证的，每公顷补助1500元 ④**茶叶加工厂**：一次性补助征地费（年加工量500t以下的按0.67hm^{2}内如实补助、500t以上的按1.33hm^{2}内如实补助，最高每公顷不得超过13.5万元）和高压电（高压电线、变压器）材料、安装费用（每个加工厂不超过8万元）；家庭式加工房，多功能加工机在5台以下的补助1万元，5台以上的补助1.5万元 ⑤**获奖补助**：参加具有权威组织机构评比获得金奖、银奖、铜奖的，分别奖励6万元、4万元、3万元元 ⑥**茶青市场**：每个茶青市场补助15万元
5	2017年	县政府办	关于印发德江县生态茶产业助推脱贫攻坚实施方案的通知	①**茶园建设**：茶园建设符合退耕还林的按退耕还林补助，不符的用基金股权投入解决，每公顷投入2.25万元，分3年投入；用基金债权投入解决茶园管理费用，每公顷不超过3万元，一次申请分3年投入，前3年政府贴息，第四年开始分期分批还本付息 ②**认证补助**：获SC认证，补助5万元；有机认证（20hm^{2}以上）每个企业补助5万元；质量追溯体系，对建立体系的企业每个补助1万元 ③**茶叶加工厂**：加工设备及厂房，用基金按建设总投入的50%投入，偿还时政府对企业厂房及电力设施补贴17万元/个。茶叶加工电费补助，加工电费达5000元以上的按20%给予补助 ④**茶事活动及获奖**：参加市级及以上茶事活动获金奖的补助2000元，获银奖补助1000元；中茶杯获特等的奖补助3000元、一等奖补助2000元；参加省、市组织的茶事活动，每次每个企业包干补贴，省外5000元、省内3000元 ⑤**营销补助**：省外茶叶专店每个补助2万元、省内茶叶专店每个1万元、县内茶叶专店每个5000元；进星级宾馆每个补助2000元

六、江口县茶产业发展政策

江口县出台了一系列扶持政策，文件摘要详见表15-6。

表15-6　江口县茶产业发展扶持政策

序号	时间	发文单位	标题	政策摘要
1	2007年	县委 县政府	关于加快生态茶产业发展的意见	龙头企业投产经营，前5年内以企业当年上缴进入财政实际所得部分按应缴税费的100%、80%、50%、30%、20%的比例逐年返还给企业作为扶持奖励。从事茶叶种植和加工的干部职工，由县财政每月暂扣工资的30%作为完成任务的保证金，年底完成任务的，享受与在职人员同等待遇，并全额返还保证金；未完成任务的，扣除保证金，并取消其他福利待遇；超额完成任务的，其超额上缴税收全额返还作奖励。其任务是（两者选其一）：①年完成茶叶种植面积3.33hm^2以上；②建投资规模10万元以上的茶业加工企业，并完成年产值50万元以上，创造税收3万元以上
2	2008年	县委办 县政府办	关于印发江口2008年秋至2009年茶产业发展工作实施方案的通知	① **新建茶园：** 每公顷无偿供茶苗和肥料1500kg。新茶园和幼龄茶园，凡在0.33hm^2以上的个人和企业，予以贷款贴息，其标准按每公顷每年贷款3000元，贴息2年，贴年利率为5%。母本园按每年每公顷贷款4500元，贴息2年，贴年利率为5%。2008年秋至2009年，国家机关和事业单位干部职工新植茶园2hm^2以上，个体、农户新植茶园0.2hm^2以上，予以贷款贴息，按每公顷每年贷款3000元，贴息2年，贴年利率为5% ② **茶树育苗：** 集中育苗0.67hm^2以上，与县茶办签定收购合同的育苗户，每公顷补助9000元 ③ **茶园间作：** 茶行间套种豆科、绿肥或其他经济作物的新建茶园每公顷一次性补助套种作物种子款600元
3	2010年	县政府办	关于2010年秋冬至2011年春夏茶产业发展的安排意见	① **新建茶园：** 新建茶园每公顷无偿供茶苗和肥料1500kg，对地楼至骆象重点茶区改建茶园的补助机垦费6000元/hm^2 **2茶园管护：** 新建茶园可享受9000元/hm^2，年息千分之五茶园管护贷款贴息 ③ **茶叶加工厂：** 茶叶加工机具享受农机补贴，2010年冬至2011年春，占地面积3000m^2以上，建筑面积500m^2以上按建筑面积补助260元/m^2，最高补助30万元 ④ **认定补助：** 认定为国家级、省级、地级、县级茶业龙头企业，分别补助50万元、20万元、1万元、2000元。获得有机茶生产基地认证的茶园，每公顷补助1500元 ⑤ **茶事活动及获奖：** 参加省部级以上茶事活动获金奖、银奖的，分别补助10万元、6万元。参加区域性的茶事活动获金奖、银奖的，分别补助3万元、1万元。企业自行参加各类茶事活动获金奖、银奖的，分别补助2万元、1万元

续表

序号	时间	发文单位	标题	政策摘要
4	2012年	县委 县政府	关于抓好农业结构调整“三个万元”工程的实施意见	① **新建茶园：** 新建茶园每公顷无偿提供6万株茶苗和肥料1500kg，对地坝盘乡蒋家湾至太平凯文旅游公路沿线重点县级示范区6.67hm²以上，集中连片茶园或区外散户连片3.33hm²以上，补助粮食补贴，项目区内江梵、铜遵公路沿线按田6000元/hm²、土3000元/hm²，其他区域按田3000元/hm²、土1500元/hm²，补助期限为2年 ② **茶园管护：** 从当年开始按9000元/hm²的管护贷款贴息，贴息标准按年利率5%执行，贴息时间为3年。2010年以后定植管护茶园，按9000元/hm²的管护贷款贴息，贴息标准按年利率5%执行，贴息时间为2年 ③ **茶叶加工厂：** 厂房建设按相关文件（在2010年冬至2011年春，占地面积在3000m²以上，建筑面积500m²以上按建筑面积补助260元/m²，最高补助30万元） ④ **认定补助：** 认定为国家级、省级茶业龙头企业，分别补助20万元、10万元。获得有机茶生产基地认证的茶园，每公顷补助1500元 ⑤ **茶事活动获奖：** 参加省部级以上茶事活动获金奖、银奖的，分别补助2万元、5000元。参加中茶杯获金奖、银奖的，分别补助3万元、1万元
5	2013年	县政府办	江口县2014年度茶产业发展工作实施方案的通知	① **新建茶园：** 新建茶园每公顷无偿供株茶苗6万株和肥料1500kg，对集中连片茶园3.33hm²以上，补助粮食补贴，田3000元/hm²、土1500元/hm²，补助期限为1年 ② **茶园管护：** 2011年以后定植管护茶园，按9000元/hm²的管护贷款贴息，贴息标准按年利率5%执行，贴息时间为1~3年 ③ **认定补助：** 认定为国家级、省级茶业龙头企业，分别补助10万元、2万元。获得有机茶生产基地认证的茶园，每公顷补助1500元 ④ **茶叶加工厂：** 新建茶叶加工厂，其固定资产投资100万元以上，参照县内金融部门的贷款利率给予全额贴息。已享受政策的不再享受贴息 ⑤ **茶事活动获奖：** 参加省部级以上茶事活动获金奖的，补助5000元。参加中茶杯获特等奖，分别补助2万元
6	2014年	县政府办	江口县2015年度茶产业发展工作实施方案的通知	① **新建茶园：** 新建茶园茶苗经政府统一安排采购的每公顷无偿提供茶苗6万株。补助1500kg肥料。集中连片发展3.33hm²以上，怒溪现代生态茶产业示范区每年补助田4500元/hm²、土3000元/hm²，其他区域每年补助田3000元/hm²、土1500元/hm²，补助期限为1年 ② **茶园管护：** 从当年开始，按9000元/hm²的管护贷款进行贴息，贴息标准按年利率5%执行，贴息时间为3年。2013年以后的幼龄茶园，按9000元/hm²的管护贷款进行贴息，贴息标准按年利率5%，贴息时间2年 ③ **认定补助：** 认定为国家级、省级茶业龙头企业，补助企业资金分别为5万元、1万元。获得有机茶生产基地认证的茶园，每公顷补助1500元 ④ **茶事活动获奖：** 参加省部级以上的各类茶事活动，获金奖的，补助资金5000元；参加中茶杯获金奖奖励1万元、一等奖奖励5000元

续表

序号	时间	发文单位	标题	政策摘要
7	2015年	县政府办	关于印发江口县2016年度茶产业发展工作实施方案的通知	① **新建茶园**：新建茶园茶苗经政府统一安排采购的每公顷无偿提供茶苗6万株。每公顷补助1500kg肥料。集中连片3.33hm²以上，怒溪现代生态茶产业示范区每年补助田4500元/hm²、土1500元/hm²，其他区域每年补助田1500元/hm²、土1500元/hm²，补助期限为1年 ② **茶园管护**：从当年开始，按9000元/hm²的管护贷款进行贴息，贴息标准按年利率5%执行，贴息时间为3年。2014年以后建设的幼龄茶园，管护尚未投产，按9000元/hm²的管护贷款进行贴息，贴息标准按年利率5%执行，贴息时间为2年 ③ **茶事活动获奖**：参加省部级以上的各类茶事活动，获金奖的，补助资金5000元；参加中茶杯获金奖奖励1万元 ④ **认定补助**：获得有机茶生产基地认证的茶园，每公顷补助1500元
8	2017年	县政府办	关于印发江口县2017年秋至2018年春茶产业发展实施方案的通知	**新建茶园**：新建茶园所需的常规苗木（采购价低于贵州省林业厅规定的茶苗最高价0.26元/株标准的茶苗），政府将按不高于6万株/hm²标准无偿提供茶苗。2017年秋至2018年春新种植的特种苗、2017年招商引资合同明确业主自行采购的苗木，政府将按用苗量不高于6万株/hm²、单株价不高于0.26元/株标准补助，补助时限为1次

七、松桃县茶产业发展政策

2007年松桃县委、县政府出台《关于加快高效生态茶产业发展的意见》等文件，文件摘要详见表15-7。

表15-7　松桃茶产业发展扶持政策

序号	时间	发文单位	标题	政策摘要
1	2007年	县委 县政府	关于加快高效生态茶产业发展的意见	确定茶产业为松桃农业主导产业，明确1.33万hm²发展目标，制定发展措施，政策上从土地流转、苗圃育苗、新建茶园、茶园管理、茶叶加工、品牌建设、产品营销、宣传推广、贷款贴息和茶园基础设施建设方面加大扶持，保障政策兑现

续表

序号	时间	发文单位	标题	政策摘要
2	2008年	县委办 县政府办	松桃苗族自治县高效生态茶园建设优惠政策	①**茶树育苗**：茶树育苗补助1.5万元/hm^2（新建茶园茶苗6万株/hm^2由县政府统一采购无偿提供） ②**土地流转**：集中流转3.33hm^2以上补助450元/hm^2、13.33hm^2以上补助750元/hm^2，33.33hm^2以上补助1200元/hm^2，66.67hm^2以上补助1500元/hm^2 ③**土地开垦**：补助5250元/hm^2（定植沟：补助300元/hm^2） ④**底肥**：农家肥900/hm^2、有机肥600元/hm^2 ⑤**茶园间作**：套种花生补助种子款600元/hm^2 ⑥**茶园蓄水池**：补助60元/m^3 ⑦**茶园机耕道**：补助10000元/km ⑧**贷款贴息**：按实际贷款利息贴息3年
3	2013年	县委办 县政府办	松桃苗族自治县现代高效农业示范园区核心区建设扶持办法（试行）	①**土地流转费**：新建茶园集中流转土地20hm^2以上，耕地6000元/hm^2补助3年、荒山1200元/hm^2补助3年 ②**贷款贴息**：对茶叶经营主体贷款10万元以上，按照实际贷款利息全额贴息，同一贷款贴息时间不超过3年
4	2014年	县政府办	松桃苗族自治县2014年今冬明春生态茶叶产业建设实施方案	①**茶树育苗**：补助1.5万元/hm^2 ②**新建茶园**：补助1.5万元/hm^2，其中茶苗1.05万元/hm^2、土地开垦4500元/hm^2 ③**土地流转**：补助4500元/hm^2 ④**茶园产业路**：补助20000元/km
5	2015年	县政府办	关于调整松桃苗族自治县2015年今冬明春生态茶叶产业建设实施方案的通知	**新建茶园**：补助1.35万元/hm^2，其中茶苗9000元/hm^2、肥料4500元/hm^2，实行先建后补
6	2016年	县政府	关于松桃苗族自治县2016年茶园改造实施方案的批复	**茶园改造补助**：对老旧茶园及荒芜茶园进行改造所需的设备、苗木、肥料等，按3000元/hm^2补助，实行先建后补
7	2017年	县政府（贵州省农业委员会批复）	松桃苗族自治县2017年农村一二三产业融合发展试点项目实施方案	①**新建茶园及三年管护**：补助5.82万元/hm^2，分3年兑现，实行项目申报制，采取先建后补 ②**标准化厂房**：650元/m^2，实行项目申报制，采取边建边补 ③**加工设备**：全额补助清洁化加工设备，实行申报制，采取先建后补 ④**茶园保险补**：补助茶园保险费20%，实行申报制，采取先缴后补
8	2018年	县政府	松桃苗族自治县2018年茶叶基地扩建及碾茶加工基地示范补助项目实施方案	①**新建茶园**：补助2.4万元/hm^2，其中：茶苗9750元/hm^2、土地流转2250元/hm^2、土地开垦9000元/hm^2、栽植人工3000元/hm^2，实行先建后补 ②**加工厂房**：补助碾茶加工示范基地厂房建设，实行申报制，采取先建后补

参考文献

常璩，刘琳.华阳国志校注[M].成都：巴蜀书社，1984.

陈椽.茶叶通史[M].北京：中国农业出版社，2008.

陈桃林，葛志文.柳州融水九万山古茶树研究[M].长沙：湖南科学技术出版社，2018.

德江县档案局，德江县地方志办公室，德江县档案馆.民国德江县志[M].北京：群言出版社，2015.

贵州省石阡县地方志编纂委员会.石阡县志[M].贵阳：贵州人民出版社，1992.

贵州省铜仁地区地方志编纂委员会.铜仁地区志[M].贵阳：贵州人民出版社，2010.

江口县志编纂委员会.江口县志[M].贵阳：贵州人民出版社，1994.

孟爱丽，温顺位.野生古茶品质研究[J].广东茶业，2014（4）：23–26.

松桃苗族自治县志编纂委员会.松桃苗族自治县志[M].贵阳：贵州人民出版社，1996.

铜仁市茶叶行业协会.梵净山茶品牌综合标准体系[M].北京：中国标准出版社，2016.

万士英，黄尚文.（万历）铜仁府志[M].长沙：岳麓出版社，2014.

温顺位，刘学，徐代刚，等.铜仁市古茶树资源调查与保护利用研究[J].茶业通报，2014，36（3）：102–106.

温顺位，徐代刚，刘学，等.铜仁市古茶树和野生茶树资源调查与保护利用[J].贵州农业科学，2014（7）32–38.

吴觉农.茶经述评：第二版[M].北京：中国农业出版社，2005.

吴仲珍.铜仁市农业产业化理论与实践[M].北京：中国农业出版社，2015.

沿河县土家族自治县地方志办公室.沿河县志[M].校点本.贵阳：贵州人民出版社，1993.

俞寿康.红茶工艺[M].北京：中国科学出版社，1958.

虞富莲.中国古茶树[M].昆明：云南科技出版社，2016.

赵沁，田榕.玉屏县志[M].贵阳：贵州人民出版社，2019.

郑士范.印江县志.台湾：成文出版社，1994.

政协江口县委员会.梵净山纪事[M].北京：中国文联出版社，2017.

周振鹤，张莉.汉书・地理志汇释[M].增订本.北京：凤凰出版社，2021.

后记

《中国茶全书·贵州铜仁卷》，鉴昔知今，承前启后，是对铜仁茶叶历史的尊重和铜仁茶产业发展成就的肯定，是全面挖掘铜仁市文化的系统工程。铜仁茶，源于黔北之地云贵高原，尤其是梵净山优越的生态，根植厚重的中华历史底蕴，博大精深的传统文化内涵，融合铜仁的风土人情、阳春白雪与俚俗众随，俗人闻市井、文人吟风月、哲人品人生，品茗悟道、清净修心、开悟智慧，造就了梵净山茶香溢天下。

我庆幸此生能与茶邂逅，感谢满怀青春梦想时，在西南农业大学的学习机会，让我与茶结缘，并如愿从事自己钟爱的茶事业，从风华正茂到满头银发，一生为茶痴迷，将心灵浸润在家乡的山水自然中，以一颗匠心学茶、种茶、做茶、习茶、研茶，风风雨雨数十载，历经困难与挑战，甘心情愿、抱守初心、全心全意，献出自己毕生的精力和才智，只为探索铜仁茶可以甘香回味、悠远绵长，为铜仁茶产业发展奋斗不息。

《中国茶全书·贵州铜仁卷》历经三年多时间的编纂，得到贵州省、市各级政府，铜仁市茶叶行业主管部门，铜仁市茶叶行业协会县分会，大学院校，企业同仁及各界爱茶人士等社会各界的关怀、关心和鼎力相助。我要特别感谢：铜仁市政府的高度重视，2018年11月专门成立《中国茶全书·贵州铜仁卷》编纂工作指导委员会，下拨编纂工作专项经费，召开编纂工作调度会。

感谢石阡、印江、沿河、思南、德江、松桃、江口、碧江、万山、玉屏县（区）政府高度重视，安排专项编纂经费，组织编纂人员收集整理资料。

感谢铜仁学院、铜仁职业技术学院、铜仁幼儿师范高等专科学校、铜仁市工业和信息化委员会等单位提供基础资料。

感谢铜仁市农业产业化办公室陈永前同志对铜仁茶史、铜仁现代茶叶园区章节的统稿，徐代刚同志对铜仁茶树种植、铜仁茶叶加工、铜仁茶机构及科研成果、铜仁茶产业助推脱贫攻坚章节的统稿，肖楚同志对铜仁茶文学、铜仁茶馆章节的统稿，吕开鑫同志对铜仁茶俗、铜仁茶旅、铜仁茶产业发展政策章节的统稿，幸玫同志对铜仁茶水、茶器、茶地域文化章节的统稿。

感谢铜仁幼儿师范高等专科学校龙颖同志对《中国茶全书·贵州铜仁卷》的校对工作。

感谢中国林业出版社的支持和帮助，使《中国茶全书·贵州铜仁卷》这部专著成为茶学史上的经典巨著。

伴随着中华民族复兴大业，伴随着乡村振兴之路快步前行，伴随着贵州省“十四五”茶产业发展规划，伴随着铜仁地方经济的快步发展，伴随着茶产业的整体发展，更高的要求、更艰巨的任务、更多的困难和市场开拓等待着我们，我本人虽已退休，但老骥伏枥、志在千里，为了茶事业，为了地方经济振兴，为了更多的茶企发展壮大，茶农增收，为了茶文化发扬光大，我将会把心时刻处于“零公里”处，坚守40余年对茶叶从未淡薄的挚爱与深情，恪守初心，继续耕耘茶产业。

《中国茶全书·贵州铜仁卷》可作为茶叶企业、茶叶专业合作社、茶叶营销企业、茶馆茶楼、茶科研、茶教学、档案管理、茶叶社团及茶叶爱好者学习的茶业百科全书。

《中国茶全书·贵州铜仁卷》的编纂工作量大、信息量庞杂和校对任务重，编纂水平有限，难免有不当之处，恳请读者批评、指正和海涵。

二零二二年一月